教科書ガイド

啓林館版

未来へひろがる数学　準拠

中学数学 1年

編集発行
新興出版社

もくじ

5章　平面図形

6章　空間図形

7章　資料の活用

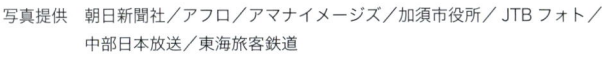

写真提供　朝日新聞社／アフロ／アマナイメージズ／加須市役所／JTBフォト／中部日本放送／東海旅客鉄道

本書の特長と使い方

本書の特長

1 **教科書にぴったりなので，予習・復習に役立つ**

「教科書ガイド」は，あなたが使っている数学の教科書にぴったり合わせてつくられていますので，予習・復習やテスト前の勉強に役立ちます。

2 **教科書の内容がよくわかる**

教科書のすべての問題や，問いかけに，わかりやすいガイドと解答がついていますので，授業の内容，教科書の内容を十分に理解することができます。

3 **テストの得点がアップする**

教科書のポイントや注意点をわかりやすく示していますので，定期テスト前に，本書で教科書のポイントや問題の解答をチェックしておくだけで，得点アップが期待できます。

内容と使い方

学習のねらい	各項で何を学習するのかを示しています。 学習をはじめる前に読んで，しっかり頭に入れておきましょう。
教科書のまとめ　テスト前にチェック	ポイントとなる内容について，わかりやすくまとめています。 テスト前にもう一度目をとおし，理解できているかどうか，チェックしましょう。
ガイド	問題を解くための着眼点やヒントを示しています。解き方がわからないときなどに参考にしましょう。
解答 解答例	模範となる解答をのせています。問題の答え合わせに，また，解答の書き方の手本として活用しましょう。
参考	学習に役立つことがらです。目をとおして，理解を深めましょう。
ミスに注意	まちがいやすい内容を確認できます。テストで同じまちがいをしないよう，注意しましょう。
テストによく出る	定期テストによく出る問題です。定期テスト直前にもチェックしましょう。

「わかる、楽しい」の喜びをお届け。

がんばる子どもたちを応援したい。

ゆっくりでもいいから
一歩ずつ着実に進んでほしい。
歩んだ軌跡をしっかりと
心にとどめておいてほしい。
つらさに耐えうる殻をもち
困難に立ち向かってほしい。

それが、わたしたちの想い。

教科書では、わかる楽しさを。
学習参考書では、できる喜びを。
これからも届けていきたい。

子どもたちのすぐそばで。
子どもたちの笑顔のために。

教科書と学習参考書の専門出版社

株式会社 新興出版社啓林館
〒543-0052 大阪市天王寺区大道4丁目3番25号
〒113-0023 東京都文京区向丘2丁目3番10号
〒810-0022 福岡市中央区薬院1丁目5番6号

営業 0120-580-156
編集 0120-402-156
(携帯電話・PHSの方は，06-6775-6852)
受付時間 9:00～17:00（土・日・祝日を除きます。）
http://www.shinko-keirin.co.jp

新興出版社 Facebook/Twitter

2018～2020 年度実施

新学習指導要領　先行実施・移行措置等について

小学校では 2020 年度から，中学校では 2021 年度から，新学習指導要領に基づいた新しい教科書が使用されます。その新教科書の使用に先立って，2018 年度から学習する内容が一部変更されることがあります。これを“移行措置”といいます。

★2018 年度から実施される移行措置に基づいた資料等を無料提供！

2018～2020 年度に実施される移行措置の内容等を学習できる追加の資料を，下記のホームページで提供しています。アクセスはオープンで，ホームページに掲載している内容はプリントアウトして使用できます。

http://www.shinko-keirin.co.jp/shinko/ikosochi

★2018 年度から実施される移行措置等は？

☆2020 年度の小学校 4 年生の社会は，旧教科書（小学社会 3・4 年下）＋新教科書の一部抜粋の補助教材で学習します。そのため，これらにつきましては，下記のように対応させていただきます。

・旧教科書（小学社会 3・4 年下）→「教科書ぴったりテスト」を継続販売

・補助教材

→「教科書ぴったりトレーニング」の該当部分をホームページから先行配信

※2021 年度の小学校 4 年生用「教科書ぴったりトレーニング 社会 4 年」は 2021 年 2 月頃より発売予定です。

☆中学校で移行措置が実施される主な教科・学年・実施年度は，下記の一覧表のとおりで，「中学校の移行措置の実施年度」の欄の○印がある年度で移行措置が実施されます。

教科・学年	中学校の移行措置の実施年度		
	2018 年度	2019 年度	2020 年度
国語 1 年		○	○
国語 2 年			○
地 理	○	○	○
歴 史	○	○	○
公 民	○	○	○
数学 1 年		○	○
数学 2 年			○
理科 1 年		○	○
理科 2 年			○

※上記以外につきましても，最新の情報を上記ホームページで提供いたします。

1章 正の数・負の数

1節 正の数・負の数

どんな数があるかな？

みんなで話しあってみよう

教科書 p.13

前ページとこのページの中には，どんな数が使われているでしょうか。
その中で，これまでに見たことのない数はどれでしょうか。

解答例

〈算数で学習した整数〉

- 富士山の高さ「3776 m」
- 東京スカイツリーの高さ「634 m」
- 信濃川の長さ「367 km」
- 徳山ダムの貯水量「660000000 m^3」
- ジャンボこいのぼりの長さ「111 m」

〈分数〉

- 琵琶湖の面積は滋賀県全体の「約 $\frac{1}{6}$」

〈小数〉

- 琵琶湖の面積「670.3 km^2」

〈これまでに見たことのない数〉「−」のついた数

- 日本で記録した最低気温「**−41.0°C**」(北海道旭川市 1902 年 1 月 25 日)
- 地上で日本一低い駅「**−0.93 m**」(愛知県弥富駅)
- 日本男子ゴルフ最少スコア 58 打…規定打数から「**−12**」(2010 年石川遼選手)

参考 日本で記録した最高気温は，「41.0°C」(高知県四万十市 2013 年 8 月 12 日)

1 0より小さい数

学習のねらい

小学校では，0 および 0 より大きい数について学習してきましたが，この項では，0 より小さい数について，その数のもついろいろな性質や意味を学習します。

教科書のまとめ　テスト前にチェック

□正の数
▶0より大きい数を**正の数**(せい)といいます。 例 5，0.5，$\frac{3}{4}$，……

正の数は「+」(プラスと読む。)をつけて，5を +5，0.5を +0.5，$\frac{3}{4}$ を $+\frac{3}{4}$ と表すことがあります。「+」を**正の符号**(ふごう)といいます。

□負の数
▶0より小さい数を**負の数**(ふ)といいます。 例 −3，−3.5，$-\frac{1}{2}$，……

負の数は，いつも「−」(マイナスと読む。)をつけて表します。「−」を**負の符号**といいます。

□0
▶0は，正の数でも負の数でもない数です。

□整　数
▶整数には，正の整数，0，負の整数があります。

整数
……，−3，−2，−1，0，1，2，3，……
負の整数（……，−3，−2，−1）　正の整数（1，2，3，……）

正の整数1，2，3，……を，**自然数**(しぜんすう)ともいいます。

□数直線
▶直線上に基準の点である0をとり，その右側に正の数，左側に負の数を目もったものを**数直線**といいます。数直線上では，数は右へいくほど大きく，左へいくほど小さくなります。

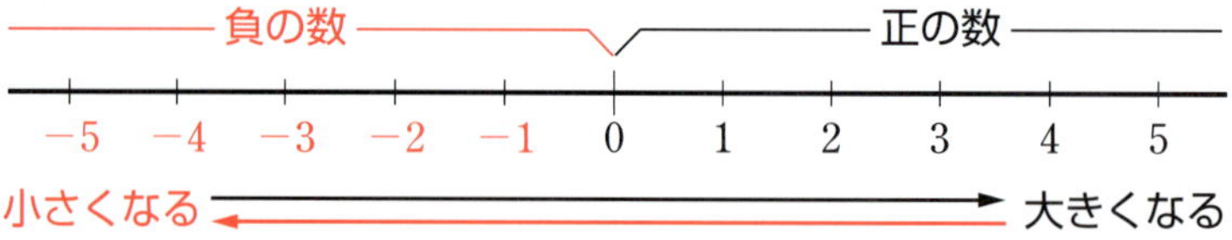

右の温度計は，ある日の東京と旭川の気温を示しています。
これらは，それぞれ，どんな温度を示しているでしょうか。

教科書 p.14

ガイド 気温は，0°C を基準にして，それより低い温度を零下(れいか)または氷点下といい，−(マイナス)で表します。例えば，0°C より 5°C 低い温度を −5°C と表します。

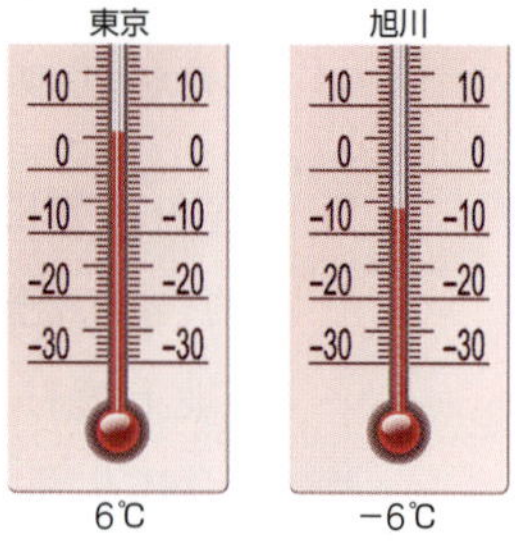

解答例 旭川の気温「−6°C」のように，0°C より低い温度は，数字の前に「−」をつけて表します。

東京……0°C より 6°C 高い温度

旭川……0°C より 6°C 低い温度

問1 次の温度を，－をつけて表しなさい。 教科書 p.14

(1)　0°C より 3°C 低い温度　　(2)　0°C より 2.5°C 低い温度

ガイド 0°C より低い温度は，－(マイナス)をつけて表します。小数でも同じです。

解答 (1)　**－3°C**　　(2)　**－2.5°C**

問2 右の図は，ある日の午前 6 時の各地の気温を示しています。 教科書 p.14

気温が，0°C より低い所はどこですか。

また，その気温をいいなさい。

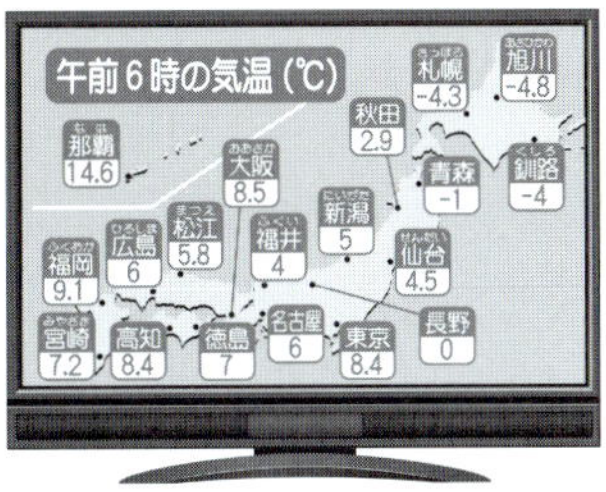

ガイド －(マイナス)がついている所を見つけます。気温は °C で示します。

解答 (北から)　**旭川 －4.8°C，札幌 －4.3°C，釧路 －4°C，青森 －1°C**

問3 次の数を，正の符号，負の符号をつけて表しなさい。 教科書 p.15

(1)　0 より 12 小さい数　　(2)　0 より 9 大きい数

(3)　0 より 1.5 大きい数　　(4)　0 より $\frac{2}{3}$ 小さい数

ガイド 0 より大きい数には正の符号 ＋ を，0 より小さい数には負の符号 － を，数の前につけて表します。小数や分数でも同じようにします。

（＋ → プラスと読む。　－ → マイナスと読む。）

解答 (1)　**－12**　　(2)　**＋9**　　(3)　**＋1.5**　　(4)　$-\frac{2}{3}$

問4 次の数の中で，自然数はどれですか。 教科書 p.15

また，整数はどれですか。

0.3,　－5,　－6,　4,　－0.7,　$\frac{1}{7}$,　0,　$-\frac{1}{3}$,　＋12

ガイド 正の整数を，自然数ともいいます。

整数には，＋1，＋2，＋3，…… のような正の整数のほかに，

－1，－2，－3，…… のような負の整数もあります。

解答 **自然数…4，＋12**　　**整数…－5，－6，4，0，＋12**

参考 小数…0.3，－0.7　　分数…$\frac{1}{7}$，$-\frac{1}{3}$

数直線

数直線上に，+2 を表す点を示しましょう。
また，−2 を表す点を示すには，どうすればよいでしょうか。

教科書 p.16

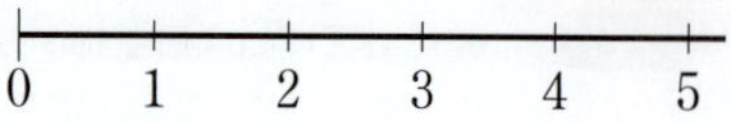

ガイド　数直線では，0 より大きい数（正の数）は，0 から右の方に表されます。
−2 は，0 より小さい数であり，数直線を 0 より大きい数と反対の方向にのばすことで表すことができます。

解答

問5　下の数直線上で，A，B，C にあたる数をいいなさい。

教科書 p.16

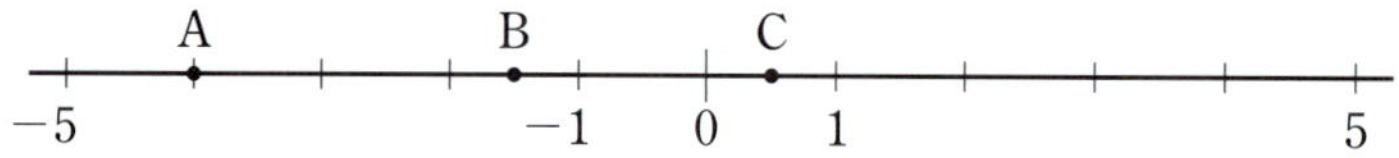

ガイド　まず，数直線上の基準の点である 0 がどこにあるのかを確かめます。次に，A～C の点が 0 からどちらへどれだけの目もり分のところにあるかに注目します。
負の数は左へいくほど小さくなります。
C の正の符号＋はつけなくても誤りではありません。

負の数のとき読みまちがえないように！

解答　A…**−4**　　B…**−1.5**　　C…**+0.5**（または **0.5**）

参考　B，C は，それぞれ $-\frac{3}{2}$，$\frac{1}{2}$ のように分数で表すこともできます。

問6　次の数を，下の数直線上に表しなさい。

教科書 p.16

−3，　$\frac{7}{2}$，　+4.5，　−2.5

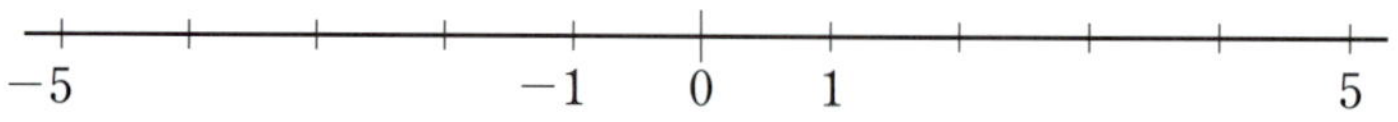

ガイド　数直線上の 1 目もり分は 1 です。
+，− のない数は，+とみなします。
分数でわかりにくいものは，小数になおすとわかりやすくなります。

小数だと目もりが読みやすいね！

解答

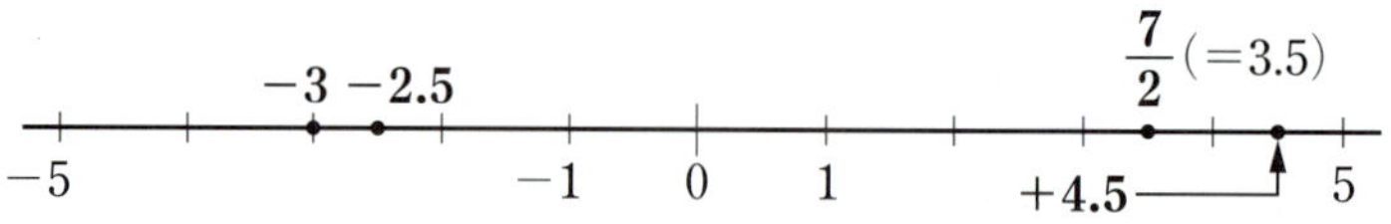

練習問題　1 0より小さい数 p.16

① 次の数を，正の符号，負の符号をつけて表しなさい。

(1) 0より18大きい数　(2) 0より36小さい数

(3) 0より$\frac{1}{3}$大きい数　(4) 0より0.8小さい数

ガイド 0より大きいか，小さいかに注目します。
0より大きい数には正の符号＋を，0より小さい数には負の符号－を，数の前につけて表します。
分数や小数でも同じようにします。

解答 (1) $+18$　(2) -36　(3) $+\frac{1}{3}$　(4) -0.8

② 次の数の中で，負の数をいいなさい。また，自然数をいいなさい。

-3.2,　0,　$\frac{2}{3}$,　-10,　$-\frac{5}{6}$,　0.2,　-1,　$+9$,　6,　-0.1

ガイド 数の前に負の符号－がついている数が，負の数です。＋，－のついていない数は，正の数とみなします。
また，0は正の数でも負の数でもありません。
正の整数1，2，3，……を，自然数ともいいます。

解答 負の数…-3.2，-10，$-\frac{5}{6}$，-1，-0.1

自然数…$+9$，6

数の分類

これまでに学んだ数を分類してみると，次のようになります。

	整数	分数	小数
正の数	• **正の整数** 1，2，…（自然数ともいう。）	• **正の分数** $\frac{1}{2}$，$\frac{1}{3}$，…	• **正の小数** 0.1，1.2，…
	• 0（正の整数でも負の整数でもない。）		
負の数	• **負の整数** －1，－2，…	• **負の分数** $-\frac{1}{2}$，$-\frac{1}{3}$，…	• **負の小数** －0.1，－1.2，…

2 正の数・負の数で量を表すこと

学習のねらい

たがいに反対の性質をもつと考えられる量を，正の数，負の数で表すことができるようにします。また，ある量について基準を定め，それからの増減や過不足を，正の数，負の数で表すことができるようにします。

教科書のまとめ　テスト前にチェック

□正の数・負の数で量を表す

▶① たがいに反対の性質をもつ量（収入と支出，高いと低いなど）は，一方を正の数，他方を負の数を使って表すことができます。
└→どちらを正の数で表すのか，あらかじめ決めておく。

② 基準を決めて，ある量と基準の量との増減や過不足などを，正の数，負の数で表すこともあります。

教科書 p.17

右の図で，「富士山 3776 m」は，海面から頂上までの高さを表しています。「伊豆（いず）・小笠原海溝（おがさわらかいこう） −9780 m」は，どんなことを表しているでしょうか。

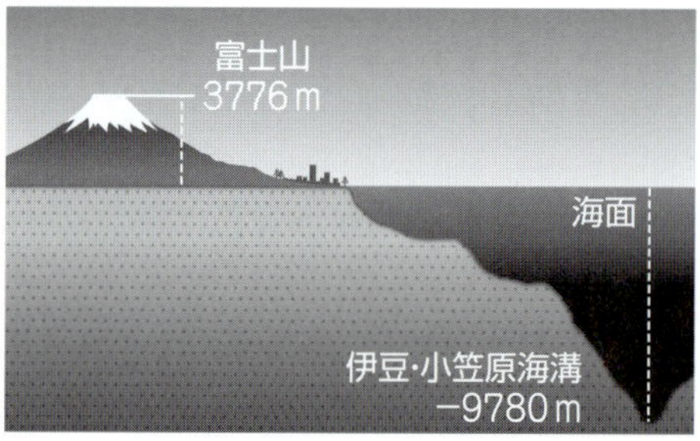

ガイド 山の高さは，正の数になっています。これは海面を「0」と考えたとき，それよりどれだけ「高い」のかを示しています。このことから，負の数で表されたときは，正の数と反対の量と考えられます。

解答 海面からの山の高さが正の数で表されているので，**−9780 m は，海面からの海の深さが 9780 m であることを表している。**

問 1 1000 円の利益を +1000 円で表すとき，500 円の損失はどう表されますか。 教科書 p.17

ガイド 「利益」を正の数で表しているので，反対の性質をもつ「損失」は，負の数を使って表すことができます。

解答 500 円の損失は，**−500 円**と表される。

参考 「高い」と「低い」…「2°C 高い」を +2°C で表すとき，「3°C 低い」は −3°C と表されます。
「前」と「後」… 6 秒後を +6 秒で表すとき，8 秒前は −8 秒と表されます。
「北」と「南」… 250 m 北を +250 m で表すとき，400 m 南は −400 m と表されます。

問2 ある中学校の図書委員会では，読書週間の図書室の利用者数の目標を，1日200人としていました。
読書週間に，図書室を実際に利用した人数を調べたところ，下の表のようになりました。この表の空欄(くうらん)をうめなさい。

教科書 p.18

曜　日	月	火	水	木	金
利用者数(人)	210	195	203	193	200
目標(200人)との違い	＋10	−5			

ガイド この場合，目標の200人が基準であり，その基準との違いを考えます。
例えば，月曜日であれば，利用者数210は，目標200とくらべて10多いから，その違いを＋10と示しています。

解答 水曜日の利用者数203は，目標200との違いが **＋3**
木曜日の利用者数193は，目標200との違いが **−7**
金曜日の利用者数200は，目標200との違いが **0**

基準より，多いか少ないかを，＋や−を使って表すんだね

参考 基準となる量は，上記のように「目標利用者数」として，ある決まった量になる場合のほかに，次のような場合があります。

曜　日	月	火	水	木	金
午前7時の気温(°C)	13	15	10	11	10
前日との違い(°C)	／	＋2	−5	＋1	−1

「前日の気温」のように，基準の量がいろいろな値に変わる場合もあるので，何を基準にしているのかをきちんと確認しておくことがたいせつです。

問3 〔　〕内のことばを使って，次のことを表しなさい。

教科書 p.18

(1)　4個少ない　〔多い〕　　(2)　6 cm 短い　〔長い〕
(3)　3 kg 軽い　〔重い〕　　(4)　10円たりない　〔余る〕

ガイド 反対の性質をもつことばでいいかえるときは，符号を逆にします。
この問題では，すべて正の数であるから，反対のことばにするときは負の数で表します。

ことばを変えないで，負の数を使うと，反対の意味になるよ

解答
(1)　4個少ないは，〔多い〕を使うと，**−4個多い**
(2)　6 cm 短いは，〔長い〕を使うと，**−6 cm 長い**
(3)　3 kg 軽いは，〔重い〕を使うと，**−3 kg 重い**
(4)　10円たりないは，〔余る〕を使うと，**−10円余る**

3 絶対値と数の大小

学習のねらい

絶対値（ぜったいち）や正の数・負の数の大小について調べます。また，数の大小と数直線上の位置関係を使って，ある数より大きい数や小さい数を，数直線を使って求めます。

教科書のまとめ　テスト前にチェック

□符号を変える
▶+3 に対して −3，−4 に対して +4 のように，+，−の符号をとりかえた数をつくることを，**符号を変える**といいます。

□絶対値
▶数直線上で，「0」から「ある数」までの距離（きょり）を，その数の**絶対値**（ぜったいち）といいます。
これは，正の数・負の数から符号をとりさった数とみることもできます。
0 の絶対値は，0 です。
例　+3 の絶対値は，3　　　−4 の絶対値は，4

□数の大小
▶正の数は負の数より大きい。
正の数は 0 より大きく，絶対値が大きいほど大きい。
負の数は 0 より小さく，絶対値が大きいほど小さい。

教科書 p.19

次の数を，下の数直線上に表しましょう。

+3，　−3，　−4，　+4，　−1.5，　+1.5

数字の部分が同じ 2 数について，どんなことがいえるでしょうか。(図は省略)

ガイド　正の数は 0 より右側に，負の数は左側に表します。
数直線上では，数は右へいくほど大きくなり，左へいくほど小さくなります。

解答

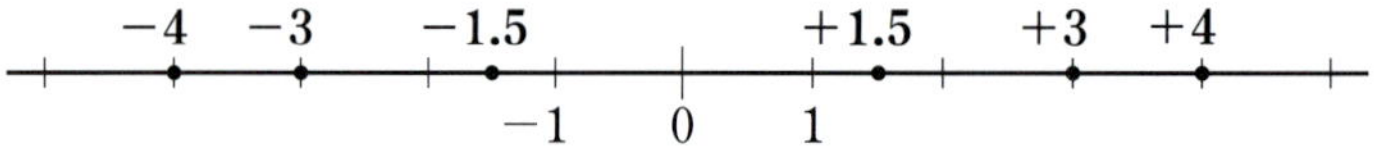

ある数と，その符号を変えた数とは，数直線上では，0 について反対側にあって，0 からの距離が等しくなっている。

問 1　**教科書 p.19**

次の数の絶対値をいいなさい。
また，次の数の符号を変えた数をいいなさい。

(1)　−5　　(2)　+8　　(3)　−3.5　　(4)　$\frac{3}{4}$

ガイド　絶対値は符号をとりさった数と考えます。

解答

絶対値…(1)　**5**　(2)　**8**　(3)　**3.5**　(4)　$\mathbf{\frac{3}{4}}$

符号を変えた数…(1)　**+5**　(2)　**−8**　(3)　**+3.5**　(4)　$\mathbf{-\frac{3}{4}}$

数の大小

問2 次の 2 数のうち，大きい数はどちらですか。
また，絶対値が大きい数はどちらですか。

教科書 p.20

(1)　-4 と 3　　　(2)　-5 と -2

ガイド 数の大小は，くらべる数を数直線上に表して，右の方にあるものほど大きいと考えます。また，絶対値の大小は，0 からの距離で考えます。

解答 (1) 

だから，**3 の方が大きい。**

絶対値は，-4 の方が大きい。

(2) 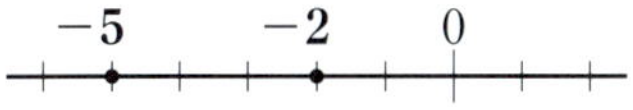

だから，**-2 の方が大きい。**

絶対値は，-5 の方が大きい。

参考 絶対値の大小は，符号をとりさった数でくらべてもよいです。

問3 次の□に不等号を書き入れて，2 数の大小を表しなさい。

教科書 p.20

(1)　$4\square 5$　　　(2)　$-3\square -7$

(3)　$-1.6\square -0.6$　　　(4)　$-\frac{3}{8}\square -\frac{5}{8}$

ガイド 正の数と正の数では，絶対値の大きい方が大きい。
負の数と負の数では，絶対値の大きい方が小さい。
負の数について，絶対値の大小をくらべると，

(2)　$3<7$　　(3)　$1.6>0.6$　　(4)　$\frac{3}{8}<\frac{5}{8}$

解答 (1)　$4\boxed{<}5$　　(2)　$-3\boxed{>}-7$　　(3)　$-1.6\boxed{<}-0.6$　　(4)　$-\frac{3}{8}\boxed{>}-\frac{5}{8}$

数直線を使って

問4 上の数直線を使って，-4 より 5 大きい数を求めなさい。(図は省略)

教科書 p.21

ガイド -4 より 5 大きい数は，数直線で，

　　-4 より右に 5 進んだ点

として表されます。

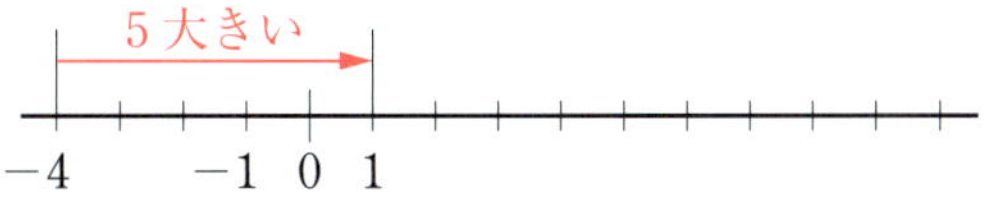

-4 より 4 大きい数は 0 で，さらに 0 より 1 大きい数になります。

解答 **1**

問5 上の数直線を使って，-4 より 2 小さい数を求めなさい。(図は省略)　教科書 p.21

ガイド -4 より 2 小さい数は，数直線で，
　　-4 より左に 2 進んだ点
として表されます。

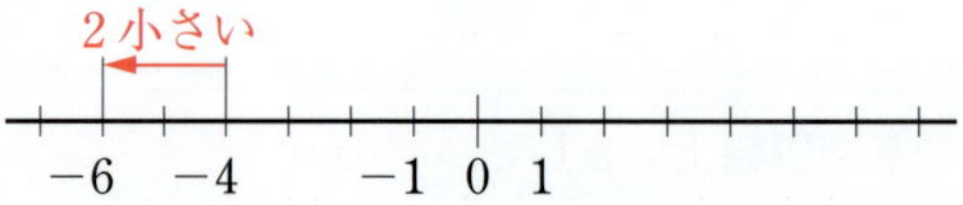

解答 -6

問6 上の数直線を使って，-2 より -3 大きい数を求めなさい。(図は省略)　教科書 p.21

ガイド -2 より -3 大きい数は，-2 より 3 小さい数です。
-2 より 3 小さい数は，数直線で，
　　-2 より左に 3 進んだ点
として表されます。

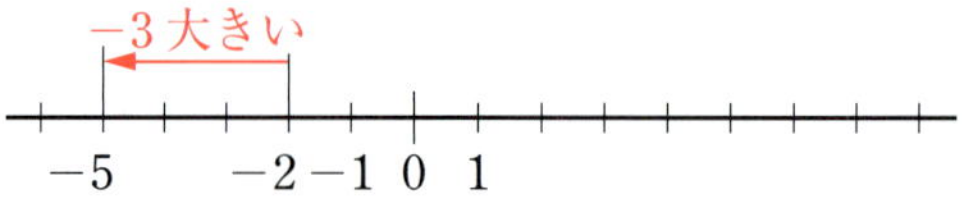

解答 -5

問7 上の数直線を使って，-2 より -3 小さい数を求めなさい。(図は省略)　教科書 p.22

ガイド -2 より -3 小さい数は，-2 より 3 大きい数です。
-2 より 3 大きい数は，数直線で，
　　-2 より右に 3 進んだ点
として表されます。

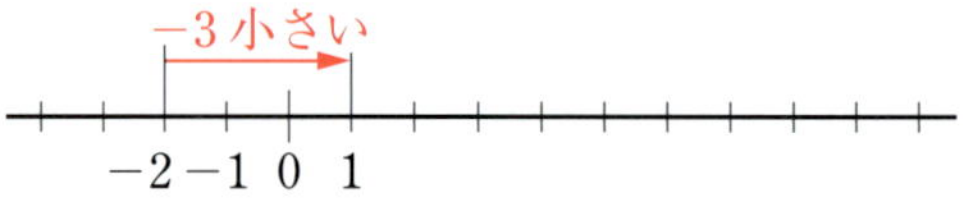

-2 より 2 大きい数は 0 で，さらに 0 より 1 大きい数になります。

解答 1

問8 下の数直線を使って，次の数を求めなさい。　教科書 p.22

(1)　-5 より 3 大きい数　　(2)　-3 より 5 大きい数
(3)　3 より 6 小さい数　　(4)　-1 より 4 小さい数
(5)　1 より -4 大きい数　　(6)　-1 より -3 大きい数
(7)　2 より -3 小さい数　　(8)　-4 より -8 小さい数

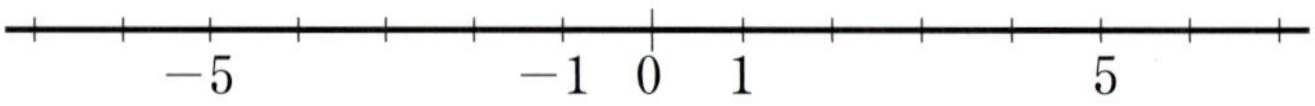

ガイド ある数より負の数だけ大きい数→正の数だけ小さい数
ある数より負の数だけ小さい数→正の数だけ大きい数
(5)　−4 大きい数→ 4 小さい数　　(6)　−3 大きい数→ 3 小さい数
(7)　−3 小さい数→ 3 大きい数　　(8)　−8 小さい数→ 8 大きい数

解答 (1)　−2
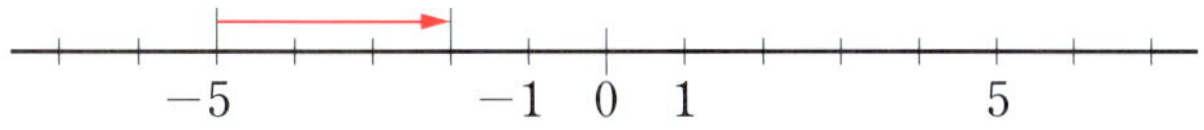

(2)　2 (+2)
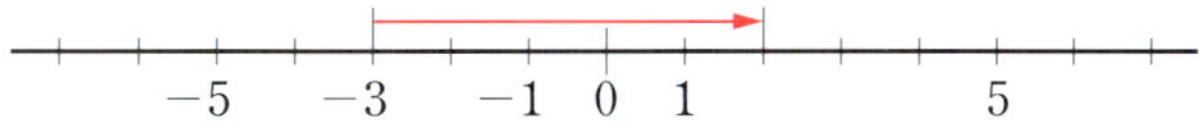

(3)　−3
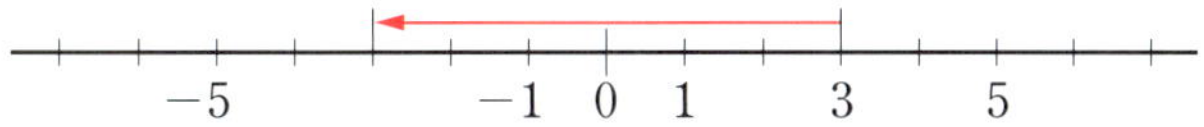

(4)　−5
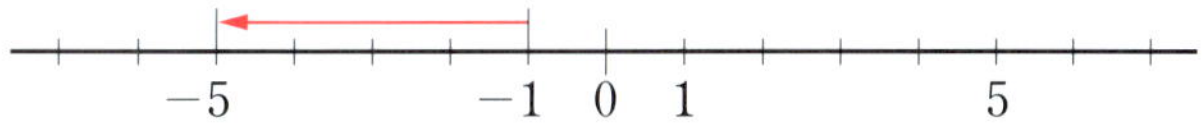

(5)　−3
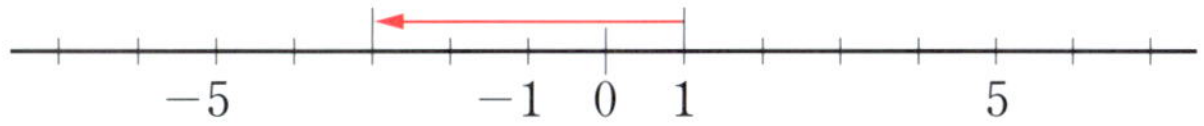

(6)　−4
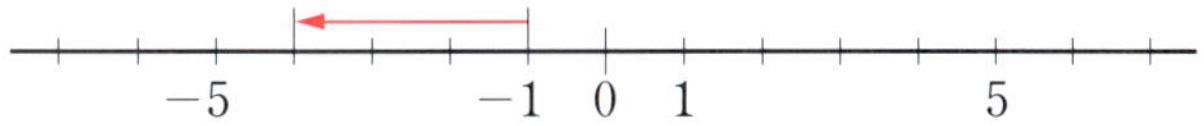

(7)　5 (+5)
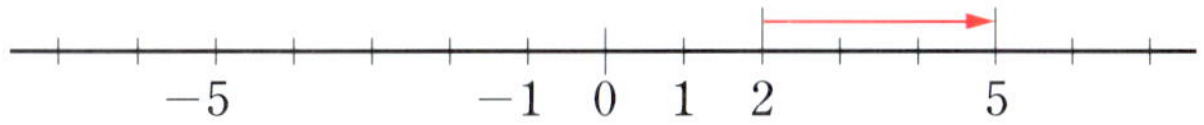

(8)　4 (+4)
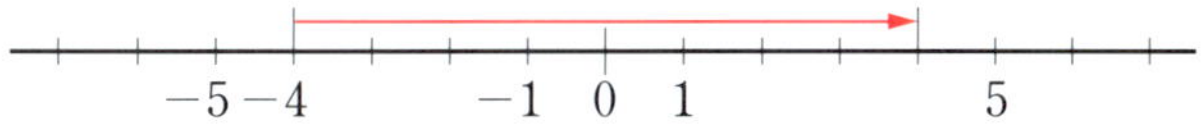

練習問題　　3 絶対値と数の大小　p.22

1 絶対値が 2 以下の整数をすべていいなさい。

ガイド 以下… 2 以下とは，2 に等しいかそれより小さい数
絶対値が 2 以下の整数は，絶対値が 2，1，0 の整数です。
絶対値が 2 の整数は，2 と −2 です。
絶対値が 1 の整数は，1 と −1 です。
絶対値が 0 の整数は，0 だけです。

解答 −2，−1，0，1，2 (正の整数には＋をつけてもよい)

2 絶対値が 2 以上 5 以下の整数はいくつありますか。

ガイド 以上… 2 以上とは，2 に等しいかそれより大きい数
以下… 5 以下とは，5 に等しいかそれより小さい数
絶対値が 2 以上 5 以下の整数は，
−5，−4，−3，−2，2，3，4，5

解答 8 つ

③ 次の□に不等号を書き入れて，2数の大小を表しなさい。

(1)　$-0.01\square-0.1$　　　(2)　$-\frac{1}{2}\square-\frac{1}{3}$

ガイド 負の数は，絶対値が大きいほど小さいです。
0.01 と 0.1 の大小は，$0.01<0.1$
$\frac{1}{2}$ と $\frac{1}{3}$ の大小は，通分すると $\frac{3}{6}$ と $\frac{2}{6}$ になるから，$\frac{1}{2}>\frac{1}{3}$

解答 (1)　$-0.01\boxed{>}-0.1$　　(2)　$-\frac{1}{2}\boxed{<}-\frac{1}{3}$

④ 次の数を，小さい方から順に並べなさい。
また，絶対値の小さい方から順に並べなさい。

$-0.5,\quad 0.2,\quad -1.2,\quad 0,\quad \frac{3}{5},\quad -\frac{8}{5}$

ガイド 小さい順に並べるから，負の数＜0＜正の数 となります。
また，分数は，小数になおして考えるとわかりやすくなります。

$\frac{3}{5}=0.6,\quad -\frac{8}{5}=-1.6$

絶対値の大小は，符号をとりさって考えるとわかりやすくなります。

解答 小さい方から順に，$-\frac{8}{5}$，-1.2，-0.5，0，0.2，$\frac{3}{5}$

絶対値の小さい方から順に，0，0.2，-0.5，$\frac{3}{5}$，-1.2，$-\frac{8}{5}$

負の数はどんな必要からできたのだろうか？

ある数から他の数をひくとき，ひく数がひかれる数より小さいときばかりだろうか？
5−3 や 3−3 の答えは，正の数か 0 であるが，3−5 はいくらになるだろうか？
そこで，3−5 のような場合にも，2つの数のひき算が自由にできるようにするために，負の数が考え出されたのです。
これが 0 より小さい数です。3−5 のような計算は，次の節で学びます。

2節 正の数・負の数の計算

(−4)+6 や 5+(−6) は，どんな数を求める計算かな？

けいたさんは，この計算をするために，小学校で学んだ計算をふりかえりました。

ふりかえり

3人
6人くると，何人になりますか。

左の問題の答えを求める式は，

3+6

これは，3 より 6 大きい数を求める計算を表しています。

これを数直線を使って考えると，

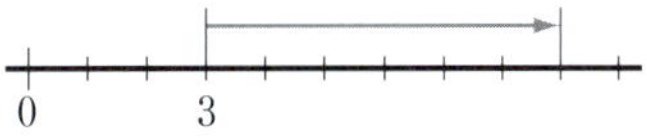

自分のことばで伝えよう

教科書 p.23

ふりかえり と同じようにして，(−4)+6 や 5+(−6) が，どんな数を求める計算になるか，数直線を使って説明しましょう。

解答例

• (−4)+6 ⇨ −4 より 6 [大きい] 数を求める計算

数直線で，**−4 より右に 6 進んだ点として表される数 2** を求める計算である。

• 5+(−6) ⇨ 5 より [−6] 大きい数を求める計算

「−6 大きい」のように，負の数を使って表されたことばは，「6 小さい」のように，負の数を使わないで表すことができる。

つまり，5 より 6 小さい数を求める計算になる。

−6 大きい
↓
6 小さい

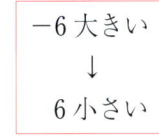

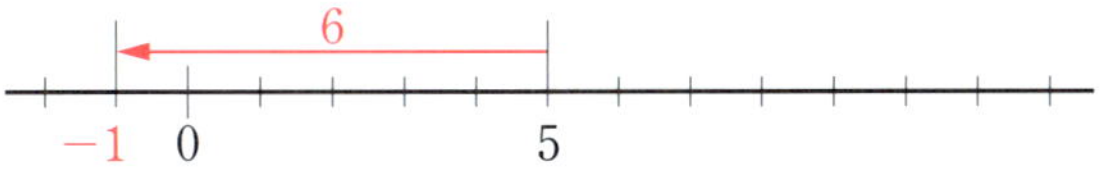

数直線で，**5 より左に 6 進んだ点として表される数 −1** を求める計算である。

1 正の数・負の数の加法，減法

学習のねらい

2数の加法の計算で，符号と絶対値に着目して計算することを理解します。また，減法が加法になおせることから，正の数・負の数のたし算，ひき算の計算を能率的にできるようにします。

教科書のまとめ　テスト前にチェック

□加　法
▶たし算のことを，**加法**といいます。

□正の数・負の数の加法
▶① 同符号の2数の和
符　号……2数と同じ符号
絶対値……2数の絶対値の和
例　$(+4)+(+6)=+(4+6)$　　$(-4)+(-6)=-(4+6)$

② 異符号の2数の和
符　号……絶対値の大きい方の符号
絶対値……2数の絶対値の大きい方から小さい方をひいた差
例　$(+4)+(-6)=-(6-4)$　　$(-4)+(+6)=+(6-4)$

③ 絶対値が等しい異符号の2数の和は0です。
例　$(+5)+(-5)=0$

④ 0と正の数・負の数との和は，その数のままです。
例　$0+(+4)=+4$　　$0+(-6)=-6$

□加法の計算法則
▶a，b，c がどんな数でも，次の式が成り立ちます。
$a+b=b+a$　　**加法の交換法則**
$(a+b)+c=a+(b+c)$　　**加法の結合法則**

□減　法
▶ひき算のことを，**減法**といいます。

□減法を加法になおして計算する
▶正の数・負の数をひくには，符号を変えた数をたせばよいです。
例　$4-6=4+(-6)$　　$(-4)-6=(-4)+(-6)$
$4-(-6)=4+(+6)$　　$(-4)-(-6)=(-4)+(+6)$

加　法

次の2数の和を，数直線を使って求め，◯の中にはその符号を，□の中にはその絶対値を書き入れましょう。(①〜⑧は省略)　教科書 p.25

ガイド　まず，数直線を使って，これまで学習した方法で，2数の和を求めます。③〜⑥のように，負の数をたす計算は，例えば，「-4 大きい」は「4小さい」として計算します。この計算結果から，2数の和の符号や絶対値に着目して，次のまとめにはいります。

解答

① $(+3)+(+4)=+\boxed{7}$

② $(+6)+(+2)=+\boxed{8}$

③ $(-3)+(-4)=-\boxed{7}$

④ $(-6)+(-2)=-\boxed{8}$

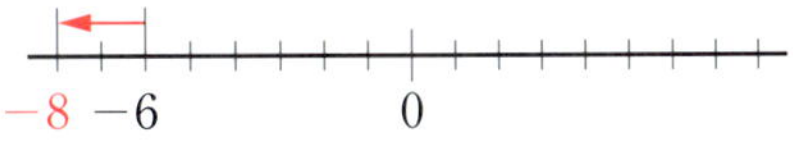

⑤ $(+3)+(-4)=-\boxed{1}$

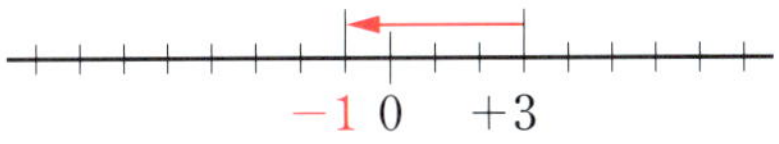

⑥ $(+6)+(-2)=+\boxed{4}$

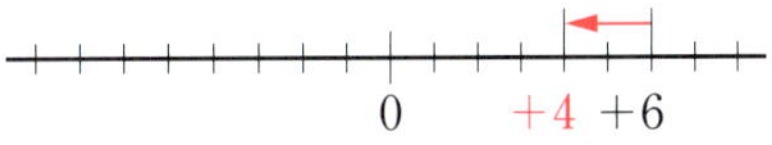

⑦ $(-3)+(+4)=+\boxed{1}$

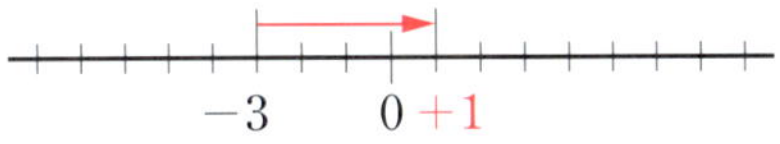

⑧ $(-6)+(+2)=-\boxed{4}$

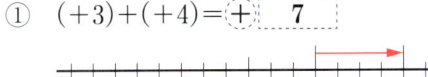

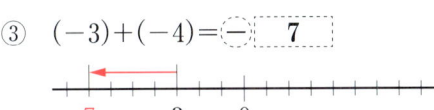

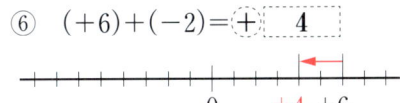

---

2 数の和の符号や絶対値について，どんなことがいえるでしょうか。わかったことを，下のようにまとめましょう。

教科書 p.25

ガイド 2 数の符号，和の符号に着目します。2 数の符号が（＋，＋），（−，−）のように同じときは同符号，（＋，−），（−，＋）のように異なるときは異符号といいます。

解答 〈わかったこと〉

2 数の符号と，それらの和の符号◯を見てみると，

- 正の数どうしの和は，いつも **正の数**
- 負の数どうしの和は，いつも **負の数**

になっている。正の数と負の数の和は，正の数になったり，負の数になったりしている。

□の中の数を見てみると，2 数の絶対値の和になっているか，差になっているかのどちらかになっている。

- 和になるのは，2 数の符号が **同じ** とき
- 差になるのは，2 数の符号が **違う** とき

である。

上の✿の式の

（正の数どうしの和）
① $(+3)+(+4)=+7$
② $(+6)+(+2)=+8$

（負の数どうしの和）
③ $(-3)+(-4)=-7$
④ $(-6)+(-2)=-8$

（和になるとき）
① $(+3)+(+4)=+7$
② $(+6)+(+2)=+8$
③ $(-3)+(-4)=-7$
④ $(-6)+(-2)=-8$

（差になるとき）
⑤ $(+3)+(-4)=-1$
⑥ $(+6)+(-2)=+4$
⑦ $(-3)+(+4)=+1$
⑧ $(-6)+(+2)=-4$

問 1 **例 1**，**例 2** のようにして，次の計算をしなさい。

教科書 p.26

(1) $(-8)+(-3)$　　(2) $(-6)+(-10)$

(3) $(-7)+(+18)$　　(4) $(+5)+(-9)$

ガイド まず和の符号を決め，それから絶対値の計算をします。

解答
(1) $(-8)+(-3)$
$=-(8+3)=\mathbf{-11}$
(2) $(-6)+(-10)$
$=-(6+10)=\mathbf{-16}$
(3) $(-7)+(+18)$
$=+(18-7)=\mathbf{+11}$
(4) $(+5)+(-9)$
$=-(9-5)=\mathbf{-4}$

問2 次の計算をしなさい。 教科書 p.26

(1) $(+21)+(-26)$　(2) $(-35)+(+38)$　(3) $(-25)+(+22)$
(4) $(+34)+(-28)$　(5) $(-27)+(-34)$　(6) $(-12)+(-12)$
(7) $(-49)+(+49)$　(8) $0+(-37)$

ガイド けた数が多くなっても，まず和の符号を決め，それから絶対値の計算をします。

解答
(1) $(+21)+(-26)$
$=-(26-21)$
$=\mathbf{-5}$
(2) $(-35)+(+38)$
$=+(38-35)$
$=\mathbf{+3}$
(3) $(-25)+(+22)$
$=-(25-22)$
$=\mathbf{-3}$
(4) $(+34)+(-28)$
$=+(34-28)$
$=\mathbf{+6}$
(5) $(-27)+(-34)$
$=-(27+34)$
$=\mathbf{-61}$
(6) $(-12)+(-12)$
$=-(12+12)$
$=\mathbf{-24}$
(7) $(-49)+(+49)=\mathbf{0}$　(8) $0+(-37)=\mathbf{-37}$

参考 (7)のように，絶対値が等しい異符号の2数の和は0です。
(8)のように，0と正の数，0と負の数との和は，その数のままです。

問3 トランプで，♠，♣のカードに書かれた数字を正の点数，♥，♦のカードに書かれた数字を負の点数とします。このとき，下の2枚のカードの点数の和は，どんな加法の計算で求められるでしょうか。それぞれ式を書いて，その和を求めなさい。(図は省略) 教科書 p.27

ガイド 黒のカードに書かれた数字を正の数，赤のカードに書かれた数字を負の数として計算します。ここでも，まず和の符号を決め，それから絶対値の計算をします。

解答
(1) $(+8)+(-4)=\mathbf{+4}$　(2) $(-4)+(-6)=\mathbf{-10}$　(3) $(-5)+(-5)=\mathbf{-10}$
(4) $(-9)+(+9)=\mathbf{0}$　(5) $(-7)+(+9)=\mathbf{+2}$　(6) $(+4)+(-10)=\mathbf{-6}$

問4 次の計算をしなさい。 教科書 p.27

(1) $(-0.4)+(-0.3)$　(2) $(+5.3)+(-2.3)$　(3) $\left(-\frac{3}{7}\right)+\left(+\frac{2}{7}\right)$
(4) $\left(-\frac{4}{5}\right)+\left(-\frac{1}{5}\right)$　(5) $\left(-\frac{1}{3}\right)+\left(-\frac{1}{4}\right)$　(6) $\left(+\frac{1}{6}\right)+\left(-\frac{3}{10}\right)$

ガイド 数の中に小数や分数があっても，計算のしかたに変わりはありません。異分母の分数の加法では，まず通分しておくと，どちらの数の絶対値が大きいかわかりやすくなります。

解答 (1) $(-0.4)+(-0.3)$
$=-(0.4+0.3)$
$=\mathbf{-0.7}$

(2) $(+5.3)+(-2.3)$
$=+(5.3-2.3)$
$=\mathbf{+3}$

(3) $\left(-\frac{3}{7}\right)+\left(+\frac{2}{7}\right)$
$=-\left(\frac{3}{7}-\frac{2}{7}\right)=\mathbf{-\frac{1}{7}}$

(4) $\left(-\frac{4}{5}\right)+\left(-\frac{1}{5}\right)$
$=-\left(\frac{4}{5}+\frac{1}{5}\right)$
$=\mathbf{-1}$
$\frac{5}{5}=1$

(5) $\left(-\frac{1}{3}\right)+\left(-\frac{1}{4}\right)$
まず通分する。
$=\left(-\frac{4}{12}\right)+\left(-\frac{3}{12}\right)$
$=-\left(\frac{4}{12}+\frac{3}{12}\right)$
$=\mathbf{-\frac{7}{12}}$

(6) $\left(+\frac{1}{6}\right)+\left(-\frac{3}{10}\right)$
6 と 10 の最小公倍数は 30
$=\left(+\frac{5}{30}\right)+\left(-\frac{9}{30}\right)$
$=-\left(\frac{9}{30}-\frac{5}{30}\right)$
$=-\frac{4}{30}=\mathbf{-\frac{2}{15}}$
答えは約分する。

加法の計算法則

問5 $\{(+3)+(-4)\}+(-5)$, $(+3)+\{(-4)+(-5)\}$
をそれぞれ計算し，結果が等しいことを確かめなさい。

教科書 p.28

ガイド 負の数をふくむ場合にも，加法の結合法則 $(a+b)+c=a+(b+c)$ が成り立つかどうか，具体的な数で確かめる問題です。

解答

$\{(+3)+(-4)\}+(-5)$
$=\{-(4-3)\}+(-5)$
$=(-1)+(-5)$
$=-(1+5)=-6$

$(+3)+\{(-4)+(-5)\}$
$=(+3)+\{-(4+5)\}$
$=(+3)+(-9)$
$=-(9-3)=-6$

だから，**結果は等しくなる。**

減　法

次の□にあてはまる数を答えましょう。

教科書 p.28

(1) $(+9)-(+3)$ は，$+9$ より□小さい数を求める計算で，
これは，$+9$ より□大きい数を求める計算と同じです。
(2) $(-5)-(+7)$ は，-5 より□小さい数を求める計算で，
これは，-5 より□大きい数を求める計算と同じです。
このことから，(1)，(2)の式を，たし算で表してみましょう。
$(+9)-(+3)=(+9)+$□　　$(-5)-(+7)=(-5)+$□

ガイド 「3 小さい」は「-3 大きい」を使って計算します。

解答 (1) **+3，−3**　　(2) **+7，−7，(−3)，(−7)**

自分のことばで伝えよう

教科書 p.29

負の数をひく計算 $(-5)-(-7)$ が，正の数をたす計算 $(-5)+(+7)$ になおせることを説明しましょう。

ガイド 負の数をひく計算を，正の数をたす計算になおすことを考えます。

解答例 $(-5)-(-7)$ は，-5 より $\underline{-7\text{ 小さい数}}$を求める計算で，

これは，　　　-5 より $\underline{+7\text{ 大きい数}}$を求める計算と同じ。

このことから，$(-5)-(-7)=(-5)+(+7)$ となって，

$(-5)-(-7)$ は $(-5)+(+7)$ になおせることがわかる。

問6

教科書 p.29

次の計算をしなさい。

(1) $(+6)-(-2)$　(2) $(-9)-(+4)$　(3) $0-(-7)$

(4) $(-5)-(-5)$　(5) $(-27)-(-12)$　(6) $(-17)-(+54)$

ガイド 正の数・負の数をひくには，符号を変えた数をたして計算します。

解答

(1) $(+6)-(-2)$
$=(+6)+(+2)$
$=+(6+2)=\mathbf{+8}$

(2) $(-9)-(+4)$
$=(-9)+(-4)$
$=-(9+4)=\mathbf{-13}$

(3) $0-(-7)$
$=0+(+7)=\mathbf{+7}$

(4) $(-5)-(-5)$
$=(-5)+(+5)=\mathbf{0}$

(5) $(-27)-(-12)$
$=(-27)+(+12)$
$=-(27-12)=\mathbf{-15}$

(6) $(-17)-(+54)$
$=(-17)+(-54)$
$=-(17+54)=\mathbf{-71}$

問7

教科書 p.29

次の計算をしなさい。

(1) $(-1.6)-(+0.6)$　(2) $(+3.5)-(-2.3)$

(3) $\left(-\frac{1}{6}\right)-\left(-\frac{5}{6}\right)$　(4) $\left(+\frac{1}{2}\right)-\left(-\frac{1}{3}\right)$

ガイド 数の中に小数や分数があっても，減法の計算のしかたに変わりはありません。

解答

(1) $(-1.6)-(+0.6)$
$=(-1.6)+(-0.6)$
$=-(1.6+0.6)=\mathbf{-2.2}$

(2) $(+3.5)-(-2.3)$
$=(+3.5)+(+2.3)$
$=+(3.5+2.3)=\mathbf{+5.8}$

(3) $\left(-\frac{1}{6}\right)-\left(-\frac{5}{6}\right)$
$=\left(-\frac{1}{6}\right)+\left(+\frac{5}{6}\right)$
$=+\left(\frac{5}{6}-\frac{1}{6}\right)=+\frac{4}{6}=\mathbf{+\frac{2}{3}}$
（約分する。）

(4) $\left(+\frac{1}{2}\right)-\left(-\frac{1}{3}\right)$
$=\left(+\frac{1}{2}\right)+\left(+\frac{1}{3}\right)$
$=\left(+\frac{3}{6}\right)+\left(+\frac{2}{6}\right)=+\left(\frac{3}{6}+\frac{2}{6}\right)=\mathbf{+\frac{5}{6}}$

練習問題

1 正の数・負の数の加法，減法 p.29

① 次の計算をしなさい。

(1) $(+6)+(+4)$　(2) $(-7)+(-8)$　(3) $(+2)-(+6)$

(4) $(+32)-(+47)$　(5) $(-14)+(+22)$　(6) $(-28)+(-72)$

(7) $(+47)-(+32)$　(8) $(-36)-(-18)$　(9) $(-35)+(+35)$

ガイド 減法は加法になおして計算します。

解答

(1) $(+6)+(+4)$
$=+(6+4)$
$=\mathbf{+10}$

(2) $(-7)+(-8)$
$=-(7+8)$
$=\mathbf{-15}$

(3) $(+2)-(+6)$
$=(+2)+(-6)$
$=-(6-2)$
$=\mathbf{-4}$

(4) $(+32)-(+47)$
$=(+32)+(-47)$
$=-(47-32)$
$=\mathbf{-15}$

(5) $(-14)+(+22)$
$=+(22-14)$
$=\mathbf{+8}$

(6) $(-28)+(-72)$
$=-(28+72)$
$=\mathbf{-100}$

(7) $(+47)-(+32)$
$=(+47)+(-32)$
$=+(47-32)$
$=\mathbf{+15}$

(8) $(-36)-(-18)$
$=(-36)+(+18)$
$=-(36-18)$
$=\mathbf{-18}$

(9) $(-35)+(+35)$
$=\mathbf{0}$　絶対値が等しい異符号の2数の和は0

② 次の計算をしなさい。

(1) $(-3.3)+(-4.7)$　(2) $(-3.9)-(-6.4)$　(3) $(-1.2)-(+1.2)$

(4) $\left(-\frac{7}{9}\right)+\left(-\frac{5}{9}\right)$　(5) $\left(+\frac{4}{5}\right)+\left(-\frac{3}{2}\right)$　(6) $\left(-\frac{1}{8}\right)-\left(-\frac{5}{6}\right)$

解答

(1) $(-3.3)+(-4.7)$
$=-(3.3+4.7)$
$=\mathbf{-8}$

(2) $(-3.9)-(-6.4)$
$=(-3.9)+(+6.4)$
$=+(6.4-3.9)$
$=\mathbf{+2.5}$

(3) $(-1.2)-(+1.2)$
$=(-1.2)+(-1.2)$
$=-(1.2+1.2)$
$=\mathbf{-2.4}$

(4) $\left(-\frac{7}{9}\right)+\left(-\frac{5}{9}\right)$
$=-\left(\frac{7}{9}+\frac{5}{9}\right)$
$=-\frac{12}{9}$
$=\mathbf{-\frac{4}{3}}$

(5) $\left(+\frac{4}{5}\right)+\left(-\frac{3}{2}\right)$
$=\left(+\frac{8}{10}\right)+\left(-\frac{15}{10}\right)$
$=-\left(\frac{15}{10}-\frac{8}{10}\right)$
$=\mathbf{-\frac{7}{10}}$

(6) $\left(-\frac{1}{8}\right)-\left(-\frac{5}{6}\right)$
$=\left(-\frac{1}{8}\right)+\left(+\frac{5}{6}\right)$
$=\left(-\frac{3}{24}\right)+\left(+\frac{20}{24}\right)$
$=+\left(\frac{20}{24}-\frac{3}{24}\right)$
$=\mathbf{+\frac{17}{24}}$

2 加法と減法の混じった計算

学習のねらい

3つ以上の数の加法と減法について，減法が加法になおせることから，加法だけの式にして，加法の交換法則，結合法則を使って，計算することを学習します。

教科書のまとめ　テスト前にチェック

□項
▶加法だけの式　$(+6)+(-7)+(-4)+(+8)$ で，$+6$，-7，-4，$+8$ を，この式の**項**（こう）といいます。
また，$+6$，$+8$　を**正の項**，-7，-4　を**負の項**といいます。

□加法と減法の混じった計算
▶加法と減法の混じった式では，加法だけの式になおし，正の項の和，負の項の和を，それぞれ求めて計算することができます。

$(+6)+(-7)+(-4)+(+8)$（$+6$，$+8$ が正の項，-7，-4 が負の項）

□和とみる
▶$6-7-4+8$ は，6，-7，-4，8 の和とみることができます。

$(+7)-(+8)+(-5)-(-9)$ は，どのように計算すればよいでしょうか。　教科書 p.30

ガイド　加法だけの式になおし，加法の結合法則を使って，正の項の和，負の項の和をそれぞれ求めてから計算します。

解答
$(+7)-(+8)+(-5)-(-9)=(+7)+(-8)+(-5)+(+9)$
$=(+7)+(+9)+(-8)+(-5)=(+16)+(-13)=+3$

問1　次の式を，加法だけの式になおして計算しなさい。　教科書 p.30

(1)　$(+2)-(-9)+(-5)$　　(2)　$(-4)+(+5)-(-6)+(-7)$

ガイド　加法だけの式になおし，正の項の和，負の項の和を，それぞれ求めて計算します。

解答
(1)　$(+2)-(-9)+(-5)$
$=(+2)+(+9)+(-5)$
$=(+11)+(-5)$
$=+6$

(2)　$(-4)+(+5)-(-6)+(-7)$
$=(-4)+(+5)+(+6)+(-7)$
$=(+5)+(+6)+(-4)+(-7)$
$=(+11)+(-11)=0$

問2　次の計算をしなさい。　教科書 p.31

(1)　$6-9$　　(2)　$-8+4$　　(3)　$-15-8$
(4)　$3-5-4$　　(5)　$-2+8-6$　　(6)　$1-2+3-4$

ガイド
(1)　$6-9$ は，$(+6)+(-9)=-(9-6)=-3$ と計算しますが，解答の中に書かなくてもすぐに計算できるようにしましょう。
(6)　$1-2+3-4$ は，$1+(-2)+3+(-4)$ と考えて計算します。

解答 (1) $6-9=\mathbf{-3}$　(2) $-8+4=\mathbf{-4}$　(3) $-15-8=\mathbf{-23}$

(4) $3-5-4$
$=3-9$
$=\mathbf{-6}$

(5) $-2+8-6$
$=8-2-6$
$=8-8=\mathbf{0}$

(6) $1-2+3-4$
$=1+3-2-4$
$=4-6=\mathbf{-2}$

問3 次の計算をしなさい。 教科書 p.31

(1) $6-10+(-15)$　(2) $-12+8-(-14)$　(3) $9-12+7-13$

(4) $-8-4+(-1)-(-7)$　(5) $-24-(-15)+(-35)+24$

ガイド かっこのない式になおし，正の項の和，負の項の和をそれぞれ求めて計算します。

解答 (1) $6-10+(-15)$
$=6-10-15$
$=6-25=\mathbf{-19}$

(2) $-12+8-(-14)$
$=-12+8+14$
$=8+14-12=22-12=\mathbf{10}$

(3) $9-12+7-13$
$=9+7-12-13$
$=16-25=\mathbf{-9}$

(4) $-8-4+(-1)-(-7)$
$=-8-4-1+7$
$=7-8-4-1=7-13=\mathbf{-6}$

(5) $-24-(-15)+(-35)+24=\underline{-24}+15-35\underline{+24}=15-35=\mathbf{-20}$
（-24 と $+24$：和は 0）

自分のことばで伝えよう 教科書 p.32

$-3+9-5-9$ を，けいたさんとかりんさんは，次のように計算しました。
それぞれ，どのように考えて計算したのか説明しましょう。(2 人の計算は省略)

解答例

〈けいたさん〉

$-3+9-5-9$
$=9-3-5-9$
$=9-17$
$=-8$

正の項の和，負の項の和をそれぞれ求めて計算している。

〈かりんさん〉

$-3+9-5-9$
$=-3+9-5-9$
$=-3-5$
$=-8$

$+9-9=0$ をさきに計算して，残った $-3-5$ を計算している。

練習問題　2 加法と減法の混じった計算　p.32

① 次の計算をしなさい。

(1) $(-2)+(+6)+(-7)$　(2) $(-4)-(+15)-(-9)$　(3) $(+12)+(-3)-(+6)-(-1)$

ガイド 加法と減法の混じった式では，加法だけの式になおし，正の項の和，負の項の和をそれぞれ求めて計算するとよいです。

解答　(1)　$(-2)+(+6)+(-7)=(+6)+(-2)+(-7)=(+6)+(-9)=\mathbf{-3}$

(2)　$(-4)-(+15)-(-9)=(-4)+(-15)+(+9)=(-19)+(+9)=\mathbf{-10}$

(3)　$(+12)+(-3)-(+6)-(-1)=(+12)+(-3)+(-6)+(+1)$

$=(+12)+(+1)+(-3)+(-6)=(+13)+(-9)=\mathbf{4}$

参考　かっこのない式になおし，正と負のそれぞれの項の和を求めて計算してもよいです。

(1)　$(-2)+(+6)+(-7)=-2+6-7=6-9=-3$

(2)　$(-4)-(+15)-(-9)=-4-15+9=9-19=-10$

(3)　$(+12)+(-3)-(+6)-(-1)=12-3-6+1=12+1-3-6=13-9=4$

②　次の計算をしなさい。

(1)　$20-(-13)$　(2)　$14-16$　(3)　$-11+5$　(4)　$2.8-(-1.9)$

(5)　$-7.8+4.8$　(6)　$-6.3-1.8$　(7)　$-\frac{3}{5}+\frac{1}{5}$　(8)　$\frac{2}{3}-\frac{5}{6}$

(9)　$-\frac{5}{7}-\left(-\frac{3}{4}\right)$　(10)　$-8+7-9$　(11)　$-16-(-14)+8$

解答

(1)　$20-(-13)$
$=20+13$
$=\mathbf{33}$

(2)　$14-16$
$=\mathbf{-2}$

(3)　$-11+5$
$=\mathbf{-6}$

(4)　$2.8-(-1.9)$
$=2.8+1.9$
$=\mathbf{4.7}$

(5)　$-7.8+4.8$
$=\mathbf{-3}$

(6)　$-6.3-1.8$
$=\mathbf{-8.1}$

(7)　$-\frac{3}{5}+\frac{1}{5}$
$=\mathbf{-\frac{2}{5}}$

(8)　$\frac{2}{3}-\frac{5}{6}$
$=\frac{4}{6}-\frac{5}{6}=\mathbf{-\frac{1}{6}}$

(9)　$-\frac{5}{7}-\left(-\frac{3}{4}\right)$
$=-\frac{5}{7}+\frac{3}{4}$
$=-\frac{20}{28}+\frac{21}{28}=\mathbf{\frac{1}{28}}$

(10)　$-8+7-9$
$=7-8-9$
$=7-17$
$=\mathbf{-10}$

(11)　$-16-(-14)+8$
$=-16+14+8$
$=-16+22$
$=\mathbf{6}$

③　次の計算をしなさい。

(1)　$-3+7+18-6$　(2)　$24-15-22+13$

(3)　$-6+12-9-12$　(4)　$12+(-31)-45-(-31)$

解答

(1)　$-3+7+18-6$
$=7+18-3-6$
$=25-9=\mathbf{16}$

(2)　$24-15-22+13$
$=24+13-15-22$
$=37-37=\mathbf{0}$

(3)　$-6+12-9-12$
$=12-6-9-12$（12 と -12 の和は 0）
$=\mathbf{-15}$

(4)　$12+(-31)-45-(-31)$
$=12-31-45+31$（-31 と $+31$ の和は 0）
$=\mathbf{-33}$

3 正の数・負の数の乗法，除法

学習のねらい

正の数・負の数の乗法(じょうほう)，除法(じょほう)について，計算のしかたや意味を十分理解し，計算が自由にできるようにします。

教科書のまとめ テスト前にチェック

□正の数・負の数をかけること
▶負の数×正の数
正の数×負の数 ……絶対値の積に負の符号をつけます。
負の数×負の数………絶対値の積に正の符号をつけます。
例　$(-5)\times2=-10$　$5\times(-2)=-10$　$(-5)\times(-2)=10$

□正の数・負の数でわること
▶負の数÷正の数
正の数÷負の数 ……絶対値の商に負の符号をつけます。
負の数÷負の数………絶対値の商に正の符号をつけます。
例　$(-10)\div2=-5$　$10\div(-2)=-5$　$(-10)\div(-2)=5$

□乗法と除法
▶かけ算のことを**乗法**(じょうほう)，わり算のことを**除法**(じょほう)といいます。

正の数をかけること

教科書 p.33

$(-2)\times3$ は，たし算で表すとどうなるでしょうか。

ガイド $(-2)\times3$ は，-2 を3つたしたものと考えられます。

解答 -2 が3つ分で，　$(-2)\times3=(-2)+(-2)+(-2)$

教科書 p.33

問1 次の計算をしなさい。

(1)　$(-3)\times7$　(2)　$(-6)\times8$　(3)　$(-12)\times6$

ガイド 負の数に正の数をかけるとき，絶対値の積に－をつけます。

解答 (1)　$(-3)\times7=-(3\times7)=\mathbf{-21}$　(2)　$(-6)\times8=-(6\times8)=\mathbf{-48}$

(3)　$(-12)\times6=-(12\times6)=\mathbf{-72}$

負の数をかけること

教科書 p.34

問2 次の計算をしなさい。

(1)　$5\times(-6)$　(2)　$9\times(-8)$　(3)　$10\times(-10)$

ガイド 正の数に負の数をかけるとき，絶対値の積に－をつけます。

解答 (1)　$5\times(-6)=-(5\times6)=\mathbf{-30}$　(2)　$9\times(-8)=-(9\times8)=\mathbf{-72}$

(3)　$10\times(-10)=-(10\times10)=\mathbf{-100}$

自分のことばで伝えよう

(−2)×□ について，次のことを説明しましょう。

(1) 右の図で，かける数を，3，2，1 と 1 ずつ小さくしていくと，積はどのように変わっていきますか。

(2) かける数を，0，−1，−2，−3 と 1 ずつ小さくしていくと，積はどうなると考えられますか。

教科書 p.35

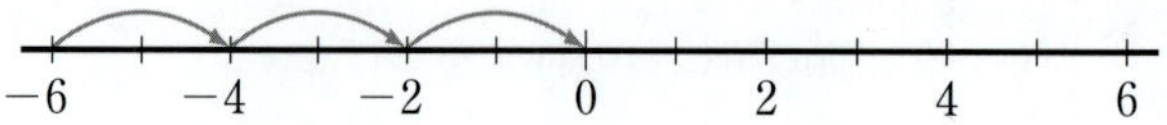

```
(−2)×(+3)=−6
(−2)×(+2)=−4
(−2)×(+1)=−2
(−2)× 0 = 0
(−2)×(−1)=
(−2)×(−2)=
(−2)×(−3)=
```

ガイド まず，負の数に正の数をかけるとき，絶対値の積に − をつけます。次に，計算の結果をくらべ，その増減のようすを調べていきます。さらに，−6，−4，−2 の変わり方からきまりを見つけ，残りの 4 つの計算の結果を考えていきます。

2 ずつ増えているね

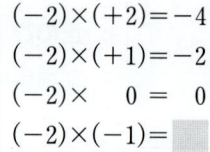

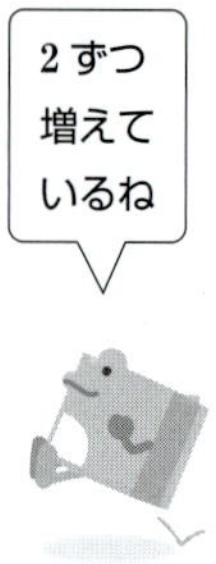

解答例
(1) −6 → −4 → −2 と変わる数の増減を調べると，それぞれ 2 ずつ増えていっている。したがって，
かける数を 1 ずつ小さくすると，積は 2 ずつ大きくなる。

(2) (1)の結果から，次に続く数は，−2 より 2 大きい 0 で，2，4，6 と続くと考えられる。したがって，
$(-2)\times 0=\mathbf{0}$，$(-2)\times(-1)=\mathbf{2}$，$(-2)\times(-2)=\mathbf{4}$，$(-2)\times(-3)=\mathbf{6}$
となると考えられる。((1)と同じように，積は 2 ずつ大きくなる。)

問 3

次の計算をしなさい。
(1) $(-4)\times(-9)$　　(2) $(-8)\times(-7)$　　(3) $(-10)\times(-10)$

教科書 p.35

ガイド 負の数に負の数をかけるとき，絶対値の積に ＋ をつけます。

解答
(1) $(-4)\times(-9)=+(4\times 9)=\mathbf{36}$　　(2) $(-8)\times(-7)=+(8\times 7)=\mathbf{56}$
(3) $(-10)\times(-10)=+(10\times 10)=\mathbf{100}$

正の数・負の数でわること

次の □ にあてはまる数は，どうなるでしょうか。
□×2=−6，　□×(−2)=6，　□×(−2)=−6

教科書 p.36

解答
□×2=−6 　⟶　2 をかけて −6 になるから，　□=**−3**
□×(−2)=6 　⟶　−2 をかけて 6 になるから，　□=**−3**
□×(−2)=−6　→　−2 をかけて −6 になるから，□=**3**

参考 この問いより，次のことがわかります。
$(-6)\div 2=-3$　　$6\div(-2)=-3$　　$(-6)\div(-2)=3$

問4 次の計算をしなさい。 教科書 p.36

(1) $(-18)\div 9$　(2) $21\div(-3)$　(3) $(-20)\div(-5)$

(4) $(-56)\div(-7)$　(5) $15\div(-21)$　(6) $(-45)\div(-60)$

ガイド 負の数を正の数でわるとき，絶対値の商に－をつけます。

㊀÷㊉ ⟶ ㊀

正の数を負の数でわるとき，絶対値の商に－をつけます。

㊉÷㊀ ⟶ ㊀

負の数を負の数でわるとき，絶対値の商に＋をつけます。

㊀÷㊀ ⟶ ㊉

分数は約分します。

解答

(1) $(-18)\div 9$

$=-(18\div 9)$

$=\mathbf{-2}$

(2) $21\div(-3)$

$=-(21\div 3)$

$=\mathbf{-7}$

(3) $(-20)\div(-5)$

$=+(20\div 5)$

$=\mathbf{4}$

(4) $(-56)\div(-7)$

$=+(56\div 7)$

$=\mathbf{8}$

(5) $15\div(-21)$

$=-(15\div 21)$

$=-\dfrac{15}{21}$

$=\mathbf{-\dfrac{5}{7}}$

(6) $(-45)\div(-60)$

$=+(45\div 60)$

$=\dfrac{45}{60}$

$=\mathbf{\dfrac{3}{4}}$

問5 次の計算をしなさい。 教科書 p.37

(1) $(-0.5)\times 0.3$　(2) $(-0.8)\times(-0.6)$

(3) $2.4\div(-0.6)$　(4) $(-0.4)\div(-0.8)$

ガイド 数の中に小数があっても，計算のしかたは変わりません。
位取りに注意して計算しましょう。

解答

(1) $(-0.5)\times 0.3$

$=-(0.5\times 0.3)$

$=\mathbf{-0.15}$

(2) $(-0.8)\times(-0.6)$

$=+(0.8\times 0.6)$

$=\mathbf{0.48}$

(3) $2.4\div(-0.6)$

$=-(2.4\div 0.6)$

$=\mathbf{-4}$

(4) $(-0.4)\div(-0.8)$

$=+(0.4\div 0.8)$

$=\mathbf{0.5}$

練習問題　3 正の数・負の数の乗法，除法　p.37

① 次の計算をしなさい。

(1) $9\times(-7)$　(2) $(-5)\times4$　(3) $(-15)\times0$

(4) $4\times(-0.1)$　(5) $(-0.3)\times(-0.2)$　(6) $(-0.7)\times10$

解答

(1) $9\times(-7)$
$=-(9\times7)$
$=\mathbf{-63}$

(2) $(-5)\times4$
$=-(5\times4)$
$=\mathbf{-20}$

(3) $(-15)\times0$
→0との積はすべて0
$=\mathbf{0}$

(4) $4\times(-0.1)$
$=-(4\times0.1)$
$=\mathbf{-0.4}$

(5) $(-0.3)\times(-0.2)$
$=+(0.3\times0.2)$
$=\mathbf{0.06}$

(6) $(-0.7)\times10$
$=-(0.7\times10)$
$=\mathbf{-7}$

② 次の計算をしなさい。

(1) $32\div(-4)$　(2) $(-8)\div8$　(3) $(-45)\div(-9)$

(4) $(-6)\div0.3$　(5) $0\div(-3.1)$　(6) $(-0.3)\div6$

解答

(1) $32\div(-4)$
$=-(32\div4)$
$=\mathbf{-8}$

(2) $(-8)\div8$
$=-(8\div8)$
$=\mathbf{-1}$

(3) $(-45)\div(-9)$
$=+(45\div9)$
$=\mathbf{5}$

(4) $(-6)\div0.3$
$=-(6\div0.3)$
$=\mathbf{-20}$

(5) $0\div(-3.1)$
→0をわったときはすべて0
$=\mathbf{0}$

(6) $(-0.3)\div6$
$=-(0.3\div6)$
$=\mathbf{-0.05}$

正の数・負の数のはじまり

ヨーロッパで負の数が知られるようになったのは，13世紀ごろのことです。それは，7世紀ごろにインドで考えられたものが，アラビアを経て伝えられたものでした。

ところが，中国ではインドよりももっと古く，1世紀ごろに完成したと思われる「九章算術」という本に，すでに正の数・負の数とその計算について述べられています。

中国の数学をまとめた「九章算術」では，「正負術」という部分があります。ここでは，正の数・負の数の加法，減法の計算方法が解説されています。これには，算木(さんぎ)という計算器具を使い，正の数は赤で，負の数は黒で表していました。算木が色分けされていないときは，算木をまっすぐにおけば正，斜めに算木をのせれば負の数を表すことにしていました。

4 乗法と除法の混じった計算

学習のねらい

正の数・負の数の乗法，除法において，計算の基礎になる乗法の交換法則や結合法則が成り立つことを理解し，これを使って，計算が能率的にできるようにします。

教科書のまとめ テスト前にチェック

□逆　数
▶ 2つの数の積が1になるとき，一方の数を，他方の数の**逆数**(ぎゃくすう)といいます。

□除法を乗法に
▶除法は，わる数の逆数をかけて乗法になおすことができます。

□乗法の交換法則と結合法則
▶a，b，c がどんな数であっても，次の式が成り立ちます。

$a\times b=b\times a$　　**乗法の交換法則**

$(a\times b)\times c=a\times(b\times c)$　　**乗法の結合法則**

□3つ以上の数の乗法，除法
▶① 乗法，除法の混じった式では，左から順に計算します。
② 乗法だけの式では，順序を変えて計算してもよいです。
③ 乗法だけの式では，負の符号の個数が偶数(ぐうすう)個のとき，計算の結果の符号は＋となります。負の符号の個数が奇数(きすう)個のとき，計算の結果の符号は－となります。
④ 乗法と除法の混じった式のときは，乗法だけの式になおし，次に，結果の符号を決めてから計算するとよいです。

分数をふくむ乗除

問1 次の計算をしなさい。 教科書 p.38

(1) $\dfrac{6}{5}\times\left(-\dfrac{10}{3}\right)$　　(2) $\left(-\dfrac{2}{3}\right)\times\left(-\dfrac{11}{2}\right)$　　(3) $\left(-\dfrac{8}{3}\right)\times\dfrac{1}{2}$

ガイド 数の中に分数があっても，まず，積の符号を決めてから絶対値の積を求めます。これまでの計算のしかたに変わりはありません。

解答

(1) $\dfrac{6}{5}\times\left(-\dfrac{10}{3}\right)$

$=-\left(\dfrac{6}{5}\times\dfrac{10}{3}\right)$

$=-4$

(2) $\left(-\dfrac{2}{3}\right)\times\left(-\dfrac{11}{2}\right)$

$=+\left(\dfrac{2}{3}\times\dfrac{11}{2}\right)$

$=\mathbf{\dfrac{11}{3}}$

(3) $\left(-\dfrac{8}{3}\right)\times\dfrac{1}{2}$

$=-\left(\dfrac{8}{3}\times\dfrac{1}{2}\right)$

$=-\dfrac{4}{3}$

ふりかえり 次の□にあてはまる数を求めましょう。 教科書 p.38

$\dfrac{3}{4}\div\dfrac{3}{8}=\dfrac{3}{4}\times\square$　　$5\div2=5\times\square$

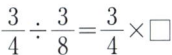

ガイド 小学校で学んだように，分数でわるときには，その分子と分母を入れかえた数をかけて計算します。この入れかえた数を，もとの数の逆数といいます。

解答 $\mathbf{\frac{8}{3}}$，$\mathbf{\frac{1}{2}}$

問2 次の数の逆数をいいなさい。 教科書 p.38

(1)　$-\frac{2}{5}$　　(2)　$-\frac{1}{6}$　　(3)　-3

ガイド 2つの数の積が1になるとき，一方の数を，他方の数の逆数といいます。

$-3=-\frac{3}{1}$ と考えるとよいです。

解答 (1)　$\left(-\frac{2}{5}\right)\times\left(-\frac{5}{2}\right)=1$ だから，$-\frac{2}{5}$ の逆数は $\mathbf{-\frac{5}{2}}$

(2)　$\left(-\frac{1}{6}\right)\times(-6)=1$ だから，$-\frac{1}{6}$ の逆数は $\mathbf{-6}$

(3)　$(-3)\times\left(-\frac{1}{3}\right)=1$ だから，-3 の逆数は $\mathbf{-\frac{1}{3}}$

ミスに注意
負の数の逆数は負の数である。

問3 次の除法を，乗法になおして計算しなさい。 教科書 p.39

(1)　$\frac{5}{4}\div(-15)$　　(2)　$\left(-\frac{2}{3}\right)\div\frac{1}{6}$　　(3)　$\left(-\frac{3}{8}\right)\div\left(-\frac{9}{16}\right)$

ガイド 除法を乗法になおすには，わる数の逆数をかけます。

解答

(1)
$$\frac{5}{4}\div(-15)=\frac{5}{4}\times\left(-\frac{1}{15}\right)=-\left(\frac{5}{4}\times\frac{1}{15}\right)=\mathbf{-\frac{1}{12}}$$

(2)
$$\left(-\frac{2}{3}\right)\div\frac{1}{6}=\left(-\frac{2}{3}\right)\times6=-\left(\frac{2}{3}\times6\right)=\mathbf{-4}$$

(3)
$$\left(-\frac{3}{8}\right)\div\left(-\frac{9}{16}\right)=\left(-\frac{3}{8}\right)\times\left(-\frac{16}{9}\right)=+\left(\frac{3}{8}\times\frac{16}{9}\right)=\mathbf{\frac{2}{3}}$$

乗法の計算法則

問4 $\{3\times(-4)\}\times(-5)$，$3\times\{(-4)\times(-5)\}$
をそれぞれ計算し，結果が等しいことを確かめなさい。 教科書 p.39

ガイド 負の数をふくむ場合にも，乗法の結合法則

$$(\boldsymbol{a}\times\boldsymbol{b})\times\boldsymbol{c}=\boldsymbol{a}\times(\boldsymbol{b}\times\boldsymbol{c})$$

が成り立つかどうか，具体的な数で確かめる問題です。

解答 $\{3\times(-4)\}\times(-5)=(-12)\times(-5)=60$

$3\times\{(-4)\times(-5)\}=3\times20=60$

だから，**結果は等しくなる。**

問5 次の計算をしなさい。 教科書 p.40

(1) $25\times11\times(-4)$　　(2) $(-2)\times12\times(-15)$

ガイド 乗法だけの式では，交換法則，結合法則を使うと，順序を変えて計算することができます。数を見て計算しやすいように順序を変えます。

解答

(1) $25\times11\times(-4)$

$=25\times(-4)\times11$

$=-100\times11$

$=\mathbf{-1100}$

(2) $(-2)\times12\times(-15)$

$=(-2)\times(-15)\times12$

$=30\times12$

$=\mathbf{360}$

乗除の混じった計算

次の計算をして，その結果をくらべましょう。 教科書 p.40

(1) $1\times(-2)\times3\times4$　　(2) $1\times(-2)\times(-3)\times4$

(3) $(-1)\times2\times(-3)\times(-4)$　　(4) $(-1)\times(-2)\times(-3)\times(-4)$

ガイド 負の符号－の個数に着目して計算しましょう。

解答 (1) **−24**　(2) **24**　(3) **−24**　(4) **24**

計算結果の符号は，負の符号の個数が**偶数個のとき＋**，**奇数個のとき－**になる。

問6 次の計算をしなさい。 教科書 p.40

(1) $(-4)\times(-12)\times(-5)$　　(2) $\left(-\frac{3}{5}\right)\times\frac{5}{6}\times(-3)$

ガイド まず符号を決めてから計算します。

解答

(1) $(-4)\times(-12)\times(-5)$

$=-(4\times12\times5)$

$=\mathbf{-240}$

(2) $\left(-\frac{3}{5}\right)\times\frac{5}{6}\times(-3)$

$=+\left(\frac{3}{5}\times\frac{5}{6}\times3\right)$

$=\mathbf{\frac{3}{2}}$

参考 (1)で，$4\times12\times5=(4\times12)\times5=48\times5$ としてもよいですが，

$(4\times5)\times12=20\times12$，$4\times(12\times5)=4\times60$ と順序を変える方が，計算しやすくなります。

問7 次の計算をしなさい。 教科書 p.41

(1) $(-12)\times(-5)\div3$ (2) $24\div(-3)\times4$

(3) $\left(-\frac{3}{7}\right)\div2\div\left(-\frac{3}{4}\right)$ (4) $\left(-\frac{7}{6}\right)\times(-4)\div\left(-\frac{2}{7}\right)$

ガイド 乗法と除法の混じった式では，乗法だけの式になおし，次に，結果の符号を決めてから計算することができます。

解答 (1) $(-12)\times(-5)\div3$

$=(-12)\times(-5)\times\frac{1}{3}$

$=+\left(12\times5\times\frac{1}{3}\right)=\mathbf{20}$

(2) $24\div(-3)\times4$

$=24\times\left(-\frac{1}{3}\right)\times4$

$=-\left(24\times\frac{1}{3}\times4\right)=\mathbf{-32}$

(3) $\left(-\frac{3}{7}\right)\div2\div\left(-\frac{3}{4}\right)$

$=\left(-\frac{3}{7}\right)\times\frac{1}{2}\times\left(-\frac{4}{3}\right)$

$=+\left(\frac{3}{7}\times\frac{1}{2}\times\frac{4}{3}\right)=\mathbf{\frac{2}{7}}$

(4) $\left(-\frac{7}{6}\right)\times(-4)\div\left(-\frac{2}{7}\right)$

$=\left(-\frac{7}{6}\right)\times(-4)\times\left(-\frac{7}{2}\right)$

$=-\left(\frac{7}{6}\times4\times\frac{7}{2}\right)=\mathbf{-\frac{49}{3}}$

みんなで話しあってみよう 教科書 p.41

右の $(-36)\div(-3)\times2$ の計算は，どこに誤りがありますか。
また，正しくするには，どのようになおせばよいでしょうか。

誤答例
$(-36)\div(-3)\times2$
$=(-36)\div(-6)$
$=6$

解答例

- **除法をふくむ式では，左から順に計算をしないといけないのに，$(-3)\times2$ をさきに計算しているところが誤りです。**
- 正しくするには，
  ① **左から順に計算します。$(-36)\div(-3)\times2=12\times2=24$**
  ② **乗法だけの式にして計算します。**
  $(-36)\div(-3)\times2=(-36)\times\left(-\frac{1}{3}\right)\times2=24$

練習問題

4 乗法と除法の混じった計算 p.41

① 次の計算をしなさい。

(1) $\left(-\frac{2}{9}\right)\times\left(-\frac{3}{4}\right)$ (2) $\frac{4}{15}\div\left(-\frac{2}{5}\right)$ (3) $(-6)\div\frac{2}{3}$

解答 (1) $\left(-\frac{2}{9}\right)\times\left(-\frac{3}{4}\right)$
$=+\left(\frac{2}{9}\times\frac{3}{4}\right)$
$=\mathbf{\frac{1}{6}}$

(2) $\frac{4}{15}\div\left(-\frac{2}{5}\right)$
$=\frac{4}{15}\times\left(-\frac{5}{2}\right)$
$=-\left(\frac{4}{15}\times\frac{5}{2}\right)=\mathbf{-\frac{2}{3}}$

(3) $(-6)\div\frac{2}{3}$
$=(-6)\times\frac{3}{2}$
$=-\left(6\times\frac{3}{2}\right)=\mathbf{-9}$

② 次の計算をしなさい。

(1) $(-2)\times27\times(-5)$
(2) $(-36)\times(-2)\div(-9)$
(3) $(-12)\div(-3)\times5$
(4) $24\div(-6)\div(-2)$

解答 (1) $(-2)\times27\times(-5)$
$=(-2)\times(-5)\times27$
$=10\times27$
$=\mathbf{270}$

(2) $(-36)\times(-2)\div(-9)$
$=(-36)\times(-2)\times\left(-\frac{1}{9}\right)$
$=-\left(36\times2\times\frac{1}{9}\right)=\mathbf{-8}$

(3) $(-12)\div(-3)\times5$
$=(-12)\times\left(-\frac{1}{3}\right)\times5$
$=+\left(12\times\frac{1}{3}\times5\right)=\mathbf{20}$

(4) $24\div(-6)\div(-2)$
$=24\times\left(-\frac{1}{6}\right)\times\left(-\frac{1}{2}\right)$
$=+\left(24\times\frac{1}{6}\times\frac{1}{2}\right)=\mathbf{2}$

③ 次の計算をしなさい。

(1) $\left(-\frac{1}{3}\right)\times\left(-\frac{3}{2}\right)\times\left(-\frac{5}{6}\right)$
(2) $\frac{1}{2}\times\left(-\frac{4}{3}\right)\div\frac{4}{9}$
(3) $\left(-\frac{7}{4}\right)\div\frac{14}{15}\times\left(-\frac{4}{5}\right)$
(4) $\frac{3}{5}\div\left(-\frac{3}{10}\right)\div\left(-\frac{2}{3}\right)$

解答 (1) $\left(-\frac{1}{3}\right)\times\left(-\frac{3}{2}\right)\times\left(-\frac{5}{6}\right)$
$=-\left(\frac{1}{3}\times\frac{3}{2}\times\frac{5}{6}\right)$
$=\mathbf{-\frac{5}{12}}$

(2) $\frac{1}{2}\times\left(-\frac{4}{3}\right)\div\frac{4}{9}$
$=\frac{1}{2}\times\left(-\frac{4}{3}\right)\times\frac{9}{4}$
$=-\left(\frac{1}{2}\times\frac{4}{3}\times\frac{9}{4}\right)=\mathbf{-\frac{3}{2}}$

(3) $\left(-\frac{7}{4}\right)\div\frac{14}{15}\times\left(-\frac{4}{5}\right)$
$=\left(-\frac{7}{4}\right)\times\frac{15}{14}\times\left(-\frac{4}{5}\right)$
$=+\left(\frac{7}{4}\times\frac{15}{14}\times\frac{4}{5}\right)=\mathbf{\frac{3}{2}}$

(4) $\frac{3}{5}\div\left(-\frac{3}{10}\right)\div\left(-\frac{2}{3}\right)$
$=\frac{3}{5}\times\left(-\frac{10}{3}\right)\times\left(-\frac{3}{2}\right)$
$=+\left(\frac{3}{5}\times\frac{10}{3}\times\frac{3}{2}\right)=\mathbf{3}$

5 いろいろな計算

学習のねらい

同じ数の積や，加減と乗除の混じった式の計算の順序，分配法則を理解し，これを使って，計算が能率的にできるようにします。

教科書のまとめ　テスト前にチェック

□指　数

▶いくつかの同じ数の積は，次のように書きます。

$5\times5=5^2$
→5の2乗または平方と読む。

$5\times5\times5=5^3$
→5の3乗または立方と読む。

5^2，5^3 の右上の小さい数2，3を**指数**といいます。

（3個　指数）
$5\times5\times5=5^3$

□四　則

▶数の加法，減法，乗法，除法をまとめて**四則**といいます。

□計算の順序

▶加減と乗除が混じった式では，乗除をさきに計算します。

□分配法則

▶a，b，c がどんな数であっても，次の式が成り立ちます。

$(a+b)\times c=a\times c+b\times c$
$c\times(a+b)=c\times a+c\times b$
} **分配法則**

同じ数の積

問1　次の計算をしなさい。　教科書 p.42

(1)　4^2　　(2)　3^3　　(3)　2^5

ガイド　4^2 を4の2乗または4の平方，2^5 を2の5乗と読みます。
2^5 の右上の小さい数5は，かけあわす数2の個数を示したものです。
$2^5=2\times2\times2\times2\times2$
→2が5個

右上の小さい数を
指数というんだよ

解答

(1)　$4^2=4\times4=\mathbf{16}$

(2)　$3^3=3\times3\times3=\mathbf{27}$

(3)　$2^5=2\times2\times2\times2\times2=\mathbf{32}$

問2　次の計算をしなさい。　教科書 p.42

(1)　$(-3)^3$　　(2)　-5^3　　(3)　-1.5^2

(4)　$(-4)^2\times(-7)$　　(5)　$(-6^2)\div(-2)^3$

ガイド　次の式を間違えないように注意しましょう。

(1)　$(-3)^3=(-3)\times(-3)\times(-3)$
→(−3)を3個かけあわす。

(2)　$-5^3=-(5\times5\times5)$
→5を3個かけあわす。

ミスに注意
$(-2)^2=(-2)\times(-2)=4$
$-2^2=-(2\times2)=-4$

解答 (1) $(-3)^3=(-3)\times(-3)\times(-3)$

$=-(3\times3\times3)=\mathbf{-27}$

(2) $-5^3=-(5\times5\times5)$

$=\mathbf{-125}$

(3) $-1.5^2=-(1.5\times1.5)$

$=\mathbf{-2.25}$

(4) $(-4)^2\times(-7)=(-4)\times(-4)\times(-7)$

$=-(4\times4\times7)=\mathbf{-112}$

(5) $(-6^2)\div(-2)^3$

$=-(6\times6)\div\{(-2)\times(-2)\times(-2)\}$

$=-36\div(-8)$

$=\dfrac{36}{8}=\mathbf{\dfrac{9}{2}}$

自分のことばで伝えよう 教科書 p.42

$(-2)^{\square}$ が正の数になるのは，□がどんな数のときですか。

また，負の数になるのは，□がどんな数のときですか。

ガイド 具体的な数字をあてはめて，少し例を考えてみるとよいです。

$(-2)^2=4$，$(-2)^3=-8$，$(-2)^4=16$，$(-2)^5=-32$，$(-2)^6=64$，$(-2)^7=-128$，……

のように，指数が，2，4，6，……のとき，正の数になり，指数が，3，5，7，……のとき，負の数になります。

つまり，負の数が偶数個の積は正の数に，奇数個の積は負の数になります。

解答例 □の中が偶数のとき正の数，奇数のとき負の数となる。

四則をふくむ式の計算

問3 次の計算をしなさい。 教科書 p.43

(1) $-4-6\times(-3)$

(2) $3\times(-7)-9\times(-8)$

(3) $5\times(-12)+14\div7$

(4) $10\div(-5)-(-6)\times2$

(5) $4\times(-2)+(-3^2)$

(6) $(-2)^2+2^3\div(-4)$

ガイド 加減と乗除が混じった式では，乗除をさきに計算します。

解答 (1) $-4-6\times(-3)$

$=-4-(-18)$

$=-4+18=\mathbf{14}$

(2) $3\times(-7)-9\times(-8)$

$=-21-(-72)$

$=-21+72=\mathbf{51}$

(3) $5\times(-12)+14\div7$

$=-60+2$

$=\mathbf{-58}$

(4) $10\div(-5)-(-6)\times2$

$=-2-(-12)$

$=-2+12=\mathbf{10}$

(5) $4\times(-2)+(-3^2)$

$=-8+\{-(3\times3)\}$

$=-8+(-9)=-8-9=\mathbf{-17}$

(6) $(-2)^2+2^3\div(-4)$

$=(-2)\times(-2)+2\times2\times2\div(-4)$

$=4+8\div(-4)=4+(-2)=4-2=\mathbf{2}$

問4 次の計算をしなさい。 教科書 p.43

(1)　$-5+(13-7)\div3$　　(2)　$7-\{(-2)^2-(9-14)\}$

ガイド かっこがある式では，ふつうはかっこの中をさきに計算します。

解答 (1)　$-5+(13-7)\div3$

$=-5+6\div3$

$=-5+2=\mathbf{-3}$

(2)　$7-\{(-2)^2-(9-14)\}$

$=7-\{4-(-5)\}$

$=7-(4+5)=7-9=\mathbf{-2}$

分配法則

問5 $\{3+(-4)\}\times(-5)$，$3\times(-5)+(-4)\times(-5)$ 教科書 p.44

をそれぞれ計算し，結果が等しいことを確かめなさい。

ガイド 負の数をふくむ場合にも，分配法則 $(a+b)\times c=a\times c+b\times c$ が成り立つかどうか，具体的な数で確かめる問題です。

解答 $\{3+(-4)\}\times(-5)=(-1)\times(-5)=5$　　$3\times(-5)+(-4)\times(-5)=-15+20=5$

だから，結果は等しくなる。

自分のことばで伝えよう 教科書 p.44

$\left(\frac{1}{3}+\frac{1}{2}\right)\times(-6)$ を，けいたさんとかりんさんは，次のように計算しました。

それぞれ，どのように考えて計算したのか説明しましょう。(2人の計算省略)

ガイド (　)の中が分数の和の場合，分配法則 $(a+b)\times c=a\times c+b\times c$ を使うと，計算が簡単になる場合があります。

解答例 〈けいたさん〉

$\left(\frac{1}{3}+\frac{1}{2}\right)\times(-6)$

$=\left(\frac{2}{6}+\frac{3}{6}\right)\times(-6)$

$=\frac{5}{6}\times(-6)=-5$

(　)の中を通分して分数の和をさきに求めてから，-6 をかけている。

〈かりんさん〉

$\left(\frac{1}{3}+\frac{1}{2}\right)\times(-6)$

$=\frac{1}{3}\times(-6)+\frac{1}{2}\times(-6)$

$=-2+(-3)=-5$

分配法則を使って，それぞれの分数に，-6 をかけて，整数の和の計算にしている。

(けいたさんの方法では，計算が複雑になるが，かりんさんの方法では，暗算でもできて計算が簡単になる。)

練習問題　5 いろいろな計算 p.44

1 次の計算をしなさい。

(1) $(-3^2)\times(-2)^3$　(2) $(-9)^2\div(-3^3)$

(3) $2\times(-2)\div(-2^2)$　(4) $(-5)\div(-5)^2\times(-25)$

解答

(1) $(-3^2)\times(-2)^3$

$=(-9)\times(-8)$

$=\mathbf{72}$

(2) $(-9)^2\div(-3^3)$

$=81\div(-27)$

$=-\left(81\times\dfrac{1}{27}\right)=-\dfrac{81}{27}=\mathbf{-3}$

(3) $2\times(-2)\div(-2^2)$

$=2\times(-2)\div(-4)$

$=+\left(2\times2\times\dfrac{1}{4}\right)=\mathbf{1}$

(4) $(-5)\div(-5)^2\times(-25)$

$=(-5)\div25\times(-25)$

$=+\left(5\times\dfrac{1}{25}\times25\right)=\mathbf{5}$

2 次の計算をしなさい。

(1) $-2-18\div(-6)$　(2) $9-(-13)+7\times(-8)$

(3) $-5+(15-6)\div3$　(4) $\{2+(4-8)\}\times3$

(5) $8\times(-2)-(-2^3)$　(6) $(-2)^3-(3^2-5)$

ガイド 加減と乗除が混じった式では，乗除をさきに計算します。

解答

(1) $-2-18\div(-6)$

$=-2-(-3)$

$=-2+3=\mathbf{1}$

(2) $9-(-13)+7\times(-8)$

$=9-(-13)+(-56)$

$=9+13-56=\mathbf{-34}$

(3) $-5+(15-6)\div3$

$=-5+9\div3$

$=-5+3=\mathbf{-2}$

(4) $\{2+(4-8)\}\times3$

$=\{2+(-4)\}\times3$

$=(-2)\times3=\mathbf{-6}$

(5) $8\times(-2)-(-2^3)$

$=8\times(-2)-(-8)$

$=-16-(-8)=-16+8=\mathbf{-8}$

(6) $(-2)^3-(3^2-5)$

$=(-8)-(9-5)$

$=-8-4=\mathbf{-12}$

3 次の計算をしなさい。

(1) $12\times\left(-\dfrac{1}{3}+\dfrac{3}{2}\right)$　(2) $\left(-\dfrac{4}{7}+\dfrac{3}{2}\right)\times28$

ガイド (　)の中が分数の和のとき，分配法則を使うと計算が簡単になる場合があります。

解答

(1) $12\times\left(-\dfrac{1}{3}+\dfrac{3}{2}\right)$

$=-4+18=\mathbf{14}$

(2) $\left(-\dfrac{4}{7}+\dfrac{3}{2}\right)\times28$

$=-16+42=\mathbf{26}$

6 数の世界のひろがりと四則計算

学習のねらい

数の範囲をひろげたときの四則計算について考えます。例えば，自然数どうしの加減乗除をしたとき，答えも自然数になるかどうかを調べます。

教科書のまとめ　テスト前にチェック

□計算の可能性

▶自然数の集合では，加法と乗法はいつでもできます。（→答えも自然数になる。）

▶整数の集合では，加法，乗法，および，減法はいつでもできます。

▶数全体の集合では，四則計算はいつでもできます。

教科書 p.45

［2］と［5］の数字が書かれたカードがあります。このカードを，下の□に置いて，いろいろな式をつくりましょう。つくった式のうち，負の数を学んだことでできるようになった計算はどれでしょうか。

(ア) □＋□　(イ) □－□　(ウ) □×□　(エ) □÷□

ガイド

(ア) $2+5=7$，$5+2=7$　(イ) $2-5=-3$，$5-2=3$

(ウ) $2\times5=10$，$5\times2=10$　(エ) $2\div5=\frac{2}{5}$，$5\div2=\frac{5}{2}$

(ア)，(ウ)，(エ)は計算の結果が正の数ですが，(イ)では負の数がでてきます。

解答 (イ)

問1 自然数を自然数でわる計算の結果は，いつも自然数になるでしょうか。　教科書 p.45

ガイド 具体的な数字をあてはめて，少し例を考えてみるとよいです。

$5\div2=\frac{5}{2}$ のように，自然数を自然数でわると，自然数にならない場合があります。

解答 自然数を自然数でわる計算の結果は，いつも自然数になるとは限らない。

教科書 p.46

加減乗除のそれぞれの計算が，いつでもできるのは，自然数の集合，整数の集合，数全体の集合のうち，どの場合でしょうか。下の表に，計算がいつでもできるときは○，そうでないときは△を書き入れましょう。ただし，0でわる場合を除きます。（表は省略）

解答

	加法	減法	乗法	除法
自然数の集合	○	△	○	△
整数の集合	○	○	○	△
数全体の集合	○	○	○	○

3節 正の数・負の数の利用

身のまわりへひろげよう　くふうして平均を求めよう

かりんさんは，職業体験活動で，博物館の仕事を手伝いに行きました。
下の表は，この博物館の先月の入場者数を，日ごとにまとめたものです。

日	月	火	水	木	金	土
	1 502	2 480	3 569	4 403	5 446	6 859
7 1756	8 482	9 501	10 582	11 377	12 438	13 840
14 1741	15 516	16 477	17 610	18 394	19 430	20 871
21 1810	22 493	23 482	24 571	25 386	26 454	27 866
28 1753	29 497	30 470	31 563			

イベントの曜日を設定するために，それぞれの曜日の平均を求めてほしいんだ
平均の求め方は算数で学びました

みんなで話しあってみよう

教科書 p.47

それぞれの曜日の入場者数の平均を，くふうして求めるには，どうすればよいでしょうか。

解答例 平均＝合計÷個数 なので，合計を求めて個数でわればよいのですが，大きい数などの合計を計算するのは大変です。

算数の5年では，平均の求め方のくふうとして，基準となる数やいちばん少ない数に目をつけて，それらの平均を求めてから，はじめの数にたして平均を求めていました。

> 54 g，57 g，58 g，61 g，52 g，60 g のたまごの重さの平均をくふうして求める問題で，
> ひなたの考え…50 g より重い部分の平均を求めて，50 g にたす。
> 　　$4+7+8+11+2+10=42$　$42\div6=7$　$50+7=57$ (g)
> だいちの考え…いちばん軽い 52 g より重い部分の平均を求めて，52 g にたす。
> 　　$2+5+6+9+0+8=30$　$30\div6=5$　$52+5=57$ (g)

中学校でも同じような方法をとればよいと思いますが，負の数を利用することで，基準となる数を自由に決めることができるので，より簡単に平均を求めることができそうです。

1 正の数・負の数の利用

学習のねらい　正の数・負の数を利用して，身のまわりの問題を解決できるようにします。

教科書のまとめ　テスト前にチェック

□仮平均　▶平均を求めるのに基準にした値を**仮平均**といいます。

ふりかえり　教科書 p.48

この月の金曜日の入場者数で，いちばん少ないのは 430 人です。金曜日の入場者数の平均は，この 430 人を基準にして，それをこえる人数の平均を求め，430 人にたすと求めることができます。(グラフは省略)

430＋(□＋□＋0＋□)÷4＝□(人)

ガイド　5 日は 446−430＝16 というように，それぞれ 430 をこえる人数を求めます。

解答　(16 ＋ 8 ＋0＋ 24)÷4＝48÷4＝12 だから，金曜日の入場者数の平均は，
430＋12＝ 442 (人)

1　教科書 p.49

仮平均を 440 人として，金曜日の入場者数の平均を求め，前ページの ふりかえり で求めた平均と同じになることを確かめましょう。

ガイド　440 との違いを正の数，負の数で表し，平均を求めます。

解答　1 週目から 4 週目の金曜日の仮平均 440 との違いは，それぞれ，
446−440＝6，438−440＝−2，430−440＝−10，454−440＝14
{(＋6)＋(−2)＋(−10)＋(＋14)}÷2＝8÷4＝2 だから，
金曜日の入場者数の平均は，440＋2＝442 (人) となって，ふりかえり で求めた平均と同じになる。

2　教科書 p.49

仮平均を 500 人として，月曜日の入場者数の平均を求めましょう。(グラフは省略)

ガイド　500 との違いを正の数，負の数で表し，平均を求めます。

解答　仮平均 500 との違いは，それぞれ，＋2，−18，＋16，−7，−3
それらの和は −10 だから，それらの平均は (−10)÷5＝−2 (人)
月曜日の入場者数の平均は，500＋(−2)＝**498 (人)**

3　教科書 p.49

仮平均を何人にすれば計算が簡単になるかを考えて，土曜日の入場者数の平均を求めましょう。

6 次の計算をしなさい。

(1) $(-6)+(+4)$　(2) $(+5)-(+9)$　(3) $(-3)+(-7)$

(4) $(+9)-(-6)$　(5) $-2+5-8$　(6) $7+(-11)-(-5)$

解答 (1) $(-6)+(+4)=\mathbf{-2}$ p.26 問1

(2) $(+5)-(+9)$

$=(+5)+(-9)=\mathbf{-4}$ p.29 問6

(3) $(-3)+(-7)=\mathbf{-10}$ p.26 問1

(4) $(+9)-(-6)$

$=(+9)+(+6)=\mathbf{+15}$ p.29 問6

(5) $-2+5-8$

$=-2-8+5$

$=-10+5=\mathbf{-5}$ p.31 問2

(6) $7+(-11)-(-5)$

$=7-11+5$

$=7+5-11=12-11=\mathbf{1}$ p.31 問3

7 次の計算をしなさい。

(1) $3\times(-2)$　(2) $(-3)\times(-2)$　(3) $(-8)\div2$

(4) $(-8)\div(-2)$　(5) $(-3)\times(-2)\times(-5)$　(6) $30\div(-5)\times(-2)$

ガイド 乗法と除法が混じった式では，まず，乗法だけの式になおし，次に，結果の符号を決めてから計算します。

解答 (1) $3\times(-2)=\mathbf{-6}$ p.34 問2

(2) $(-3)\times(-2)=\mathbf{6}$ p.35 問3

(3) $(-8)\div2$

$=-(8\div2)=\mathbf{-4}$ p.36 問4

(4) $(-8)\div(-2)$

$=+(8\div2)=\mathbf{4}$ p.36 問4

(5) $(-3)\times(-2)\times(-5)$

$=-(3\times2\times5)$

$=\mathbf{-30}$ p.40 問6

(6) $30\div(-5)\times(-2)$

$=+\left(30\times\frac{1}{5}\times2\right)=\mathbf{12}$ p.41 問7

8 次の計算をしなさい。

(1) 3^4　(2) $(-6)^2$　(3) -3^4

(4) $6-12\div(-3)$　(5) $6-3\times(7-4)$

ガイド 加減と乗除が混じった式は，乗除をさきに計算します。

解答 (1) $3^4=3\times3\times3\times3$

$=\mathbf{81}$ p.42 問1

(2) $(-6)^2=(-6)\times(-6)$

$=\mathbf{36}$

(3) $-3^4=-(3\times3\times3\times3)$

$=\mathbf{-81}$

(2)，(3) p.42 問2

(4) $6-12\div(-3)$

$=6-(-4)$

$=6+4=\mathbf{10}$ p.43 問3

(5) $6-3\times(7-4)$

$=6-3\times3$

$=6-9=\mathbf{-3}$ p.43 問4

1章の章末問題　教科書 p.51〜52

テストによく出る

1 次の計算をしなさい。

(1) $7-25$　(2) $-11-18$　(3) $(-51)+29$

(4) $-6-(-16)$　(5) $17+(-36)$　(6) $-8.9+9.1$

(7) $-2.4-3.4$　(8) $\frac{2}{3}+\left(-\frac{7}{4}\right)$　(9) $-\frac{2}{5}+\left(-\frac{3}{5}\right)$

(10) $3+(-7)+2$　(11) $-31-(-18)+16$

(12) $0.4+(-3.2)+5.6$　(13) $-1.8-4.3+3.5$

(14) $\frac{1}{5}-\frac{2}{5}-\frac{3}{5}$　(15) $-\frac{1}{2}+\frac{1}{3}-\frac{1}{4}$

(16) $-5-2+(-2)-4$　(17) $-21+(-6)-(-21)+(-8)$

(18) $3+7-15-6+2$　(19) $18-(-7)-14+(-7)-18$

解答

(1) $7-25=\mathbf{-18}$

(2) $-11-18=\mathbf{-29}$

(3) $(-51)+29=-51+29=\mathbf{-22}$

(4) $-6-(-16)=-6+16=\mathbf{10}$

(5) $17+(-36)=17-36=\mathbf{-19}$

(6) $-8.9+9.1=\mathbf{0.2}$

(7) $-2.4-3.4=\mathbf{-5.8}$

(8) $\frac{2}{3}+\left(-\frac{7}{4}\right)=\frac{8}{12}-\frac{21}{12}=\mathbf{-\frac{13}{12}}$

(9) $-\frac{2}{5}+\left(-\frac{3}{5}\right)=-\frac{2}{5}-\frac{3}{5}=-\frac{5}{5}=\mathbf{-1}$

(10) $3+(-7)+2=3-7+2=3+2-7=5-7=\mathbf{-2}$

(11) $-31-(-18)+16=-31+18+16=-31+34=\mathbf{3}$

(12) $0.4+(-3.2)+5.6=0.4-3.2+5.6=0.4+5.6-3.2=6-3.2=\mathbf{2.8}$

(13) $-1.8-4.3+3.5=-6.1+3.5=\mathbf{-2.6}$

(14) $\frac{1}{5}-\frac{2}{5}-\frac{3}{5}=\frac{1}{5}-\frac{5}{5}=\mathbf{-\frac{4}{5}}$

(15) $-\frac{1}{2}+\frac{1}{3}-\frac{1}{4}=-\frac{6}{12}+\frac{4}{12}-\frac{3}{12}=-\frac{9}{12}+\frac{4}{12}=\mathbf{-\frac{5}{12}}$

(16) $-5-2+(-2)-4=-5-2-2-4=\mathbf{-13}$

(17) $-21+(-6)-(-21)+(-8)=-21-6+21-8=-21+21-6-8=\mathbf{-14}$

(18) $3+7-15-6+2=3+7+2-15-6=12-21=\mathbf{-9}$

(19) $18-(-7)-14+(-7)-18=18+7-14-7-18=18-18+7-7-14=\mathbf{-14}$

テストによく出る

2 次の計算をしなさい。

(1) $(-8)\times12$ (2) $(-10)\times(-56)$ (3) $460\div(-4)$

(4) $0\times(-27)$ (5) $(-1.8)\times(-11)$ (6) $-1.2\div(-0.4)$

(7) $0\div(-0.2)$ (8) $\frac{2}{5}\times\left(-\frac{3}{4}\right)$ (9) $\left(-\frac{8}{9}\right)\div\left(-\frac{2}{3}\right)$

(10) $7\div35\times(-25)$ (11) $(-54)\div(-6)\div(-3)$

(12) $18\div\left(-\frac{9}{2}\right)\times\left(-\frac{5}{8}\right)$ (13) $-\frac{3}{8}\div\frac{1}{4}\div\left(-\frac{9}{5}\right)$

解答

(1) $(-8)\times12=\mathbf{-96}$

(2) $(-10)\times(-56)=\mathbf{560}$

(3) $460\div(-4)=\mathbf{-115}$

(4) $0\times(-27)=\mathbf{0}$

(5) $(-1.8)\times(-11)=1.8\times11=\mathbf{19.8}$

(6) $-1.2\div(-0.4)=1.2\div0.4=\mathbf{3}$

(7) $0\div(-0.2)=\mathbf{0}$

(8) $\frac{2}{5}\times\left(-\frac{3}{4}\right)=-\left(\frac{2}{5}\times\frac{3}{4}\right)=\mathbf{-\frac{3}{10}}$

(9) $\left(-\frac{8}{9}\right)\div\left(-\frac{2}{3}\right)=+\left(\frac{8}{9}\times\frac{3}{2}\right)=\mathbf{\frac{4}{3}}$

(10) $7\div35\times(-25)=7\times\frac{1}{35}\times(-25)=-\left(7\times\frac{1}{35}\times25\right)=\mathbf{-5}$

(11) $(-54)\div(-6)\div(-3)=-54\times\left(-\frac{1}{6}\right)\times\left(-\frac{1}{3}\right)=-\left(54\times\frac{1}{6}\times\frac{1}{3}\right)=\mathbf{-3}$

(12) $18\div\left(-\frac{9}{2}\right)\times\left(-\frac{5}{8}\right)=18\times\left(-\frac{2}{9}\right)\times\left(-\frac{5}{8}\right)=+\left(18\times\frac{2}{9}\times\frac{5}{8}\right)=\mathbf{\frac{5}{2}}$

(13) $-\frac{3}{8}\div\frac{1}{4}\div\left(-\frac{9}{5}\right)=-\frac{3}{8}\times4\times\left(-\frac{5}{9}\right)=+\left(\frac{3}{8}\times4\times\frac{5}{9}\right)=\mathbf{\frac{5}{6}}$

テストによく出る

3 次の計算をしなさい。

(1) -0.6^2　(2) $(-4)^2\times(-12)\div(-2)^4$　(3) $(-5)-70\div(-14)$

(4) $-59+6\times(-7)-32$　(5) $20\times3-(-18+7)\times5$　(6) $\{1+(0.6-1.5)\}\times(-0.1)$

(7) $(-4)^2\times5-(-3^2)$　(8) $25\times(-14)+75\times(-14)$

(9) $\dfrac{1}{2}\times\left(-\dfrac{1}{3}\right)-\dfrac{2}{3}\times\dfrac{5}{2}$　(10) $\left(\dfrac{1}{4}+\dfrac{5}{6}\right)\times(-12)-(-13)$

解答 (1) $-0.6^2=-(0.6\times0.6)=\mathbf{-0.36}$

(2) $(-4)^2\times(-12)\div(-2)^4=16\times(-12)\div16=16\times(-12)\times\dfrac{1}{16}=\mathbf{-12}$

(3) $(-5)-70\div(-14)=(-5)-(-5)=(-5)+5=\mathbf{0}$

(4) $-59+6\times(-7)-32=-59-42-32=\mathbf{-133}$

(5) $20\times3-(-18+7)\times5=60-(-11)\times5=60-(-55)=60+55=\mathbf{115}$

(6) $\{1+(0.6-1.5)\}\times(-0.1)=(1-0.9)\times(-0.1)=0.1\times(-0.1)=\mathbf{-0.01}$

(7) $(-4)^2\times5-(-3^2)=16\times5-(-9)=80+9=\mathbf{89}$

(8) $25\times(-14)+75\times(-14)=\underline{(25+75)\times(-14)}=100\times(-14)=\mathbf{-1400}$

分配法則を利用

(9) $\dfrac{1}{2}\times\left(-\dfrac{1}{3}\right)-\dfrac{2}{3}\times\dfrac{5}{2}=-\dfrac{1}{6}-\dfrac{10}{6}=\mathbf{-\dfrac{11}{6}}$

(10) $\left(\dfrac{1}{4}+\dfrac{5}{6}\right)\times(-12)-(-13)=\dfrac{1}{4}\times(-12)+\dfrac{5}{6}\times(-12)+13=-3-10+13=\mathbf{0}$

4 次の数の中から，下の(1)〜(6)にあてはまる数をすべて選びなさい。

$\dfrac{2}{5}$,　-0.2,　-16,　7,　$-\dfrac{1}{100}$,　0,　11.2

(1) 整数　(2) もっとも大きい数

(3) もっとも小さい数　(4) 絶対値がもっとも大きい数

(5) 負の数でもっとも大きい数　(6) 3乗すると負の数になる数

ガイド 大きさをくらべやすいように，$\dfrac{2}{5}=0.4$，$-\dfrac{1}{100}=-0.01$ と小数にします。

解答 (1) **-16, 7, 0**　(2) **11.2**　(3) **-16**　(4) **-16**　(5) $\mathbf{-\dfrac{1}{100}}$

(6) 負の数は3乗（指数が奇数）すると負の数になるから，負の数すべてがあてはまる。

$\underline{\mathbf{-0.2,\ -16,\ -\dfrac{1}{100}}}$

5 右の表で，どの縦，横，斜(なな)めの4つの数を加えても，和が等しくなるようにします。表の空(くう)欄(らん)に数を入れなさい。（表は省略）

ガイド　斜めの4つの数の和が $9+3+0+(-6)=6$ となるので，例えば，右の図のア，イ，ウ，エ，オ，カ，キの順に，6から3つの数の和をひいて求めます。

9	−4	エ	ウ
ア	3	4	イ
2	オ	0	5
−3	キ	カ	−6

解答　ア　−2　　イ　1　　ウ　6　　エ　−5
オ　−1　　カ　7　　キ　8

1から順にひいたりたしたりする計算

千思万考 ～せんしばんこう～　教科書 p. 52

右のような計算を考えます。

例えば，4番目の式は，1から4までの数字を順番に並べて，その間に，−と+を前から順に並べたものです。

1番目　1
2番目　1−2
3番目　1−2+3
4番目　1−2+3−4
5番目　1−2+3−4+5
⋮

1. 2番目から7番目までの式を計算して，式と答えの間にあるきまりを見つけましょう。

1番目　　　　　　　1
2番目　1−2　　　　＝□
3番目　1−2+3　　　＝□
4番目　1−2+3−4　　＝□
5番目　1−2+3−4+5　＝□
6番目　1−2+3−4+5−6　＝□
7番目　1−2+3−4+5−6+7＝□

2. 223番目の答えはどうなるでしょうか。

3. 2020番目の答えはどうなるでしょうか。

ガイド　1番目～7番目を順に計算していくと，1，−1，2，−2，3，−3，4となります。2番目，4番目，6番目に注目すると，順に −1，−2，−3だから，

○番目の答えは，○が偶数のとき，○番目では，符号は−で，$-\frac{○}{2}$ となります。

1番目，3番目，5番目，7番目では，1，2，3，4だから，

○番目の答えは，○が奇数のとき，○番目では，符号は+で，$\frac{○+1}{2}$ となります。

解答　*1.* 2番目…−1，3番目…2，4番目…−2，5番目…3，6番目…−3，7番目…4

〈きまり〉例　○番目の答えは，○が偶数のとき，$-\frac{○}{2}$

○が奇数のとき，$\frac{○+1}{2}$

2. 223は奇数だから，$\frac{223+1}{2}=112$

3. 2020は偶数だから，$-\frac{2020}{2}=-1010$

2章 文字の式

1節 文字を使った式

何人すわれるかな？

並べる机の数を変えたとき，すわることができる人数を考えましょう。

(1) 机を 2 台並べたとき

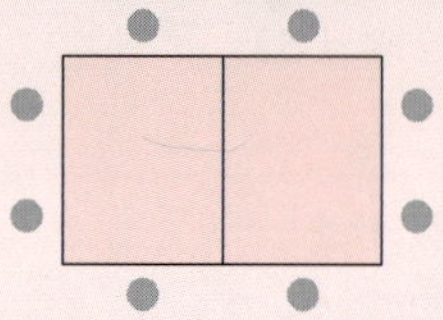

□人すわることができる

(2) 机を 5 台並べたとき

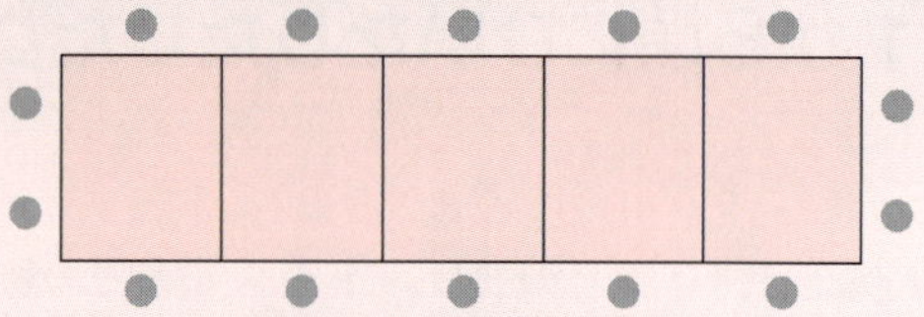

□人すわることができる

解答例 (1) 机を 2 台並べたとき

机 1 台で向きあってすわるのは 2 人だから，机 2 台では，$2\times2=4$ (人)

それに両端の 4 人を加えて，$2\times2+4=8$ (人)

机を 2 台並べたとき，**8** 人すわることができる。

(2) 机を 5 台並べたとき

机 1 台で向きあってすわるのは 2 人だから，机 5 台では，$2\times5=10$ (人)

それに両端の 4 人を加えて，$2\times5+4=14$ (人)

机を 5 台並べたとき，**14** 人すわることができる。

みんなで話しあってみよう

教科書 p.55

机を 8 台並べたとき，すわることができる人数は，何人になりますか。
また，机を何台並べた場合でも，すわることができる人数を簡単に求めるには，どうすればよいでしょうか。

解答例 机 1 台で向きあってすわるのは 2 人だから，机 8 台では，$2\times8=16$ (人)

それに両端の 4 人を加えて，$2\times8+4=20$ (人)

机を 8 台並べたとき，すわることができる人数は，**20 人**

机を何台並べた場合でも，**2×(並べた机の台数)+4** で，すわることができる人数が求められる。

参考 左端の机に 4 人，右端の机に 4 人すわるから，机を 8 台並べたとき，

$4+2\times(8-2)+4=20$ (人)

としても求められます。

1 数量を文字で表すこと

学習のねらい

文字を使うことによって，数量や数量の間の関係が簡単に表されるために，わかりやすく，また，関係がとらえやすくなるよさがあります。文字についての理解を深め，数量を文字の式で表すことを学習します。

教科書のまとめ　テスト前にチェック

□数量を文字で表す

▶いろいろな数量を文字 a，b，x，y などを使った式で表します。

例　1 本 100 円の鉛筆 x 本の代金は，$100\times x$ (円)

問 1　前ページの場面で，机が，4 台，5 台，6 台のときのすわることができる人数を表す式はどうなりますか。右の表に書き入れなさい。(表は下図)

教科書 p.56

ガイド　すわることができる人数は，$2\times$(机の台数)$+4$ です。

解答

机が 4 台のとき，$2\times4+4=12$ (人)

机が 5 台のとき，$2\times5+4=14$ (人)

机が 6 台のとき，$2\times6+4=16$ (人)

机の台数	すわることができる人数
1	$2\times1+4$
2	$2\times2+4$
3	$2\times3+4$
4	$2\times4+4$
5	$2\times5+4$
6	$2\times6+4$
⋮	⋮

問 2　次の数量を表す式を書きなさい。

教科書 p.57

(1)　1 個 135 g のボール b 個を，1500 g のボールケースに入れたときの全体の重さ

(2)　1 枚 x 円の画用紙を 6 枚買い，1000 円出したときのおつり

ガイド　わかりにくいときは，文字の代わりに適当な数をあてはめて考えるとわかりやすいです。単位はかっこをつけて書きます。

(1)　全体の重さは，(ボール 1 個の重さ)$\times$個数$+$(ボールケースの重さ) です。

(2)　おつりは，$1000-$(画用紙 1 枚の値段)$\times6$ です。

解答

(1)　$135\times b+1500$ (g)

(2)　$1000-x\times6$ (円)

問3 次の数量を表す式を書きなさい。 教科書 p.57

(1) 100円硬貨（こうか）x枚と10円硬貨y枚をあわせた金額

(2) 2人がけの座席a列と3人がけの座席b列をすべて使って，すわることができる人数

ガイド (1) 合計金額は，(100円硬貨x枚の金額)＋(10円硬貨y枚の金額)です。

(2) 合計の人数は，(2人がけの座席a列にすわることができる人数)＋(3人がけの座席b列にすわることができる人数)です。

解答 (1) $100\times x+10\times y$ (円)

(2) $2\times a+3\times b$ (人)

練習問題

1 数量を文字で表すこと p.57

① 次の数量を表す式を書きなさい。

(1) 長さa cmのひもから，長さ5 cmのひもをx本切り取ったときの残りの長さ

(2) 底辺の長さがa cm，高さがh cmの三角形の面積

ガイド (1) 残りの長さは，(全体の長さ)−(ひもの長さ)×(切り取った本数)です。

(2) 三角形の面積は，(底辺)×(高さ)÷2です。

解答 (1) $a-5\times x$ (cm)

(2) $a\times h\div 2$ (cm^2)

文字式のはじまり

数量や数量の関係を文字の式に表すことは，紀元300年ごろに，エジプトのアレキサンドリアにいた数学者ディオファントスにはじまるといわれています。

それから長い年月を経て，17世紀のフランスの数学者デカルト(1596—1650)によって，ほぼ今日のような形に完成されたものです。

中学校では，文字を使って，数量や数量の間の関係を式に表したり，その式を計算したり，変形したりするなど，文字の式を自由に使いこなせるようになることが，数学を学ぶたいせつなねらいのひとつでもあります。

2 文字式の表し方

学習のねらい　文字を使った式のうち，積や商の表し方での一般的な約束について理解し，それを実際に表せるようにします。

教科書のまとめ　テスト前にチェック

□積の表し方

▶❶ かけ算の記号×を省いて書きます。

例　$a\times b=ab$

注　文字は，ふつうはアルファベット順に書きます。

❷ 文字と数の積では，数を文字の前に書きます。

例　$a\times 4=4a$

注　$1\times x=x$，$(-1)\times x=-x$ と表します。

❸ 同じ文字の積は，指数を使って書きます。

例　$a\times a=a^2$

□商の表し方

▶❹ わり算は，記号÷を使わないで，分数の形で書きます。

例　$a\div 3=\dfrac{a}{3}$　　$(a+b)\div 3=\dfrac{a+b}{3}$

右の図のような長方形と正方形があります。それぞれの面積と周の長さを，文字式で表しましょう。

教科書 p.58

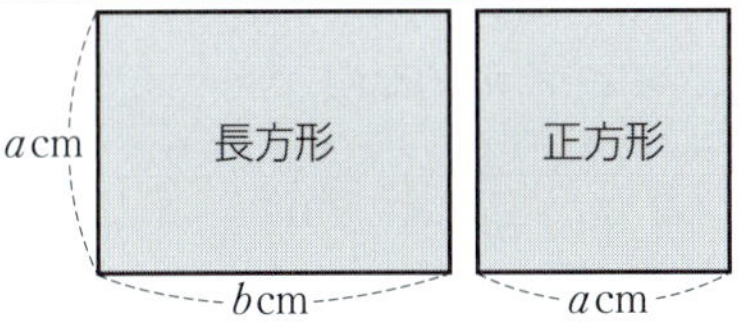

ガイド　長方形の面積＝縦×横，
長方形の周の長さ＝(縦＋横)×2，
正方形の面積＝1辺×1辺，
正方形の周の長さ＝1辺×4
を使います。

解答　＜長方形＞　面積…$\boldsymbol{a\times b}$ (cm²)
周の長さ…$\boldsymbol{(a+b)\times 2}$ (cm)　($a\times 2+b\times 2$ (cm) でもよい。)

＜正方形＞　面積…$\boldsymbol{a\times a}$ (cm²)
周の長さ…$\boldsymbol{a\times 4}$ (cm)

問 1　次の式を，文字式の表し方にしたがって書きなさい。

教科書 p.58

(1)　$50\times n$　　(2)　$x\times 8$

(3)　$y\times(-1)\times x$　　(4)　$c\times c\times c$

(5)　$3\times a\times a\times b$　　(6)　$(b+c)\times 7$

ガイド (1) かけ算の記号×を省きます。
(2) ×の記号を省き，数は文字の前にします。
(3) 文字はアルファベット順にします。
(4)，(5) 同じ文字の積は，指数を使って表します。
(6) ( )を1つのまとまりとみて考えます。

解答 (1) $\boldsymbol{50n}$　(2) $\boldsymbol{8x}$　(3) $\boldsymbol{-xy}$ （−1の1は省く。）
(4) $\boldsymbol{c^3}$　(5) $\boldsymbol{3a^2b}$　(6) $\boldsymbol{7(b+c)}$

問2 次の式を，記号×を使って書きなおしなさい。 教科書 p.58
(1) $7ab$　(2) $2xy^2$

ガイド (2) $y^2=y\times y$ となおすことができます。

解答 (1) $\boldsymbol{7\times a\times b}$
(2) $\boldsymbol{2\times x\times y\times y}$
($2\times y\times y\times x$ のように，かけ算の順は違ってもよい。)

問3 次の式を，分数の形で書きなさい。 教科書 p.59
(1) $x\div 2$　(2) $3\div y$
(3) $a\div b$　(4) $(x+y)\div 4$

ガイド (1)，(2)，(3) わり算を分数の形になおします。
(4) ( )を1つのまとまりとみて，わり算を分数の形になおします。

解答 (1) $\boldsymbol{\dfrac{x}{2}}$ または，$\boldsymbol{\dfrac{1}{2}x}$　(2) $\boldsymbol{\dfrac{3}{y}}$　(3) $\boldsymbol{\dfrac{a}{b}}$
(4) $\boldsymbol{\dfrac{x+y}{4}}$ または，$\boldsymbol{\dfrac{1}{4}(x+y)}$

問4 次の式を，記号÷を使って書きなおしなさい。 教科書 p.59
(1) $\dfrac{a}{3}$　(2) $\dfrac{8}{t}$
(3) $\dfrac{x+y}{2}$　(4) $\dfrac{1}{3}(a-b)$

ガイド (分子)÷(分母) のわり算の式になおします。
(3) $x+y$ を1つのまとまりにするため，( ) をつけます。

解答 (1) $\boldsymbol{a\div 3}$　(2) $\boldsymbol{8\div t}$　(3) $\boldsymbol{(x+y)\div 2}$　(4) $\boldsymbol{(a-b)\div 3}$

問5 次の式を，記号×，÷を使わないで表しなさい。 教科書 p.59

(1) $50\times n+30$　　(2) $x\div 4-y\times 4$

ガイド かけ算の記号×は省き，わり算は分数の形にします。記号＋，－は省くことはできません。

解答 (1) $\boldsymbol{50n+30}$　　(2) $\boldsymbol{\frac{x}{4}-4y}$ または，$\boldsymbol{\frac{1}{4}x-4y}$

問6 次の式を，記号×，÷を使って表しなさい。 教科書 p.59

(1) $1000-5a$　　(2) $3(x+y)-\frac{z}{2}$

解答 (1) $\boldsymbol{1000-5\times a}$

(2) $\boldsymbol{3\times(x+y)-z\div 2}$ または，$\boldsymbol{3\times(x+y)-\frac{1}{2}\times z}$

文字式と数量

問7 次の数量を表す式を書きなさい。 教科書 p.60

(1) 4人がa円ずつ出して，500円の品物を買ったときの残金

(2) 1個x円のりんご3個と1個y円のみかん5個を買ったときの代金

ガイド 文字式の表し方にしたがって表します。かけ算の記号×は省きます。

解答 (1) 4人がa円ずつ出した合計は　$a\times 4=4a$ (円)

500円の品物を買ったので，残金は　$\boldsymbol{4a-500}$ **(円)**

(2) りんご3個の代金は $x\times 3=3x$ (円)，みかん5個の代金は $y\times 5=5y$ (円)

なので，あわせた代金は　$\boldsymbol{3x+5y}$ **(円)**

問8 次の数量を表す式を書きなさい。 教科書 p.60

(1) 時速4kmで，x時間歩いたときの道のり

(2) y km離(はな)れた町まで，時速2kmで歩いたときにかかった時間

ガイド (1)は，道のり＝速さ×時間，(2)は，時間＝道のり÷速さ にあてはめます。

解答 (1) $4\times x=\boldsymbol{4x}$ **(km)**

(2) $y\div 2=\boldsymbol{\frac{y}{2}}$ **(時間)** または，$\boldsymbol{\frac{1}{2}y}$ **(時間)**

問9 次の数量を表す式を書きなさい。 教科書 p.61

(1) a m^2 の土地の 47% の面積

(2) b 円の品物を，3 割引きで買ったときの代金

ガイド (1) 47% を分数で表すと，$\frac{47}{100}$ です。

(2) 3 割引きを分数で表すと，$\left(1-\frac{3}{10}\right)$ です。

解答 (1) $a\times\frac{47}{100}=\frac{47}{100}a$ (m^2)

(2) $b\times\left(1-\frac{3}{10}\right)=\frac{7}{10}b$ (円)

参考 47% を小数で表すと 0.47，3 割を小数で表すと 0.3 なので，(1)，(2)は，次のように表すこともできます。

(1) $0.47a$ (m^2)

(2) $b\times(1-0.3)=0.7b$ (円)

問10 **例7** で，次の式は何を表していますか。 教科書 p.61

(1) $a+2b$ (円)　　(2) $a-b$ (円)

ガイド それぞれの式を，かけ算の記号×を使って表してから考えましょう。

解答 (1) $a+2b=a+2\times b=$(おとな 1 人の入館料)$+2\times$(子ども 1 人の入館料) なので，**おとな 1 人と子ども 2 人の入館料の合計**

(2) $a-b=$(おとな 1 人の入館料)$-$(子ども 1 人の入館料) なので，**おとな 1 人と子ども 1 人の入館料の差**

問11 家を出てから，分速 60 m で x 分間歩き，さらに，分速 80 m で y 分間歩いて駅に着きました。 教科書 p.61

このとき，次の式は何を表していますか。

(1) $x+y$ (分)　　(2) $60x+80y$ (m)

ガイド (2) $60x$ と $80y$ が，それぞれ何を表しているのかを考えます。

解答 (1) $x+y=$(分速 60 m で歩いた時間)$+$(分速 80 m で歩いた時間) なので，**家を出てから駅に着くまでに歩いた時間**

(2) $60x+80y=$(分速 60 m で x 分間歩いた道のり)$+$(分速 80 m で y 分間歩いた道のり) なので，**家から駅までの道のり**

3 式の値

学習のねらい

文字を使った式の意味を理解し，さらに，式の中の文字がいろいろな値をとるときの式の値を求めることができるようにします。

教科書のまとめ テスト前にチェック

□代入
□文字の値
□式の値

▶式の中の文字に数をあてはめることを**代入**するといいます。

▶文字に数を代入したとき，その数を**文字の値**といいます。
式の文字に数を代入して求めた結果を**式の値**といいます。

例　$x=-2$ のとき，x^2 の値は，

$x^2=(-2)^2=(-2)\times(-2)=4$

→ 負の数を代入するときは（　）をつける。

✿ 平地の気温が a°C のとき，平地から 3 km 上空の気温は，$a-18$（°C）であることが知られています。
平地の気温が 28°C のとき，3 km 上空の気温は何 °C でしょうか。

教科書 p.62

ガイド a に 28 をあてはめます。

解答 $28-18=10$　<u>10°C</u>

問1 上の✿で，a の値が次の場合に，3 km 上空の気温は何 °C ですか。

教科書 p.62

(1) $a=24$　(2) $a=0$　(3) $a=-2$

ガイド 式の中の文字に数をあてはめることを**代入**するといい，あてはめた数をその**文字の値**といいます。

解答 (1) $24-18=6$　<u>6°C</u>　(2) $0-18=-18$　<u>−18°C</u>
(3) $-2-18=-20$　<u>−20°C</u>

問2 x の値が次の場合に，$12-2x$ の値を求めなさい。

教科書 p.63

(1) $x=7$　(2) $x=-8$

ガイド (2) −8 のような**負の数を代入するときは，（　）をつけます。**

解答 (1) $12-2x=12-2\times7$
$=12-14=\mathbf{-2}$

(2) $12-2x=12-2\times(-8)$
$=12+16=\mathbf{28}$

問3 x の値が次の場合に，$-x-2$ の値を求めなさい。

教科書 p.63

(1) $x=3$　(2) $x=-5$

ガイド (2) $-x$ は $(-1)\times x$ のことで，$x=-5$ を代入すると，$(-1)\times(-5)$ となります。

解答　(1)　$-x-2=(-1)\times3-2$
$=-3-2=\mathbf{-5}$

(2)　$-x-2=(-1)\times(-5)-2$
$=5-2=\mathbf{3}$

問4　$x=-3$ のとき，次の式の値を求めなさい。　教科書 p.63

(1)　$\dfrac{12}{x}$　　(2)　$-\dfrac{18}{x}$

ガイド　負の値を代入するときは，符号に注意します。

(1)　$\dfrac{12}{x}=12\div x$ と考え，x の値を代入します。　(2)　$-\dfrac{18}{x}=(-18)\div x$ と考えます。

解答　(1)　$\dfrac{12}{x}=12\div(-3)=\mathbf{-4}$　　(2)　$-\dfrac{18}{x}=(-18)\div(-3)=\mathbf{6}$

問5　a の値が次の場合に，a^2 の値を求めなさい。　教科書 p.63

(1)　$a=6$　　(2)　$a=-2$

ガイド　(2)　$a=-2$ なので，$a^2=(-2)^2$ となります。

解答　(1)　$a^2=6^2$
$=6\times6=\mathbf{36}$

(2)　$a^2=(-2)^2$
$=(-2)\times(-2)=\mathbf{4}$

問6　x の値が次の場合に，$-x^2$ の値を求めなさい。　教科書 p.63

(1)　$x=\dfrac{1}{2}$　　(2)　$x=-1$

解答　(1)　$-x^2=-\left(\dfrac{1}{2}\right)^2$
$=-\left(\dfrac{1}{2}\times\dfrac{1}{2}\right)=\mathbf{-\dfrac{1}{4}}$

(2)　$-x^2=-(-1)^2$
$=-\{(-1)\times(-1)\}=\mathbf{-1}$

問7　$x=-2$，$y=6$ のとき，次の式の値を求めなさい。　教科書 p.64

(1)　$2x+y$　　(2)　$4x-3y$　　(3)　$\dfrac{3}{2}x+y$

ガイド　文字が 2 つになっても，文字が 1 つのときと同じようにします。

解答　(1)　$2x+y$
$=2\times(-2)+6$
$=-4+6=\mathbf{2}$

(2)　$4x-3y$
$=4\times(-2)-3\times6$
$=-8-18=\mathbf{-26}$

(3)　$\dfrac{3}{2}x+y$
$=\dfrac{3}{2}\times(-2)+6$
$=-3+6=\mathbf{3}$

練習問題

3 式の値 p.64

① $x=-4$ のとき，次の式の値を求めなさい。

(1) $2x+10$　(2) $-\frac{1}{2}x+1$　(3) $9-x$

(4) $-\frac{4}{x}$　(5) $\frac{2}{x}$　(6) $-5x^2$

ガイド 負の値を代入するときは，(　)をつけます。

解答

(1) $2x+10$
$=2\times(-4)+10$
$=-8+10=\mathbf{2}$

(2) $-\frac{1}{2}x+1$
$=\left(-\frac{1}{2}\right)\times(-4)+1$
$=2+1=\mathbf{3}$

(3) $9-x$
$=9-(-4)$
$=9+4=\mathbf{13}$

(4) $-\frac{4}{x}$
$=(-4)\div x$
$=(-4)\div(-4)=\mathbf{1}$

(5) $\frac{2}{x}$
$=2\div x$
$=2\div(-4)=-\mathbf{\frac{1}{2}}$

(6) $-5x^2$
$=(-5)\times(-4)^2$
$=(-5)\times16=\mathbf{-80}$

② $a=3$，$b=-4$ のとき，次の式の値を求めなさい。

(1) $5a+2b$　(2) $a-3b$

(3) $-2a+\frac{1}{4}b$　(4) $-\frac{5}{6}a-2b$

解答

(1) $5a+2b$
$=5\times3+2\times(-4)$
$=15-8=\mathbf{7}$

(2) $a-3b$
$=3-3\times(-4)$
$=3+12=\mathbf{15}$

(3) $-2a+\frac{1}{4}b$
$=(-2)\times3+\frac{1}{4}\times(-4)$
$=-6-1=\mathbf{-7}$

(4) $-\frac{5}{6}a-2b$
$=\left(-\frac{5}{6}\right)\times3-2\times(-4)$
$=-\frac{5}{2}+8=\mathbf{\frac{11}{2}}$

③ n の値が -3 から 3 の整数のとき，$2n$ と $2n+1$ の値をそれぞれ求め，右の表に書き入れなさい。(表は省略)

解答

n	-3	-2	-1	0	1	2	3
$2n$	**−6**	**−4**	**−2**	**0**	**2**	**4**	**6**
$2n+1$	**−5**	**−3**	**−1**	**1**	**3**	**5**	**7**

2節 文字式の計算

どのように考えたのかな？

右の写真のように，正方形の画用紙を，その一部が重なるようにしてマグネットでとめます。

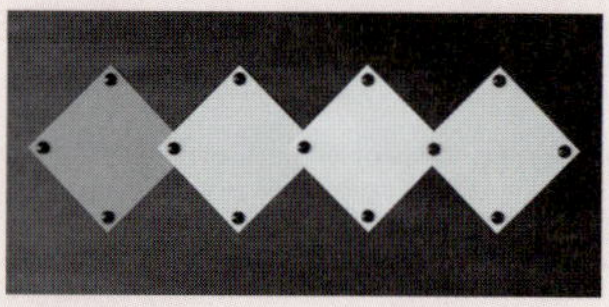

x 枚の画用紙をとめるのに，必要なマグネットの個数を考えましょう。

かりんさんは，必要なマグネットの個数を，下の図のように考えました。

けいたさんは，必要なマグネットの個数を，$x+(x+1)+x$ という式で表しました。

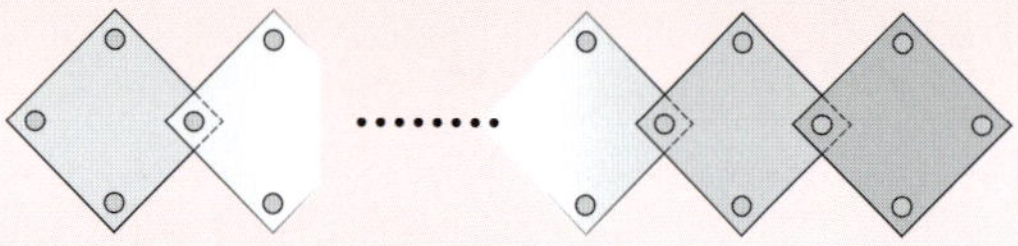

自分のことばで伝えよう

教科書 p.65

かりんさんの考え方では，必要なマグネットの個数は，どんな式で表されるでしょうか。
また，けいたさんは，どのように考えているでしょうか。

解答例　＜かりんさん＞　正方形の画用紙が 3 枚のときを考えると，

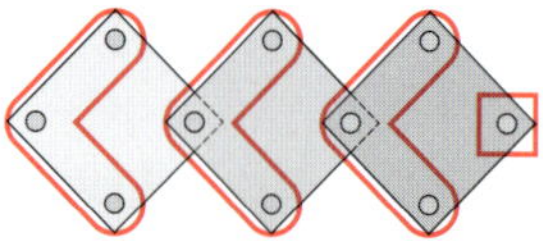

$3\times3+1$（個）となって，マグネットの個数は，
$3\times$(画用紙の枚数)+(右端の 1 個)
だから，画用紙の枚数が x 枚のとき，
$3x+1$（個） の式で表される。

＜けいたさん＞　正方形の画用紙が 3 枚のときを考えると，

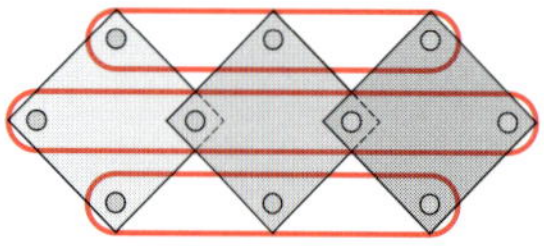

上段　3 個
中段　4 個 $(3+1)$
下段　3 個

したがって，正方形の画用紙が x 枚のときは，**上段が x 個，中段が $(x+1)$ 個，下段が x 個となり，マグネットの個数は，$x+(x+1)+x$（個）** になる。

上段　x 個
中段　$(x+1)$ 個
下段　x 個

参考　他に，次のような表し方もあります。

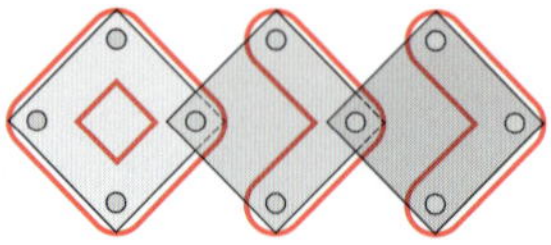

㋐　1 枚目にはマグネット 4 個。　2 枚目以降には 3 個。
$4+3(x-1)$（個）

㋑　すべての画用紙にマグネット 4 個。重複している $(x-1)$ 個 をひく。**$4x-(x-1)$（個）**

1 文字式の加法，減法

学習のねらい

項・係数，一次式などのことばの意味を知り，文字が1つだけの一次式の加法・減法の計算のしかたを学習します。

教科書のまとめ テスト前にチェック

□項と係数

▶式 $6x+4$ は，$6x$ と 4 の和です。このとき，加法の記号＋で結ばれた $6x$，4 を，式 $6x+4$ の**項**といいます。
式 $6x+4$ で，文字をふくむ項 $6x$ は，$6\times x$ のように，数と文字の積の形です。このとき，6 を x の**係数**といいます。

例　式　$x-\frac{y}{2}+\frac{1}{3}=x+\left(-\frac{1}{2}y\right)+\frac{1}{3}$ では，

項は，x，$-\frac{1}{2}y$，$\frac{1}{3}$　　　x の係数は 1，y の係数は $-\frac{1}{2}$

□1次の項

▶項が $5x$，$-\frac{1}{2}y$ のように，文字が1つだけの項を**1次の項**といいます。

□一次式

▶1次の項だけの式，または，1次の項と数の項の和で表される式を**一次式**といいます。　例　x，$5x-1$，$\frac{x}{2}+3y$

□式を簡単にすること

▶計算法則 $mx+nx=(m+n)x$ を使って，式を簡単にします。

例　$-2x+5x=(-2+5)x=3x$

□式をたすこと・ひくこと

▶文字の部分が同じ項どうし，数の項どうしを，それぞれまとめて簡単にします。

例
$(2x-3)+(4x-5)$
$=2x-3+4x-5$
$=2x+4x-3-5$
$=6x-8$

$(2x-3)-(4x-5)$
$=2x-3-4x+5$
$=2x-4x-3+5$
$=-2x+2$

項と係数

問1 次の式の項をいいなさい。また，文字をふくむ項について，係数をいいなさい。 教科書 p.66

(1) $9-2x$　　(2) $\frac{x}{4}-3y$　　(3) $a-b+8$

ガイド 式の項には，文字の項と数の項があり，文字の項は，数と文字の積になっています。
文字の項の数の部分を，符号もふくめて係数といいます。

解答
(1) 項…9，$-2x$　　x の係数…-2
(2) 項…$\frac{x}{4}$，$-3y$　　x の係数…$\frac{1}{4}$　　y の係数…-3
(3) 項…a，$-b$，8　　a の係数…1　　b の係数…-1

式を簡単にすること

教科書 p.67

1枚x円のファイルを，けいたさんは5枚，かりんさんは3枚買いました。
2人が買ったファイルの代金の合計を式に表しましょう。
また，2人が買ったファイルの代金の差を式に表しましょう。

ガイド 代金は，(1枚の値段)×枚数 で表せます。
けいたさんの代金は，$x\times5=5x$ (円)，
かりんさんの代金は，$x\times3=3x$ (円) となります。

解答 2人が買ったファイルの代金の合計は，$\boldsymbol{5x+3x}$ **(円)**
2人が買ったファイルの代金の差は，$\boldsymbol{5x-3x}$ **(円)**

問2 次の式を簡単にしなさい。　教科書 p.67

(1) $6x-2x$　(2) $x-8x$　(3) $-2a+9a$

(4) $-5b-4b$　(5) $\dfrac{3}{5}x+\dfrac{1}{5}x$　(6) $x-\dfrac{1}{6}x$

ガイド $mx+nx=(m+n)x$ を使って，式を簡単にしましょう。
(2) x の係数は1です。

解答
(1) $6x-2x$
$=(6-2)x$
$=\boldsymbol{4x}$

(2) $x-8x$
$=(1-8)x$
$=\boldsymbol{-7x}$

(3) $-2a+9a$
$=(-2+9)a$
$=\boldsymbol{7a}$

(4) $-5b-4b$
$=(-5-4)b$
$=\boldsymbol{-9b}$

(5) $\dfrac{3}{5}x+\dfrac{1}{5}x$
$=\left(\dfrac{3}{5}+\dfrac{1}{5}\right)x=\boldsymbol{\dfrac{4}{5}x}$

(6) $x-\dfrac{1}{6}x$
$=\left(1-\dfrac{1}{6}\right)x=\boldsymbol{\dfrac{5}{6}x}$

問3 次の式を簡単にしなさい。　教科書 p.68

(1) $6x+4+3x$　(2) $-5x+7+4x$

(3) $2x-8-4x+7$　(4) $-9x-5+9x-2$

(5) $12y-3+5y+1$　(6) $-6-a+15+2a$

ガイド 文字の項の和，数の項の和に分けて計算します。
(2) $-5x+4x=(-5+4)x=-1x=-x$ と考えます。
(4) $-9x+9x=(-9+9)x=0x=0$ と考えます。
(6) $-a+2a=(-1+2)a=1a=a$ と考えます。

解答
(1) $6x+4+3x$
$=6x+3x+4$
$=\boldsymbol{9x+4}$

(2) $-5x+7+4x$
$=-5x+4x+7$
$=\boldsymbol{-x+7}$

(3) $2x-8-4x+7$
$=2x-4x-8+7$
$=\boldsymbol{-2x-1}$

(4) $-9x-5+9x-2$
$=-9x+9x-5-2$
$=\mathbf{-7}$

(5) $12y-3+5y+1$
$=12y+5y-3+1$
$=\mathbf{17y-2}$

(6) $-6-a+15+2a$
$=-a+2a-6+15$
$=\mathbf{a+9}$

問4 次の式を，かっこをはずして簡単にしなさい。 教科書 p.68

(1) $2x+(5-x)$　(2) $6y-3+(-4y-3)$
(3) $4x-(x-1)$　(4) $7x-(-8x+2)$
(5) $-5a-1-(7-7a)$　(6) $3y+2-\left(\frac{1}{2}y+1\right)$

ガイド かっこの前が＋のときは，そのままかっこを省き，各項の和として表します。
かっこの前が－のときは，かっこの中の各項の符号(ふごう)を変えたものの和として表します。

解答 (1) $2x+(5-x)$
$=2x+5-x$
$=2x-x+5$
$=\mathbf{x+5}$

(2) $6y-3+(-4y-3)$
$=6y-3-4y-3$
$=6y-4y-3-3$
$=\mathbf{2y-6}$

(3) $4x-(x-1)$
$=4x-x+1$
$=\mathbf{3x+1}$

(4) $7x-(-8x+2)$
$=7x+8x-2$
$=\mathbf{15x-2}$

(5) $-5a-1-(7-7a)$
$=-5a-1-7+7a$
$=-5a+7a-1-7$
$=\mathbf{2a-8}$

(6) $3y+2-\left(\frac{1}{2}y+1\right)$
$=3y+2-\frac{1}{2}y-1$
$=3y-\frac{1}{2}y+2-1$
$=\mathbf{\frac{5}{2}y+1}$

式をたすこと，式をひくこと

問5 次の 2 つの式をたしなさい。 教科書 p.69
また，左の式から右の式をひきなさい。

(1) $5x+9$，$6x-1$　(2) $4x-2$，$x-2$
(3) $-3y+4$，$y-8$　(4) $7x-5$，$-7x+6$

ガイド 式をたしたり，ひいたりするには，それぞれの式にかっこをつけ，記号＋，－でつなぎ，次に，かっこをはずして簡単にします。

解答 (1) 和 $(5x+9)+(6x-1)$
$=5x+9+6x-1$
$=5x+6x+9-1=\mathbf{11x+8}$

差 $(5x+9)-(6x-1)$
$=5x+9-6x+1$
$=5x-6x+9+1=\mathbf{-x+10}$

(2) 和 $(4x-2)+(x-2)$
$=4x-2+x-2$
$=4x+x-2-2=\mathbf{5x-4}$

差 $(4x-2)-(x-2)$
$=4x-2-x+2$
$=4x-x-2+2=\mathbf{3x}$

(3) 和　$(-3y+4)+(y-8)$
$=-3y+4+y-8$
$=-3y+y+4-8=\mathbf{-2y-4}$

差　$(-3y+4)-(y-8)$
$=-3y+4-y+8$
$=-3y-y+4+8=\mathbf{-4y+12}$

(4) 和　$(7x-5)+(-7x+6)$
$=7x-5-7x+6$
$=7x-7x-5+6=\mathbf{1}$

差　$(7x-5)-(-7x+6)$
$=7x-5+7x-6$
$=7x+7x-5-6=\mathbf{14x-11}$

練習問題

1 文字式の加法，減法　p.69

① 次の計算をしなさい。

(1) $6x-x$　(2) $-3x-8x$　(3) $2x-8+4x$
(4) $-5y-8y+6y$　(5) $-x+1-8x+3$　(6) $4x-3-7x+2$

ガイド 文字の項の計算は，$mx+nx=(m+n)x$ を使います。

解答
(1) $6x-x$
$=(6-1)x$
$=\mathbf{5x}$

(2) $-3x-8x$
$=(-3-8)x$
$=\mathbf{-11x}$

(3) $2x-8+4x$
$=2x+4x-8$
$=\mathbf{6x-8}$

(4) $-5y-8y+6y$
$=(-5-8+6)y$
$=\mathbf{-7y}$

(5) $-x+1-8x+3$
$=-x-8x+1+3$
$=\mathbf{-9x+4}$

(6) $4x-3-7x+2$
$=4x-7x-3+2$
$=\mathbf{-3x-1}$

② 次の計算をしなさい。

(1) $3a-(5a-1)$　(2) $2x+(3x-4)$
(3) $-2a+7-(6a-7)$　(4) $3x-9-(2x+1)$

解答
(1) $3a-(5a-1)$
$=3a-5a+1=\mathbf{-2a+1}$

(2) $2x+(3x-4)$
$=2x+3x-4=\mathbf{5x-4}$

(3) $-2a+7-(6a-7)$
$=-2a+7-6a+7=\mathbf{-8a+14}$

(4) $3x-9-(2x+1)$
$=3x-9-2x-1=\mathbf{x-10}$

③ 次の 2 つの式をたしなさい。また，左の式から右の式をひきなさい。

(1) $4x-11$，$-4x-5$　(2) $10x-9$，$2-5x$

解答
(1) 和　$(4x-11)+(-4x-5)$
$=4x-11-4x-5=\mathbf{-16}$

差　$(4x-11)-(-4x-5)$
$=4x-11+4x+5=\mathbf{8x-6}$

(2) 和　$(10x-9)+(2-5x)$
$=10x-9+2-5x=\mathbf{5x-7}$

差　$(10x-9)-(2-5x)$
$=10x-9-2+5x=\mathbf{15x-11}$

2 文字式と数の乗法，除法

学習のねらい

文字が1つだけの一次式に数をかけたり，一次式を数でわったりする計算のしかたを学習します。

教科書のまとめ テスト前にチェック

□文字式に数をかけること

▶かける順序を変えると，数どうしの計算ができます。

例 $2x\times4=2\times x\times4=2\times4\times x=8x$

□文字式を数でわること

▶$a\div b=\dfrac{a}{b}$，$a\div\dfrac{n}{m}=a\times\dfrac{m}{n}$ を使って計算します。

例 $6x\div3=\dfrac{6x}{3}=\dfrac{6\times x}{3}=2x$，$4x\div\dfrac{2}{7}=4x\times\dfrac{7}{2}=4\times\dfrac{7}{2}\times x=14x$

□項が2つ以上の式に数をかけること

▶$m(a+b)=ma+mb$ を使って計算します。

例 $2(2a-3)=2\times2a+2\times(-3)$
$=4a-6$

□項が2つ以上の式を数でわること

▶$\dfrac{a+b}{m}=\dfrac{a}{m}+\dfrac{b}{m}$ を使って計算します。

例 $(4x+6)\div2=\dfrac{4x}{2}+\dfrac{6}{2}=2x+3$

□分数の形の式に数をかけること

▶$\dfrac{a+b}{m}\times n$ では，さきに n と m を約分します。

例 $\dfrac{2x+5}{\overset{}{\underset{1}{3}}}\times\overset{2}{6}=(2x+5)\times2=4x+10$

問1 次の計算をしなさい。 教科書 p.70

(1) $3x\times2$　(2) $4x\times(-7)$　(3) $-x\times9$

(4) $-5x\times(-6)$　(5) $14x\times\dfrac{6}{7}$　(6) $-\dfrac{3}{4}x\times12$

ガイド かける順序を変えて，数どうしの計算をします。
(3) $-x$ の係数は -1 です。

解答

(1) $3x\times2$
$=3\times x\times2$
$=3\times2\times x=\mathbf{6x}$

(2) $4x\times(-7)$
$=4\times x\times(-7)$
$=4\times(-7)\times x=\mathbf{-28x}$

(3) $-x\times9$
$=(-1)\times x\times9$
$=(-1)\times9\times x=\mathbf{-9x}$

(4) $-5x\times(-6)$
$=(-5)\times x\times(-6)$
$=(-5)\times(-6)\times x=\mathbf{30x}$

(5) $14x\times\dfrac{6}{7}$
$=14\times x\times\dfrac{6}{7}$
$=14\times\dfrac{6}{7}\times x=\mathbf{12x}$

(6) $-\dfrac{3}{4}x\times12$
$=\left(-\dfrac{3}{4}\right)\times x\times12$
$=\left(-\dfrac{3}{4}\right)\times12\times x=\mathbf{-9x}$

問2　次の計算をしなさい。　教科書 p.70

(1)　$18x \div 6$　(2)　$10x \div (-5)$　(3)　$-12x \div (-4)$

(4)　$9x \div \frac{3}{4}$　(5)　$6x \div \left(-\frac{3}{2}\right)$　(6)　$-3x \div 3$

ガイド　$a \div b = \frac{a}{b}$，$a \div \frac{n}{m} = a \times \frac{m}{n}$ を使います。

解答

(1)　$18x \div 6 = \frac{18x}{6} = \frac{18 \times x}{6} = \mathbf{3x}$

(2)　$10x \div (-5) = -\frac{10x}{5} = -\frac{10 \times x}{5} = \mathbf{-2x}$

(3)　$-12x \div (-4) = \frac{12x}{4} = \frac{12 \times x}{4} = \mathbf{3x}$

(4)　$9x \div \frac{3}{4} = 9x \times \frac{4}{3} = 9 \times \frac{4}{3} \times x = \mathbf{12x}$

(5)　$6x \div \left(-\frac{3}{2}\right) = 6x \times \left(-\frac{2}{3}\right) = 6 \times \left(-\frac{2}{3}\right) \times x = \mathbf{-4x}$

(6)　$-3x \div 3 = -\frac{3x}{3} = -\frac{3 \times x}{3} = \mathbf{-x}$

問3　次の計算をしなさい。　教科書 p.71

(1)　$7(5x+3)$　(2)　$(2x-9) \times 10$　(3)　$-2(6x+4)$

(4)　$(4x-1) \times (-8)$　(5)　$15\left(\frac{2}{5}x-10\right)$　(6)　$\left(-x+\frac{2}{3}\right) \times \frac{1}{2}$

ガイド　項が2つ以上の式に数をかけるときは，$m(a+b)=ma+mb$ を使います。

解答

(1)　$7(5x+3)$
$= 7 \times 5x + 7 \times 3$
$= \mathbf{35x+21}$

(2)　$(2x-9) \times 10$
$= 2x \times 10 + (-9) \times 10$
$= \mathbf{20x-90}$

(3)　$-2(6x+4)$
$= (-2) \times 6x + (-2) \times 4$
$= \mathbf{-12x-8}$

(4)　$(4x-1) \times (-8)$
$= 4x \times (-8) + (-1) \times (-8)$
$= \mathbf{-32x+8}$

(5)　$15\left(\frac{2}{5}x-10\right)$
$= 15 \times \frac{2}{5}x + 15 \times (-10)$
$= \mathbf{6x-150}$

(6)　$\left(-x+\frac{2}{3}\right) \times \frac{1}{2}$
$= -x \times \frac{1}{2} + \frac{2}{3} \times \frac{1}{2}$
$= \mathbf{-\frac{1}{2}x+\frac{1}{3}}$

問4 次の計算をしなさい。 教科書 p.71

(1) $(4x+8)\div 2$　(2) $(6x-15)\div(-3)$　(3) $\left(-\dfrac{3}{2}x+4\right)\div 4$

(4) $(27x-9)\div\dfrac{3}{4}$　(5) $(-12x+8)\div\left(-\dfrac{8}{3}\right)$　(6) $\left(8x-\dfrac{2}{3}\right)\div(-2)$

ガイド 項が2つ以上の式を数でわるときは，$(a+b)\div m=\dfrac{a+b}{m}=\dfrac{a}{m}+\dfrac{b}{m}$ を使います。

(4)，(5) m が分数のときは，逆数をかけます。

解答

(1) $(4x+8)\div 2=\dfrac{4x+8}{2}$
$=\dfrac{4x}{2}+\dfrac{8}{2}$
$=\mathbf{2x+4}$

(2) $(6x-15)\div(-3)=-\dfrac{6x-15}{3}$
$=-\dfrac{6x}{3}+\dfrac{15}{3}$
$=\mathbf{-2x+5}$

(3) $\left(-\dfrac{3}{2}x+4\right)\div 4$
$=-\dfrac{3x}{2\times 4}+\dfrac{4}{4}$
$=\mathbf{-\dfrac{3}{8}x+1}$

(4) $(27x-9)\div\dfrac{3}{4}$
$=(27x-9)\times\dfrac{4}{3}$
$=\dfrac{27x\times 4}{3}-\dfrac{9\times 4}{3}$
$=\mathbf{36x-12}$

(5) $(-12x+8)\div\left(-\dfrac{8}{3}\right)$
$=(-12x+8)\times\left(-\dfrac{3}{8}\right)$
$=\dfrac{12x\times 3}{8}-\dfrac{8\times 3}{8}$
$=\mathbf{\dfrac{9}{2}x-3}$

(6) $\left(8x-\dfrac{2}{3}\right)\div(-2)$
$=\left(8x-\dfrac{2}{3}\right)\times\left(-\dfrac{1}{2}\right)$
$=-\dfrac{8x}{2}+\dfrac{2}{3\times 2}$
$=\mathbf{-4x+\dfrac{1}{3}}$

問5 次の計算をしなさい。 教科書 p.71

(1) $\dfrac{2x+3}{4}\times 8$　(2) $15\times\dfrac{3x-10}{5}$　(3) $\dfrac{-3x-5}{8}\times(-6)$

解答

(1) $\dfrac{2x+3}{\overset{}{\cancel{4}}_{1}}\times\cancel{8}^{2}$
$=(2x+3)\times 2$
$=\mathbf{4x+6}$

(2) $\cancel{15}^{3}\times\dfrac{3x-10}{\cancel{5}_{1}}$
$=3\times(3x-10)$
$=\mathbf{9x-30}$

(3) $\dfrac{-3x-5}{\cancel{8}_{4}}\times(-\cancel{6}^{3})$
$=\dfrac{-3x-5}{4}\times(-3)$
$=\mathbf{\dfrac{9x+15}{4}}$

2章 文字の式

問6 次の計算をしなさい。 教科書 p.72

(1) $8(x-2)+4(2x+6)$　　(2) $6(a+5)+3(a-10)$

(3) $5(x-3)-(x+1)$　　(4) $7(x-1)-9(x-2)$

(5) $3(-2a+1)+3(a-1)$　　(6) $\frac{1}{2}(2x-4)-3(x+1)$

ガイド かっこをはずして計算します。
負の数がかっこの前にあるときは，符号に注意しましょう。

解答

(1) $8(x-2)+4(2x+6)$
$=8x-16+8x+24$
$=8x+8x-16+24$
$=\boldsymbol{16x+8}$

(2) $6(a+5)+3(a-10)$
$=6a+30+3a-30$
$=6a+3a+30-30$
$=\boldsymbol{9a}$

(3) $5(x-3)-(x+1)$
$=5x-15-x-1$
$=5x-x-15-1$
$=\boldsymbol{4x-16}$

(4) $7(x-1)-9(x-2)$
$=7x-7-9x+18$
$=7x-9x-7+18$
$=\boldsymbol{-2x+11}$

(5) $3(-2a+1)+3(a-1)$
$=-6a+3+3a-3$
$=-6a+3a+3-3$
$=\boldsymbol{-3a}$

(6) $\frac{1}{2}(2x-4)-3(x+1)$
$=x-2-3x-3$
$=x-3x-2-3$
$=\boldsymbol{-2x-5}$

ミスに注意
かっこをはずしてから同じ項をまとめる計算では，間違えやすい符号をもう1度チェックしておこう。

みんなで話しあってみよう

教科書 p.72

右の $(10x+5)\div5$ の計算は，どこに誤りがありますか。
また，正しくするには，どのようになおせばよいでしょうか。

✕ 誤答例

$(10x+5)\div5=\frac{\overset{2}{\cancel{10}}x+5}{\underset{1}{\cancel{5}}}$

$=2x+5$

ガイド $\frac{a+b}{m}=\frac{a}{m}+\frac{b}{m}$ を使って計算します。

解答例

- $\frac{10x+5}{5}$ を約分するときに，$10x$ の 10 と分母の 5 だけで約分していることが誤り。
  +5 と分母の 5 も約分しなければならない。
- $(10x+5)\div5=\frac{10}{5}x+\frac{5}{5}$ だから，次のようになおす。
  $(10x+5)\div5=\frac{10x+5}{5}=2x+\underline{1}$

$(10x+5)\times\frac{1}{5}$

練習問題

2 文字式と数の乗法，除法 p.72

1 次の計算をしなさい。

(1) $8x\times2$　(2) $12x\times(-4)$　(3) $-6a\times(-5)$

(4) $6x\div6$　(5) $18y\div(-6)$　(6) $-21x\div(-7)$

(7) $-27\times\frac{7}{9}x$　(8) $10x\div\frac{2}{5}$　(9) $-\frac{2}{3}x\div4$

解答 (1) $\mathbf{16x}$　(2) $\mathbf{-48x}$　(3) $\mathbf{30a}$　(4) $\mathbf{x}$　(5) $\mathbf{-3y}$　(6) $\mathbf{3x}$

(7) $-27\times\frac{7}{9}x=(-27)\times\frac{7}{9}\times x=\mathbf{-21x}$

(8) $10x\div\frac{2}{5}=10x\times\frac{5}{2}=10\times\frac{5}{2}\times x=\mathbf{25x}$

(9) $-\frac{2}{3}x\div4=-\frac{2}{3}x\times\frac{1}{4}=\left(-\frac{2}{3}\right)\times\frac{1}{4}\times x=\mathbf{-\frac{1}{6}x}$

2 次の計算をしなさい。

(1) $10(0.2x-1.5)$　(2) $(400x-300)\div100$　(3) $9\left(2-\frac{x}{3}\right)$

(4) $\frac{-2x+3}{6}\times12$　(5) $7x+2(4-5x)$　(6) $6(y-7)-3(4y+5)$

(7) $3(2a-1)-6(a-1)$　(8) $-\frac{1}{3}(6y-3)-\frac{1}{4}(4y+8)$

ガイド 次の計算法則を使って計算します。

$m(a+b)=ma+mb$

$(a+b)\div m=\frac{a+b}{m}=\frac{a}{m}+\frac{b}{m}$

解答 (1) $10(0.2x-1.5)=10\times0.2x+10\times(-1.5)=\mathbf{2x-15}$

(2) $(400x-300)\div100=\frac{400x}{100}-\frac{300}{100}=\mathbf{4x-3}$

(3) $9\left(2-\frac{x}{3}\right)=9\times2+9\times\left(-\frac{x}{3}\right)=\mathbf{18-3x}$

(4) $\frac{-2x+3}{\underset{1}{6}}\times\overset{2}{12}=(-2x+3)\times2=\mathbf{-4x+6}$

(5) $7x+2(4-5x)=7x+8-10x=\mathbf{-3x+8}$

(6) $6(y-7)-3(4y+5)=6y-42-12y-15=\mathbf{-6y-57}$

(7) $3(2a-1)-6(a-1)=6a-3-6a+6=\mathbf{3}$

(8) $-\frac{1}{3}(6y-3)-\frac{1}{4}(4y+8)=-2y+1-y-2=\mathbf{-3y-1}$

3 関係を表す式

学習のねらい

数量の間の関係を表す式として，等しい関係を表す式（等式）や，大小関係を表す式（不等式）についての理解を深め，これを正しく利用できるようにします。

教科書のまとめ　テスト前にチェック

□等式
▶$5x-3=2$ のように，等号＝を使って，2つの数量が等しい関係を表した式を**等式**といいます。

□不等式
▶$2x+7\leqq 300$ のように，不等号＞，＜または≧，≦を使って，2つの数量の大小関係を表した式を**不等式**といいます。

□左辺・右辺・両辺
▶等式や不等式で，等号や不等号の左側の式を**左辺**，右側の式を**右辺**，その両方をあわせて**両辺**といいます。

〈等式〉
$5a=b+8000$
左辺：$5a$　右辺：$b+8000$　両辺

〈不等式〉
$7x-3\geqq 200$
左辺：$7x-3$　右辺：200　両辺

等しい関係を表す式

教科書 p.73

3人で，ケーキと花束のプレゼントを買うことにしました。1人 a 円ずつ出しあって，1個 b 円のケーキを5個と3000円の花束がちょうど買えました。
集めた金額の合計を式で表しましょう。
また，代金の合計を式に表しましょう。

ガイド
1人が a 円ずつ出すと，3人分だから，集めた金額の合計は，$a\times 3$（円）
1個 b 円のケーキ5個分の代金は，$b\times 5$（円）
花束の代金は，3000円
（代金の合計）＝（ケーキ5個分の代金）＋（花束の代金）

解答
集めた金額の合計…$a\times 3=\boldsymbol{3a}$（円）
代金の合計…$b\times 5+3000=\boldsymbol{5b+3000}$（円）

問1　教科書 p.73

等式 $5x-6=4y$ の左辺と右辺をいいなさい。
また，左辺と右辺を入れかえた式を書きなさい。

ガイド
等号の左側の式を左辺，右側の式を右辺といいます。

解答
左辺…$\boldsymbol{5x-6}$　右辺…$\boldsymbol{4y}$
左辺と右辺を入れかえた式…$\boldsymbol{4y=5x-6}$

問2 次の数量の関係を等式に表しなさい。 教科書 p.74

(1) 1個 x 円のテニスボール3個の代金は y 円である。

(2) 1000円出して a 円の切符(きっぷ)を買うと，おつりは b 円である。

ガイド 数量が等しい関係は，等号を使って表すことができます。

(1) (代金)=(テニスボール1個あたりの値段)×(個数)

(2) (出した金額)−(切符の代金)=(おつり)

解答 (1) $3x=y$ (2) $1000-a=b$ ($a+b=1000$ でもよい)

参考 (2) (切符の代金)+(おつり)=(出した金額) と考えると，$a+b=1000$ となります。

問3 a 人が1人400円ずつ出して，b 円のサッカーボールを買ったところ，300円残りました。このときの数量の関係を等式に表しなさい。 教科書 p.74

ガイド (集めた金額)−(サッカーボールの代金)=(残りの金額) になります。
a 人が400円ずつ出したので，集めた金額の合計は $400\times a$ (円) です。

解答 $400a-b=300$ ($400a=b+300$ でもよい)

大小関係を表す式

問4 次の数量の関係を不等式に表しなさい。 教科書 p.74

(1) ある数 x から5をひくと，3より小さい。

(2) a m のリボンから3m切り取ると，残りは2mより長い。

(3) x と y の積は8未満である。

ガイド 不等式の場合も，不等号の左側の式を左辺，右側の式を右辺といいます。
左辺と右辺のどちらが大きい(小さい)のか，正確に読みとりましょう。

(1) 「$x-5$ は3より小さい」ことになります。

(3) 「8未満」とは，「8より小さい」という意味です。

解答 (1) $x-5<3$ (2) $a-3>2$ (3) $xy<8$

問5 次の数量の関係を不等式に表しなさい。 教科書 p.75

(1) 4人で x 円ずつ出すと，合計が1000円以上になる。

(2) a 円の品物と b 円の品物の両方を，1200円あれば買うことができる。

ガイド (2) 「1200円あれば買うことができる」とは，代金が「1200円以下」ということです。

解答 (1) $4x\geqq 1000$ (2) $a+b\leqq 1200$

問6 **例4** で，次の式はどんなことを表していますか。 教科書 p.75

(1) $2a+b=5000$　　(2) $a-b=700$

(3) $a+2b>3500$　　(4) $3a\leqq 7b$

ガイド a＝(おとな１人の入館料)，b＝(子ども１人の入館料) をあてはめ，それぞれの式が何を表しているのかを考えましょう。

(1) $2a+b$＝(おとな２人の入館料)＋(子ども１人の入館料) なので，
$2a+b=5000$ は，おとな２人と子ども１人の入館料の合計が 5000 円であることを表しています。

(4) 左辺の $3a$ は おとな３人の入館料，右辺の $7b$ は 子ども７人の入館料を表しています。

解答
(1) おとな２人と子ども１人の入館料の合計が 5000 円であること。
(2) おとな１人と子ども１人の入館料の差が 700 円であること。
(3) おとな１人と子ども２人の入館料の合計が 3500 円より高いこと。
(4) おとな３人の入館料の合計が，子ども７人の入館料の合計以下であること。

問7 兄は 1500 円，弟は 500 円持って買い物に行き，兄は a 円の本，弟は b 円のノートを買いました。 教科書 p.76
このとき，次の不等式はどんなことを表していますか。

$$1500-a>2(500-b)$$

ガイド 左辺は 1500－(兄が買った本の値段) で，兄が本を買った残りの金額を表しています。
右辺は 2×{500－(弟が買ったノートの値段)} で，弟がノートを買った残りの金額の２倍を表しています。

解答 兄の残りの金額が，弟の残りの金額の２倍より多いこと。

練習問題　3 関係を表す式 p.76

① 次の数量の関係を，等式か不等式に表しなさい。
(1) 30 m のテープから x m のテープを６本切り取ると，y m 残る。
(2) １個 150 円のりんご x 個を，y 円の箱に入れると，代金は 2000 円以下になる。

ガイド (1) 30－(x m のテープ６本分の長さ) が y m に等しいので，等式になります。
(2) (150 円のりんご x 個分の代金)＋y が 2000 円以下なので，不等式になります。
「以上」「以下」「〜より大きい」「〜より小さい」を間違(ちが)えないように気をつけましょう。

解答 (1) $30-6x=y$　　(2) $150x+y\leqq 2000$

② 1000円で a 円の品物が買えるという関係を表している不等式を，次の(ア)，(イ)，(ウ)から選びなさい。

(ア) $1000<a$　　(イ) $1000-a<0$　　(ウ) $1000-a \geqq 0$

ガイド 各不等式が表す意味を考えてみましょう。

解答 (ア) $1000<a$　1000円よりも a 円の方が大きいので，1000円では買えない。

(イ) $1000-a<0$　1000円から a 円出すと残金が0より小さい。
つまり，たりないということで，1000円では買えない。

(ウ) $1000-a \geqq 0$　1000円から a 円出すと残金が0（ちょうどぴったり）か0より大きい，つまり余るということで，1000円で買える。

したがって，(ウ)

自分の考えをまとめよう

教科書 p.76

長野さんは，この章の学習をふり返り，右のようなまとめをしました。
みなさんも，この章の学習を終えて，わかったことや気づいたことなどをまとめておきましょう。

> 65ページのマグネットの問題で，けいたさんは，
> $x+(x+1)+x$
> という式で表していました。
> 私は右のように考えて，
> $2+3(x-1)+2$
> という式で表しました。
> 
> 友だちと違(ちが)う式になったので不安でしたが，式の計算について学習を進めると，どちらの式も $3x+1$ になっていることがわかって感動しました。
> はじめは，いろいろな考え方で表された文字式も，計算すると同じ式になったり，簡単な式になったりするので，文字式はすごいなと思いました。

解答例
- 文字を使うと，複雑な数量の間の関係が一般的に，しかも簡潔に表すことができる。
- 文字を使って，数量や数量の関係を式に表したり，その式を計算したり，変形したりするなど，文字式を自由に使いこなせるようになりたい。

参考 （教科書65ページのマグネットの問題）

- けいたさんの考え
$x+(x+1)+x$
$=3x+1$

- 長野さんの考え
$2+3(x-1)+2$
$=2+3x-3+2$
$=3x+1$

- 本書60ページの「参考」㋐の考え
$4+3(x-1)$
$=4+3x-3$
$=3x+1$

- 本書60ページの「参考」㋑の考え
$4x-(x-1)$
$=4x-x+1$
$=3x+1$

どんな考え方をしても，計算するとすべて同じ式

$3x+1$（個）

になり，紙の枚数が増えても，マグネットの個数が求められます。

2章の基本のたしかめ　教科書 p.77

1 次の式を，文字式の表し方にしたがって書きなさい。

(1) $25\times a$　(2) $-x\times y\times x$

(3) $x\div 3$　(4) $(m+n)\div 2$

ガイド (1) ×を省き，数は文字の前に書きます。
(2) 文字はアルファベット順にし，同じ文字の積は指数を使って書きます。
(3) わり算は分数の形になおします。
(4) (　)を1つのまとまりとみます。

解答 (1) $25\times a=\boldsymbol{25a}$　(2) $-x\times y\times x=\boldsymbol{-x^2y}$

(1)，(2) p.58 問1

(3) $x\div 3=\boldsymbol{\dfrac{x}{3}}$　(4) $(m+n)\div 2=\boldsymbol{\dfrac{m+n}{2}}$

(3)，(4) p.59 問3

参考 (4) $\dfrac{1}{2}(m+n)$ でもよい。なお，$\dfrac{(m+n)}{2}$ とは書かない。

2 次の式を，記号×，÷を使って表しなさい。

(1) $8a+3b$　(2) $4(x+y)-\dfrac{z}{5}$

解答 (1) $8a+3b=\boldsymbol{8\times a+3\times b}$　(2) $4(x+y)-\dfrac{z}{5}=\boldsymbol{4\times(x+y)-z\div 5}$

p.59 問6

3 次の数量を表す式を書きなさい。

(1) 1本 x 円のジュース5本の代金

(2) 12本 x 円の鉛筆（えんぴつ）の1本あたりの代金

ガイド (1) 代金は，(ジュース1本の値段)×(本数)
(2) 1本あたりの代金は，(全体の代金)÷(鉛筆の本数)

解答 (1) $\boldsymbol{5x}$ (円)　(2) $\boldsymbol{\dfrac{x}{12}}$ (円)

p.60 問7

4 $x=-3$ のとき，次の式の値を求めなさい。

(1) $5x+2$　(2) $4-7x$

ガイド　負の数を代入するときは，(　)をつけます。

解答　(1)　$5x+2=5\times(-3)+2$
$=-15+2=\mathbf{-13}$

(2)　$4-7x=4-7\times(-3)$
$=4+21=\mathbf{25}$

p.63 問2

5　次の計算をしなさい。

(1)　$9x-x$　(2)　$-8x+3x$

(3)　$5x+7+3x$　(4)　$-2a-3-8a$

(5)　$7a+4+3a-5$　(6)　$9y-8-4y+7$

ガイド　(3)～(6)　文字の項の和，数の項の和に分けて計算します。

解答　(1)　$9x-x=(9-1)x=\mathbf{8x}$　(2)　$-8x+3x=(-8+3)x=\mathbf{-5x}$

(1)，(2)　p.67 問2

(3)　$5x+7+3x=5x+3x+7$
$=\mathbf{8x+7}$

(4)　$-2a-3-8a=-2a-8a-3$
$=\mathbf{-10a-3}$

(5)　$7a+4+3a-5=7a+3a+4-5=\mathbf{10a-1}$

(6)　$9y-8-4y+7=9y-4y-8+7=\mathbf{5y-1}$

(3)～(6)　p.68 問3

6　次の計算をしなさい。

(1)　$2x\times(-2)$　(2)　$-12y\times4$

(3)　$4x\div(-4)$　(4)　$-9x\div\frac{3}{2}$

(5)　$3(x+5)$　(6)　$-2(4x-3)$

(7)　$(9x+12)\div3$　(8)　$(-12x+8)\div(-2)$

ガイド　(5)，(6)　$m(a+b)=ma+mb$ を使って計算します。

(7)，(8)　$(a+b)\div m=\frac{a+b}{m}=\frac{a}{m}+\frac{b}{m}$ を使って計算します。

解答　(1)　$\mathbf{-4x}$　(2)　$\mathbf{-48y}$

(1)，(2)　p.70 問1

(3)　$\mathbf{-x}$　(4)　$-9x\div\frac{3}{2}=-9x\times\frac{2}{3}=(-9)\times\frac{2}{3}\times x=\mathbf{-6x}$

(3)，(4)　p.70 問2

(5)　$3(x+5)=\mathbf{3x+15}$　(6)　$-2(4x-3)=\mathbf{-8x+6}$

(5)，(6)　p.71 問3

(7)　$(9x+12)\div3=\frac{9x}{3}+\frac{12}{3}=\mathbf{3x+4}$

(8)　$(-12x+8)\div(-2)=\frac{12x}{2}-\frac{8}{2}=\mathbf{6x-4}$

(7)，(8)　p.71 問4

7　次の数量の関係を，等式か不等式に表しなさい。

(1)　ある数 x に 6 を加えると，その和が 12 になる。

(2)　ある数 y に 10 を加えると，その和は 15 以上である。

(3)　a 本の鉛筆を，1 人に 5 本ずつ b 人に配ると 3 本余る。

ガイド　数量の関係を，等号＝，不等号＞，＜，≧，≦で表します。

(3)

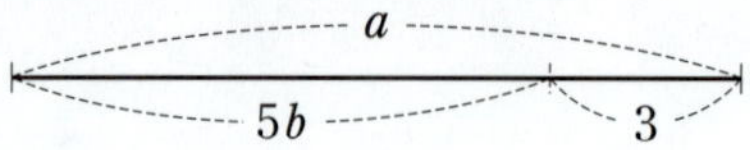

解答　(1)　$x+6=12$　　(2)　$y+10 \geqq 15$　　(3)　$a=5b+3$ $(a-5b=3)$

(1)，(3) p.74 問2
(2) p.75 問5

2章の章末問題　教科書 p.78〜79

テストによく出る

1　次の数量を表す式を書きなさい。

(1)　時速 x km で 2 時間歩いたときの道のり

(2)　52 円切手 a 枚と 82 円切手 b 枚を買ったときの代金

(3)　y kg の重さのかばんから，x g の荷物を取り出したあとのかばんの重さ

ガイド　(1)　(道のり)＝(速さ)×(時間)

(2)　(代金の合計)＝(52 円切手の代金)＋(82 円切手の代金)

(3)　y kg と x g とでは，単位が異なっているので，kg か g かのどちらかにそろえます。

y kg＝$1000y$ g，x g＝$\dfrac{x}{1000}$ kg

解答　(1)　$2x$ (km)　　(2)　$52a+82b$ (円)　　(3)　$1000y-x$ (g) または，$y-\dfrac{x}{1000}$ (kg)

テストによく出る

2　次の(1)〜(3)の図形について，面積を表す式を，それぞれ書きなさい。

(1)　正三角形

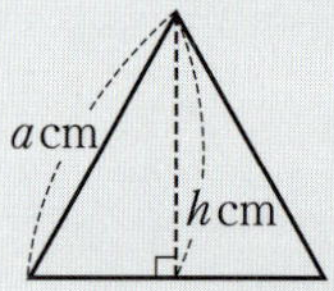

(2)　平行四辺形

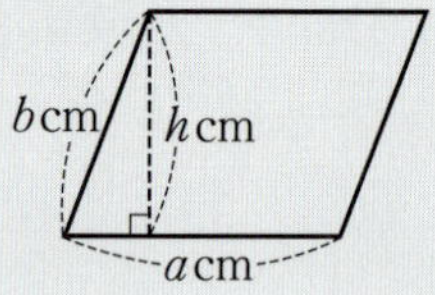

(3)　台形

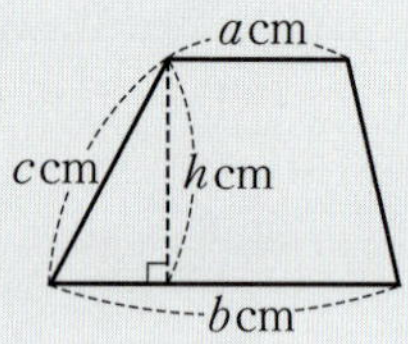

ガイド　(1)　(正三角形の面積)＝(底辺)×(高さ)÷2

(2)　(平行四辺形の面積)＝(底辺)×(高さ)

(3)　(台形の面積)＝{(上底)＋(下底)}×(高さ)÷2

解答　(1)　$a \times h \div 2=\dfrac{ah}{2}$ (cm²)　　(2)　$a \times h=ah$ (cm²)

(3)　$(a+b) \times h \div 2=\dfrac{(a+b)h}{2}$ (cm²)

3 縦 a cm，横 b cm，高さ c cm の直方体があります。
このとき，次の式は何を表していますか。
また，その単位をいいなさい。

(1) abc　　(2) $4(a+b+c)$

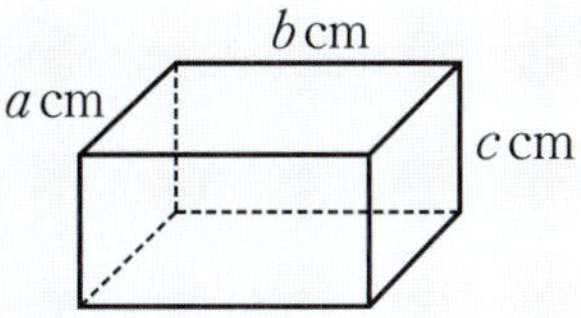

ガイド 与えられた式を，×や÷を使って表すとわかりやすくなります。
また，単位は，(1)は体積を表しているので cm^3，(2)は辺の長さの和なので cm であることがわかります。

解答 (1) $abc=a\times b\times c=$(縦の長さ)×(横の長さ)×(高さ) なので，
直方体の体積，単位は cm^3

(2) $4(a+b+c)=4\times\{$(縦の長さ)+(横の長さ)+(高さ)$\}$ なので，
直方体のすべての辺の長さの和，単位は cm

テストによく出る

4 $x=-2$ のとき，次の式の値を求めなさい。

(1) $5-x$　　(2) $\dfrac{8}{x}$　　(3) $3x^2$

ガイド 負の数を代入するときは，(　)をつけます。

解答 (1) $5-x=5-(-2)=5+2=\mathbf{7}$

(2) $\dfrac{8}{x}=8\div(-2)=\mathbf{-4}$

(3) $3x^2=3\times(-2)^2=3\times(-2)\times(-2)=+(3\times2\times2)=\mathbf{12}$

テストによく出る

5 $a=-3$，$b=4$ のとき，次の式の値を求めなさい。

(1) $2a+3b$　　(2) $-b+a+2$

(3) $-5a-b$　　(4) $-\dfrac{9}{a}-2b$

解答 (1) $2a+3b=2\times(-3)+3\times4=-6+12=\mathbf{6}$

(2) $-b+a+2=-4+(-3)+2=\mathbf{-5}$

(3) $-5a-b=(-5)\times(-3)-4=15-4=\mathbf{11}$

(4) $-\dfrac{9}{a}-2b=(-9)\div(-3)-2\times4=3-8=\mathbf{-5}$

テストによく出る

6 次の計算をしなさい。

(1) $-7-2a+15+2a$　　(2) $\dfrac{x}{2}-1-x$

(3) $6a+(4a-1)$　　(4) $7x-10-(x+8)$

(5) $-3x+9-(2x-1)$　　(6) $5y-2-(4-6y)$

ガイド 文字の項と数の項に分けて計算します。かっこのある式は，かっこをはずしてから計算します。

解答
(1) $-7-2a+15+2a=-2a+2a-7+15=\mathbf{8}$

(2) $\dfrac{x}{2}-1-x=\dfrac{x}{2}-x-1=\boldsymbol{-\dfrac{x}{2}-1}$

(3) $6a+(4a-1)=6a+4a-1=\boldsymbol{10a-1}$

(4) $7x-10-(x+8)=7x-10-x-8=\boldsymbol{6x-18}$

(5) $-3x+9-(2x-1)=-3x+9-2x+1=\boldsymbol{-5x+10}$

(6) $5y-2-(4-6y)=5y-2-4+6y=\boldsymbol{11y-6}$

テストによく出る

7 次の計算をしなさい。

(1) $100(0.3x-1.05)$　　(2) $(450x-180)\div(-90)$

(3) $12\times\dfrac{3x-2}{4}$　　(4) $-6\left(\dfrac{3}{2}x-\dfrac{1}{3}\right)$

(5) $5(7y-2)-4(6y+3)$　　(6) $6(y-4)+2(9y+6)$

ガイド $m(a+b)=ma+mb$，$(a+b)\div m=\dfrac{a+b}{m}=\dfrac{a}{m}+\dfrac{b}{m}$ を使います。

解答
(1) $100(0.3x-1.05)=\boldsymbol{30x-105}$

(2) $(450x-180)\div(-90)=-\dfrac{450}{90}x+\dfrac{180}{90}=\boldsymbol{-5x+2}$

(3) $12\times\dfrac{3x-2}{4}=3\times(3x-2)=\boldsymbol{9x-6}$

(4) $-6\left(\dfrac{3}{2}x-\dfrac{1}{3}\right)=\boldsymbol{-9x+2}$

(5) $5(7y-2)-4(6y+3)=35y-10-24y-12=\boldsymbol{11y-22}$

(6) $6(y-4)+2(9y+6)=6y-24+18y+12=\boldsymbol{24y-12}$

テストによく出る

8 次の2つの式をたしなさい。
また，左の式から右の式をひきなさい。

(1) $3x-5$，$10x+5$　　(2) $9-2y$，$5y+7$　　(3) $-2x+1$，$3-2x$

解答 (1) 和 $(3x-5)+(10x+5)=3x-5+10x+5=\mathbf{13x}$

差 $(3x-5)-(10x+5)=3x-5-10x-5=\mathbf{-7x-10}$

(2) 和 $(9-2y)+(5y+7)=9-2y+5y+7=\mathbf{3y+16}$

差 $(9-2y)-(5y+7)=9-2y-5y-7=\mathbf{-7y+2}$

(3) 和 $(-2x+1)+(3-2x)=-2x+1+3-2x=\mathbf{-4x+4}$

差 $(-2x+1)-(3-2x)=-2x+1-3+2x=\mathbf{-2}$

テストによく出る

9 次の数量の関係を，等式か不等式に表しなさい。

(1) x 個のクッキーを，１人４個ずつ y 人に配ると３個余る。

(2) ある数 x に７をたした数は，もとの数 x の２倍より小さい。

(3) 画用紙を，１人５枚ずつ x 人に配ると，100 枚ではたりない。

ガイド (1) (クッキーの数)＝(１人分の数)×(人数)＋(余った数)

解答 (1) $\mathbf{x=4y+3}$　(2) $\mathbf{x+7<2x}$　(3) $\mathbf{5x>100}$

テストによく出る

10 正の整数のわり算では，

(わられる数)＝(わる数)×(商)＋(余り)

の関係があります。

正の整数 a を３でわったときの商を b，余りを c とするとき，a，b，c の関係を等式に表しなさい。

ガイド (わられる数)＝(わる数)×(商)＋(余り) の式にあてはめると，$a=3\times b+c$ です。

解答 $\mathbf{a=3b+c}$

かくれている面の目の数の和は？

千思万考 ～せんしばんこう～　教科書 p.79

立方体のさいころは，１と６，２と５，３と４の目が，それぞれ向かいあう面にあります。右の図のように，n 個のさいころが重なっているとき，さいころが重なっている面の目と，いちばん下のさいころの底の面の目の数をすべてたすと，いくつになるでしょうか。 (図は省略)

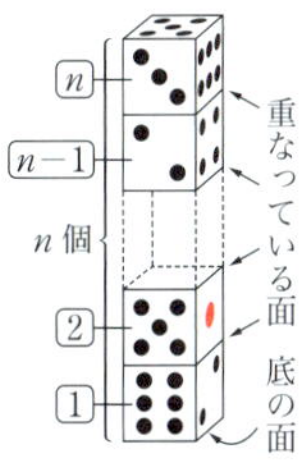

解答 １つのさいころの向かいあう面の目の数の和は７になっている。n 個あるさいころのそれぞれの上の面と下の面の目の数の和は７だから，さいころが重なっている面の目と，いちばん下のさいころの底の面の目と，いちばん上のさいころの上の面の目の数をすべてたすと，$7\times n$ になる。いちばん上の目は５だから，**求める和は，$7n-5$ となる。**

3章 方程式

1節 方程式

1枚ずつ数えずに枚数を知るにはどうすればいいかな？

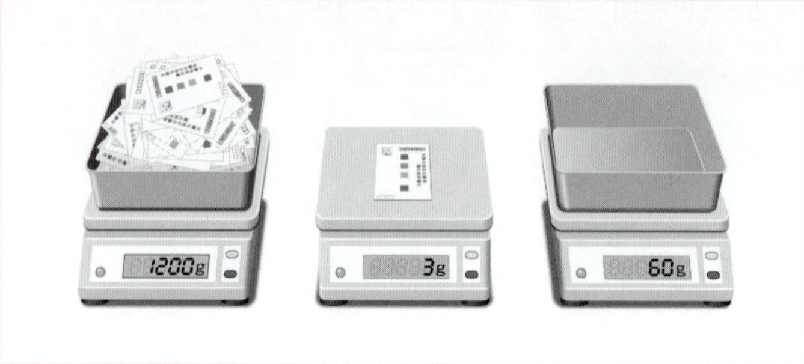

重さの関係から，トレーの上のはがきの枚数を求めましょう。

ふりかえり　重さの関係を図に表すと，

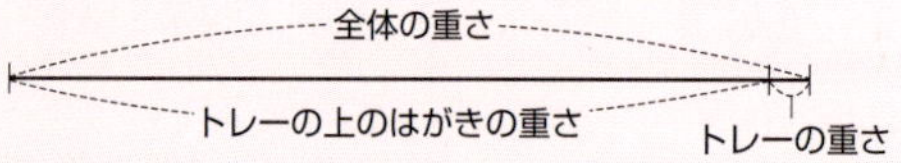

自分のことばで伝えよう　教科書 p.81

上の図を使って，トレーの上のはがきの枚数を求めましょう。

解答例　全体の重さが 1200 g，トレーの重さが 60 g なので，トレーの上のはがきの重さは，

$1200-60=1140$ (g)

はがき 1 枚の重さは 3 g だから，トレーの上のはがきの枚数は，

$1140 \div 3=380$ (枚)

380 枚

文字式を利用して考えましょう。
トレーの上のはがきの枚数を x 枚とすると，重さの関係は，

(x 枚のはがきの重さ)＋(トレーの重さ)＝(全体の重さ)

となるので，

等式 [　　　　　　　　]

が成り立ちます。

解答例　トレーの上のはがきの枚数を x 枚とすると，
x 枚のはがきの重さは $3x$ g，トレーの重さは 60 g，全体の重さは 1200 g だから，重さの関係は，　等式 $3x+60=1200$ が成り立つ。

参考　小学校では，「ふりかえり」に示したような図にかいて，このような問題を解きましたが，中学校では，文字をふくむ等式の文字にあてはまる値を求めることで解いていきます。

1 方程式とその解

学習のねらい　方程式や，方程式の解の意味について理解します。

教科書のまとめ　テスト前にチェック

□方程式
▶等式 $2x+3=9$ の文字 x は，その等式にあてはまるようにこれから求めようとしているものです。まだわかっていない数を表す文字をふくむ等式を**方程式**といいます。

□方程式の解
▶方程式を成り立たせる文字の値を，その方程式の**解**といいます。

□方程式を解く
▶方程式の解を求めることを，**方程式を解く**といいます。

□等式の性質
▶❶ 等式の両辺に同じ数をたしても，等式が成り立ちます。
　$A=B$　ならば，　$A+C=B+C$

❷ 等式の両辺から同じ数をひいても，等式が成り立ちます。
　$A=B$　ならば，　$A-C=B-C$

❸ 等式の両辺に同じ数をかけても，等式が成り立ちます。
　$A=B$　ならば，　$A\times C=B\times C$

❹ 等式の両辺を同じ数でわっても，等式が成り立ちます。
　$A=B$　ならば，　$A\div C=B\div C$
　（C は 0 ではない）

問1　上の等式①（$3x+60=1200$）の左辺 $3x+60$ で，x に 380 を代入して，その式の値を求めなさい。

教科書 p.82

解答　$3x+60=3\times380+60=\mathbf{1200}$

問2　次の方程式のうち，3 が解であるものをいいなさい。

教科書 p.82

(ア)　$x-8=5$　　(イ)　$4x-7=5$　　(ウ)　$x+2=3x-4$

ガイド　それぞれの方程式の x に 3 を代入して，左辺と右辺が等しくなれば，$x=3$ はその方程式の解になります。

解答
(ア)　左辺$=x-8=3-8=-5$，右辺$=5$
　左辺と右辺は等しくないので，3 はこの方程式の解ではない。
(イ)　左辺$=4x-7=4\times3-7=5$，右辺$=5$
　左辺と右辺は等しいので，3 はこの方程式の解である。
(ウ)　左辺$=x+2=3+2=5$，右辺$=3x-4=3\times3-4=5$
　左辺と右辺は等しいので，3 はこの方程式の解である。

(イ)，(ウ)

3章　方程式

等式の性質

封筒（ふうとう）と 3 g，10 g のおもりを，右の図のようにてんびんにのせると，ちょうどつりあいました。
封筒の重さを求めましょう。

教科書 p.83

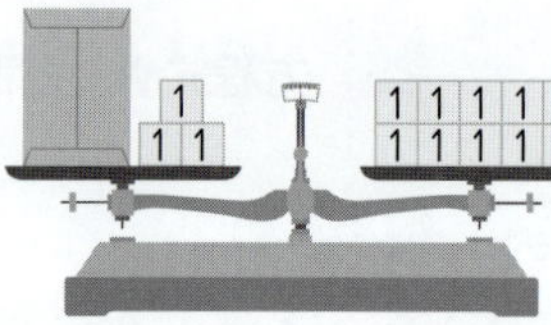

ガイド (封筒の重さ)+(3 g のおもり)=(10 g のおもり) になっています。

解答 $10-3=7$　<u>7 g</u>

問3 等式の両辺に，同じ数をたしても両辺は等しいといえますか。

教科書 p.83

ガイド 右の図のようなてんびんを考えます。
左の皿に x g，右の皿に 5 g のおもりをのせてつりあっているてんびんの両方に 2 g のおもりをのせても，つりあっている状態は変わりません。

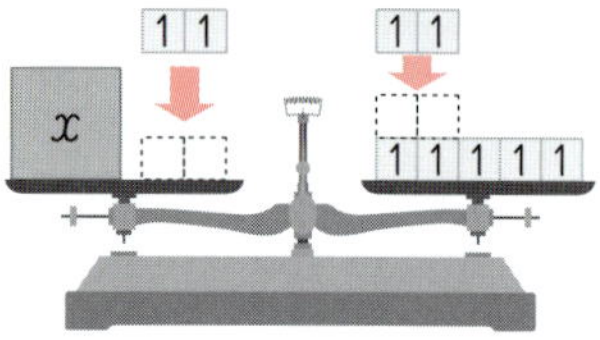

$x=5 \xrightarrow{+2} x+2=5+2$　　$x+2=7$

解答 等しいといえる。

問4 次の方程式を，等式の性質を使って解きなさい。

教科書 p.84

(1)　$x-9=3$　　(2)　$x-8=-10$　　(3)　$x-\frac{1}{2}=\frac{1}{2}$

ガイド 左辺を x だけにするために，等式の性質❶を使います。

解答
(1)　両辺に 9 をたす。
$x-9+9=3+9$
$\boldsymbol{x=12}$

(2)　両辺に 8 をたす。
$x-8+8=-10+8$
$\boldsymbol{x=-2}$

(3)　両辺に $\frac{1}{2}$ をたす。
$x-\frac{1}{2}+\frac{1}{2}=\frac{1}{2}+\frac{1}{2}$
$\boldsymbol{x=1}$

問5 次の方程式を，等式の性質を使って解きなさい。

教科書 p.85

(1)　$x+7=15$　　(2)　$x+6=2$　　(3)　$x+1.2=0$

ガイド 左辺を x だけにするために，等式の性質❷を使います。

解答
(1)　両辺から 7 をひく。
$x+7-7=15-7$
$\boldsymbol{x=8}$

(2)　両辺から 6 をひく。
$x+6-6=2-6$
$\boldsymbol{x=-4}$

(3)　両辺から 1.2 をひく。
$x+1.2-1.2=0-1.2$
$\boldsymbol{x=-1.2}$

問6 次の方程式を，等式の性質を使って解きなさい。 教科書 p.85

(1) $\frac{x}{7}=3$　　(2) $\frac{x}{4}=-5$　　(3) $-\frac{1}{6}x=2$

ガイド 左辺を x だけにするために，等式の性質❸を使います。

解答 (1) 両辺に 7 をかける。

$\frac{x}{7}\times7=3\times7$

$\boldsymbol{x=21}$

(2) 両辺に 4 をかける。

$\frac{x}{4}\times4=(-5)\times4$

$\boldsymbol{x=-20}$

(3) 両辺に -6 をかける。

$-\frac{x}{6}\times(-6)=2\times(-6)$

$\boldsymbol{x=-12}$

問7 次の方程式を，等式の性質を使って解きなさい。 教科書 p.85

(1) $5x=45$　　(2) $-8x=48$　　(3) $12x=3$

ガイド 左辺を x だけにするために，等式の性質❹を使います。

解答 (1) 両辺を 5 でわる。

$5x\div5=45\div5$

$\boldsymbol{x=9}$

(2) 両辺を -8 でわる。

$-8x\div(-8)=48\div(-8)$

$\boldsymbol{x=-6}$

(3) 両辺を 12 でわる。

$12x\div12=3\div12$

$\boldsymbol{x=\frac{1}{4}}$

自分のことばで伝えよう 教科書 p.85

$\frac{2}{3}x=8$ をいろいろな方法で解きましょう。

また，それぞれの方法を説明しましょう。

解答例

- 両辺に $\frac{3}{2}$ をかけて，$\frac{2}{3}x\times\frac{3}{2}=8\times\frac{3}{2}$　$\boldsymbol{x=12}$

  方法…等式の性質❸を使って，**両辺に同じ数をかける**。

- 両辺を $\frac{2}{3}$ でわって，$\frac{2}{3}x\div\frac{2}{3}=8\div\frac{2}{3}$　$\frac{2}{3}x\times\frac{3}{2}=8\times\frac{3}{2}$　$\boldsymbol{x=12}$

  方法…等式の性質❹を使って，**両辺を同じ数でわる**。

練習問題

1 方程式とその解　p.85

① 次の方程式を，等式の性質を使って解きなさい。

(1) $x-8=23$　(2) $x+15=11$　(3) $7+x=30$

(4) $-5+x=3$　(5) $4x=-12$　(6) $-7x=-35$

(7) $\frac{x}{3}=5$　(8) $\frac{1}{8}x=-\frac{3}{4}$　(9) $\frac{3}{5}x=-6$

(10) $x+1.6=-1.9$　(11) $0.2x=-12$　(12) $\frac{1}{4}+x=-\frac{1}{2}$

ガイド 等式の性質❶，❷，❸，❹を使って解きます。

解答

(1) 両辺に 8 をたして，

$x-8+8=23+8$

$\boldsymbol{x=31}$

(2) 両辺から 15 をひいて，

$x+15-15=11-15$

$\boldsymbol{x=-4}$

(3) 両辺から 7 をひいて，

$7+x-7=30-7$

$\boldsymbol{x=23}$

(4) 両辺に 5 をたして，

$-5+x+5=3+5$

$\boldsymbol{x=8}$

(5) 両辺を 4 でわって，

$4x\div4=(-12)\div4$

$\boldsymbol{x=-3}$

(6) 両辺を -7 でわって，

$-7x\div(-7)=(-35)\div(-7)$

$\boldsymbol{x=5}$

(7) 両辺に 3 をかけて，

$\frac{x}{3}\times3=5\times3$

$\boldsymbol{x=15}$

(8) 両辺に 8 をかけて，

$\frac{1}{8}x\times8=\left(-\frac{3}{4}\right)\times8$

$\boldsymbol{x=-6}$

(9) 両辺に $\frac{5}{3}$ をかけて，

$\frac{3}{5}x\times\frac{5}{3}=(-6)\times\frac{5}{3}$

$\boldsymbol{x=-10}$

(10) 両辺から 1.6 をひいて，

$x+1.6-1.6=-1.9-1.6$

$\boldsymbol{x=-3.5}$

(11) 両辺を 0.2 でわって，

$0.2x\div0.2=(-12)\div0.2$

$\boldsymbol{x=-60}$

(12) 両辺から $\frac{1}{4}$ をひいて，

$\frac{1}{4}+x-\frac{1}{4}=-\frac{1}{2}-\frac{1}{4}$

$\boldsymbol{x=-\frac{3}{4}}$

参考 (11) 両辺に 5 をかけて，

$0.2x\times5=(-12)\times5$

$x=-60$　としてもよいです。

2 方程式の解き方

学習のねらい

いろいろな方程式の解き方について学習します。ここでは，移項についての理解をもとに，移項のしかたを学習します。

教科書のまとめ テスト前にチェック

□移項

▶等式では，一方の辺の項を，符号を変えて，他方の辺に移すことができます。このことを**移項**するといいます。

□一次方程式

▶移項して整理すると $ax=b$ の形になる方程式を，**一次方程式**といいます。

□一次方程式を解く手順

▶❶ 必要であれば，かっこをはずしたり，分母をはらったりします。
❷ 文字の項を一方の辺に，数の項を他方の辺に移項して集めます。
❸ $ax=b$ の形にします。
❹ 両辺を x の係数 a でわります。

$$3(x-2)=x+2$$
❶
$$3x-6=x+2$$
❷
$$3x-x=2+6$$
❸
$$2x=8$$
❹
$$x=4$$

教科書 p.86

右の方程式の解き方で，2つの式①と②をくらべると，どんなことがわかるでしょうか。

$4x-15=9$ ……①
両辺に 15 をたして，
$4x-15+15=9+15$
$4x=9+15$ ……②
$4x=24$
両辺を 4 でわって，
$x=6$

ガイド 式②は，左辺が x をふくむ項だけになり，15 は左辺から符号が変わって右辺に移って，右辺は数の項だけになっています。

解答例 式②の右辺の $+15$ は，式①の左辺の -15 が，符号が変わって右辺に移った形になっている。

教科書 p.86

問1 次の方程式を解きなさい。

(1) $5x+8=23$　(2) $6x-5=-17$

(3) $-2x+3=5$　(4) $-4x+19=11$

ガイド 数の項を右辺に移項します。このとき，**移項した数の項の符号が変わる**ことに注意しましょう。

解答

(1) $5x+8=23$
左辺の 8 を右辺に移項して，
$5x=23-8$
$5x=15$
$\boldsymbol{x=3}$

(2) $6x-5=-17$
左辺の -5 を右辺に移項して，
$6x=-17+5$
$6x=-12$
$\boldsymbol{x=-2}$

(3) $-2x+3=5$

左辺の 3 を右辺に移項して,

$-2x=5-3$

$-2x=2$

$\boldsymbol{x=-1}$

(4) $-4x+19=11$

左辺の 19 を右辺に移項して,

$-4x=11-19$

$-4x=-8$

$\boldsymbol{x=2}$

問2 次の方程式を解きなさい。 教科書 p.87

(1) $10x=6x-8$ (2) $3x=5x-14$

(3) $4x=50-6x$ (4) $-8x=3-5x$

ガイド 文字の項を左辺に移項します。このとき，移項した文字の項の係数の符号が変わることに注意しましょう。

解答

(1) $10x=6x-8$

右辺の $6x$ を左辺に移項して,

$10x-6x=-8$

$4x=-8$

$\boldsymbol{x=-2}$

(2) $3x=5x-14$

右辺の $5x$ を左辺に移項して,

$3x-5x=-14$

$-2x=-14$

$\boldsymbol{x=7}$

(3) $4x=50-6x$

右辺の $-6x$ を左辺に移項して,

$4x+6x=50$

$10x=50$

$\boldsymbol{x=5}$

(4) $-8x=3-5x$

右辺の $-5x$ を左辺に移項して,

$-8x+5x=3$

$-3x=3$

$\boldsymbol{x=-1}$

問3 次の方程式を解きなさい。 教科書 p.87

(1) $9x+2=4x+17$ (2) $5x-8=-17-4x$

(3) $1-x=5x-2$ (4) $12x-3=7x-3$

ガイド 移項して，文字の項を一方の辺に，数の項を他方の辺に集めます。

解答

(1) $9x+2=4x+17$

$9x-4x=17-2$

$5x=15$

$\boldsymbol{x=3}$

(2) $5x-8=-17-4x$

$5x+4x=-17+8$

$9x=-9$

$\boldsymbol{x=-1}$

(3) $1-x=5x-2$

$-x-5x=-2-1$

$-6x=-3$

$\boldsymbol{x=\frac{1}{2}}$

(4) $12x-3=7x-3$

$12x-7x=-3+3$

$5x=0$

$\boldsymbol{x=0}$

自分のことばで伝えよう

教科書 p.87

方程式 $8=3x+5$ を右のように解きました。
これについて，次のことを説明しましょう。
(1) ①の式から②の式への変形ができる理由
(2) ②の式から③の式への変形ができる理由

$$8=3x+5 \quad \cdots\cdots ①$$
$$3x+5=8 \quad \cdots\cdots ②$$
$$3x=8-5 \quad \cdots\cdots ③$$
$$3x=3$$
$$x=1$$

ガイド 等式は，等号を使って，2 つの数量が等しい関係を表した式です。
等式の性質として，

❶ $A=B$ ならば，$A+C=B+C$
❷ $A=B$ ならば，$A-C=B-C$
❸ $A=B$ ならば，$A\times C=B\times C$
❹ $A=B$ ならば，$A\div C=B\div C$

が，いえます。

解答例 (1) 等式は，左辺と右辺が等しいので，左右の辺を入れかえてもよい。
($A=B$ ならば，$B=A$)
(2) 等式の性質❷より，等式の両辺から同じ数をひいても，等式が成り立つ。

いろいろな方程式

教科書 p.88

問 4 次の方程式を解きなさい。
(1) $4x+1=3(x+2)$
(2) $2(x-4)=9x+20$
(3) $-4(x+3)=5(x-6)$
(4) $5-2(7x-2)=1$

ガイド かっこがある方程式は，かっこをはずしてから解きます。

解答
(1)
$$4x+1=3(x+2)$$
$$4x+1=3x+6$$
$$4x-3x=6-1$$
$$x=5$$

(2)
$$2(x-4)=9x+20$$
$$2x-8=9x+20$$
$$2x-9x=20+8$$
$$-7x=28$$
$$x=-4$$

(3)
$$-4(x+3)=5(x-6)$$
$$-4x-12=5x-30$$
$$-4x-5x=-30+12$$
$$-9x=-18$$
$$x=2$$

(4)
$$5-2(7x-2)=1$$
$$5-14x+4=1$$
$$-14x=1-5-4$$
$$-14x=-8$$
$$x=\frac{8}{14}$$
$$=\frac{4}{7}$$

忘れず約分する。

ミスに注意
(4) $5-2(7x-2)=1$ で，あわてて $5-2$ の部分をさきに計算して，$3(7x-2)=1$ としないようにする。

方程式 $x=\frac{1}{3}x+1$ を解きましょう。 教科書 p.88

解答 $x=\frac{1}{3}x+1 \longrightarrow x-\frac{1}{3}x=1 \longrightarrow \frac{2}{3}x=1 \longrightarrow \boldsymbol{x=\frac{3}{2}}$

$\frac{1}{3}x$ を移項する。　両辺に $\frac{3}{2}$ をかける。

問5 次の方程式を，分母をはらって解きなさい。 教科書 p.89

(1) $\frac{x-1}{3}=\frac{1}{2}x+4$　(2) $\frac{3}{4}x-7=2x+\frac{1}{2}$

(3) $\frac{9x-5}{6}=\frac{8+x}{3}$　(4) $\frac{2x+1}{3}=\frac{5x-8}{4}$

ガイド 分数をふくんだ方程式では，分母の公倍数を両辺にかけて（最小公倍数がよい。），分数をふくまない方程式になおしてから解きます。このことを，**分母をはらう**といいます。

解答

(1) 両辺に6をかけて，

$$\frac{x-1}{3}\times6=\left(\frac{1}{2}x+4\right)\times6$$
$$(x-1)\times2=3x+24$$
$$2x-2=3x+24$$
$$-x=26$$
$$\boldsymbol{x=-26}$$

(2) 両辺に4をかけて，

$$\left(\frac{3}{4}x-7\right)\times4=\left(2x+\frac{1}{2}\right)\times4$$
$$3x-28=8x+2$$
$$-5x=30$$
$$\boldsymbol{x=-6}$$

(3) 両辺に6をかけて，

$$\frac{9x-5}{6}\times6=\frac{8+x}{3}\times6$$
$$9x-5=(8+x)\times2$$
$$9x-5=16+2x$$
$$7x=21$$
$$\boldsymbol{x=3}$$

(4) 両辺に12をかけて，

$$\frac{2x+1}{3}\times12=\frac{5x-8}{4}\times12$$
$$(2x+1)\times4=(5x-8)\times3$$
$$8x+4=15x-24$$
$$-7x=-28$$
$$\boldsymbol{x=4}$$

みんなで話しあってみよう 教科書 p.89

次の方程式を手ぎわよく解くには，どんなくふうが考えられるでしょうか。

(1) $-0.3x+2=0.1x+1.5$　(2) $800x=2400(x-2)$

(3) $0.5x-2.5=-x+2$　(4) $0.2x-0.07=-0.3x+0.05$

ガイド 簡単な式になるように，両辺に数をかけたり，両辺を数でわったりします。

解答例 (1)，(3)は，両辺を10倍する。(2)は，両辺を800と2400の最大公約数800でわる。(4)は，文字の係数，数の項とも整数になるように，両辺を100倍する。

参考 (1) $-0.3x+2=0.1x+1.5$
両辺に 10 をかけて，
$-3x+20=x+15$
$-4x=-5$
$x=\frac{5}{4}$

(2) $800x=2400(x-2)$
両辺を 800 でわって，
$x=3(x-2)$
$x=3x-6$
$-2x=-6$
$x=3$

(3) $0.5x-2.5=-x+2$
両辺に 10 をかけて，
$5x-25=-10x+20$
$15x=45$
$x=3$

(4) $0.2x-0.07=-0.3x+0.05$
両辺に 100 をかけて，
$20x-7=-30x+5$
$50x=12$
$x=\frac{12}{50}=\frac{6}{25}$

練習問題

2 方程式の解き方 p.90

① 次の方程式を解きなさい。

(1) $3x=21$　(2) $17x=17$　(3) $\frac{4}{5}x=8$
(4) $18=-2x$　(5) $6x-11=7$　(6) $6-2x=12$
(7) $4x-9=3x-15$　(8) $x-17=-7-3x$　(9) $9x-70=6x+80$
(10) $8+4x=10x+16$　(11) $3x-1200=1200+9x$　(12) $-18+5x=12x-18$

解答 (1) $\boldsymbol{x=7}$　(2) $\boldsymbol{x=1}$　(3) $\boldsymbol{x=10}$　(4) $\boldsymbol{x=-9}$

(5) $6x-11=7$
$6x=18$
$\boldsymbol{x=3}$

(6) $6-2x=12$
$-2x=6$
$\boldsymbol{x=-3}$

(7) $4x-9=3x-15$
$\boldsymbol{x=-6}$

(8) $x-17=-7-3x$
$4x=10$
$\boldsymbol{x=\frac{5}{2}}$

(9) $9x-70=6x+80$
$3x=150$
$\boldsymbol{x=50}$

(10) $8+4x=10x+16$
$-6x=8$
$\boldsymbol{x=-\frac{4}{3}}$

(11) $3x-1200=1200+9x$
$-6x=2400$
$\boldsymbol{x=-400}$

(12) $-18+5x=12x-18$
$-7x=0$
$\boldsymbol{x=0}$

参考 求めたxの値があっているかどうかは，求めたxの値を最初の式に代入してみればわかります。例えば，(5)では，(左辺)$=6x-11=6\times3-11=7$ となり，これは問題にあっています。

② 次の方程式を解きなさい。

(1) $2(x+1)=x+3$　　(2) $3(x-8)=9(4-x)$

(3) $-3(2x-4)=5(x-2)$　　(4) $80-30(x-5)=110$

(5) $0.1x=0.4(x-2)-0.2$　　(6) $\frac{1}{4}x-1=\frac{1}{2}x$

(7) $\frac{3x-7}{5}=\frac{x+1}{2}$　　(8) $5+\frac{3}{100}x=\frac{7}{100}x$

ガイド かっこがある場合は，かっこをはずし，分数をふくむ場合は，分母の最小公倍数を両辺にかけて，分母をはらってから解きます。小数は整数になおしてから解きます。

解答

(1) $2(x+1)=x+3$

$2x+2=x+3$

$\boldsymbol{x=1}$

(2) $3(x-8)=9(4-x)$

$3x-24=36-9x$

$12x=60$

$\boldsymbol{x=5}$

(3) $-3(2x-4)=5(x-2)$

$-6x+12=5x-10$

$-11x=-22$

$\boldsymbol{x=2}$

(4) $80-30(x-5)=110$

$80-30x+150=110$

$-30x=-120$

$\boldsymbol{x=4}$

(5) $0.1x=0.4(x-2)-0.2$

両辺に 10 をかけて，

$x=4(x-2)-2$

$x=4x-8-2$

$-3x=-10$

$\boldsymbol{x=\frac{10}{3}}$

(6) $\frac{1}{4}x-1=\frac{1}{2}x$

両辺に 4 をかけて，

$x-4=2x$

$-x=4$

$\boldsymbol{x=-4}$

(7) $\frac{3x-7}{5}=\frac{x+1}{2}$

両辺に 10 をかけて，

$\frac{3x-7}{5}\times10=\frac{x+1}{2}\times10$

$(3x-7)\times2=(x+1)\times5$

$6x-14=5x+5$

$\boldsymbol{x=19}$

(8) $5+\frac{3}{100}x=\frac{7}{100}x$

両辺に 100 をかけて，

$\left(5+\frac{3}{100}x\right)\times100=\frac{7}{100}x\times100$

$500+3x=7x$

$-4x=-500$

$\boldsymbol{x=125}$

ミスに注意

(5)で両辺に 10 をかけるとき，

$\boldsymbol{0.1x\times10=\{0.4(x-2)-0.2\}\times10}$

0.2×10 を忘れないように！

参考 両辺にある数をかけるとき，例えば(7)では，下のように変形して解いてもよいです。

$\overset{2}{\cancel{10}}\left(\frac{3x-7}{\underset{1}{\cancel{5}}}\right)=\overset{5}{\cancel{10}}\left(\frac{x+1}{\underset{1}{\cancel{2}}}\right)\longrightarrow 2(3x-7)=5(x+1)$

3 比と比例式

学習のねらい

比が等しい関係と比例式，比例式の性質について学習します。比に関する問題を考えるとき，必要で大事な内容です。

教科書のまとめ テスト前にチェック

□比の値
▶比 $a:b$ で，a，b を比の項といい，前の項 a をうしろの項 b でわった値 $\dfrac{a}{b}$ を**比の値**といいます。

□比例式
▶$a:b=c:d$　のような，比が等しいことを表す式を**比例式**といいます。

□比例式を解く
▶比例式にふくまれる文字の値を求めることを，**比例式を解く**といいます。

□比例式の性質
▶比例式の外側の項の積と内側の項の積は等しい。

$a:b=c:d$ ならば，$ad=bc$

$$\overbrace{a:b=c:d}^{ad}\quad(\text{内側 } b,\ c \text{ の積 } bc)$$

ふりかえり　　教科書 p.91

横 10 m，縦 25 m のプールがあります。
このプールの横と縦の長さの比を書きましょう。
また，横の長さは，縦の長さの何倍でしょうか。

ガイド　比で表すときは，できるだけ小さな整数の比になおします。このことを，比を簡単にするといいます。

解答　10：25　両方の数を 5 でわって，**2：5**

比の値を利用して，$10\div25=\dfrac{2}{5}$　**$\dfrac{2}{5}$ 倍（0.4 倍）**

教科書 p.91

比例式 $x:100=3:5$ ……①
にあてはまる x の値は，どうすれば求められるでしょうか。

ガイド　両辺の比の値が等しいことを利用します。

解答例　比例式 $x:100=3:5$

左辺の比の値は，$x\div100=\dfrac{x}{100}$，右辺の比の値は，$3\div5=\dfrac{3}{5}$

両辺の比の値が等しいので，$\dfrac{x}{100}=\dfrac{3}{5}$

両辺に 100 をかけて，$\dfrac{x}{100}\times100=\dfrac{3}{5}\times100$　　$x=60$

問1 次の比例式を解きなさい。 教科書 p.92

(1) $x:8=3:2$ (2) $3:4=x:5$

ガイド 両辺の比の値が等しいことから，方程式の形にします。

解答 (1) $x:8=3:2$

$\frac{x}{8}=\frac{3}{2}$

両辺に 8 をかけて，

$\frac{x}{8}\times8=\frac{3}{2}\times8$

$\boldsymbol{x=12}$

(2) $3:4=x:5$

$\frac{3}{4}=\frac{x}{5}$

両辺に 20 をかけて，

$\frac{3}{4}\times20=\frac{x}{5}\times20$

$15=4x$ $\boldsymbol{x=\frac{15}{4}}$

比例式の性質

問2 次の比例式を解きなさい。 教科書 p.92

(1) $x:21=3:7$ (2) $15:6=x:8$

(3) $9:4=2:x$ (4) $3:x=7:5$

ガイド 比例式の性質を使います。 $a:b=c:d$ ならば，$ad=bc$

解答 (1) $x:21=3:7$

$7x=21\times3$ $\boldsymbol{x=9}$

(2) $15:6=x:8$

$6x=15\times8$ $\boldsymbol{x=20}$

(3) $9:4=2:x$

$9x=8$ $\boldsymbol{x=\frac{8}{9}}$

(4) $3:x=7:5$

$7x=15$ $\boldsymbol{x=\frac{15}{7}}$

練習問題

3 比と比例式 p.92

① 次の比例式を解きなさい。

(1) $3:12=x:36$ (2) $12:x=4:7$

(3) $x:\frac{1}{2}=4:\frac{15}{2}$ (4) $x:(x+4)=2:3$

解答 (1) $3:12=x:36$

$12x=3\times36$ $\boldsymbol{x=9}$

(2) $12:x=4:7$

$4x=12\times7$ $\boldsymbol{x=21}$

(3) $x:\frac{1}{2}=4:\frac{15}{2}$

$\frac{15}{2}x=\frac{1}{2}\times4$

$15x=4$ $\boldsymbol{x=\frac{4}{15}}$

(4) $x:(x+4)=2:3$

$3x=2(x+4)$

$3x=2x+8$

$\boldsymbol{x=8}$

2節 方程式の利用

しおりの値段はいくら？

右のレシートは，一部がよごれて読めなくなっています。
レシートから，下の□をうめて，しおり1枚の値段を求める問題をつくりましょう。

> ㋐円で，しおり㋑枚と㋒円のブックカバーを買うと，おつりが㋓円でした。
> しおり1枚の値段はいくらでしょうか。

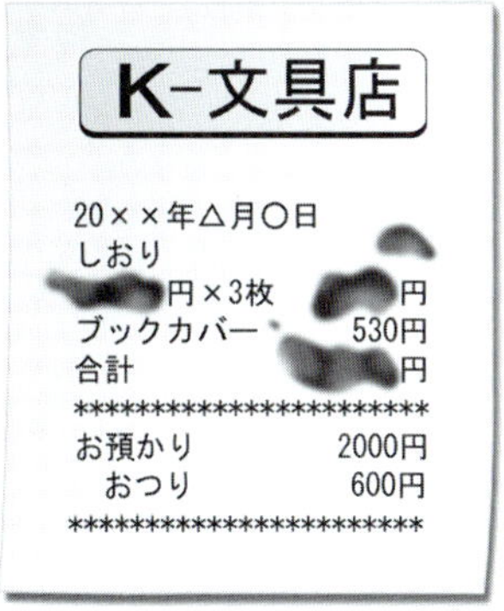

解答例　レシートを見て考える。

㋐「お預かり」が2000円だから，**2000**

㋑ しおりを3枚買っているから，**3**

㋒ ブックカバーは530円だから，**530**

㋓ おつりは600円だから，**600**

この節では，方程式をつくることと，その方程式を解くことで，実際の問題を解いていく。

自分のことばで伝えよう

教科書 p.93

上のような買い物の場面では，

[出したお金]，[代金の合計]，[おつり]

の間に，どんな関係があるでしょうか。

解答例

[出したお金] － [代金の合計] ＝ [おつり]

[出したお金] － [おつり] ＝ [代金の合計]

[代金の合計] ＋ [おつり] ＝ [出したお金]

の3通りの関係が考えられます。

上でつくった，しおり1枚の値段を求める問題を解くには，まだわかっていない数量をxを使って表して，3通りの関係のうちのどれかから，方程式をつくります。

3章 方程式

1 方程式の利用

学習のねらい

いろいろな問題について，その数量の関係を方程式で表し，それを解くことによって，それらの問題を解決することができます。この節では，一見解くのがむずかしそうな問題でも，方程式の利用で比較的容易に解決できることを理解します。

教科書のまとめ　テスト前にチェック

□方程式を使って問題を解く手順

▶❶ 問題の中の数量に着目して，数量の関係を見つけます。
❷ まだわかっていない数量のうち，適当なものを文字で表して方程式をつくります。
❸ 方程式を解きます。
❹ 方程式の解が，問題にあっているかどうかを調べて，答えを書きます。

問1 クリームパン6個と150円の牛乳1パックをあわせて買うと，代金の合計が690円になりました。クリームパン1個の値段を求めなさい。 教科書 p.95

ガイド クリームパン1個の値段をx円とすると，クリームパン6個では$6x$円となり，代金の合計は，$6x+150$（円）となります。

解答 クリームパン1個の値段をx円とすると，

$$6x+150=690$$
$$6x=540$$
$$x=90$$

この解は問題にあっている。　　クリームパン1個の値段　**90円**

問2 山口さんは780円，高田さんは630円持っていて，2人とも同じ本を買いました。すると，山口さんの残金は，高田さんの残金の2倍になりました。本代はいくらでしょうか。 教科書 p.96

ガイド 本代をx円とすると，山口さんの残金は$780-x$（円），高田さんの残金は$630-x$（円）になります。

解答 本代をx円とすると，

$$780-x=2(630-x)$$

これを解くと，$780-x=1260-2x$

$$x=480$$

この解は問題にあっている。　　本代　**480円**

参考 本代を480円とすると，山口さんの残金は，$780-480=300$（円），高田さんの残金は，$630-480=150$（円）となり，これは問題にあっています。

問3 集会で，長いすを何脚（なんきゃく）か並べました。集まった人たちが，長いす1脚に5人ずつすわると10人がすわれず，6人ずつすわると2人だけすわった長いすが1脚できました。 **教科書 p.97**

(1) 並べた長いすは何脚でしょうか。

(2) 集会に集まった人は何人でしょうか。

ガイド 集まった人数は変わらないので，人数を2通りに表します。集まった人数は，
(1脚にすわる人数)×(長いすの数)＋(過不足の人数) で表せます。

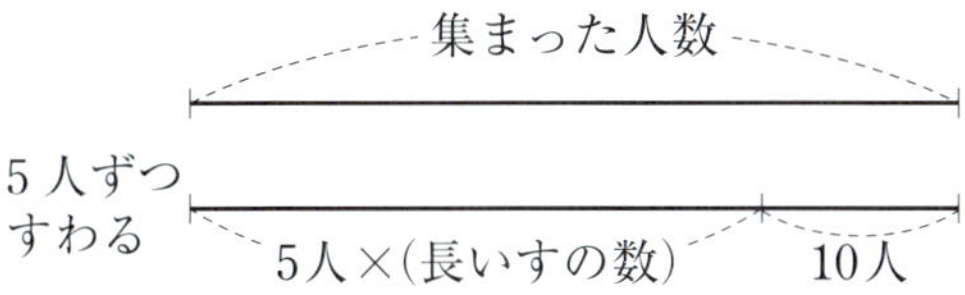

集まった人数＝5×(長いすの数)＋10（人）

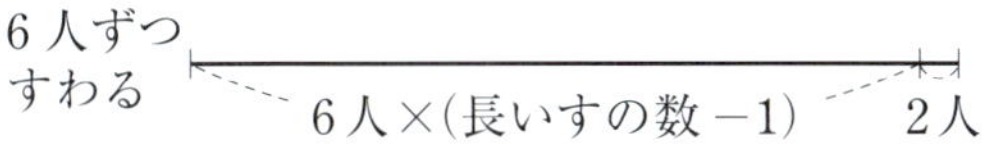

集まった人数＝6×(長いすの数－1)＋2（人）

解答 (1) 長いすの数をx脚とすると，

$$5x+10=6(x-1)+2$$
$$5x+10=6x-6+2$$
$$-x=-14$$
$$x=14$$

この解は問題にあっている。　　　長いすの数　**14脚**

(2) 集まった人数は$5x+10$で表されるから，この式に$x=14$を代入して，

$5x+10=5\times14+10=80$（人）　　　集会に集まった人数　**80人**

参考 (2) 集まった人数は$6(x-1)+2$とも表されるから，この式に$x=14$を代入すると，

$6(x-1)+2=6(14-1)+2=80$（人）

となり，同じ結果になります。

問4 前ページの **例題3** で，弟が家を出発してから20分後に，姉が追いかけたとします。弟が駅に着くまでに，姉は弟に追いつけるでしょうか。 **教科書 p.99**

ガイド 姉が出発してからx分後に弟に追いつくとし，それまでに，姉と弟の進んだ道のりが等しいので，それぞれの道のりをxを使って表します。
姉は **$240x$ m**，弟は **$80(20+x)$ m** 進んだことになります。
（速さ×時間）

解答 姉が出発してからx分後に弟に追いつくとすると，

$$240x=80(20+x)$$

両辺を80でわって，

$3x=20+x$

$2x=20$

$x=10$

姉が出発してから10分後の，姉，弟の家からの道のりは，

姉……$240\times10=2400$ (m)　　弟……$80\times(20+10)=2400$ (m)

となるが，家から駅までは2kmだから，弟が駅に着くまでに追いつけない。

姉は弟に追いつけない

練習問題

1 方程式の利用　p.99

① バスケットボール選手の大野さんが，
「私の背番号は，2倍して7をたしても5倍して8をひいても，同じになる数だよ」
といいました。大野さんの背番号は何番でしょうか。

ガイド 大野さんの背番号をx番とすると，2倍して7をたした数は$2x+7$，5倍して8をひいた数は$5x-8$となります。これらが等しいことから方程式をつくります。

解答 大野さんの背番号をx番とすると，

$2x+7=5x-8$

$2x-5x=-8-7$

$-3x=-15$

$x=5$

この解は問題にあっている。　　**背番号　5番**

参考 背番号が5なら，$2\times5+7=17$，$5\times5-8=17$ となり，問題にあっています。

② 絵はがきを買おうと思います。持っているお金では，15枚買うと100円余り，20枚買うには200円たりません。この絵はがき1枚の値段はいくらでしょうか。

ガイド 買う枚数が変わっても，変わらないものは絵はがき1枚の値段と持っているお金です。だから，絵はがき1枚の値段をx円として，持っているお金を2通りに表します。

解答 絵はがき1枚の値段をx円とすると，

$15x+100=20x-200$

$15x-20x=-200-100$

$-5x=-300$

$x=60$

この解は問題にあっている。　　**絵はがき1枚の値段　60円**

参考 持っているお金を計算すると，$15\times60+100=1000$ (円)
$20\times60-200=1000$ (円) となり，これは問題にあっています。

2 比例式の利用

学習のねらい　身のまわりの問題を，比例式を利用して解きます。

教科書のまとめ **テスト前にチェック**

□比例式を利用して解く　▶比例式の性質 $a:b=c:d$ ならば，$ad=bc$ を使って，問題を解きます。

問1　おはじきが，Aの袋（ふくろ）に50個，Bの袋にも何個かはいっています。
Bの袋から10個を取り出して，Aの袋に移したところ，AとBの袋の中の個数の比が $3:4$ になりました。おはじきは全部で何個あるでしょうか。

教科書 p.100

ガイド　問題文から，比が等しい関係を読みとって比例式をつくり，比例式の性質を使って問題を解きます。
Bの袋に x 個はいっていたとして，移したあとのAの袋には $(50+10)$ 個，Bの袋には $(x-10)$ 個のおはじきがはいっています。

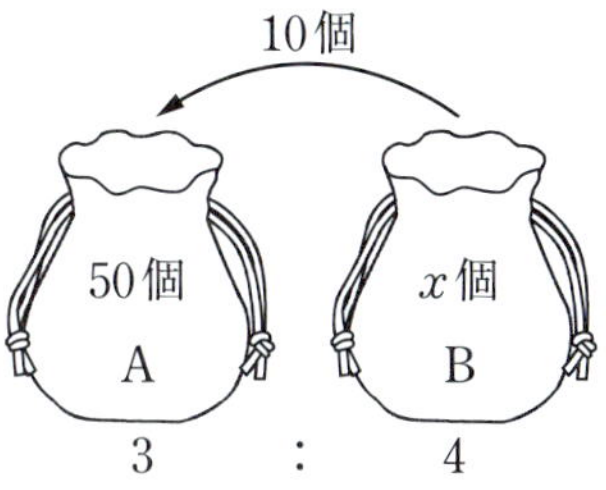

解答　Bの袋におはじきが，はじめ x 個はいっているとすると，

$$(50+10):(x-10)=3:4$$
$$3(x-10)=60\times4$$
$$3x-30=240$$
$$3x=270$$
$$x=90$$

この解は問題にあっている。
よって，おはじきはAの袋に50個，Bの袋に90個はいっていたから，
全部で，$50+90=140$（個）　　**140個**

ディオファントスは何歳でなくなった？

ディオファントスは，古代ギリシャ末期のすぐれた数学者で，彼の生涯（しょうがい）については，次のようないい伝えがあります。

「ディオファントスは，一生の $\frac{1}{6}$ を少年として過ごし，一生の $\frac{1}{12}$ を青年として過ごした。その後，一生の $\frac{1}{7}$ たって結婚（けっこん）し，その5年後に子どもが生まれた。その子は父の一生の半分だけ生き，父はその子の死の4年後になくなった。」

ディオファントスは何歳でなくなったのでしょうか。

ディオファントスがなくなったときの年齢を x 歳とすると，下のような図が表されて，方程式をつくることができます。

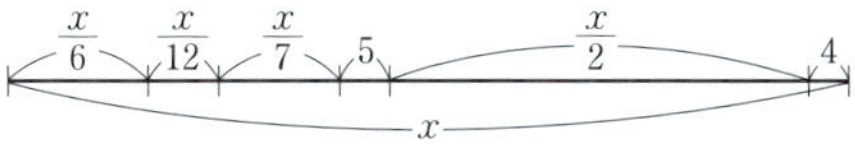

$$\frac{x}{6}+\frac{x}{12}+\frac{x}{7}+5+\frac{x}{2}+4=x$$

この方程式を解くと $x=84$ となって，84歳でなくなったことになります。

3章の基本のたしかめ　教科書 p.101

1 次の方程式のうち，2が解であるものをいいなさい。

(ア) $5x-4=8$　　(イ) $10-3x=8x-12$

ガイド それぞれの方程式の両辺の x に2を代入して，左辺と右辺が等しくなれば，$x=2$ はその方程式の解になります。

解答 (ア) 左辺は，$5\times2-4=10-4=6$ となり，右辺の8とは等しくない。だから，(ア)は，$x=2$ が解でない。

(イ) 左辺は $10-3\times2=10-6=4$，右辺は $8\times2-12=16-12=4$ となり，左辺と右辺は等しくなる。だから，(イ)は，$x=2$ が解である。　(イ)

p.82 問2

2 次の□にあてはまる数を書き入れなさい。
また，(1)，(2)では，等式の性質のどれを使っていますか。　(方程式は解答の中)

ガイド 等式の性質 (教科書84ページ) を確認しましょう。

解答

$3x-7=8$

$3x-7+\boxed{7}=8+\boxed{7}$　(1)

$3x=15$

$x=\boxed{5}$　(2)

(1) **等式の両辺に同じ数をたしても，等式が成り立つ。**

p.84 問4

(2) **等式の両辺を同じ数でわっても，等式が成り立つ。**

p.85 問7

3 次の方程式を解きなさい。

(1) $x-5=8$　(2) $x+13=4$　(3) $3x=-12$

(4) $\frac{1}{3}x=\frac{1}{2}$　(5) $5x=x-4$　(6) $3x+5=x+11$

ガイド 文字の項を左辺に，数の項を右辺に集めて解きます。

解答

(1) $x-5=8$
-5 を移項して，
$x=8+5$
$\boldsymbol{x=13}$

p.86 問1

(2) $x+13=4$
13を移項して，
$x=4-13$
$\boldsymbol{x=-9}$

p.86 問1

(3) $3x=-12$
両辺を3でわって，
$\boldsymbol{x=-4}$

p.85 問7

(4) $\frac{1}{3}x=\frac{1}{2}$
両辺に3をかけて，
$\boldsymbol{x=\frac{3}{2}}$

p.85 問6

(5) $5x=x-4$
x を左辺に移項して，
$5x-x=-4$
$4x=-4$
$\boldsymbol{x=-1}$

p.87 問2

(6) $3x+5=x+11$
5，x をそれぞれ移項して，
$3x-x=11-5$
$2x=6$
$\boldsymbol{x=3}$

p.87 問3

4　比例式 $x:4=6:3$ を解きなさい。

ガイド　比例式の性質 $\boldsymbol{a:b=c:d}$ ならば，$\boldsymbol{ad=bc}$ を使います。

解答　p.92 問2

$x:4=6:3$

$3x=4\times6$

$\boldsymbol{x=8}$

5　500円で，鉛筆（えんぴつ）5本と80円の消しゴム1個を買うと，おつりが95円でした。鉛筆1本の値段を求めなさい。

ガイド　鉛筆1本の値段を x 円とすると，買い物の代金は，$5x+80$（円）で表されます。
(出したお金)−(代金)=(おつり) より方程式をつくります。

解答　鉛筆1本の値段を x 円とすると，

$500-(5x+80)=95$

$500-5x-80=95$

$-5x=95+80-500$

$-5x=-325$

$x=65$

p.96 問2

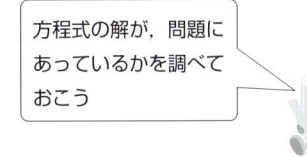

この解は問題にあっている。　　**鉛筆1本の値段　65円**

参考　鉛筆1本の値段を65円とすると，買い物の代金は，$5\times65+80=405$（円）となります。500円を出せば，おつりは，$500-405=95$（円）だから，これは問題にあっています。

6　500 g が120円の砂糖を，3000 g 買ったときの代金を求めなさい。

ガイド　砂糖を3000 g 買ったときの代金を x 円として，比例式をつくり，それを解いて，実際の問題を解きます。

解答　500 g が120円の砂糖を，3000 g 買ったときの代金を x 円とすると，

$500:3000=120:x$

$500x=3000\times120$

$x=6\times120$

$x=720$

500 g	120円
3000 g	x 円

p.100 問1

この解は問題にあっている。　　**720円**

3章 方程式

3章の章末問題　教科書 p.102〜103

テストによく出る

1 次の方程式を解きなさい。

(1) $x+\frac{1}{3}=1$　(2) $7x=-\frac{1}{7}$　(3) $2x+4=10$

(4) $9x-7=11$　(5) $4x+9=x$　(6) $20-2x=3x$

(7) $7x+9=6x+4$　(8) $33+x=12-2x$

(9) $4x+2=5x-9$　(10) $33-x=x+49$

(11) $-5+19x=4x-5$　(12) $24x+8=9x-22$

(13) $3000-11x=2400-5x$　(14) $230+47x=610+28x$

ガイド 文字の項を左辺に，数の項を右辺に集めて，$ax=b$ の形にし，両辺を x の係数 a でわります。

解答

(1) $x+\frac{1}{3}=1$
$x=1-\frac{1}{3}$
$\boldsymbol{x=\frac{2}{3}}$

(2) $7x=-\frac{1}{7}$
$7x\div7=-\frac{1}{7}\div7$
$\boldsymbol{x=-\frac{1}{49}}$

(3) $2x+4=10$
$2x=10-4$
$2x=6$
$\boldsymbol{x=3}$

(4) $9x-7=11$
$9x=11+7$
$9x=18$
$\boldsymbol{x=2}$

(5) $4x+9=x$
$4x-x=-9$
$3x=-9$
$\boldsymbol{x=-3}$

(6) $20-2x=3x$
$-2x-3x=-20$
$-5x=-20$
$\boldsymbol{x=4}$

(7) $7x+9=6x+4$
$7x-6x=4-9$
$\boldsymbol{x=-5}$

(8) $33+x=12-2x$
$x+2x=12-33$
$3x=-21$
$\boldsymbol{x=-7}$

(9) $4x+2=5x-9$
$4x-5x=-9-2$
$-x=-11$
$\boldsymbol{x=11}$

(10) $33-x=x+49$
$-x-x=49-33$
$-2x=16$
$\boldsymbol{x=-8}$

(11) $-5+19x=4x-5$
$19x-4x=-5+5$
$15x=0$
$\boldsymbol{x=0}$

(12) $24x+8=9x-22$
$24x-9x=-22-8$
$15x=-30$
$\boldsymbol{x=-2}$

(13) $3000-11x=2400-5x$
$-11x+5x=2400-3000$
$-6x=-600$
$\boldsymbol{x=100}$

(14) $230+47x=610+28x$
$47x-28x=610-230$
$19x=380$
$\boldsymbol{x=20}$

テストによく出る

2 次の方程式を解きなさい。

(1) $5(x-8)=x$　(2) $x-2(3x+1)=18$

(3) $3(3x+2)=-6(2-x)$　(4) $4(t-1)+3(3t+5)=2t$

ガイド かっこのある方程式は，かっこをはずしてから移項します。

解答 (1) $5(x-8)=x$

$5x-40=x$

$5x-x=40$

$4x=40$

$\boldsymbol{x=10}$

(2) $x-2(3x+1)=18$

$x-6x-2=18$

$x-6x=18+2$

$-5x=20$

$\boldsymbol{x=-4}$

(3) $3(3x+2)=-6(2-x)$

$9x+6=-12+6x$

$9x-6x=-12-6$

$3x=-18$

$\boldsymbol{x=-6}$

(4) $4(t-1)+3(3t+5)=2t$

$4t-4+9t+15=2t$

$4t+9t-2t=4-15$

$11t=-11$

$\boldsymbol{t=-1}$

テストによく出る

3 次の方程式を解きなさい。

(1) $3.5x-7=-1.5x-7$　(2) $0.2x-4=0.1x+4$

(3) $\frac{2}{5}x-3=\frac{3}{10}x+\frac{1}{2}$　(4) $\frac{3y-1}{4}=\frac{2y-3}{3}$

(5) $0.3(x+1)=0.2x$　(6) $1.2x+3.1=0.8x+0.3$

(7) $600x+2400=1000x$　(8) $30(-x+2)+120=240$

ガイド 文字の項の係数が小数なら，両辺に適当な数（**10**，**100** など）をかけて，分数をふくんだ方程式は，両辺に分母の最小公倍数をかけて分母をはらい，簡単な式になおしてから解きます。

解答 (1) $3.5x-7=-1.5x-7$

両辺に 10 をかけて，

$35x-70=-15x-70$

$50x=0$

$\boldsymbol{x=0}$

(2) $0.2x-4=0.1x+4$

両辺に 10 をかけて，

$2x-40=x+40$

$2x-x=40+40$

$\boldsymbol{x=80}$

(3) $\frac{2}{5}x-3=\frac{3}{10}x+\frac{1}{2}$

$\left(\frac{2}{5}x-3\right)\times10=\left(\frac{3}{10}x+\frac{1}{2}\right)\times10$

$4x-30=3x+5$

$4x-3x=5+30$

$\boldsymbol{x=35}$

(4) $\frac{3y-1}{4}=\frac{2y-3}{3}$

$\frac{3y-1}{4}\times12=\frac{2y-3}{3}\times12$

$(3y-1)\times3=(2y-3)\times4$

$9y-3=8y-12$

$9y-8y=-12+3$

$\boldsymbol{y=-9}$

(5) $0.3(x+1)=0.2x$

両辺に 10 をかけて,

$3(x+1)=2x$

$3x+3=2x$

$3x-2x=-3$

$\boldsymbol{x=-3}$

(6) $1.2x+3.1=0.8x+0.3$

両辺に 10 をかけて,

$12x+31=8x+3$

$12x-8x=3-31$

$4x=-28$

$\boldsymbol{x=-7}$

(7) $600x+2400=1000x$

両辺を 100 でわって,

$6x+24=10x$

$6x-10x=-24$

$-4x=-24$

$\boldsymbol{x=6}$

(8) $30(-x+2)+120=240$

両辺を 30 でわって,

$(-x+2)+4=8$

$-x=8-2-4$

$-x=2$

$\boldsymbol{x=-2}$

テストによく出る

4 次の比例式を解きなさい。

(1) $x:15=3:5$

(2) $12:9=x:12$

(3) $7.2:2.4=60:x$

(4) $4:x=\frac{1}{2}:\frac{5}{3}$

(5) $x:(10-x)=2:3$

(6) $(x-4):3=x:4$

ガイド 比例式の性質を使います。$a:b=c:d$ ならば, $ad=bc$

解答 (1) $x:15=3:5$

$5x=15\times3$

$\boldsymbol{x=9}$

(2) $12:9=x:12$

$9x=12\times12$

$x=\frac{12\times12}{9}$　　$\boldsymbol{x=16}$

(3) $7.2:2.4=60:x$

$7.2x=2.4\times60$

$72x=24\times60$

$x=\frac{24\times60}{72}$　　$\boldsymbol{x=20}$

(4) $4:x=\frac{1}{2}:\frac{5}{3}$

$\frac{1}{2}x=4\times\frac{5}{3}$

$x=4\times\frac{5}{3}\times2$　　$\boldsymbol{x=\frac{40}{3}}$

(5) $x:(10-x)=2:3$

$2(10-x)=3x$

$20-2x=3x$

$-2x-3x=-20$

$-5x=-20$

$\boldsymbol{x=4}$

(6) $(x-4):3=x:4$

$4(x-4)=3x$

$4x-16=3x$

$4x-3x=16$

$\boldsymbol{x=16}$

テストによく出る

5 方程式 $5x+\square=11+2x$ の解が3であるとき，$\square$にあてはまる数を求めなさい。

ガイド 解が3であるから，与えられた式のxのところに3を代入してみます。あとは，左辺に$\square$だけがくるように移項して求めます。

解答 $5x+\square=11+2x$ のxに3を代入すると，

$$5\times3+\square=11+2\times3$$
$$15+\square=11+6$$
$$\square=11+6-15$$
$$\square=2$$

<u>$\square=2$</u>

参考 $\square=2$ とすると，$5x+\square=5\times3+2=17$　また，$11+2x=11+2\times3=17$ となり，これは問題にあっています。

テストによく出る

6 クッキーをつくるのに，小麦粉80 g に対して砂糖30 g の割合で混ぜようと思います。
小麦粉を200 g 使うとしたら，砂糖を何 g 混ぜればよいでしょうか。

ガイド 右のような表をつくって考えると，比例式がつくりやすくなります。

小麦粉	砂糖
80 g	30 g
200 g	?

解答 砂糖をx g 混ぜればよいとすると，

$$80:30=200:x$$
$$80x=30\times200$$
$$x=75$$

この解は問題にあっている。 **<u>75 g</u>**

テストによく出る

7 現在，先生は42歳(さい)，石田さんは12歳です。
先生の年齢(ねんれい)が，石田さんの年齢の3倍になるのは何年後でしょうか。

ガイド x年後に先生の年齢が石田さんの年齢の3倍になるとすると，x年後，先生の年齢は$42+x$（歳），石田さんの年齢は$12+x$（歳）となり，（先生の年齢）＝（石田さんの年齢）×3 です。

解答 x年後に先生の年齢が石田さんの年齢の3倍になるとすると，

$$42+x=3(12+x)$$
$$42+x=36+3x$$
$$x-3x=36-42$$
$$-2x=-6$$
$$x=3$$

この解は問題にあっている。 **<u>3年後</u>**

参考 3年後は，先生の年齢は $42+3=45$（歳），石田さんの年齢は $12+3=15$（歳）になります。したがって，$45=15\times3$ となり，これは問題にあっています。

テストによく出る

8 200円のかごに，150円のももと120円のりんごを，あわせて15個つめて買うと，2210円でした。ももとりんごを，それぞれ何個つめたのでしょうか。

ガイド ももをx個つめると，りんごは何個つめることになるかを考えます。

解答 ももをx個つめるとすると，りんごは$(15-x)$個つめることになるから，

$$150x+120(15-x)+200=2210$$
$$150x+1800-120x+200=2210$$
$$150x-120x=2210-1800-200$$
$$30x=210$$
$$x=7$$

ももが7個だから，りんごは $15-7=8$ 個

この解は問題にあっている。 **もも7個，りんご8個**

参考 もも7個，りんご8個つめると，あわせて15個で，$150\times7+120\times8+200=2210$（円）になります。したがって，これは問題にあっています。

テストによく出る

9 ふもとから山頂まで，分速40mで登るのと，同じ道を山頂からふもとまで，分速60mで下るのとでは，かかる時間が30分違（ちが）います。
ふもとから山頂までの道のりは，何mでしょうか。

ガイド かかる時間の差に目をつけましょう。
(時間)=(道のり)÷(速さ)を使って方程式をつくりますが，かかる時間は，速さが速いほど少ないことに注意しましょう。また，単位にも気をつけましょう。
ふもとから山頂までの道のりをxmとすると，分速40mで登るとき$\frac{x}{40}$分かかります。また，分速60mで下るとき$\frac{x}{60}$分かかります。この時間の差が30分です。

解答 ふもとから山頂までの道のりをxmとすると，

$$\frac{x}{40}-\frac{x}{60}=30$$

両辺に120をかけて，

$$\left(\frac{x}{40}-\frac{x}{60}\right)\times120=30\times120$$
$$3x-2x=3600$$
$$x=3600$$

この解は問題にあっている。 **3600 m**

参考 道のりが3600mとすると，毎分40mで登ると90分かかります。また，毎分60mで下ると60分かかります。その差は30分となり，これは問題にあっています。

時計の針の位置関係と時刻

千思万考 ～せんしばんこう～

教科書 p. 103

時計の長針と短針について，次のことを考えましょう。

1. 時計の長針，短針が，1分間にまわる角度を，それぞれ求めましょう。

2. 1時から2時の間で，長針と短針が重なる時刻があります。
その時刻を1時 x 分として，x を求めましょう。

3. 1時から2時の間で，右の図のように，長針と短針が一直線に並ぶ時刻があります。その時刻は，1時何分でしょうか。

ガイド *1.* 長針は60分で360° 回転します。短針は60分で30° 回転します。

2. 1時ちょうどの時刻の長針と短針の位置から，長針と短針が重なるまでに，それぞれの針が何度回転したかを考えます。12をさす位置から，重なった位置までの角度を，長針と短針がそれぞれ回転した角度を使って等式に表します。

3. 12をさす位置から，長針と短針が一直線に並ぶ時刻の長針と短針のそれぞれの角度の差が180° になります。

解答 *1.* 長針…360÷60＝6

短針…$30\div60=\frac{1}{2}$　　**長針……6°，短針……$\frac{1}{2}$°**

2. 1時 x 分に長針と短針が重なるとすると，12をさす位置からそれぞれの針の角度は，

長針…$6x$°

短針…1時ちょうどの時刻は30°，1時から x 分までは $\frac{1}{2}x$° なので，$\left(30+\frac{1}{2}x\right)^\circ$

したがって，$6x=30+\frac{1}{2}x$　　これを解いて，$x=\frac{60}{11}$

この解は問題にあっている。　　$\boldsymbol{x=\frac{60}{11}}$

3. 1時 y 分に長針と短針が一直線に並ぶとすると，12をさす位置からそれぞれの針の角度は，

長針…$6y$°　　短針…$\left(30+\frac{1}{2}y\right)^\circ$

したがって，$6y-\left(30+\frac{1}{2}y\right)=180$　　これを解いて，$y=\frac{420}{11}$

この解は問題にあっている。　　**1時 $\frac{420}{11}$ 分（1時38分と1時39分の間）**

4章 変化と対応

1節 関　数

小物入れの箱をつくろう

けいたさんとかりんさんは，１辺の長さが 16 cm の正方形の厚紙を使って，次の方法で，ふたのない箱をつくります。

▶▶つくり方

① 四すみから，同じ大きさの正方形を切り取る。

② 右の図の破線にそって折り曲げ，重なりあう辺をテープなどでとめる。

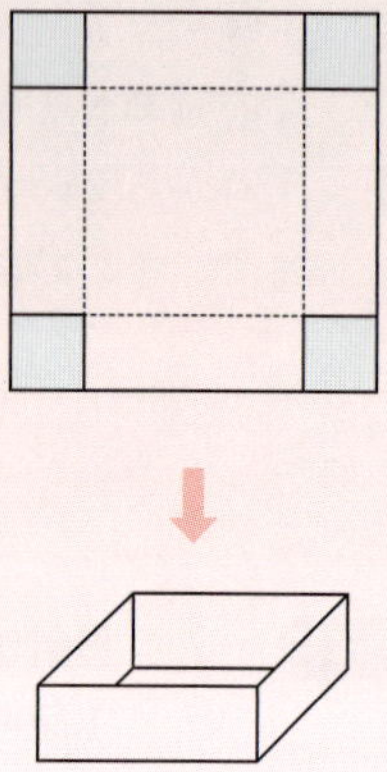

みんなで話しあってみよう

教科書 p.105

箱をつくるとき，切り取る正方形の１辺の長さを変えると，それにともなって，どんな数量が変わるでしょうか。

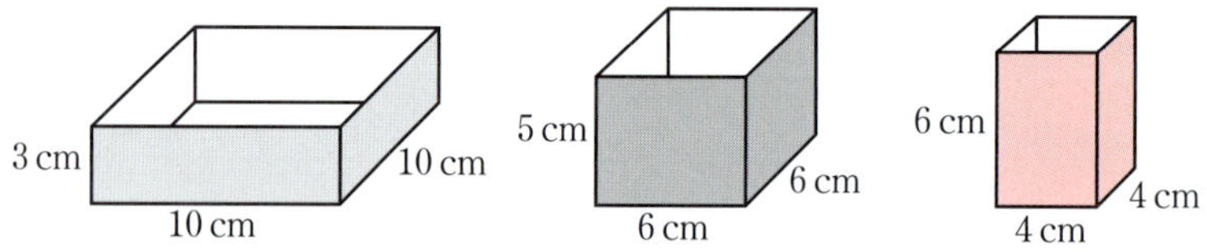

解答例　切り取る正方形の１辺の長さを，3 cm，5 cm，6 cm と変えると，例えば，**箱の底面の１辺の長さ**，**箱の底面積**，**箱の容積**は，次のように変わっていく。

切り取る正方形の１辺の長さ (cm)	3	5	6
箱の底面の１辺の長さ (cm)	10	6	4
箱の底面積 (cm^2)	100	36	16
箱の容積 (cm^3)	300	180	96

参考　他に次のような例が考えられます。
長さに関するもの（底面のまわりの長さ，底面の対角線の長さ，高さなど）
面積に関するもの（側面の１つの面の面積，展開図の面積など）

ふりかえり　小学校では，どんな調べ方をしたかな？（図は省略）

教科書 p.105

解答例
- 時間がたつと，水の深さなどが変わることを，表や式，グラフを使って調べた。
- 水を増やすと，全体の重さなどが変わることを，表やグラフを使って調べた。

1 関　数

学習のねらい

いろいろな事象の中から，ともなって変わる量を見いだし，これを表や式で表すことによって変化のようすを知ります。また，関数の用語を学習します。

教科書のまとめ　テスト前にチェック

□変数　▶いろいろな値をとる文字を**変数**(へんすう)といいます。

□yはxの関数　▶ともなって変わる2つの変数x，yがあって，
xの値を決めると，それに対応してyの値がただ1つに決まるとき，
yはxの関数(かんすう)であるといいます。

□変域　▶変数のとる値の範囲(はんい)を，その変数の**変域**(へんいき)といいます。
xの変域が，0以上6以下であることを，不等号を使って，

$$0 \leqq x \leqq 6$$

と表します。

次の数量は，何を決めると決まるでしょうか。　教科書 p.106

(1)　面積が24 cm^2 の長方形の横の長さ

(2)　10 L はいるあるバケツに，水を入れたときの水の深さ

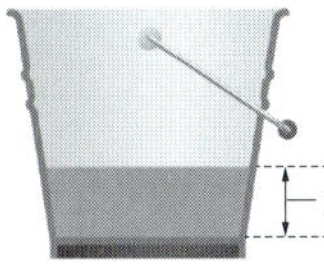

ガイド　(1)　長方形の面積＝縦×横　(横×縦)

(2)　水の深さは，バケツに入れた水の量で変わります。ただし，水の量は10 L未満とします。

解答　(1)　**長方形の縦の長さを決めると，横の長さが決まる。**

(2)　**10 L未満の入れる水の量を決めると，水の深さが決まる。**

問1　次のうち，yがxの関数であるものはどれですか。　教科書 p.107

(ア)　周の長さが24 cmの長方形の縦の長さx cmと横の長さy cm

(イ)　周の長さがx cmの長方形の面積y cm^2

(ウ)　半径x cmの円の面積y cm^2

ガイド　yがxの関数であるということは，xの値を決めると，それに対応してyの値がただ1つに決まるということです。

(ア)　長方形の周の長さ＝2×(縦の長さ＋横の長さ)
　→横の長さ＝長方形の周の長さ÷2－縦の長さ

(イ)　長方形の面積＝縦の長さ×横の長さ

(ウ)　円の面積＝半径×半径×円周率

解答　(ア)　$y=24\div2-x$ となって，yがxの関数になっている。

(イ)　長方形の周の長さが決まっても，縦と横の長さが決まらなければ，面積はただ1つに決まらないので，y は x の関数ではない。

(ウ)　$y=3.14x^2$ となって，y が x の関数になっている。

(ア)，(ウ)

問2　104ページの箱づくりで，四すみから1辺が x cm の正方形を切り取って箱をつくるとき，箱の底面積を y cm^2 とします。
このとき，x と y の変化のようすを，下の表やグラフに表しなさい。
また，x の値を大きくしていくと，y の値はどのように変わっていきますか。(表とグラフは省略)

教科書 p.107

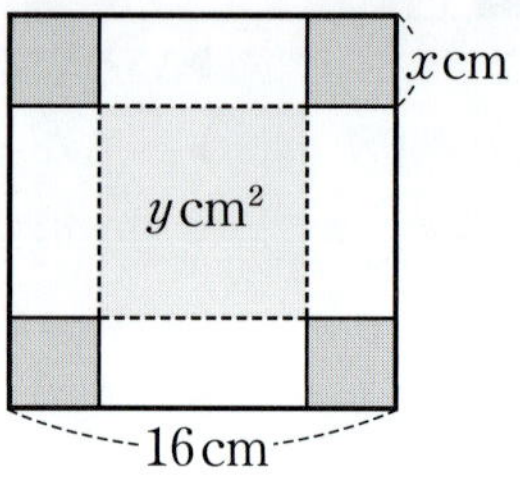

ガイド
$x=1$ のとき，$y=(16-1\times2)^2=14^2=196$
$x=2$ のとき，$y=(16-2\times2)^2=12^2=144$
$x=3$ のとき，$y=(16-3\times2)^2=10^2=100$
$x=4$ のとき，$y=(16-4\times2)^2=8^2=64$
$x=5$ のとき，$y=(16-5\times2)^2=6^2=36$
$x=6$ のとき，$y=(16-6\times2)^2=4^2=16$
$x=7$ のとき，$y=(16-7\times2)^2=2^2=4$

解答

x (cm)	1	2	3	4	5	6	7
y (cm^2)	196	144	100	64	36	16	4

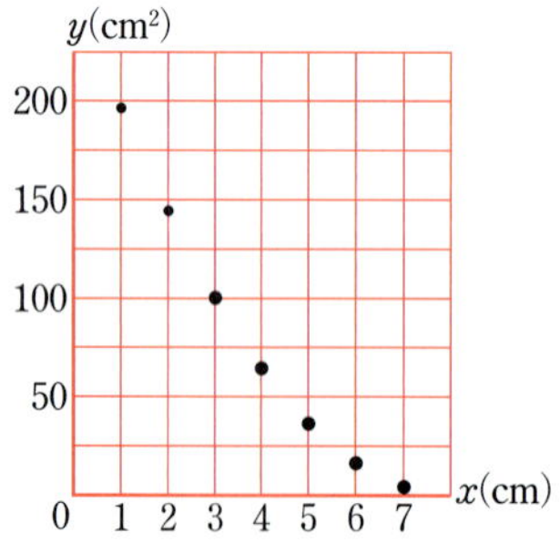

x の値を大きくしていくと，y の値はしだいに小さくなっていく。

問3　前ページ(教科書 p.107)の **例2** の x と y の関係を，式に表しなさい。

教科書 p.108

ガイド　もとの厚紙の正方形の1辺の長さは16 cm，切り取る正方形の1辺の長さを x cm，箱の底面の1辺の長さを y cm とします。
このときの x と y の関係を，式に表します。
箱の底面の1辺の長さは，16 cm から x cm の2倍をひいた長さです。

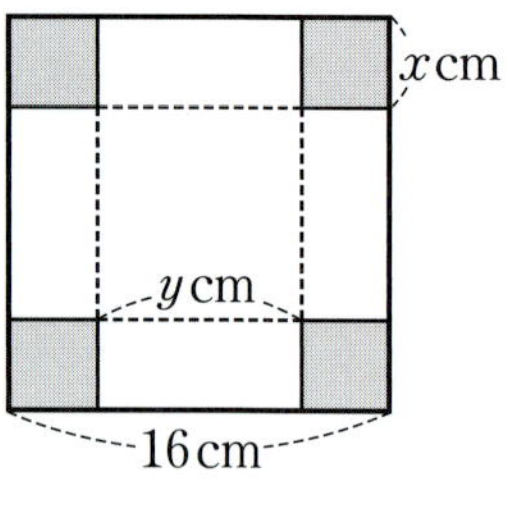

解答　$y=16-2x$

参考　**例2** では，表やグラフで，x と y の関係を表しています。
$y=16-2x$ の x に，1，2，3，……，7 を代入して，y の値が表やグラフの値になるのか確認しましょう。
$x=1$ のとき，$y=16-2\times1=14$
$x=2$ のとき，$y=16-2\times2=12$
$x=3$ のとき，$y=16-2\times3=10$
$x=4$ のとき，$y=16-2\times4=8$
$x=5$ のとき，$y=16-2\times5=6$
$x=6$ のとき，$y=16-2\times6=4$
$x=7$ のとき，$y=16-2\times7=2$

変　域

問4　x の変域が，3 以上 10 未満であることを，不等号を使って表しなさい。　教科書 p.108

ガイド　「3 以上」というのは，3 に等しいかそれより大きい数のことで，
$x=3$ か $x>3$ であるので，$x\geqq3$ と表します。
「10 未満」というのは，10 をふくまず，10 より小さい数のことで，
$x<10$ と表します。

解答　$3\leqq x<10$

参考
- $x\geqq3$ と $3\leqq x$ は同じことを表しています。
  数直線で，●は，$x=3$ をふくむことを表し，○は，$x=10$ をふくまないことを表しています。
- **問3** では，$x=8$ のとき $y=16-2\times8=0$ となって，$y>0$ だから，x の変域は $0<x<8$ となります。

2節 比 例

燃えた長さは？

線香(せんこう)に火をつけてからの時間と，燃えた長さの関係を調べる実験をしましょう。
けいたさんのクラスで実験したところ，次のような結果になりました。

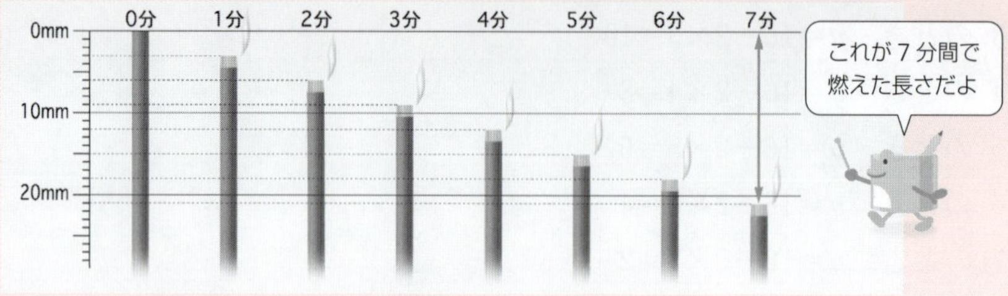

火をつけてからの時間を x 分，燃えた長さを y mm として，
x と y の関係を下の表にまとめましょう。(表は省略)

解答

x	0	1	2	3	4	5	6	7
y	**0**	**3**	**6**	**9**	**12**	**15**	**18**	**21**

みんなで話しあってみよう

教科書 p.109

上の表から，どんなことがわかるでしょうか。

解答例 次のようなことが考えられる。

- 線香は1分ごとに，3 mm ずつ燃えている。
- 燃えた長さは，火をつけてからの時間に比例している。
- x の値の3倍が y の値になっている。
- x の値が2倍，3倍，……になると，y の値も2倍，3倍，……になっている。
- x の値が1ずつ増えているのに対し，y の値は3ずつ増えている。

1 比例の式

学習のねらい

ともなって変わる数量関係のうちで，基本的なものの1つとして比例(ひれい)があります。ここでは，その関係を表，式などからくわしく調べます。

教科書のまとめ　テスト前にチェック

□定数
▶式 $y=3x$ の3のように，決まった数のことを**定数**(ていすう)といいます。

□比例
▶y が x の関数で，その間の関係が，

$y=ax$　（ただし，a は定数）

で表されるとき，y は x に**比例**(ひれい)するといいます。

また，定数 a を**比例定数**といいます。

□比例 $y=ax$ の特徴(とくちょう)
▶(ア)　x の値が2倍，3倍，4倍，……になると，y の値も2倍，3倍，4倍，……になります。

(イ)　対応する x と y の値の商 $\dfrac{y}{x}$ は一定で，比例定数 a に等しくなります。

x と y の関係は，$\dfrac{y}{x}=a$ とも表されます。

問1　教科書 p.110

次の(1)，(2)について，y は x に比例することを確かめなさい。
また，そのときの比例定数をいいなさい。

(1)　52円切手を x 枚買ったときの代金 y 円

(2)　底辺が8 cm，高さが x cm の三角形の面積 y cm^2

ガイド　ともなって変わる変数 x，y の関係が，$y=ax$（a は比例定数）で表されることを示します。

解答　(1)　$y=52x$ の関係で表されるので，**y は x に比例する。**
比例定数は52である。

(2)　$y=8\times x\div 2$ より，$y=4x$ の関係で表されるので，**y は x に比例する。**
比例定数は4である。

問2　教科書 p.112

$y=-2x$ について，x の値に対応する y の値を求めて，次の表を完成させなさい。

x	…	-4	-3	-2	-1	0	1	2	3	4	…
y	…										…

ガイド　比例の関係 $y=ax$ では，比例定数 a が負の場合も考えられます。また，変数 x が負の値をとることもあります。$y=-2x$ に，それぞれ x の値を代入し，y の値を求めます。

解答　$x=-4$ のとき，$y=-2\times(-4)=8$
$x=-3$ のとき，$y=-2\times(-3)=6$
$x=-2$ のとき，$y=-2\times(-2)=4$
$x=-1$ のとき，$y=-2\times(-1)=2$
$x=0$ のとき，$y=-2\times0=0$
$x=1$ のとき，$y=-2\times1=-2$
$x=2$ のとき，$y=-2\times2=-4$
$x=3$ のとき，$y=-2\times3=-6$
$x=4$ のとき，$y=-2\times4=-8$

x	…	-4	-3	-2	-1	0	1	2	3	4	…
y	…	**8**	**6**	**4**	**2**	**0**	**-2**	**-4**	**-6**	**-8**	…

問3　次の x と y の関係を式に表しなさい。　教科書 p.112

(1)　y は x に比例し，$x=8$ のとき $y=32$ である。
(2)　y は x に比例し，$x=-4$ のとき $y=40$ である。

ガイド　y は x に比例するので，$y=ax$ と表すことができます。
x と y の値が1組わかれば式が求められます。

x と y の値から
a の値を求めると
いいんだね

解答　比例定数を a とすると，　$y=ax$
(1)　$x=8$ のとき $y=32$ だから，　$32=a\times8$，$a=4$
　したがって，　$\boldsymbol{y=4x}$
(2)　$x=-4$ のとき $y=40$ だから，$40=a\times(-4)$，$a=-10$
　したがって，　$\boldsymbol{y=-10x}$

問4　教科書 109 ページの線香を燃やす実験で，火をつける前の線香の長さが 120 mm であったとするとき，x と y の関係を，変域をつけて表しなさい。　教科書 p.112

解答　火をつけてからの時間 x 分と，燃えた長さ y mm の関係を式で表すと，$y=3x$
すべて燃えるのは $y=120$ のときだから，$120=3\times x$，$x=40$
火をつけてから 40 分ですべて燃えてしまうから，
x の変域は，0 以上 40 以下になり，$0\leqq x\leqq40$
したがって，x と y の関係と変域は，
$\boldsymbol{y=3x}$　$\boldsymbol{(0\leqq x\leqq40)}$

2 座　標

学習のねらい

座標軸(ざひょうじく)を決めると，x，y の値の組に，1つの点が対応することを理解し，平面上の点の位置を表す方法を考えます。

教科書のまとめ　テスト前にチェック

□座標軸と原点

▶右の図のように，点O(オー)で垂直に交わる2つの数直線のうち，

　横の数直線を　**x 軸**(じく)

　縦の数直線を　**y 軸**

といい，この x 軸，y 軸の両方をあわせて**座標軸**(ざひょうじく)といいます。

また，座標軸が交わる点Oを**原点**(げんてん)といいます。

原点Oは，2つの数直線の0を表す点です。

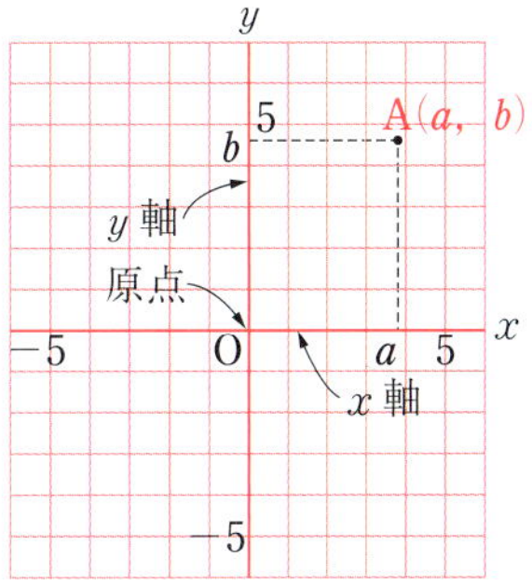

□点の座標

▶$x=a$，$y=b$ に対応する点として，図のAの位置が決まります。

このとき，点Aの位置を A$(a,\ b)$ で表します。

$(a,\ b)$ を点Aの**座標**といい，a を **x 座標**，b を **y 座標**といいます。

原点Oの座標は (0，0) です。

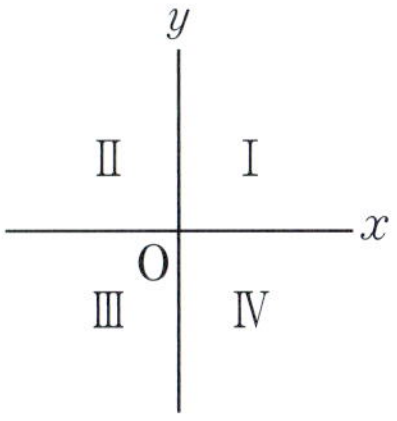

座標軸上の点を除いて考えると，上の図のように，1つの平面は4つの部分に分けられます。

　Ⅰ　(x は正，y も正)　　Ⅱ　(x は負，y は正)

　Ⅲ　(x は負，y も負)　　Ⅳ　(x は正，y は負)

教科書 p.114

右の図は，イベントホールの座席案内図です。色をつけた座席の位置は，どのように表すことができるでしょうか。

			列						
1	2	3	①	4	5	6	7	8	9
1	2	3	②	4	5	6	7	8	9
1	2	3	③	4	5（色つき）	6	7	8	9
1	2	3	④	4	5	6	7	8	9
1	2	3	⑤	4	5	6	7	8	9

ガイド　野球場や映画館など，座席を示す表示は，日常生活の中で多くみられます。

解答例　「3列5番」のように，**何列の何番目かを表す数の組で，位置を表すことができる。**

問1　座標が次のような点を，下の図にかき入れなさい。(図は省略)　教科書 p.115

A(3, 5)　　B(−4, 6)　　C(−8, −7)

D(7, 1)　　E(4, 0)　　F(−2, −3)

ガイド　座標を表す数の組 (□, △) では，左に書かれた□が x 座標，右に書かれた△が y 座標を表します。x 座標は，x 軸にそって左右に目もりを数え，y 座標は，y 軸にそって上下に目もりを数えます。

例えば，P(3, 2) では，次のように点を決めます。

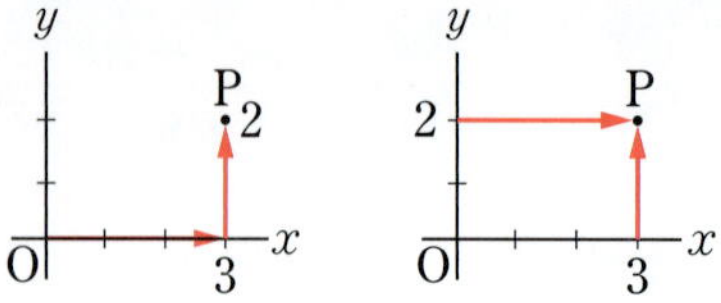

解答　**下の図**　(赤点A〜F)

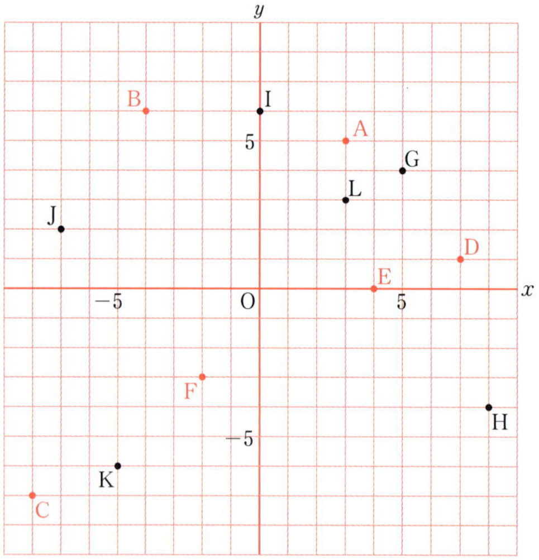

問2　下の図で，点 G，H，I，J，K，L の座標をいいなさい。(図は上の図)　教科書 p.115

ガイド　それぞれの点を，x 座標，y 座標の順に読みとって求めます。

解答　**G(5, 4)，H(8, −4)，I(0, 6)**

J(−7, 2)，K(−5, −6)，L(3, 3)

参考　C→K→F→H→D→G→L→A→I→B→F

の順に結ぶと，右のようになります。

(イチョウの形)

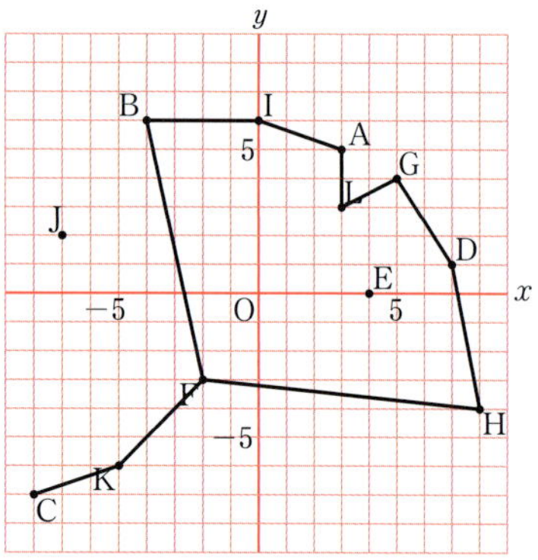

3 比例のグラフ

学習のねらい

x と y との間に $y=ax$ の関係があるときは，$(x,\ y)$ の組に対応する点の全体が直線となることを理解し，そのグラフのようすと $y=ax$ との関係を考えます。

教科書のまとめ テスト前にチェック

□ $y=ax$ のグラフ

▶比例の関係を表す $y=ax$ について，x に対応する y の値を求め，その組 $(x,\ y)$ がどのようなグラフになるかを調べます。

$y=ax$ のグラフは，原点を通る直線で，比例定数 a の値によって次のように，

$a>0$ のときは，右上がりの直線

$a<0$ のときは，右下がりの直線

となり，a の絶対値が大きいほど，直線の傾きは急になります。

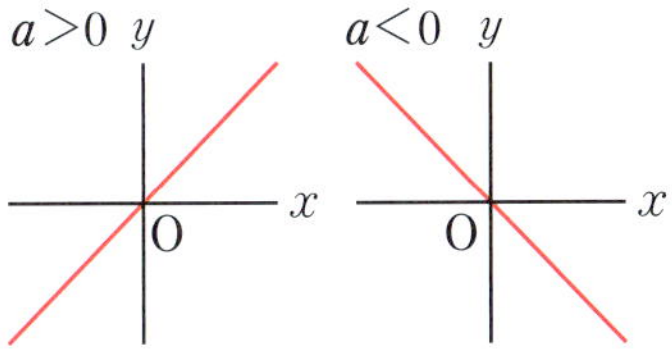

教科書 p.116

上の表の x と y の値の組を座標とする点を，左の図にかき入れましょう。また，x の値を -4 から 4 まで 0.5 おきにとり，それらに対応する点を，左の図にかき入れましょう。(表と図は省略)

ガイド 比例の関係 $y=2x$ で，対応する x，y の値を 0.5 おきにとって表し，その点の座標をかきます。

解答 右の図 (赤い点は 0.5 おきにとった点)

x，y の値の表は次のようになる。

x	-4	-3.5	-3	-2.5	-2	-1.5	-1	-0.5	0	0.5	1	1.5	2	2.5	3	3.5	4
y	-8	-7	-6	-5	-4	-3	-2	-1	0	1	2	3	4	5	6	7	8

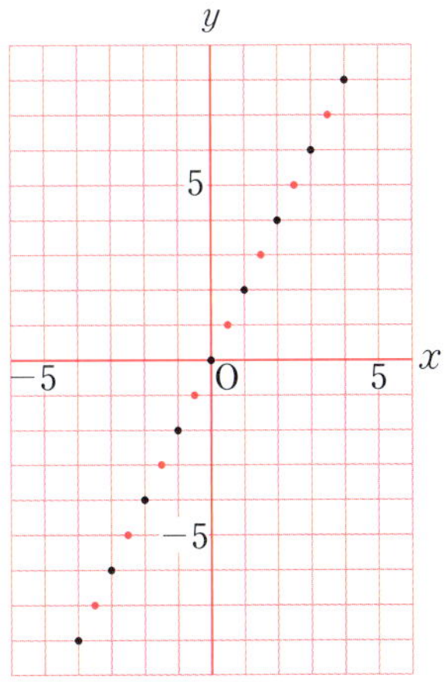

参考 グラフは，上の表の x，y の値の組を座標とする点をとったものです。

このグラフでは，x の値を 0.5 おきにとったために，点の間かくがつまってきて，**1つの直線上に並ぶことが**より明らかになっています。

問1　$y=1.5x$ のグラフを，上の図にかき入れなさい。(図は省略)　教科書 p.116

ガイド　$y=1.5x$ について，x と y の対応表をつくってそれらの点の座標を座標平面上にとり，これらの点を結ぶと $y=1.5x$ のグラフがかけます。

解答　$y=1.5x$ の対応表は，下のようになる。

x	…	-5	-4	-3	-2	-1	0	1	2	3	4	5	…
y	…	-7.5	-6	-4.5	-3	-1.5	0	1.5	3	4.5	6	7.5	…

この表をグラフにしたものが，**右下の図**である。

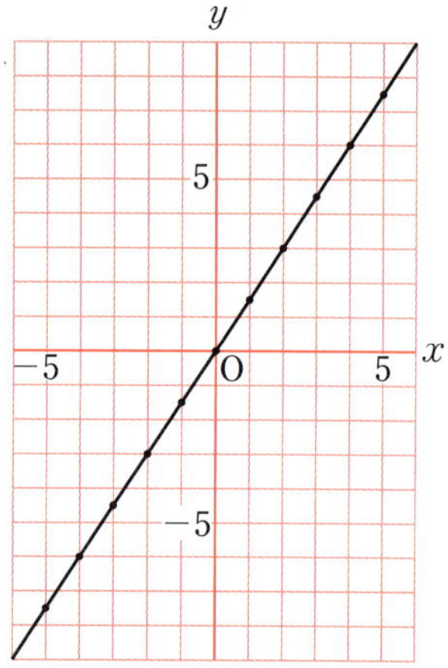

参考　グラフをかくときのくふうとして，グラフ上の点の位置を，目もりの縦，横の交点，つまり，x も y も整数であるところを選んでかくことも1つの方法です。また，x が1増加したとき，y がどのように変化しているかをみるには，表の y の値の差をみます。

$(-3)-(-4.5)=1.5$，$(-1.5)-(-3)=1.5$，

$0-(-1.5)=1.5$，$1.5-0=1.5$，$3-1.5=1.5$，……

となって，どこをとっても，1.5ずつ増加していることがわかります。

上の表の x と y の値の組を座標とする点を，右の図にかき入れましょう。
また，x の値をさらに細かくとっていくと，どうなるでしょうか。(表と図は省略)　教科書 p.117

ガイド　$y=-2x$ も $y=2x$ と同じように考えて，対応する x，y の値を0.5おきに求め，それらを座標とする点をかき入れます。

解答　**右の図の赤い点**が，教科書の上の表の x と y の値の組を座標とする点。
x の値をさらに細かくとっていくと，次の表のようになる。

x	-4	-3.5	-3	-2.5	-2	-1.5	-1
y	8	7	6	5	4	3	2

-0.5	0	0.5	1	1.5	2	2.5	3	3.5	4
1	0	-1	-2	-3	-4	-5	-6	-7	-8

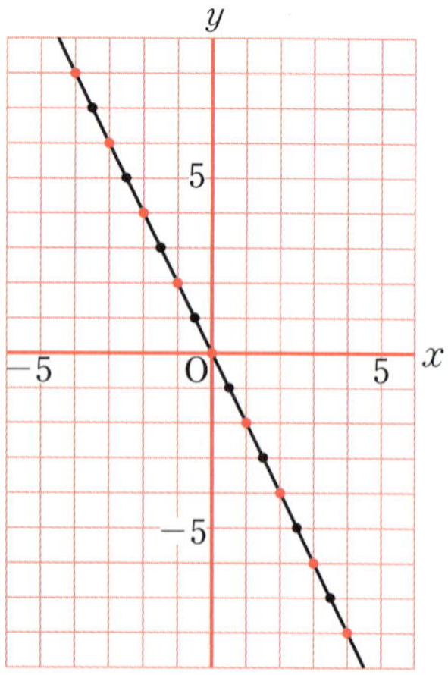

グラフは，上の表の x，y の値の組を座標とする点をとったものである。
$y=2x$ と同じように，さらに x の値をとっていくと，対応する点の全体は，図のような**直線になる**。
この直線が，比例の関係 $y=-2x$ のグラフになる。

問2 $y=-1.5x$ のグラフを，右の図にかき入れなさい。 教科書 p.117

ガイド 比例の関係 $y=ax$ で，比例定数 a が負の場合のグラフです。やはり，x と y の対応表をつくって，図に点をとります。

解答 右の図

$y=-1.5x$ の対応表は，下のようになる。

x	…	-5	-4	-3	-2	-1	0	1	2	3	4	5	…
y	…	7.5	6	4.5	3	1.5	0	-1.5	-3	-4.5	-6	-7.5	…

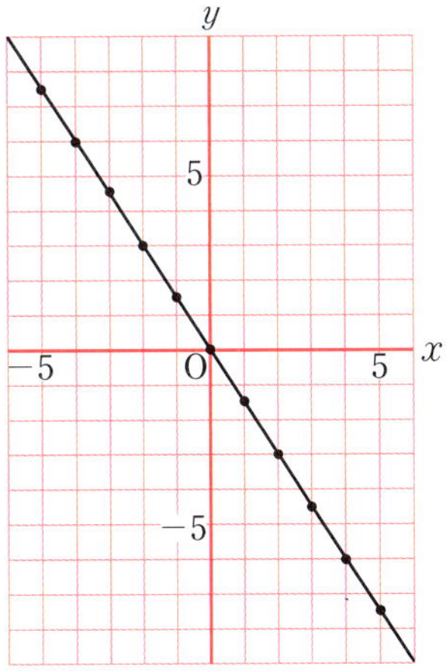

問3 次の(1)～(4)のグラフをかきなさい。 教科書 p.118

(1) $y=3x$　(2) $y=-x$　(3) $y=\frac{3}{4}x$　(4) $y=-\frac{1}{2}x$

ガイド 比例の関係 $y=ax$ のグラフは，原点を通る直線なので，原点以外にもう1点を決めると，これらを通る直線をひいてかくことができます。原点以外の点は，原点よりできるだけ離れた点で，x も y も整数になる点をさがすと，グラフがかきやすくなります。

解答 (1) $x=2$ を代入すると，$y=3\times2=6$ だから，原点と点 $(2,\ 6)$ を通る直線。

(2) $x=6$ を代入すると，$y=-6$ だから，原点と点 $(6,\ -6)$ を通る直線。

(3) $x=4$ を代入すると，$y=\frac{3}{4}\times4=3$ だから，原点と点 $(4,\ 3)$ を通る直線。

(4) $x=6$ を代入すると，$y=\left(-\frac{1}{2}\right)\times6=-3$ だから，原点と点 $(6,\ -3)$ を通る直線。

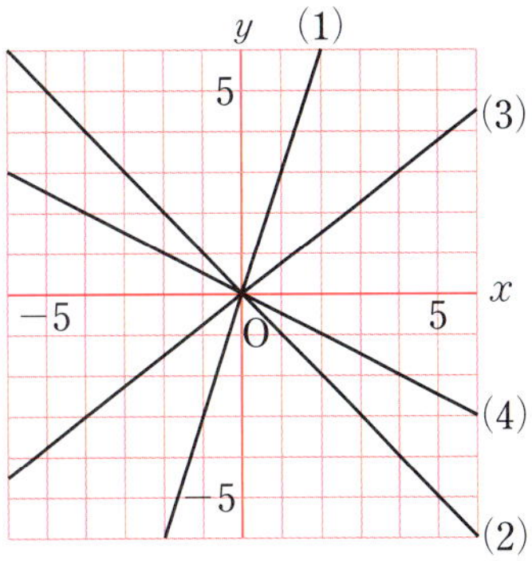

問4 問3の(1)～(4)で，x の値が増加するとき，y の値が増加するのはどれですか。また，y の値が減少するのはどれですか。 教科書 p.118

ガイド x の値が増加するとき，y の値が増加するのは，右上がりのグラフです。
また，y の値が減少するのは，右下がりのグラフです。

解答 y の値が増加…(1)，(3)
y の値が減少…(2)，(4)

問5 　教科書 p.119

18 L はいる容器に，毎分 2 L の割合で水を入れます。
水を入れる時間 x 分と，その間にはいる水の量 y L の関係を，式とグラフに表しなさい。

ガイド (水の量)＝(毎分入れる水の量)×(水を入れる時間)

解答 x と y の関係を式に表すと，$y=2x$
容器にはいる水は，18÷2＝9 (分) でいっぱいになるから，x の変域は　$0 \leqq x \leqq 9$
したがって，この関係は，$\boldsymbol{y=2x}$　**($0 \leqq x \leqq 9$)** と表され，
グラフは，**図の直線の実線部分**になる。

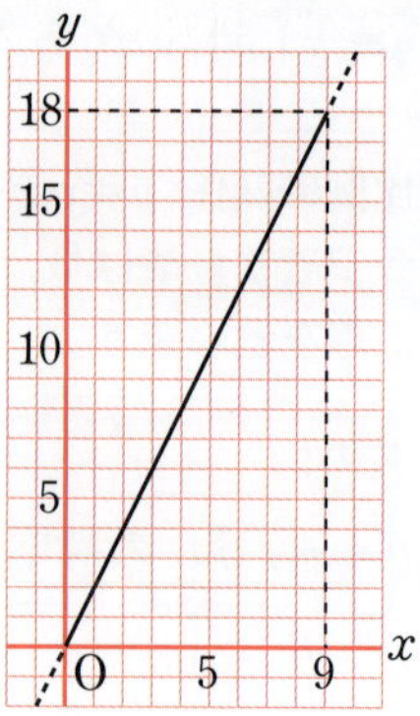

練習問題　　3 比例のグラフ　p.119

① 次の関数のグラフをかきなさい。

(1)　$y=\dfrac{5}{2}x$　　　(2)　$y=-x$　$(-3 \leqq x \leqq 4)$

ガイド (1)　原点と点 (2，5) を通ります。
(2)　$x=-3$ のとき $y=3$
$x=4$ のとき $y=-4$
点 $(-3,\ 3)$ と点 $(4,\ -4)$ を結びます。

解答 右の図
(2)のグラフは，図の直線の実線部分になる。

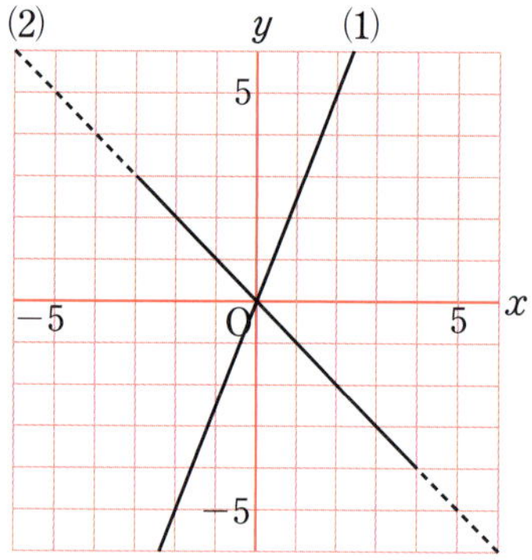

② 下の(1)〜(4)のグラフは，それぞれ，右の直線のどれですか。(図は解答の中)

(1)　$y=\dfrac{3}{2}x$　　(2)　$y=-4x$　　(3)　$y=\dfrac{2}{5}x$　　(4)　$y=-\dfrac{1}{3}x$

ガイド まず，グラフが右上がりか右下がりかに注目します。
次に，原点以外の点で，x 座標と y 座標がともに整数となる点を見つけ，式とグラフを対応させます。
①〜⑤のグラフは，次の点を通ります。
①は点 (5，2)，②は点 (3，2)，
③は点 (2，3)，④は点 (−1，4)，
⑤は点 (−3，1)

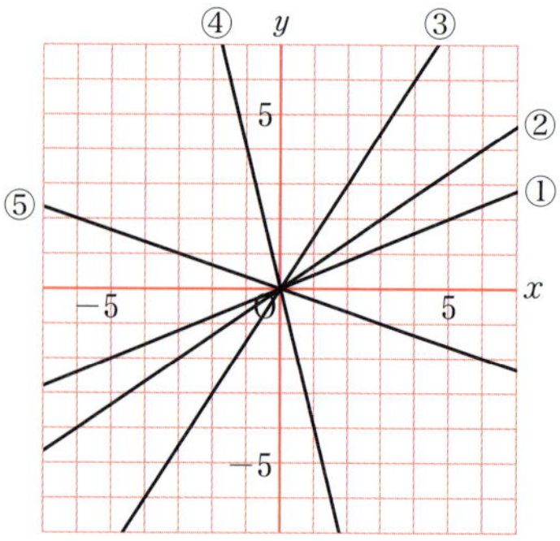

解答 (1)　③　　(2)　④　　(3)　①　　(4)　⑤

3節 反比例

同じ面積の長方形をつくろう

面積が 6 cm^2 の長方形を，いろいろかきましょう。

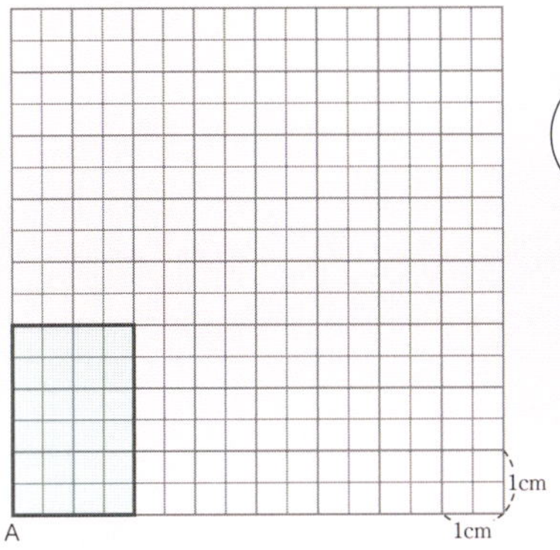

（教科書の方眼は 1 目もり 5 mm になっています。）

横の長さを x cm，縦の長さを y cm として，x の値をいろいろ変えると，それにともなって y の値はどうなるでしょうか。

x と y の関係を下の表にまとめましょう。（表は省略）

解答

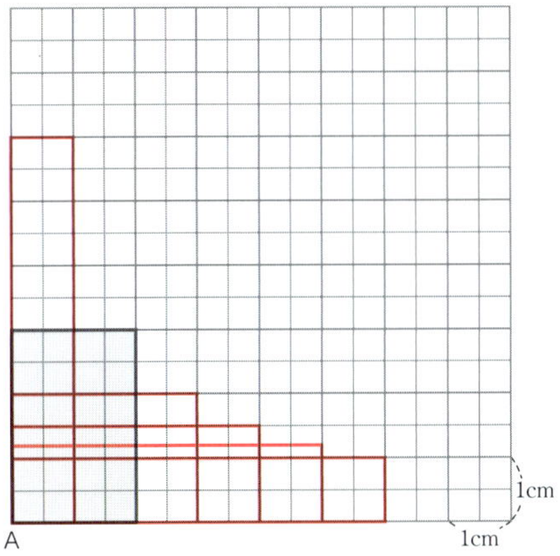

x	1	2	3	4	5	6
y	6	3	2	1.5	1.2	1

みんなで話しあってみよう

教科書 p.120

上の表から，どんなことがわかるでしょうか。

解答例

- 表を横に見ると，x の値が 2 倍，3 倍，……になると，y の値は $\frac{1}{2}$ 倍，$\frac{1}{3}$ 倍，……になる。
- 表を縦に見ると，x の値と y の値の積は，どれも 6 になる。

4章 変化と対応

1 反比例の式

学習のねらい

ともなって変わる数量関係のうちで，基本的なものの1つとして反比例(はんぴれい)があります。ここでは，その関係を表，式などからくわしく調べます。

教科書のまとめ テスト前にチェック

□反比例

▶ y が x の関数で，その間の関係が，

$y=\frac{a}{x}$ （ただし，a は定数）

で表されるとき，y は x に**反比例**(はんぴれい)するといい，定数 a を**比例定数**といいます。

□反比例 $y=\frac{a}{x}$ の特徴

▶(ア) x の値が2倍，3倍，4倍，……になると，y の値は $\frac{1}{2}$ 倍，$\frac{1}{3}$ 倍，$\frac{1}{4}$ 倍，……になります。

(イ) 対応する x と y の値の積 xy は一定で，比例定数 a に等しくなります。
x と y の関係は，$xy=a$ とも表されます。

注 比例の場合と同じように，x や y が負の値をとっても，$y=\frac{a}{x}$ の関係があれば，y は x に反比例するといいます。ただし，反比例の関係 $y=\frac{a}{x}$ では，x の値が0のときの y の値はありません。

問1 15 km の道のりを，時速 x km で進むときにかかる時間を y 時間とするとき，y は x に反比例することを確かめなさい。 教科書 p.122

ガイド (時間)＝(道のり)÷(速さ) の関係です。y が x に反比例することを示すには，x と y の関係が，$y=\frac{a}{x}$ （a は比例定数）で表されることを示せばよいのです。

解答 x，y の関係は，$y=\frac{15}{x}$ と表される。

このことから，**y は x に反比例する**といえる。

問2 $y=-\frac{6}{x}$ について，x の値に対応する y の値を求めて，次の表を完成させなさい。 教科書 p.122

x	…	−6	−5	−4	−3	−2	−1	0	1	2	3	4	5	6	…
y	…							×							…

ガイド 比例定数が負の場合です。それぞれの x の値を代入し，符号に注意して y の値を求めていきます。

解答 表は次のようになる。

x	…	-6	-5	-4	-3	-2	-1	0	1	2	3	4	5	6	…
y	…	**1**	**1.2**	**1.5**	**2**	**3**	**6**	×	**-6**	**-3**	**-2**	**-1.5**	**-1.2**	**-1**	…

自分のことばで伝えよう

教科書 p.122

次の表のどちらかは，反比例の関係を表しています。どちらが反比例の関係でしょうか。
また，その理由を説明しましょう。

(1)

x	1	2	3	4
y	-12	-6	-4	-3

(2)

x	1	2	3	4
y	12	9	6	3

ガイド 反比例の関係かどうかを調べるのに，次のような見分け方があります。

① 式の形が $y=\frac{a}{x}$　② x の値が 2 倍，3 倍，……になると，y の値は $\frac{1}{2}$ 倍，$\frac{1}{3}$ 倍，……になる。　③ 積 xy は一定

上の①〜③のうち，どれか 1 つが成り立つことを調べればよいです。

解答例 反比例の関係であれば，対応する x と y の積 xy が一定であるから，これをもとに調べると，

(1) **すべて，$xy=-12$**　(2) **$xy=12$，$xy=18$ となり，一定でない。**

したがって，(1)が反比例の関係である。

参考 (1) $y=-\frac{12}{x}$ と表されます。

(2) $y=-3x+15$ と表されます。(これは，中学 2 年で学習します。)

問3

教科書 p.123

次の x と y の関係を式に表しなさい。

(1) y は x に反比例し，$x=4$ のとき $y=5$ である。

(2) y は x に反比例し，$x=3$ のとき $y=-12$ である。

ガイド y は x に反比例するので，$y=\frac{a}{x}$ と表すことができます。

x と y の値が 1 組わかれば，式を求めることができます。

解答 (1) 比例定数を a とすると，　$y=\frac{a}{x}$ と表せる。

$x=4$ のとき $y=5$ だから，

$5=\frac{a}{4}$

$a=20$

したがって，　$y=\frac{20}{x}$

(2) 比例定数を a とすると，$y=\dfrac{a}{x}$ と表せる。

$x=3$ のとき $y=-12$ だから，

$-12=\dfrac{a}{3}$ $a=-36$

したがって，**$y=-\dfrac{36}{x}$**

練習問題

1 反比例の式 p.123

① 次の(ア)〜(ウ)のうち，y が x に反比例するものはどれですか。すべて選びなさい。

(ア) 面積が 6 cm^2 の三角形の底辺 x cm と高さ y cm

(イ) 200 ページの本を，x ページ読んだときの残りのページ数 y ページ

(ウ) 800 m の道のりを，分速 x m で進むときにかかる時間 y 分

ガイド それぞれ y を x の式で表すとき，$y=\dfrac{a}{x}$ になれば反比例です。

(ア) (三角形の面積)＝(底辺)×(高さ)÷2

(イ) (残りのページ数)＝(全部のページ数)−(読んだページ数)

(ウ) (時間)＝(道のり)÷(速さ)

解答 (ア) $\dfrac{1}{2}xy=6$ より，$y=\dfrac{12}{x}$ であるから，反比例する。

(イ) $y=200-x$ であるから，反比例しない。

(ウ) $y=\dfrac{800}{x}$ であるから，反比例する。

反比例するものは，(ア)，(ウ)

② 次の x と y の関係を式に表しなさい。

(1) y は x に反比例し，比例定数は 15 である。

(2) y は x に反比例し，$x=-3$ のとき $y=\dfrac{2}{3}$ である。

ガイド y は x に反比例するので，$y=\dfrac{a}{x}$ で表すことができます。

解答 (1) 比例定数が 15 だから，**$y=\dfrac{15}{x}$**

(2) 比例定数を a とすると，$y=\dfrac{a}{x}$ で表せる。

$x=-3$ のとき $y=\dfrac{2}{3}$ だから，

$\dfrac{2}{3}=\dfrac{a}{-3}$ $a=-2$

したがって，**$y=-\dfrac{2}{x}$**

2 反比例のグラフ

学習のねらい

x と y の間に $y=\frac{a}{x}$ の関係があるときは，$(x,\ y)$ の組に対応する点の全体は双(そう)曲線(きょくせん)になることを理解し，そのグラフのようすと $y=\frac{a}{x}$ との関係を考えます。

教科書のまとめ テスト前にチェック

□ $y=\frac{a}{x}$ のグラフ

▶反比例の関係 $y=\frac{a}{x}$ のグラフは**双曲線**(そうきょくせん)で，比例定数 a の値によって次のようになります。

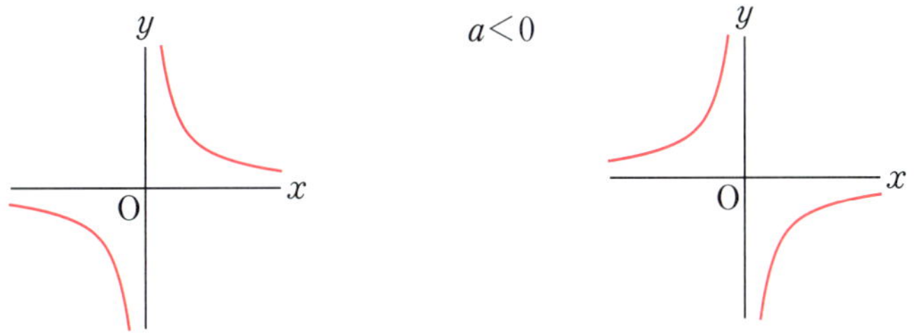

ふりかえり

教科書 p.124

反比例の関係 $y=\frac{6}{x}$ で，x が正の値をとるとき，対応する x と y の値の表は，次のようになります。

x	1	2	3	4	5	6	…
y	6	3	2	1.5	1.2	1	…

この表をもとにして，x と y の値の組を座標とする点を，右の図にかき入れましょう。
また，x の値を 0.5 おきにとって，それらに対応する点を，右の図にかき入れましょう。

（図は省略）

ガイド 電卓を用いて表をつくるとよいです。$y=\frac{6}{x}$ だから，[6] [÷] [xの値] とします。

解答 右の図（赤い点は 0.5 おきにとった点）

x，y の値の表は次のようになる。

x	0.5	1	1.5	2	2.5	3	3.5
y	12	6	4	3	2.4	2	1.7

4	4.5	5	5.5	6
1.5	1.3	1.2	1.1	1

（わり切れないときは，小数第 2 位を四捨五入している。）

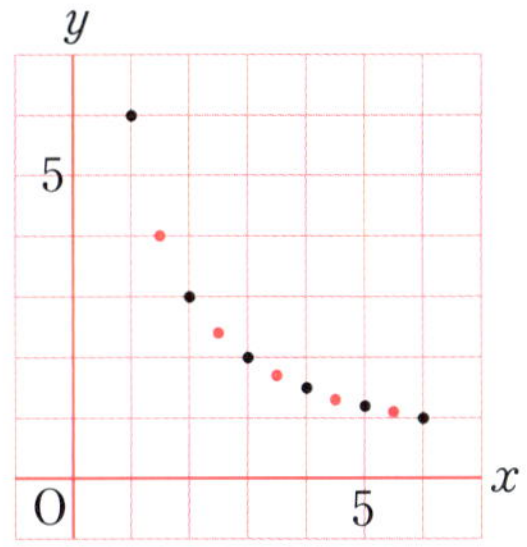

4章 変化と対応

問1 反比例の関係 $y=\frac{6}{x}$ で，x の値が，10，100，1000，10000，……となるとき，y の値はどうなるでしょうか。また，x の値が 0.1，0.01，0.001，0.0001，……となるとき，y の値はどうなるでしょうか。 教科書 p.124

ガイド $y=\frac{6}{x}$ に x の値を代入して，y の値を求めて考えます。

x	10	100	1000	10000	0.1	0.01	0.001	0.0001
y	0.6	0.06	0.006	0.0006	60	600	6000	60000

解答 x が 10，100，1000，10000，……となるとき，y の値は，**0.6，0.06，0.006，0.0006，**……となる。

x が 0.1，0.01，0.001，0.0001，……となるとき，y の値は，**60，600，6000，60000，**……となる。

上の表で，x が負の値をとるとき，対応する x と y の値の組を座標とする点を，右の図にかき入れましょう。これらの点は，どのように並んでいるでしょうか。(図は省略) 教科書 p.125

ガイド 表で，x が負の値の場合を考えます。

x	…	−6	−5	−4	−3	−2	−1	0
y	…	−1	−1.2	−1.5	−2	−3	−6	×

解答 右の図の赤い点が，表の x と y の値の組を座標とする点。

x の値をさらに細かくとっていくと，対応する x と y の値の組を座標とする点の全体は，**右の図の赤い曲線**になる。

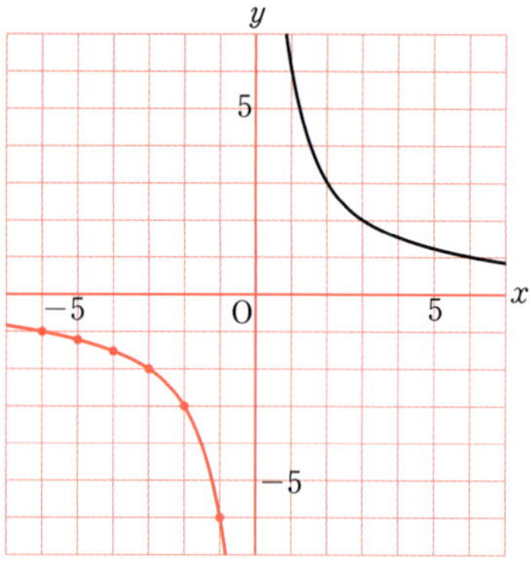

問2 $y=\frac{12}{x}$ のグラフをかきなさい。 教科書 p.125

ガイド 表を完成させてからグラフをかきます。

x	…	−12	−10	−8	−6	−5	−4
y	…	−1	−1.2	−1.5	−2	−2.4	−3

−3	−2	−1	0	1	2	3
−4	−6	−12	×	12	6	4

4	5	6	8	10	12	…
3	2.4	2	1.5	1.2	1	…

解答 右の図

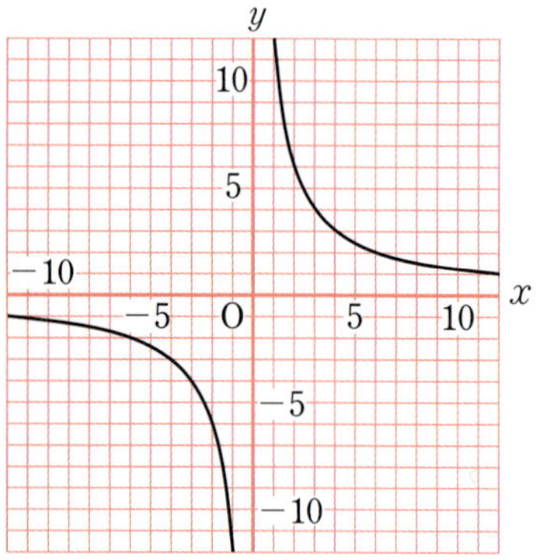

参考 x の値が 0 に近づけば近づくほど，y の値の絶対値は大きくなり，グラフはだんだん y 軸に近づいていきます。しかし，y 軸とは交わりません。

みんなで話しあってみよう

教科書 p.125

反比例の関係 $y=\frac{6}{x}$ で，x の値が，-10，-100，-1000，-10000，…… となるとき，y の値はどうなるでしょうか。また，これまでに調べたことから，$y=\frac{6}{x}$ のグラフにはどんな特徴(とくちょう)があるでしょうか。

解答例

- $y=\frac{6}{x}$ で，x の値が，-10，-100，-1000，-10000，……のとき，y の値は $-\frac{6}{10}$，$-\frac{6}{100}$，$-\frac{6}{1000}$，$-\frac{6}{10000}$，……となる。
- $y=\frac{6}{x}$ のグラフは，x 座標と y 座標の積が 6 になって，一定である。
- $y=\frac{6}{x}$ のグラフは，原点について対称な，なめらかな曲線になっている。

教科書 p.126

上の表の x と y の値の組を座標とする点を，左の図にかき入れましょう。
また，x の値をさらに細かくとっていくと，どうなるでしょうか。(図は省略)

ガイド 反比例の関係 $y=\frac{a}{x}$ で，比例定数 a が負の値の場合のグラフについて考えます。
これまでと同じように表から点をとっていきます。

x	…	-6	-5	-4	-3	-2	-1	0	1	2	3	4	5	6	…
y	…	1	1.2	1.5	2	3	6	×	-6	-3	-2	-1.5	-1.2	-1	…

解答 **右の図の黒い点**
x の値をさらに細かくとっていくと，対応する x と y の値の組を座標とする点の全体は，**右の図の赤い曲線**となる。

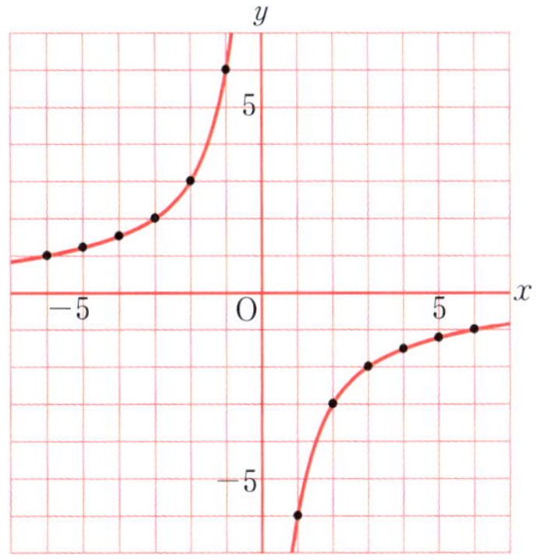

教科書 p.126

問3 $y=-\frac{12}{x}$ のグラフをかきなさい。

ガイド 対応する x，y の値の表をかいて，この表をもとにしてグラフをかきます。前問の問2を用いて表をかくこともできます。ちょうど，y の値の符号が逆になります。

x	…	-12	-10	-8	-6	-5	-4	-3	-2	-1	0	1	2	3	4	5	6	8	10	12	…
y	…	1	1.2	1.5	2	2.4	3	4	6	12	×	-12	-6	-4	-3	-2.4	-2	-1.5	-1.2	-1	…

解答　右の図

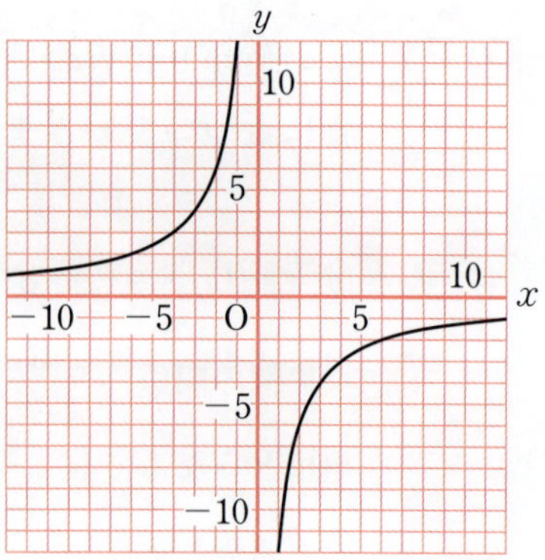

自分の考えをまとめよう

教科書 p.127

比例の関係 $y=ax$ と反比例の関係 $y=\frac{a}{x}$ の特徴をくらべ，下の例を参考にしてまとめましょう。

解答例

	比例の関係 $y=ax$	反比例の関係 $y=\frac{a}{x}$
変化のようす	x の値が 2 倍，3 倍，4 倍，……になると，y の値も 2 倍，3 倍，4 倍，……になる。	x の値が 2 倍，3 倍，4 倍，……になると，y の値は $\frac{1}{2}$ 倍，$\frac{1}{3}$ 倍，$\frac{1}{4}$ 倍，……になる。
グラフの形	$a>0$ 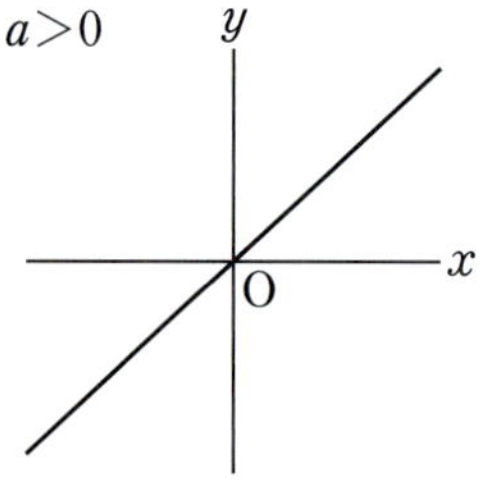 $a<0$ 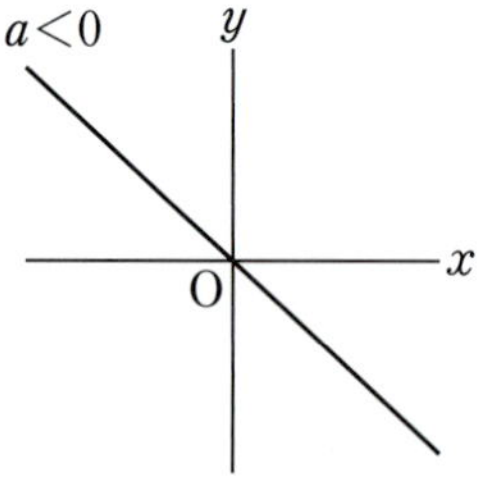 グラフは原点を通る直線になる。	$a>0$ 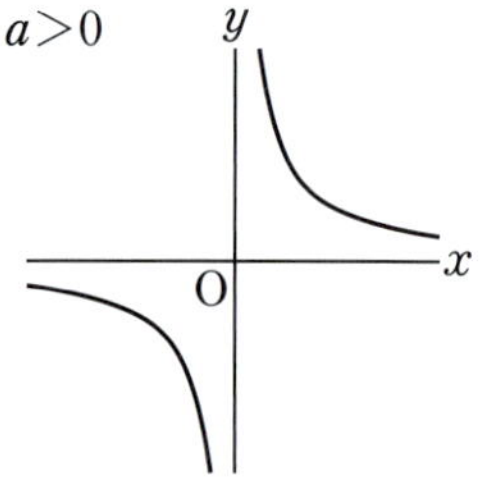 $a<0$ 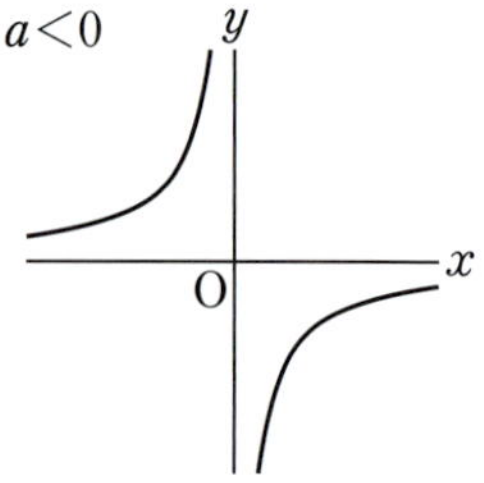 グラフは双曲線になる。
一定なもの	対応する x と y の値の商 $\frac{y}{x}$ は一定で，比例定数 a に等しい。	対応する x と y の値の積 xy は一定で，比例定数 a に等しい。

4節 比例，反比例の利用

どんなしくみのはかりかな？

かりんさんとけいたさんは，菓子(かし)のはかり売りをしているお店に行きました。

このお店のはかりは，菓子を置くと，重さだけでなく，値段も表示されるようになっていました。

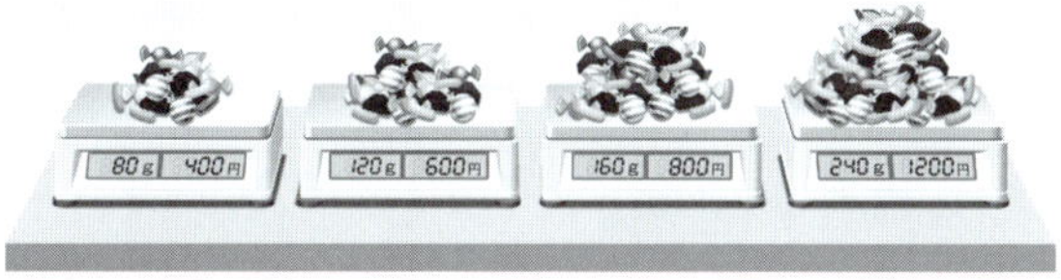

みんなで話しあってみよう

教科書 p.128

上のはかりは，どんなしくみで値段を表示しているでしょうか。

ガイド
- 菓子のはかり売りをしているお店だから，菓子の重さで値段を決めています。
- 菓子の値段は重さに比例するということを利用して，菓子の重さをはかって値段を表示しています。

解答例 80 g で 400 円になるから，1 g が $400\div80=5$ (円)，
120 g では $5\times120=600$ (円)，160 g では $5\times160=800$ (円)，
240 g では $5\times240=1200$ (円) というように，

5×菓子の重さ＝値段

になるようなしくみで，はかりは，菓子の重さと値段を表示している。

参考 算数の授業で，比例の利用例として，くぎの本数，紙の枚数などを調べるとき，重さをはかって計算したことがあると思います。

1 比例，反比例の利用

学習のねらい

比例や反比例の考え方を利用して，身のまわりにある問題を解決することができることを学び，比例や反比例についての理解を深めます。

教科書のまとめ テスト前にチェック

□比例の利用 ▶例　紙の枚数は，紙の重さや厚さに比例する。

□反比例の利用 ▶例　いすの総数が決まっている場合では，1列に並べるいすの数と列の数は反比例する。

比例の利用

問1 前ページの場面で，500円分の菓子を買おうとするとき，何gの菓子をはかりとればよいでしょうか。 教科書 p.129

ガイド 菓子の重さをx g，その値段をy円とすると，yはxに比例します。
$x=80$ のとき $y=400$ であることから，$a=5$ となって，$y=5x$ と表されます。

解答 $y=5x$ に $y=500$ を代入して，

$500=5x$

$x=100$

100 g

自分の考えをまとめよう 教科書 p.129

厚さが一定のアルミ板から，下の図の2つの形を切り取りました。

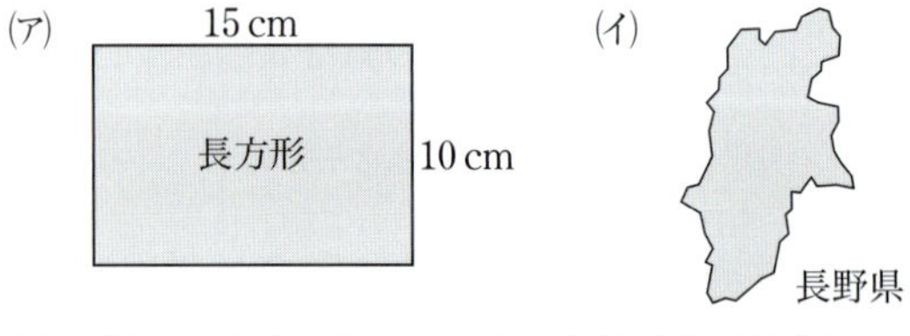

(ア)の板の重さが24 gのとき，(イ)の板の面積は，どうすれば求められるでしょうか。

解答例 厚さが一定なので，重さをx g，面積をy cm^{2}とすると，yはxに比例することがわかる。
(ア)の板の面積は $10\times15=150$ (cm^2) で，重さは24 gだから，

$y=ax$ に $x=24$，$y=150$ を代入して，$150=24a$　　$a=\frac{25}{4}$

よって，$y=\frac{25}{4}x$

$y=\frac{25}{4}x$ のxに，(イ)の板の重さを代入すれば，面積を求めることができる。

(比例の関係を利用すると，直接面積がはかりにくいものでも，面積を求めることができる。)

反比例の利用

問2 下の図のモビールで，支点の左右がつりあうようにするには，それぞれのおもりを，どこにつり下げればよいでしょうか。 教科書 p.130

ガイド

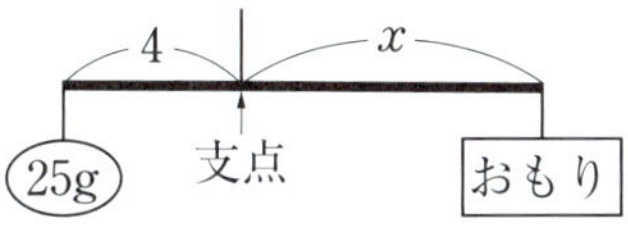

$4\times25=x\times$(おもりの重さ)

解答
犬 (10 g)……………… $4\times25=x\times10$，$x=10$　支点から右 10 の点
羊 (20 g)……………… $4\times25=x\times20$，$x=5$　支点から右 5 の点
ライオン (25 g)……… $4\times25=x\times25$，$x=4$　支点から右 4 の点
象 (50 g)……………… $4\times25=x\times50$，$x=2$　支点から右 2 の点

身のまわりへひろげよう　ナースウォッチのしくみ

右の写真のナースウォッチでは，1 分間の脈拍数(みゃくはくすう)を，次のようにして測定します。

① 秒針が文字盤(もじばん)の 12，または 6 の数字をさしたところから，脈拍数を 15 回数える。
② ①のときに秒針がさした文字盤の内側にある目もりを読む。
③ ②で読んだ数が，1 分間の脈拍数になる。

1 秒針が文字盤の 12 の数字をさしたところから測って，脈拍数を 15 回数えたとき，秒針が右の写真の位置にありました。
このときの 1 分間の脈拍数は，何回でしょうか。 教科書 p.131

ガイド 文字盤の内側にある目もりを読みます。

解答 60 回

2 下の表は，脈拍数を15回数えたときの時間と1分間の脈拍数の関係をまとめたものです。空欄（くうらん）をうめて表を完成させましょう。（表は省略）

教科書 p.131

ガイド 15回数えたときの時間が短いと1分間の脈拍数は多く，時間が長いと脈拍数は少ないと考えられます。目分量で内側の目もりを読んで空欄をうめます。

解答

脈拍数を15回数えたときの時間（秒）	9	10	15	18	20
1分間の脈拍数（回）	**100**	**90**	60	**50**	**45**

3 上の表で，脈拍数を15回数えたときの時間をx秒，そのときの1分間の脈拍数をy回とすると，xとyの間には，どんな関係があるでしょうか。

教科書 p.131

ガイド 表から，積 $xy=900$（一定）となっているから，反比例の関係になっています。

解答 反比例の関係　$y=\frac{900}{x}$

みんなで話しあってみよう

教科書 p.131

このナースウォッチでは，1分間の脈拍数を測る内側の目もりは，どのようにつけられているでしょうか。

解答例 右半分は12の位置から，左半分は6の位置から脈拍数を測り始めた場合で，目もりは900を時間（秒）でわった値になっている。
また，右半分と左半分の値は時計の中心を対称の中心にして点対称になっている。

面積と圧力は反比例の関係にある

面に垂直に力を加えるとき，その面1 m²あたりが受ける力を圧力といいます。
例えば，1200 kgの自動車にかかる重力はおよそ12000 N（ニュートン）で，これを支える面の面積をS m²，この面が受ける圧力をP N/m²とすると，

$$P=\frac{12000}{S}$$　（N/m²は圧力の単位です。）

となります。つまり，圧力は面積に反比例します。

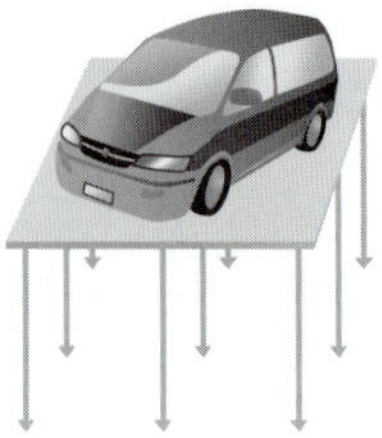

4章の基本のたしかめ　教科書 p.132

1 次のうち，y が x の関数であるものはどれですか。また，y が x に比例するもの，反比例するものはどれですか。

(1) 1冊80円のノートを x 冊買ったときの代金 y 円

(2) 面積 $10\ \text{cm}^2$ の平行四辺形の底辺 x cm と高さ y cm

(3) 気温 x°C のときの降水量 y mm

(4) 30 L はいる容器に毎分 x L の割合で水を入れていくと，y 分でいっぱいになる。

ガイド x の値を決めると，それに対応して y の値がただ1つに決まるとき，y は x の関数になっています。数量の関係を式に表したとき，$y=ax$ になるものが比例の関係，$y=\dfrac{a}{x}$ になるものが反比例の関係です。

(1) $y=80x$　(2) $xy=10$ $\left(y=\dfrac{10}{x}\right)$

(3) x の値を決めても，y の値がただ1つに決まりません。式の表示もできません。

(4) $y=\dfrac{30}{x}$

解答 y が x の関数であるもの…(1)，(2)，(4) p.107 問1

y が x に比例するもの…(1) $y=80x$ p.110 問1

y が x に反比例するもの…(2) $y=\dfrac{10}{x}$，(4) $y=\dfrac{30}{x}$ p.123 ①

2 次の x と y の関係を式に表しなさい。

(1) y は x に比例し，$x=2$ のとき $y=-4$ である。

(2) y は x に反比例し，$x=-6$ のとき $y=8$ である。

ガイド (1) y は x に比例するので，$y=ax$ と表すことができます。

(2) y は x に反比例するので，$y=\dfrac{a}{x}$ と表すことができます。

解答 (1) 比例定数を a とすると，$y=ax$

$x=2$ のとき $y=-4$ だから，

$-4=a\times2$ より，$a=-2$　よって，$y=-2x$ p.112 問3

(2) 比例定数を a とすると，$y=\dfrac{a}{x}$

$x=-6$ のとき $y=8$ だから，

$8=\dfrac{a}{-6}$ より，$a=-48$　よって，$y=-\dfrac{48}{x}$ p.123 問3

3　右の図の点 A，B，C，D の座標をいいなさい。

解答　A(1, 3)，B(−4, −4)，C(0, −2)，D(−2, 1)

p.115 問2

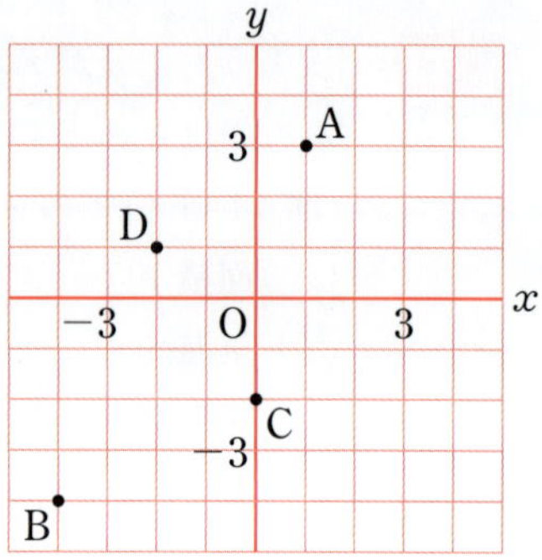

4　次の(1)〜(4)のグラフをかきなさい。

(1)　$y=-4x$　　(2)　$y=\frac{1}{2}x$

(3)　$y=\frac{8}{x}$　　(4)　$y=-\frac{8}{x}$

ガイド　(1)，(2)　$y=ax$ のグラフをかくには，原点ともう1つの点をとって，それらを通る直線をひきます。

(3)，(4)　x，y の値の組を表にして，その値をグラフにかきます。(4)は(3)の表で，y の値の符号が逆になります。

解答　(1)　$x=2$ を代入すると，$y=-8$ だから，原点と点 (2, −8) を通る直線である。

(1)，(2) p.118 問3

(2)　$x=4$ を代入すると，$y=2$ だから，原点と点 (4, 2) を通る直線である。

(3) p.125 問2

(3)

x	…	−8	−4	−2	−1	0	1	2	4	8	…
y	…	−1	−2	−4	−8	×	8	4	2	1	…

(4)

x	…	−8	−4	−2	−1	0	1	2	4	8	…
y	…	1	2	4	8	×	−8	−4	−2	−1	…

グラフは，右の図

(4) p.126 問3

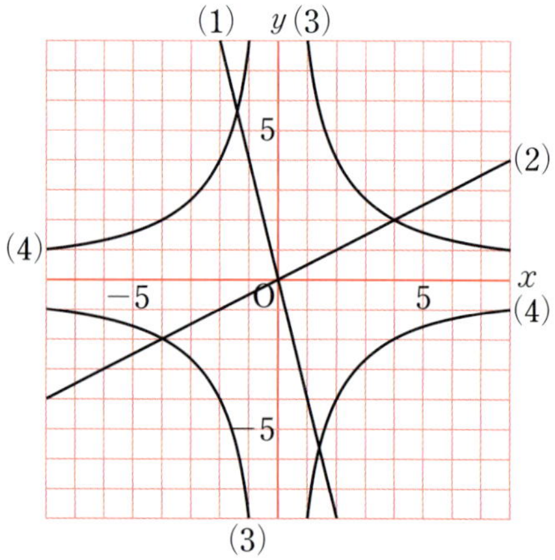

4章の章末問題　教科書 p.133〜134

テストによく出る

1 右の㋐〜㋓の式で表される関数のうち，次の(1)〜(3)のそれぞれにあてはまるものをすべて選びなさい。

(1) グラフが，点 (2, −1) を通る。

(2) グラフが，原点を通る右下がりの直線である。

(3) グラフが，双曲線(そうきょくせん)である。

㋐ $y=2x$	㋑ $y=-\frac{1}{2}x$
㋒ $y=\frac{2}{x}$	㋓ $y=-\frac{2}{x}$

ガイド (1) $x=2$ を代入して，$y=-1$ となるものを選びます。

(2) 原点を通る直線は $y=ax$ で表され，$a>0$ のとき右上がり，$a<0$ のとき右下がりの直線になります。

(3) 双曲線は $y=\frac{a}{x}$ で表されます。

解答 (1) ㋐は，$x=2$ のとき，$y=4$　㋑は，$x=2$ のとき，$y=-1$

㋒は，$x=2$ のとき，$y=1$　㋓は，$x=2$ のとき，$y=-1$

したがって，グラフが，点 (2, −1) を通るのは，㋑，㋓

(2) $y=ax$ で表され，$a<0$ のものだから，㋑

(3) $y=\frac{a}{x}$ で表されるものだから，㋒，㋓

テストによく出る

2 グラフが右の図の①，②，③，④になる関数を，それぞれ，下の㋐〜㋕の中から選びなさい。

㋐ $y=2x$　㋑ $y=-x$

㋒ $y=\frac{5}{3}x$　㋓ $y=\frac{3}{5}x$

㋔ $y=\frac{16}{x}$　㋕ $y=-\frac{16}{x}$

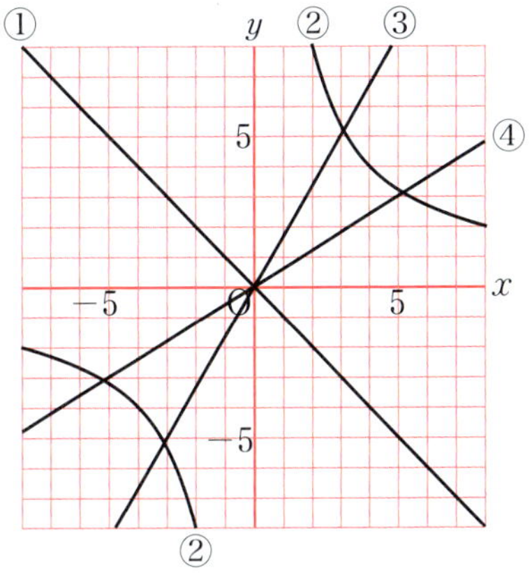

ガイド 直線は $y=ax$，双曲線は $y=\frac{a}{x}$ で表される。

解答 ① 原点と点 (5, −5) を通る直線だから，$y=-x$　㋑

② 点 (2, 8) を通る双曲線だから，$8=\frac{a}{2}$　$a=16$ だから，$y=\frac{16}{x}$　㋔

③ 原点と点 (3, 5) を通る直線だから，$y=\frac{5}{3}x$　㋒

④ 原点と点 (5, 3) を通る直線だから，$y=\frac{3}{5}x$　㋓

テストによく出る

3 次の関数のグラフをかきなさい。(図は省略)

(1) $y=x$　(2) $y=-2.5x$

(3) $y=\dfrac{9}{x}$　(4) $y=-\dfrac{18}{x}$

ガイド (1) グラフをかきやすいように，原点からなるべく離れた点をとります。
例えば，点(5, 5)や点(−5, −5)を通ります。(原点を通ることに注意します。)

(2) x座標，y座標が整数になるような点をとります。
例えば，点(2, −5)や点(−2, 5)を通ります。

(3)

x	…	−6	−5	−4	−3	−2	−1	0	1	2	3	4	5	6	…
y	…	−1.5	−1.8	−2.3	−3	−4.5	−9	×	9	4.5	3	2.3	1.8	1.5	…

9÷4=2.25 → 2.3 と小数第1位まで求めています。

(4)

x	…	−6	−5	−4	−3	−2	−1	0	1	2	3	4	5	6	…
y	…	3	3.6	4.5	6	9	18	×	−18	−9	−6	−4.5	−3.6	−3	…

解答

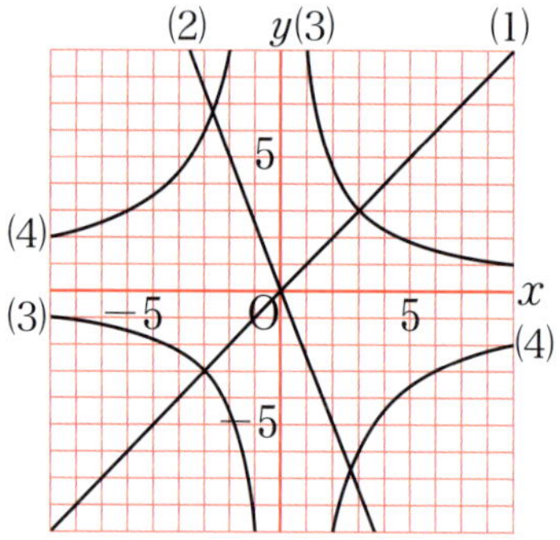

4 点(□, 6)が，次の関数のグラフ上にあるとき，□にあてはまる数を求めなさい。

(1) $y=4x$　(2) $y=-\dfrac{24}{x}$

ガイド 点(p, q)が $y=ax$ のグラフ上にあるとき，$q=a\times p$ の式が成り立ちます。

$y=ax$
↑　↑
q　p

解答 (1) 点(□, 6)が $y=4x$ のグラフ上にあるから，6=4×□，　□$=\dfrac{3}{2}$

(2) 点(□, 6)が $y=-\dfrac{24}{x}$ つまり，$xy=-24$ のグラフ上にあるから，□×6=−24，
□=−4

参考 □のかわりに，文字aなどを使うと計算がしやすくなります。

テストによく出る

5 次の関数の式を求めなさい。

(1) yがxに比例し，グラフが点(−5, −30)を通る。

(2) yがxに反比例し，グラフが点(5, −8)を通る。

ガイド (1) y が x に比例して，グラフが点 $(p,\ q)$ を通る場合，$y=ax$ に $x=p$，$y=q$ を代入して，$q=ap$ が成り立ちます。

(2) y が x に反比例して，グラフが点 $(p,\ q)$ を通る場合，$y=\dfrac{a}{x}$ に $x=p$，$y=q$ を代入して，$q=\dfrac{a}{p}$ が成り立ちます。

解答 (1) 比例定数を a とすると，$y=ax$

$x=-5$，$y=-30$ を代入して，$-30=-5a$　　$a=6$

したがって，$\boldsymbol{y=6x}$

(2) 比例定数を a とすると，$y=\dfrac{a}{x}$

$x=5$，$y=-8$ を代入して，$-8=\dfrac{a}{5}$　　$a=-40$

したがって，$\boldsymbol{y=-\dfrac{40}{x}}$

テストによく出る

6 右の図の四角形 ABCD は，1辺 10 cm の正方形です。点 P は，B から出発して辺 BC 上を C まで進むものとし，B から x cm 進んだときの三角形 ABP の面積を $y\ \text{cm}^2$ とします。

(1) x と y の関係を式に表しなさい。

(2) x の変域を求めなさい。

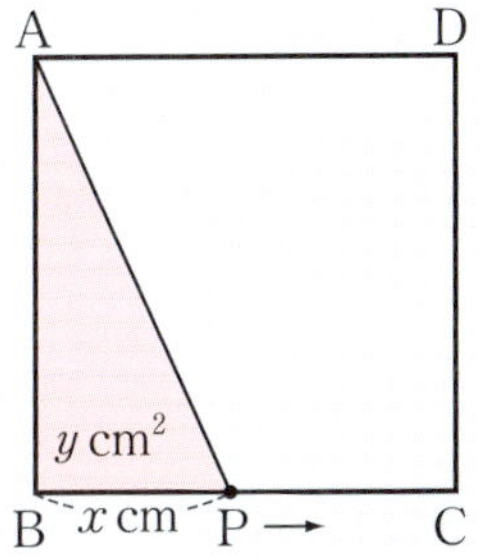

ガイド (1) 三角形 ABP の面積 y は，$\dfrac{1}{2}\times\text{AB}\times\text{BP}$ で求められます。

(2) 「点 P は，B から C まで進む」ことから，x の変域が求められます。

解答 (1) AB=10，BP=x を代入すると，

$y=\dfrac{1}{2}\times10\times x$　　つまり，$\boldsymbol{y=5x}$ となる。

(2) 点 P は B から C まで進むので，$\boldsymbol{0\leqq x\leqq 10}$

参考 $x=0$ のときは三角形はできないので，x の変域は $0<x\leqq10$ でもよいですが，B から出発しているので，出発点をふくめて，$0\leqq x\leqq10$ としています。どちらも正解です。

7 長方形の紙を，右の図のように，順に折り重ねていきます。

(1) 折る回数にともなって，折り目の数がどのように変わるか，表にかいて調べなさい。

折る回数	1	2	3	4	5
折り目の数	1	3			

(2) 7回折れたとしたら，折り目の数は何本でしょうか。

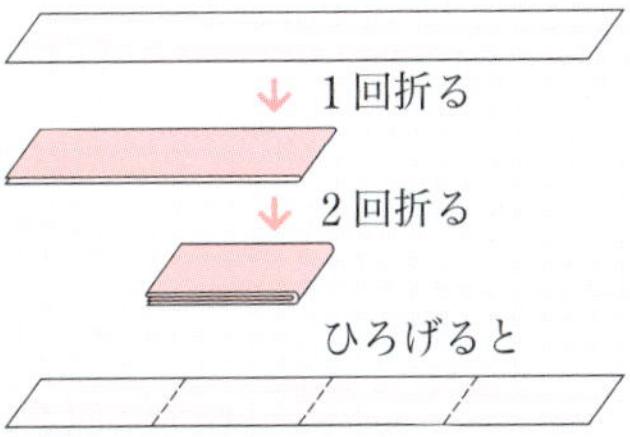

ガイド

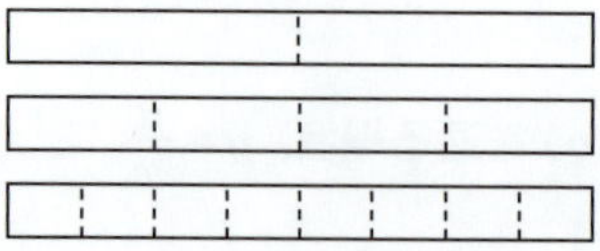

	面の数	折り目の数
1回折ると，	2	1　(2−1)
2回折ると，	$2\times2=2^2$	3　(2^2-1)
3回折ると，	$2\times2\times2=2^3$	7　(2^3-1)
⋮	⋮	⋮

面の数は，折るたびに2倍になっています。また，折り目の数は，(面の数)−1になっています。

解答　(1)　3回折ると，折り目の数は $2^3-1=7$

4回折ると，折り目の数は $2^4-1=15$

5回折ると，折り目の数は $2^5-1=31$

折る回数	1	2	3	4	5
折り目の数	1	3	**7**	**15**	**31**

(2)　7回折れたとしたら，折り目の数は 2^7-1 となる。

$$2^7=\underbrace{2\times2\times2}_{8}\times\underbrace{2\times2\times2}_{8}\times2=128$$

よって，折り目の数は，128−1=127　　**127本**

参考　一般に，n 回折れたとしたら，折り目の数は，2^n-1 となります。

反比例のグラフと面積

千思万考 ～せんしばんこう～　教科書 p.134

反比例の関係 $y=\dfrac{8}{x}$ のグラフ上に，2点A，Bをとり，右の図のように，y 軸(じく)上に点P，Q，x 軸上に点R，Sを，それぞれとります。この図で，色をつけた部分の面積は，斜線(しゃせん)の部分の面積と等しくなります。

その理由を説明しましょう。

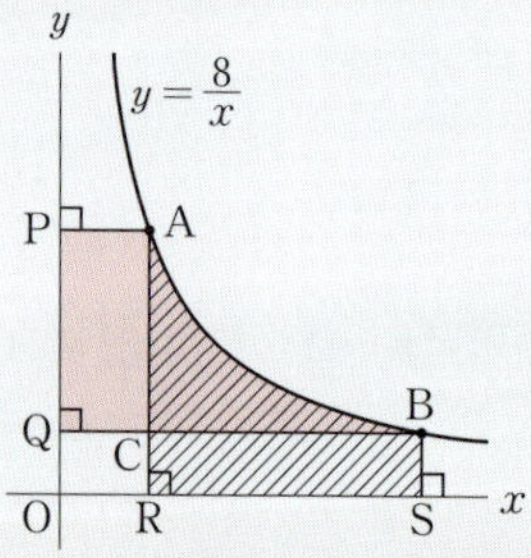

ガイド　色をつけた部分を，四角形PQCAと図形ACBに分け，斜線の部分を，四角形CRSBと図形ACBに分けます。四角形PQCAと四角形CRSBの面積が等しければ，色をつけた部分の面積は斜線の部分の面積と等しくなります。

解答例　点A，Bはどちらも $y=\dfrac{8}{x}$ のグラフ上の点だから，x 座標と y 座標の積が8になる。

よって，OR×OP=8，OS×OQ=8 となって，四角形PORA=四角形QOSB=8

四角形PQCA=四角形PORA−四角形QORC

四角形CRSB=四角形QOSB−四角形QORC

したがって，四角形PQCA=四角形CRSB　……①

色をつけた部分の面積=四角形PQCA+図形ACB　……②

斜線の部分の面積=四角形CRSB+図形ACB　……③

①，②，③から，色をつけた部分の面積=斜線の部分の面積

5章 平面図形

1節 直線図形と移動

タイムカプセルを掘り出そう！

けやきの木から記念碑にまっすぐ歩いていくと，
左側に見えていた希望の像と探究の像が
重なって見える所があります。
その地点で左に直角に曲がり，さらに進むと，
２本のポールが１本に見える所があります。
ここに，タイムカプセルをうめました。
10年後の1月10日，またみんなで会おうね。
１年Ｂ組一同

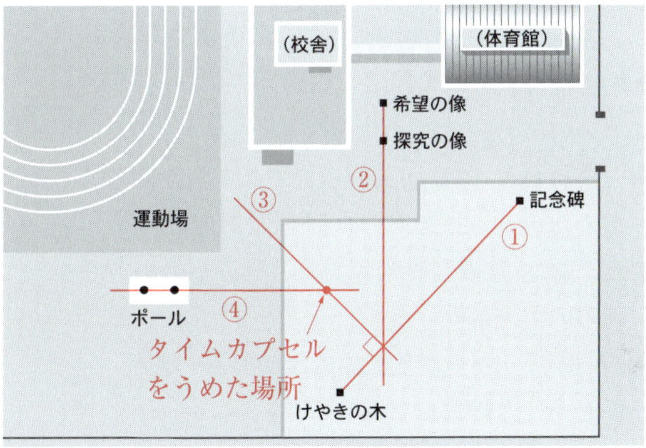

自分のことばで伝えよう

教科書 p.137

先輩がタイムカプセルをうめた場所の見つけ方を説明しましょう。

解答例 メモの説明にしたがって，タイムカプセルをうめた場所を見つける。

① けやきの木から記念碑にまっすぐに直線をひく。

② 希望の像と探究の像を結んだ直線と①の直線が交わる点を見つける。

③ ②で見つけた交わった点で，①の直線と直角に左に直線をひく。

④ ２本のポールを結ぶ直線と③の直線が交わる点を見つける。

④で見つけた交わった点がタイムカプセルをうめた場所である。

1 直線と図形

学習のねらい

平面上にかかれた図形の中で，簡単なものは，直線でできた図形です。直線，線分がつくる図形について，基本的な性質を考えます。

教科書のまとめ **テスト前にチェック**

□直線
▶まっすぐに限りなくのびている線を**直線**といいます。

□線分と半直線
▶直線の一部分で，両端のあるものを**線分**といいます。また，1点を端として一方にだけのびたものを**半直線**といいます。

□2点A，B間の距離
▶2点A，Bを結ぶ線分ABの長さを，**2点A，B間の距離**といいます。
線分ABの長さを，ABと表すことがあります。

□角
▶1つの点からひいた2つの半直線のつくる図形が角です。
右の図のような角を，角ABCといい，
∠ABCと表します。
∠ABCは，∠Bや∠bと表すこともあります。

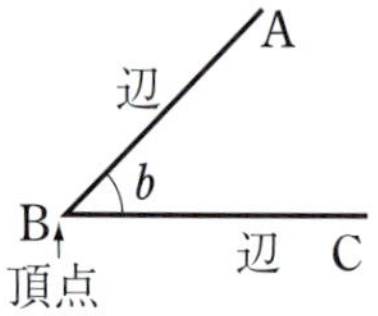

□交点
▶右の図の点Oのように，2つの線が交わる点を**交点**といいます。

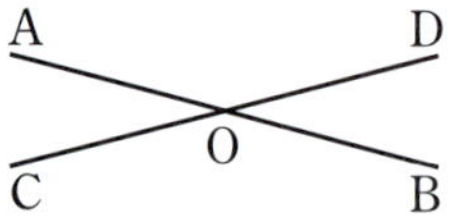

□垂直と垂線
▶2直線AB，CDが交わってできる角が直角であるとき，ABとCDは**垂直**であるといい，
AB⊥CDと表します。このとき，その一方を他方の**垂線**といいます。

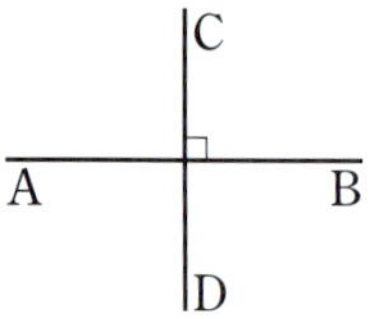

□点Cと直線ABとの距離
▶右の図で，点Cから直線ABに垂線をひき，直線ABとの交点をHとします。
この線分CHの長さを，
点Cと直線ABとの距離といいます。

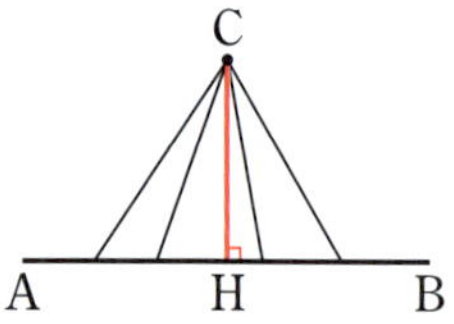

□平行
▶平面上で2直線AB，CDが交わらないとき，
ABとCDは**平行**であるといい，**AB∥CD**と表します。

□平行な2直線ℓ，m間の距離
▶$\ell /\!/ m$のとき，点Pを，ℓ上のどこにとっても，点Pと直線mとの距離は一定です。この一定の距離を，**平行な2直線ℓ，m間の距離**といいます。

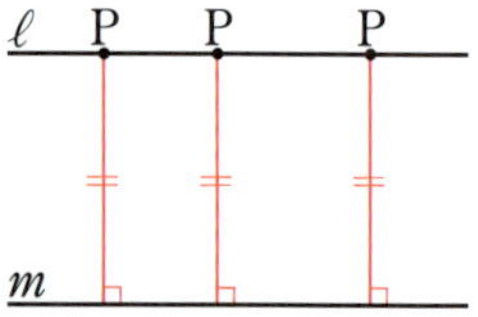

□三角形
▶三角形，四角形，五角形のように，いくつかの線分で囲まれた図形を多角形といいます。
3点A，B，Cを頂点とする三角形ABCを，
△ABCと表します。

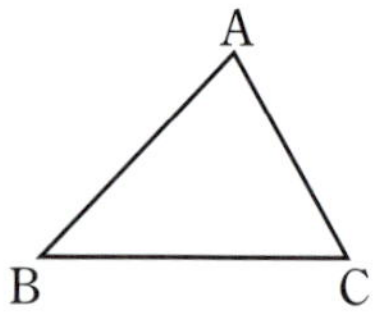

直線と角

問1 教科書 p.138

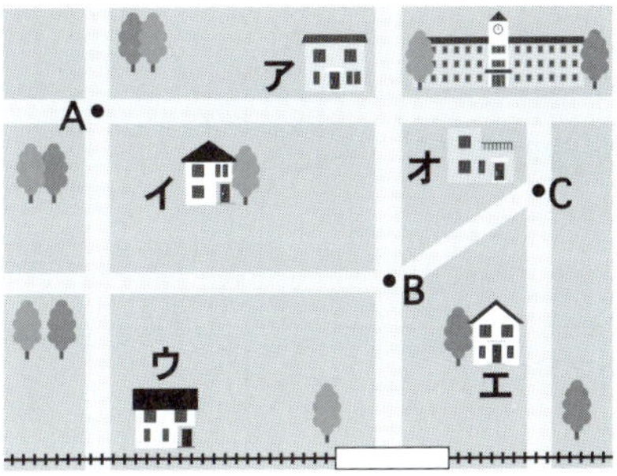

左の図で，竹田さんの家は線分 AB 上にあります。
また，林さんの家は直線 BC 上にあります。
2 人の家は，それぞれ，ア～オのどれですか。

ガイド 線分 AB と直線 BC を作図して考えます。
線分 AB は，点Aと点Bが両端になりますが，直線 BC には両端がないことに注意します。

解答 竹田さんの家はイ，林さんの家はウ

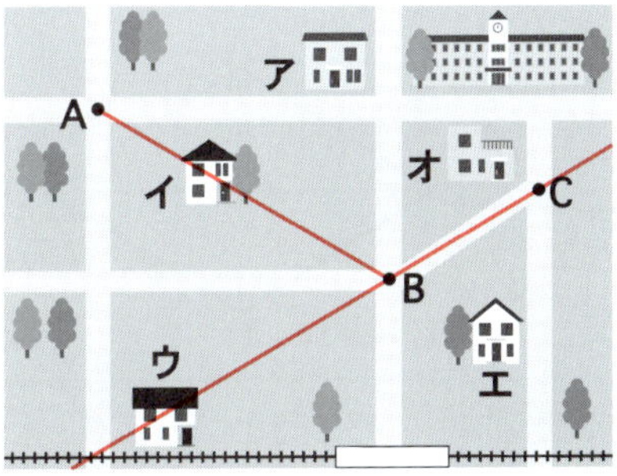

左の図のように作図して求める。
竹田さんの家は，点Aと点Bを結んだ線上にあり，林さんの家は，点Bと点Cを結んで延長した線上にある。

問2 教科書 p.139

下の図に示した角を，記号∠を使って表しなさい。
また，その角の大きさを，分度器を使って測りなさい。

(1)

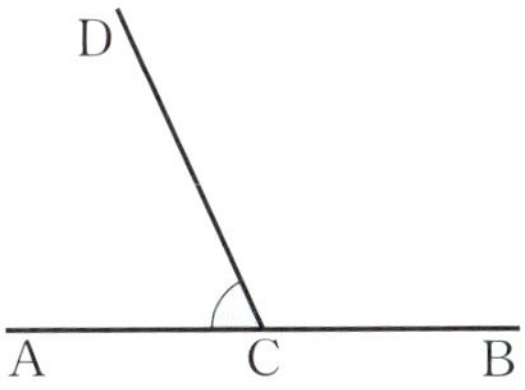

(2)

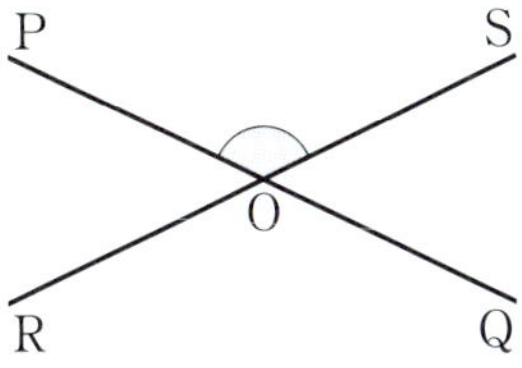

ガイド 角の頂点を表す文字をまん中にし，辺上の点の文字と合わせて，3 つの文字で表します。
また，他の角とまぎらわしくないときは，∠C，∠O と表してもよいですが，そうでないときは，3 つの文字で角を表します。

解答 (1) **∠ACD** （または，**∠DCA**），**65°**

(2) **∠POS** （または，**∠SOP**），**130°**

参考 (1)で分度器を使うとき，CD をDの方にのばすと角度が測りやすくなります。

5章 平面図形

垂直と平行

教科書 p.140

左の直線を，右の図のように折ってみましょう。
このとき，もとの直線と折り目の直線は，どんな関係になるでしょうか。　（直線の図は省略）

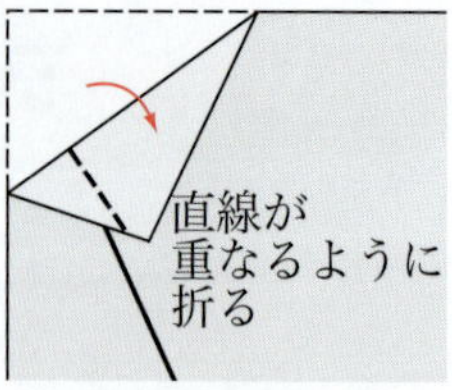

ガイド 教科書の左の図（直線）を，実際に折って確かめてみましょう。

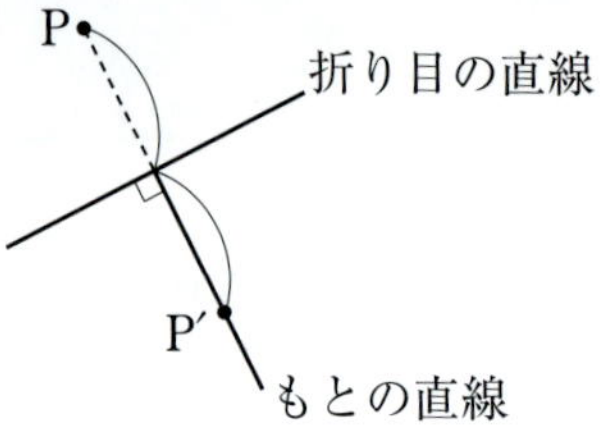

解答 直線と紙の端Pとが重なった点をP′とするとき，点P′をどこに重ねても，**もとの直線と折り目の直線は，垂直（90°）になっている。**

問3 教科書 p.140

右の図のひし形で，垂直な線分を，記号⊥を使って表しなさい。

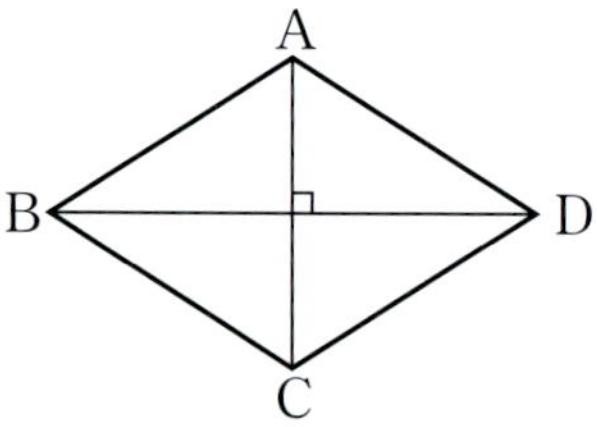

ガイド 2直線が交わってできる角が直角であるとき，2直線は垂直であるといいます。

解答 **AC⊥BD**　（または，**BD⊥AC**）

問4 教科書 p.141

右の図で，点Aから2つの直線 ℓ，m に，それぞれ垂線をひきなさい。
また，点Aと直線 ℓ，m との距離を，それぞれ測りなさい。（図は省略）

ガイド 垂線をひくとき，1組の三角定規を，右の図のように使うとひきやすくなります。
右の図で，点Aから垂線AHをひいたとき，この線分AHの長さを，点Aと直線 ℓ との距離といいます。

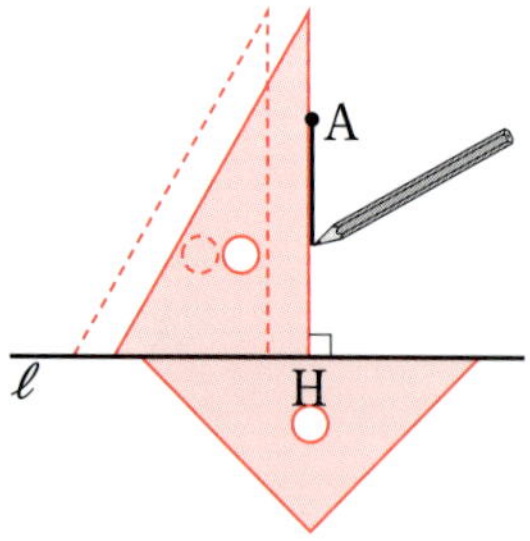

解答 （かき方）

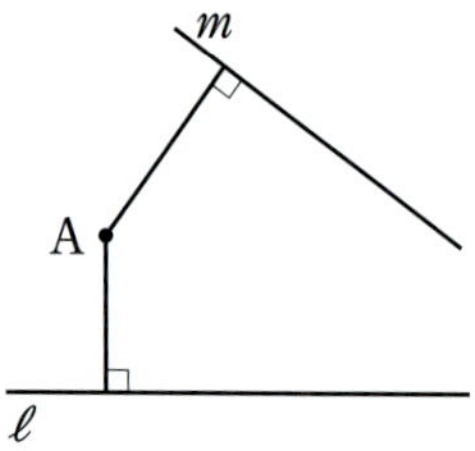

（1組の三角定規を使って，点Aから直線 ℓ，m に，それぞれ垂線をひく。）
点Aと直線 ℓ との距離…**1.5 cm**（15 mm）
点Aと直線 m との距離…**2 cm**（20 mm）

問5 右の図の台形で，平行な線分を，記号//を使って表しなさい。

教科書 p.141

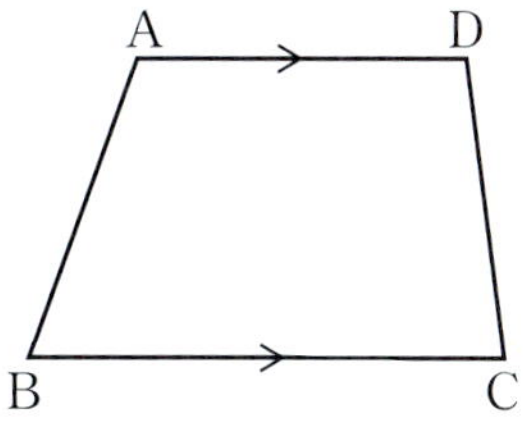

ガイド 台形の上底と下底は，平行になっています。

解答 AD//BC

問6 ノートに直線ABをかき，直線ABと平行で，直線ABとの距離が2cmとなる直線をひきなさい。
このような直線は，何本ひけますか。

教科書 p.141

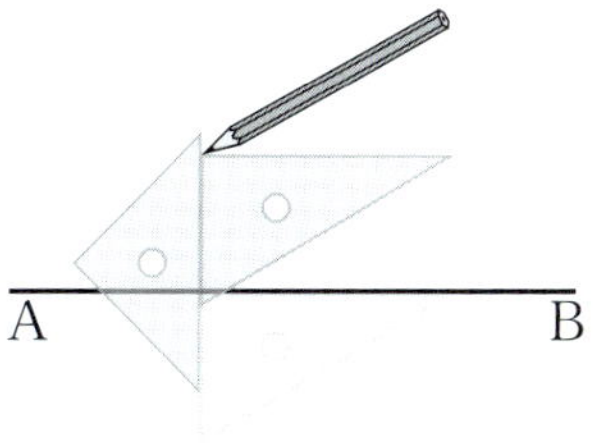

ガイド (かき方)

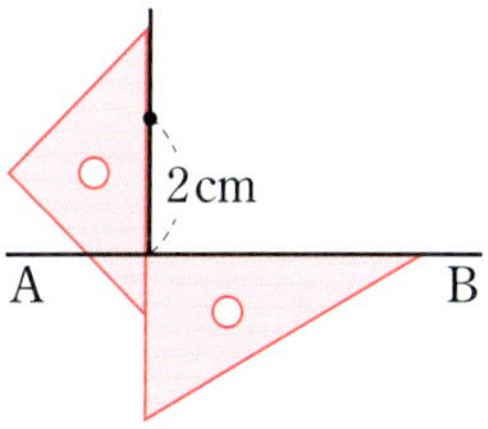

直線ABに垂線をひく。
直線ABから2cmの点を測って求める。

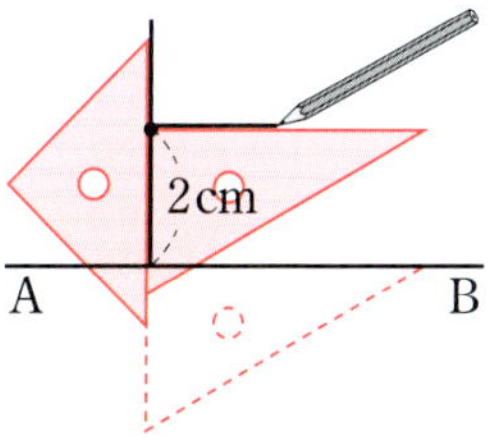

直線ABから2cmの点を通る平行線をひく。

解答

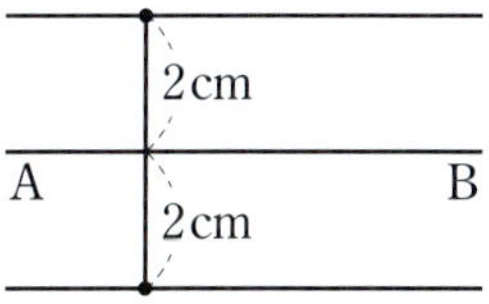

左の図のように，直線ABに平行な直線は，直線ABの上側と下側にあわせて**2本**ひける。

三角形

問7 右の図の中にあるすべての三角形を，記号△を使って表しなさい。

教科書 p.142

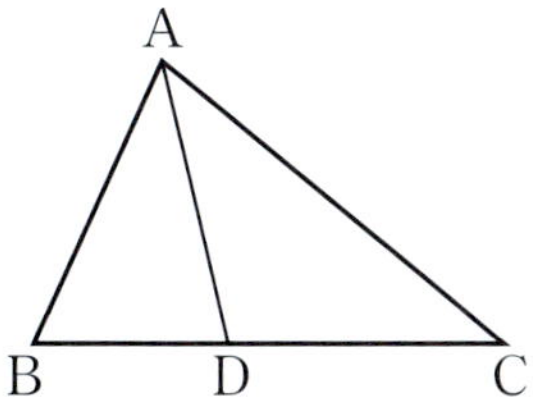

ガイド 3点 A，B，C を頂点とする三角形 ABC を △ABC と表します。
ふつう，記号の順番は，左まわりで書くことが多いです。

解答 △ABC，△ABD，△ADC

問8 次のような △ABC をかきなさい。 教科書 p.142

(1) AB=5 cm，BC=6 cm，CA=4 cm

(2) AB=BC=6 cm，∠B=30°

(3) BC=6 cm，∠B=60°，∠C=45°

ガイド 三角形は，次のどの場合にも1通りに決まります。
① 3つの辺の長さを決めるとき → (1)の三角形
② 2つの辺の長さと，その間の角の大きさを決めるとき → (2)の三角形
③ 1つの辺の長さと，その両端の角の大きさを決めるとき → (3)の三角形

解答 (1)

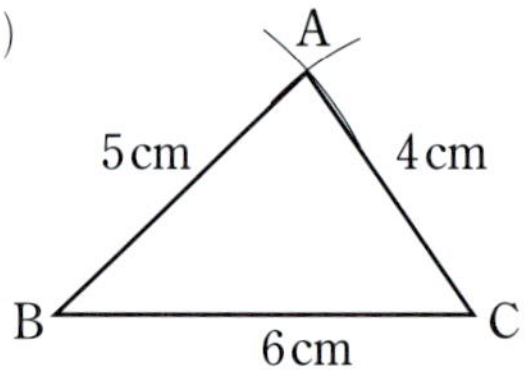

(かき方)
はじめに，BC=6 cm をとる。
点Bを中心に半径 5 cm の円をかく。
点Cを中心に半径 4 cm の円をかく。
2つの円の交点をAとして，△ABC をかく。

(2)

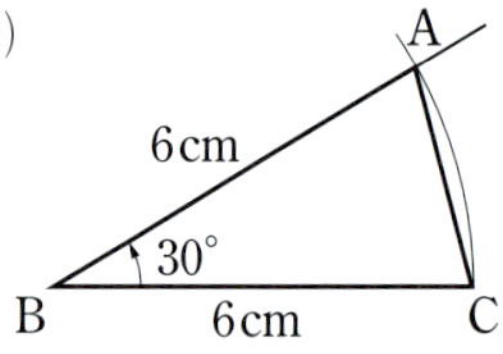

(かき方)
はじめに，BC=6 cm をとる。
次に，辺 BC を基準にして ∠B を 30°にとる。
点Bを中心に半径 6 cm の円をかき，
∠B=30° にとった直線との交点をAとして，
△ABC をかく。

(3)

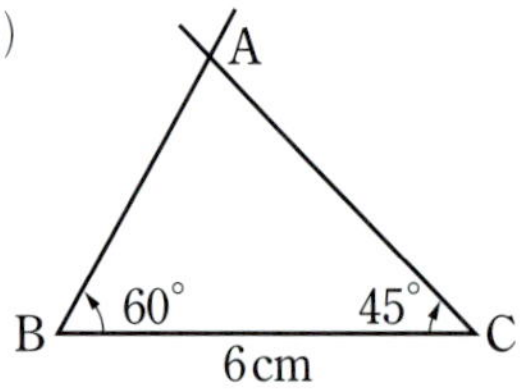

(かき方)
はじめに，BC=6 cm をとる。
次に，辺 BC を基準にして ∠B を 60°，辺 CB を基準にして ∠C を 45° にとり，それぞれの直線の交点をAとして，△ABC をかく。

かならず定規，コンパス，分度器を使って正確にかき，かいたあとは消さないようにしておきましょう

2 図形の移動

学習のねらい

図形の形と大きさを変えない移動として，平行移動，回転移動，対称移動の意味とその基本の性質を，操作を通して調べていきます。

教科書のまとめ テスト前にチェック

□移動 ▶ある図形を，形と大きさを変えないで，ほかの位置に移すことを**移動**といいます。

□平行移動 ▶平面上で，図形を，一定の方向に，一定の長さだけずらして移すことを**平行移動**といいます。

□回転移動 ▶平面上で，図形を，1つの点Oを中心として，一定の角度だけまわして移すことを**回転移動**といいます。

このとき，中心とした点Oを**回転の中心**といいます。

□点対称移動 ▶回転移動の中で，特に，180° の回転移動を**点対称移動**といいます。

□対称移動 ▶平面上で，図形を，1つの直線 ℓ を折り目として，折り返して移すことを**対称移動**といいます。

このとき，折り目とした直線 ℓ を**対称の軸**といいます。

□垂直二等分線 ▶線分の両端からの距離が等しい線分上の点を，その線分の**中点**といいます。

▶線分の中点を通り，その線分と垂直に交わる直線を，その線分の**垂直二等分線**といいます。

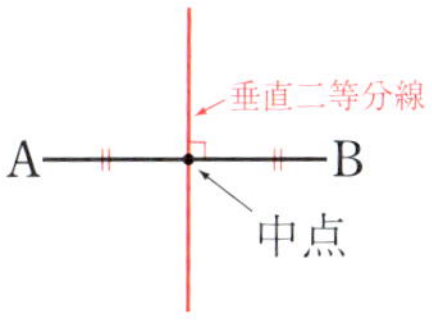

下の図は，正方形の折り紙を，右の図のように折ってはさみを入れ，ひろげたものです。 **教科書 p.143**

アの図形をもとにして見ると，ほかの図形は，アをどのように動かしたものといえるでしょうか。 (右の図は省略)

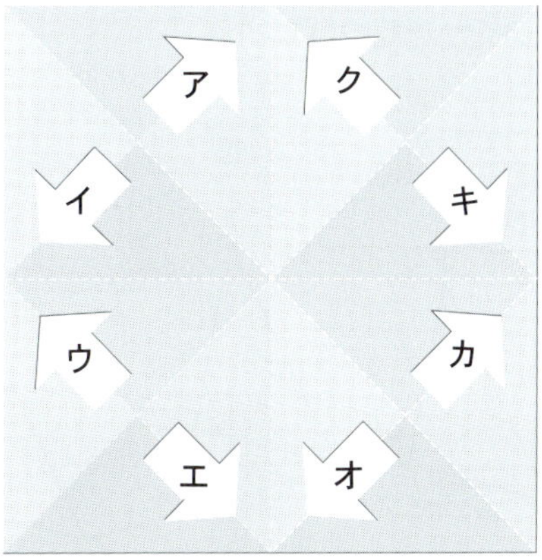

ガイド　1つの図形をもとにして，
「ずらす」「まわす」「折り返す」
という操作を通して，どのように動かしたかを考えます。

解答　ずらす……**カ**
まわす……**イ，ウ，エ，オ，キ，ク**
折り返す…**イ，エ，カ，ク**

平行移動

問1　例1 で，対応する点を結んだ線分 AP，BQ，CR の間には，どんな関係がありますか。(図は省略)　教科書 p.144

ガイド　平行移動は，平面上で，図形を，一定の方向（平行）に，一定の長さ（同じ長さ）だけずらして移すので，そのことから考えます。

解答　**AP∥BQ∥CR**
AP＝BQ＝CR

問2　例1 で，△ABC を，矢印 MN の方向に，その長さだけ平行移動した図をかきなさい。　教科書 p.144

ガイド　平行移動では，対応する点を結んだ線分どうしは平行で，その長さは等しい。
このことから三角定規を使って作図しますが，ここでは方眼の上にかかれていますので，それを利用します。
右の図のように方眼のます目を数えて，点 **A，B，C** が，それぞれどこに移動していくかを見つけます。

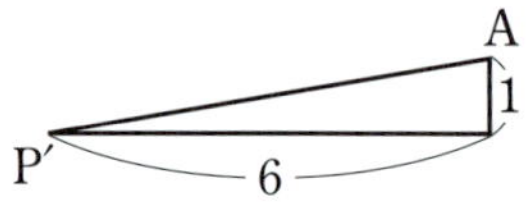

解答

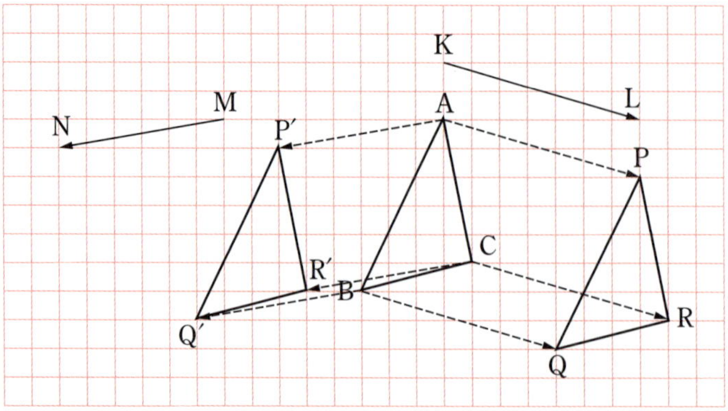

(△ABC が △P′Q′R′ に移動する。)

問3 左の図の△ABCを，点Aを点Pに移すように，平行移動した図をかきなさい。 教科書 p.144

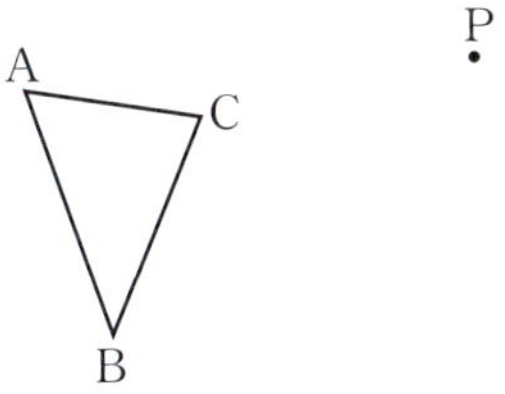

ガイド 方眼上にかかれていないので，1組の三角定規を使って，作図します。
点C，Bを通って，それぞれ線分APに平行な直線をひき，

$$AP=CR,\ AP=BQ$$

となる点R，Qを決めます。

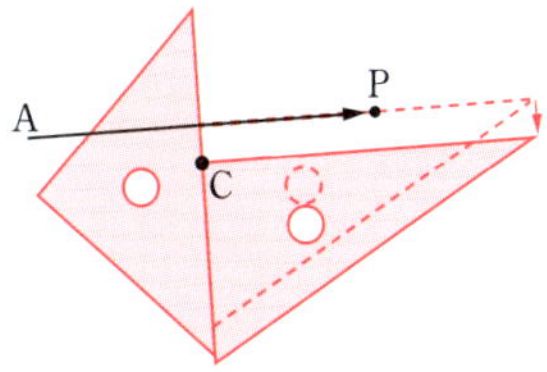

解答 （かき方）

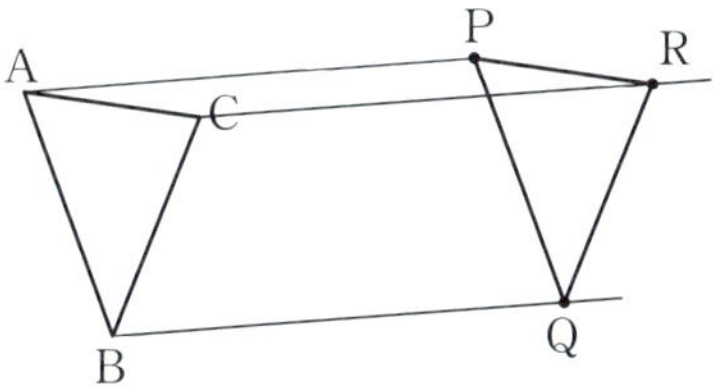

参考 RとQの位置を決めるのに，コンパスを使って，APの長さを測りとり，AP=CR，AP=BQ となる点R，Qを決めることもできます。

回転移動

問4 **例2** で，対応する点A，Pと回転の中心Oを結んだ線分OA，OPの長さについて，どんなことがいえますか。 教科書 p.145

ガイド 回転移動では，平面上で，図形を，1つの点を中心として，一定の角度だけまわして移しますから，そのことから考えます。

解答 **OA=OP**

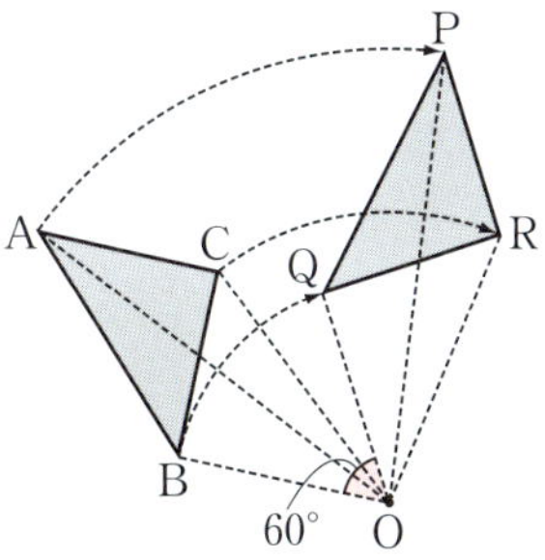

（コンパスを使ってかいたとき，コンパスの開いた幅（はば）は変わらないことからもわかる。）

参考 回転移動では，対応する点は，回転の中心からの距離が等しく，回転の中心と結んでできた角の大きさはすべて等しくなります。

問5 例2 で，△ABC を，点Oを回転の中心として，180° 回転移動した図をかきなさい。 教科書 p.145

ガイド 180° の回転移動では，対応する点と回転の中心は，それぞれ1つの直線上にあります。

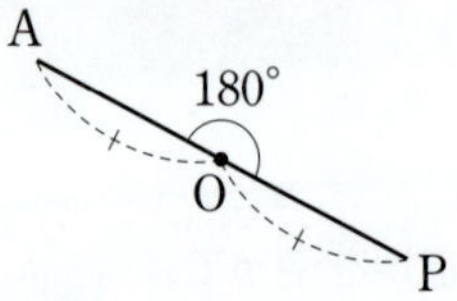

解答 右の図

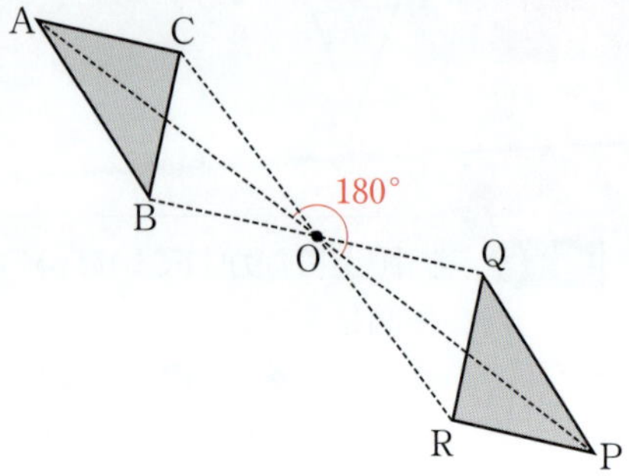

（AOP は直線で，OA＝OP
BOQ は直線で，OB＝OQ
COR は直線で，OC＝OR）

参考 180° の回転移動を点対称移動といいます。

対称移動

問6 例3 で，対応する点を結んだ線分 AP，BQ，CR と対称の軸 ℓ との間には，どんな関係がありますか。(図は省略) 教科書 p.146

ガイド 点Pは，ℓ について点Aを折り返したものになっています。
点Q，R も同じことがいえます。

解答

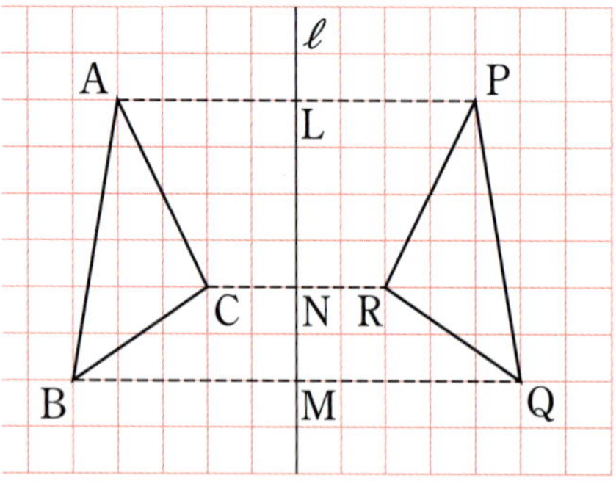

対称の軸 ℓ と AP，BQ，CR の交点をそれぞれ L，M，N とすると，

AL＝PL，BM＝QM，CN＝RN
AP⊥ℓ，BQ⊥ℓ，CR⊥ℓ

になっている。
したがって，**ℓ は線分 AP を垂直に2等分する。**
線分 BQ，CR についても同じことがいえる。

参考 対称移動では，対応する点を結んだ線分は，対称の軸と垂直に交わり，その交点で2等分されます。

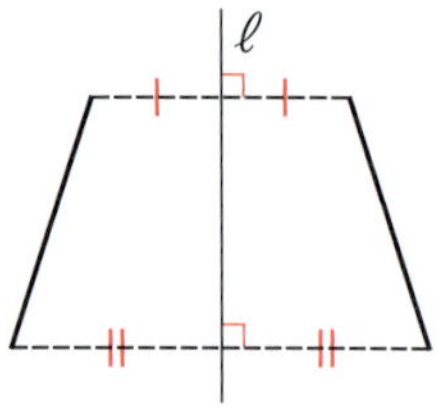

問7 例3 で，△ABC を，直線 m を対称の軸として対称移動した図をかきなさい。 教科書 p.146

ガイド 方眼のます目を利用して，移動した点を見つけて，三角形をかきます。

解答 (かき方)

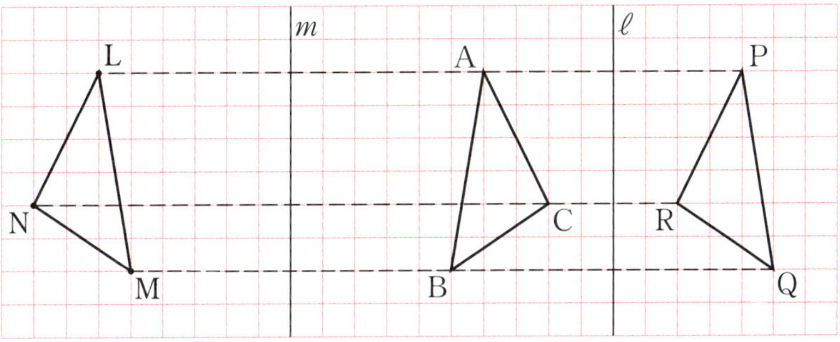

(△ABC が，△LMN に移動する。)

問8 下の図は，△ABC を移動して，△PQR の位置に移したところを示しています。この移動は，どんな移動を組み合わせたものですか。 教科書 p.147

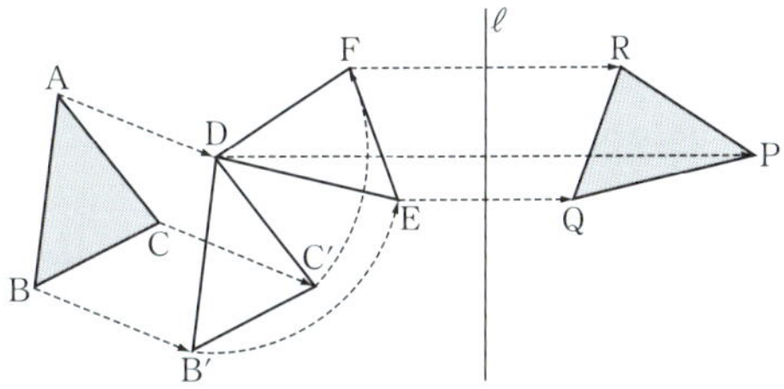

ガイド 平行移動，回転移動，対称移動の 3 つを適当に組み合わせて使うと，図形はどのような位置にでも移すことができます。

解答 **△ABC を，平行移動して △DB′C′ の位置に移し，次に点 D を回転の中心として回転移動して △DEF の位置に移す。さらに △DEF を，直線 ℓ を対称の軸として対称移動して △PQR の位置に移したものである。**

練習問題

2 図形の移動 p.148

① 正方形 ABCD の対角線の交点 O を通る線分を，右の図のようにひくと，合同な 8 つの直角二等辺三角形ができます。
このうち，次の□にあてはまる三角形をいいなさい。

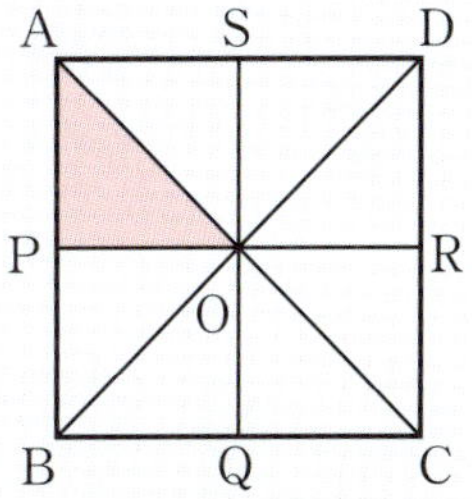

(1) △OAP を平行移動すると，□と重なる。
(2) △OAP を，PR を対称の軸として対称移動すると，□と重なる。
(3) △OAP を，点 O を回転の中心として回転移動すると，□，□，□と重なる。
(4) △OAP を，点 O を回転の中心として，時計の針の回転と同じ向きに 90° 回転移動し，さらに PR を対称の軸として対称移動すると，□と重なる。

ガイド (1) △OAP と同じ向きになっている三角形をさがします。

(4) △OAP を，点O を回転の中心として，時計の針の回転と同じ向きに 90° 回転移動すると △ODS と重なります。

解答 (1) △COQ

(2) △OBP

(3) △ODS，△OCR，△OBQ

(4) △OCQ

参考 どの頂点がどの頂点に移るかを考えて，三角形の頂点を対応する順に記号で表します。

自分の考えをまとめよう

教科書 p.148

身のまわりから，図形の移動でできているとみられるものを見つけ，正確に写したり，写真をとったりして，下のようなレポートを書いてみましょう。（レポートは省略）

ガイド もとになる図形を見つけ，その図形がどのような移動で構成されているか調べます。県や市のマーク，地図記号，道路標識や歩道の模様（もよう）など，身のまわりにある図形をさがしましょう。

解答例 〈レポート例〉

身のまわりにある図形の移動でできているとみられるもの

〈見つけた場所〉 駅前の歩道

〈見つけたもの〉

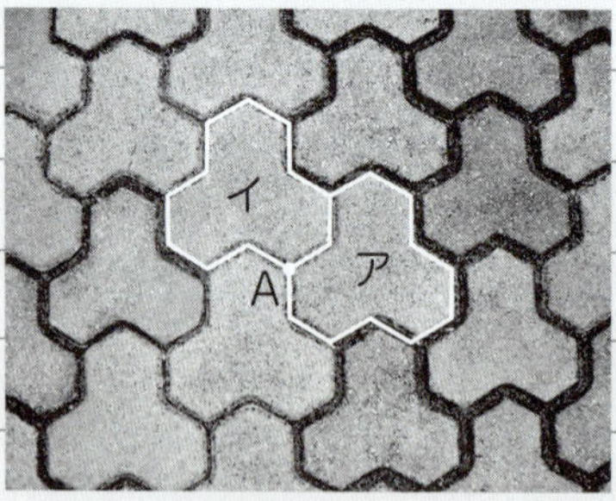

〈図形の移動がみられるところ〉

図形アは，図形イを，点Aを回転の中心として，時計の針の回転と同じ向きに 120° だけ回転移動したものとみることができる。

2節 基本の作図

開会式会場はどこ？

南アメリカ大陸ではじめての夏季オリンピック・パラリンピックの開催地（かいさいち）は，リオデジャネイロです。（2016 年開催）

開会式会場のエスタジオ・ド・マラカナンは，次のような場所にあります。

> 歴史博物館とボタフォゴ駅から等しい距離にある場所のうち，サエンス・ペーニャ駅からもっとも近い場所

自分のことばで伝えよう

教科書 p.149

開会式会場の場所の見つけ方を説明しましょう。

解答例 次の 2 つの条件から，開会式会場の場所を見つける。

① 「歴史博物館とボタフォゴ駅から等しい距離にある。」

これは 2 点から等しい距離にあるということなので，その 2 点を結んだ線分の垂直二等分線をひく。

ひき方は，まず，線分の長さを測って中点を求める。

次に，三角定規などを使って，その中点を通る垂線をひく。

② 「サエンス・ペーニャ駅からもっとも近い場所にある。」

サエンス・ペーニャ駅から，①でひいた垂直二等分線にひいた垂線がもっとも短くなるので，その交点が開会式会場になる。

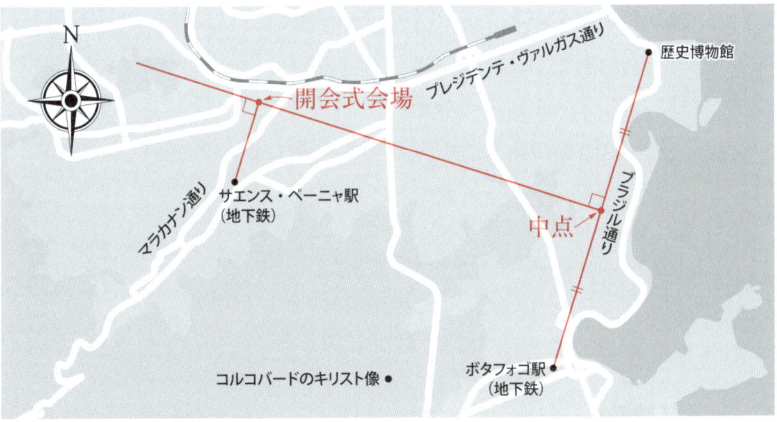

参考 ここでは，垂線のひき方は，1 組の三角定規を右の図のように使ってかけばよいのです。

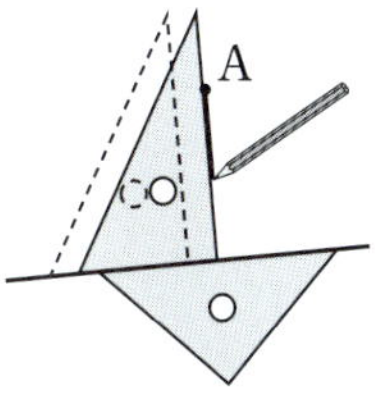

1 基本の作図

学習のねらい

直線をひくための定規と，円をかいたり，線分の長さをうつしとったりするためのコンパスだけを使って，いろいろな作図をすることについて学習します。

教科書のまとめ　テスト前にチェック

□線分の垂直二等分線の作図

▶❶ 線分の両端の点 A，B を，それぞれ中心として，等しい半径の円をかき，この 2 円の交点を P，Q とします。

❷ 直線 PQ をひきます。

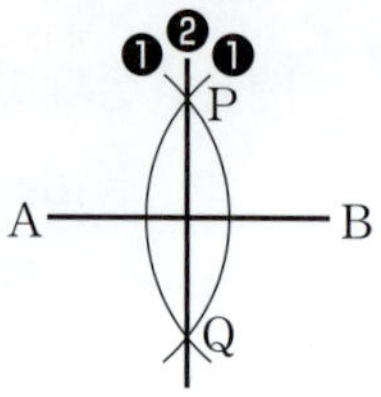

□角の二等分線

▶∠XOY を 2 等分する半直線を，∠XOY の**二等分線**といいます。

□角の二等分線の作図

▶❶ 点 O を中心とする円をかき，半直線 OX，OY との交点を，それぞれ，P，Q とします。

❷ 2 点 P，Q を，それぞれ中心として，半径 OP の円をかき，その交点の 1 つを R とします。

❸ 半直線 OR をひきます。

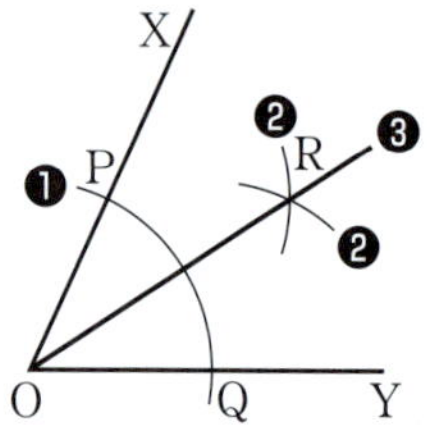

□垂線の作図

▶(ア) 直線 XY 上にある点 P を通る XY の垂線をひく場合（図 1）

❶ 点 P を中心とする円をかき，直線 XY との交点を A，B とします。

❷ 線分 AB の垂直二等分線をひきます。

(イ) 直線 XY 上にない点 P から XY に垂線をひく場合（図 2）

❶ 点 P を中心とする円をかき，直線 XY との交点を A，B とします。

❷ 2 点 A，B を，それぞれ中心として，半径 PA の円をかき，その交点の 1 つを Q とします。

❸ 直線 PQ をひきます。

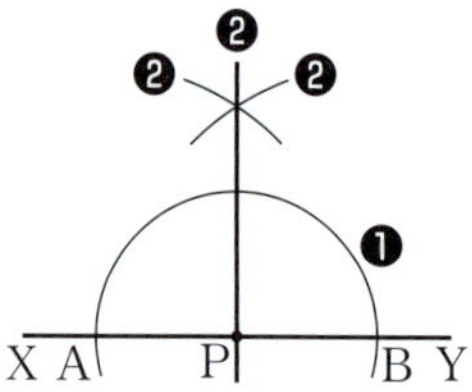

図 1

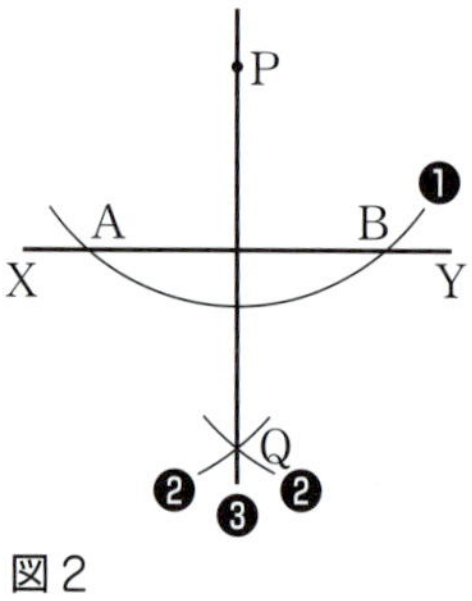

図 2

垂直二等分線

教科書 p.151

問1 ノートに△ABCをかいて，次の作図をしなさい。

(1) 辺BCの垂直二等分線　　(2) 辺ABの中点

ガイド (1) 線分の垂直二等分線の作図

❶ 線分の両端の点A，Bを，それぞれ中心として，等しい半径の円をかき，この2円の交点をP，Qとする。

❷ 直線PQをひく。

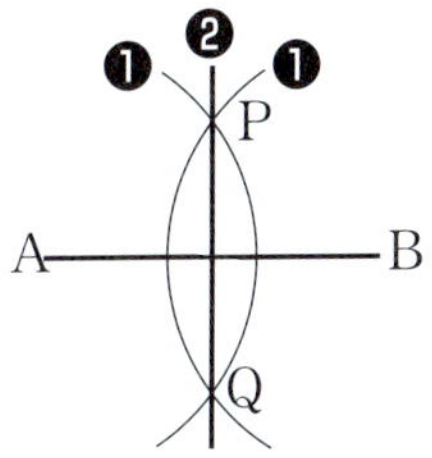

(2) 中点の作図

線分の中点は，線分ABの垂直二等分線と線分ABの交点になります。

解答 (作図)

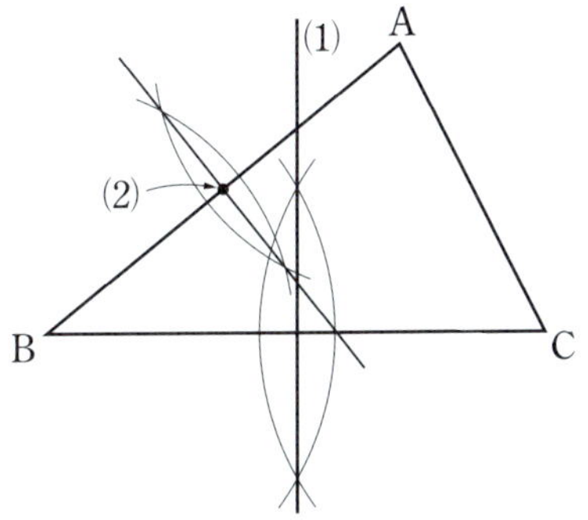

角の二等分線

教科書 p.151

問2 次の図で，∠XOYの二等分線を作図しなさい。(図は省略)

ガイド 角の二等分線の作図

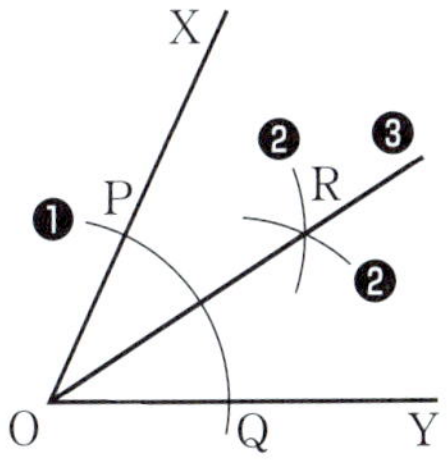

❶ 点Oを中心とする円をかき，半直線OX，OYとの交点を，それぞれ，P，Qとする。

❷ 2点P，Qを，それぞれ中心として，半径OPの円をかき，その交点の1つをRとする。

❸ 半直線ORをひく。

解答 (作図) (1)

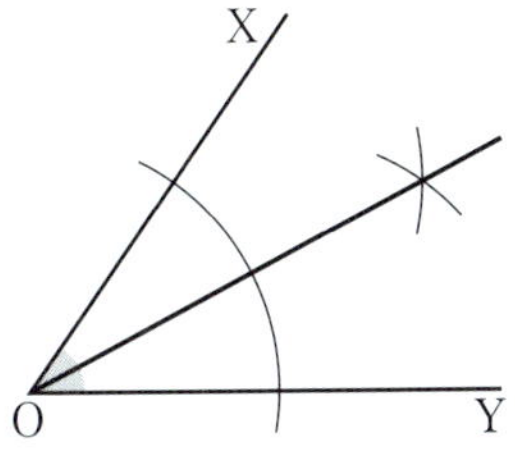

(2)

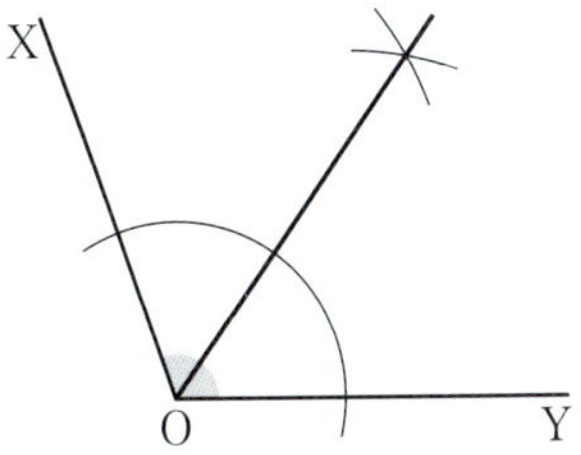

垂 線

右の図のように，直線 XY とその直線上の点Pがあります。点Pを通る直線 XY の垂線を，ひし形の対角線と考えてかくとき，どこにひし形をつくればよいでしょうか。(図は省略) 教科書 p.152

ガイド ひし形は，次の性質があります。
① 辺の長さがすべて等しい。
② 向かいあう辺は平行で，向かいあう角の大きさは等しい。
③ 2本の対角線は垂直で，それぞれの中点で交わる。

解答例 上の性質の①から，直線 XY 上に点Pから等しい長さの2点 A，B をとる。
2点 A，B から同じ長さにある2点 Q，R をとると，QR，AB はひし形の対角線となって，③から QR⊥AB になる。
したがって，**点Pをひし形の対角線の交点としてつくればよい。**

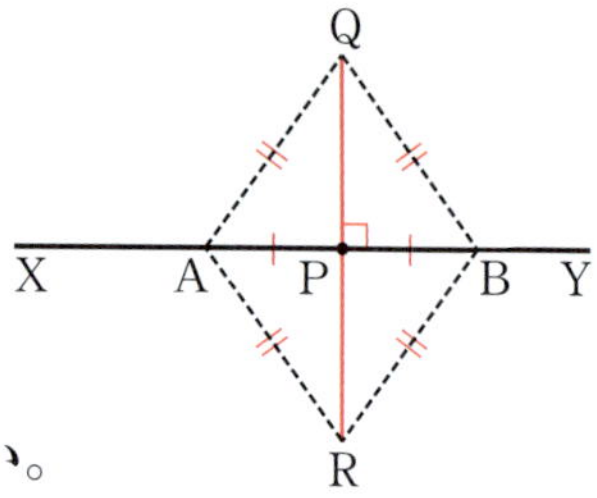

問3 左の図の平行四辺形 ABCD で，点Pを通る辺 BC の垂線を作図しなさい。(図は省略) 教科書 p.152

ガイド

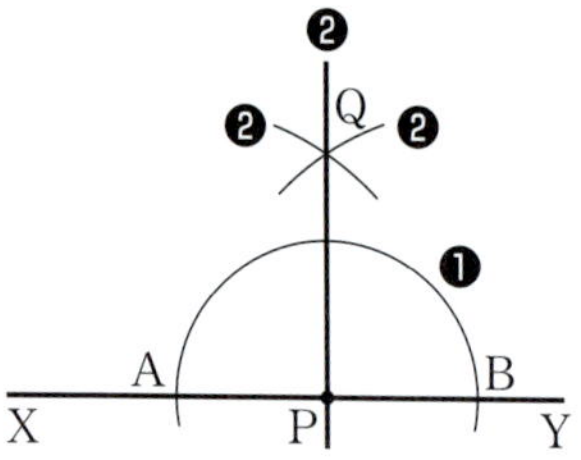

直線 XY 上にある点Pを通る XY の垂線をひく方法を利用します。
〈直線上の1点を通る垂線の作図〉
→180° の角の二等分線を考える。
❶ 点Pを中心とする円をかき，直線 XY との交点を A，B とする。
❷ 線分 AB の垂直二等分線をひく。

解 答 (作図)

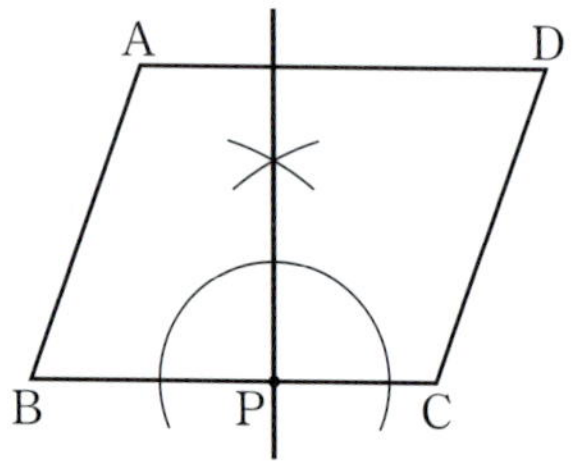

問4 右の図の △ABC で，頂点Aから直線 BC にひいた垂線を作図しなさい。(図は省略) 教科書 p.153

ガイド

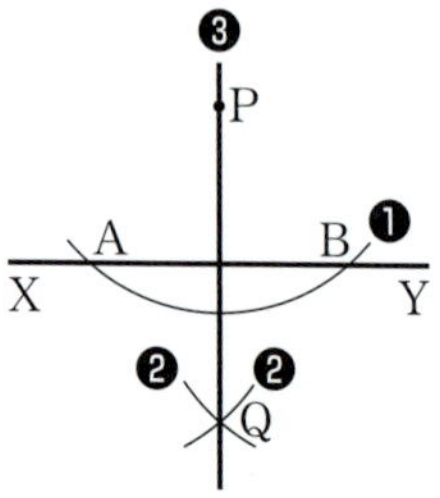

直線 XY 上にない点Pから XY に垂線をひく方法を利用します。
〈直線上にない1点を通る垂線の作図〉
❶ 点Pを中心とする円をかき，直線 XY との交点を A，B とする。
❷ 2点 A，B を，それぞれ中心として，半径 PA の円（または，同じ半径の円）をかき，その交点の1つをQとする。
❸ 直線 PQ をひく。

解答 （作図）

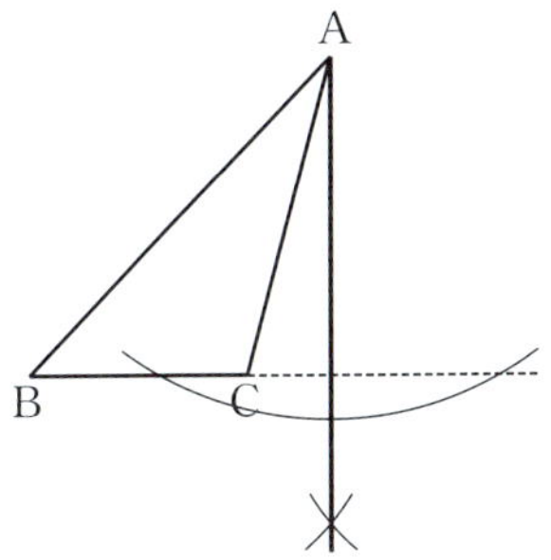

基本の作図の利用

問5 上（教科書 p. 154）の✿の正方形 ABCD を作図しなさい。（図は省略） 教科書 p.154

ガイド 直線 XY 上にある点Pを通る XY の垂線をひく方法を利用します。

解答 （作図）

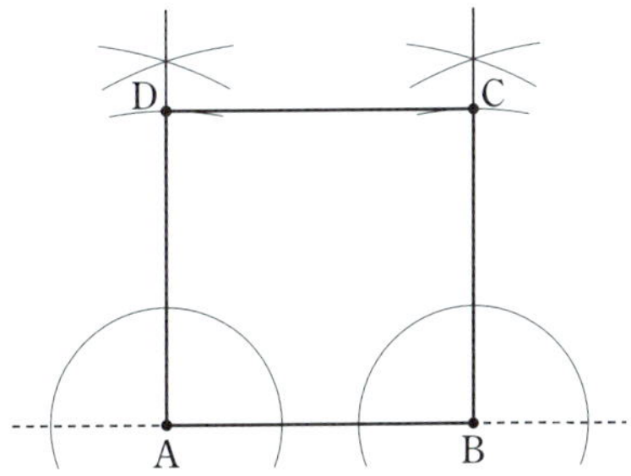

① 点Aを通る線分 AB の垂線をひく。
② 点Bを通る線分 AB の垂線をひく。
③ コンパスで AB の長さをうつしとり，①の垂線上にD，②の垂線上にCをとる。
④ DとCを結ぶ。

問6 149 ページの開会式会場の場所を，作図して見つけなさい。 教科書 p.154

ガイド ① 歴史博物館とボタフォゴ駅から等しい距離
⟶ 2 点を結ぶ線分の垂直二等分線をひく。
② サエンス・ペーニャ駅からもっとも近い場所
⟶サエンス・ペーニャ駅から，①でひいた垂直二等分線に垂線をひく。
①，②の交点が開会式会場になります。

解答

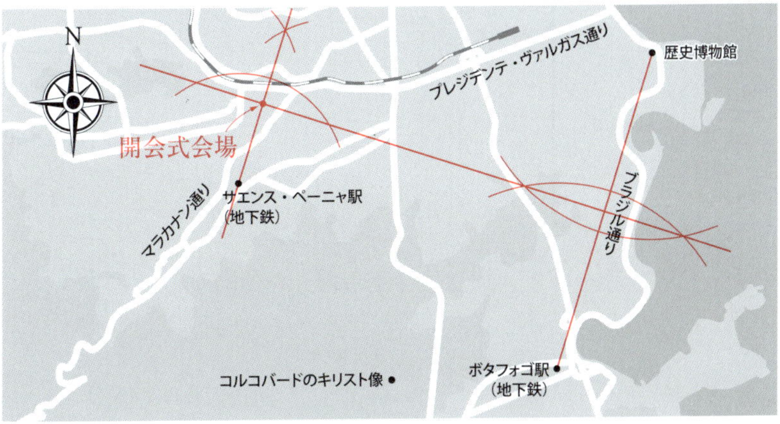

5章 平面図形

練習問題

1 基本の作図 p.154

① ノートに正三角形をかいて，60° の大きさの角を作図しなさい。
また，それを利用して，30° や 15° の大きさの角を作図しなさい。

ガイド 60° は，正三角形の 1 つの角であることを利用します。
30°，15° は，それぞれ 60°，30° の角の二等分線をひいて求めます。

解答 （作図） 60° は，正三角形の 1 つの角であるから，3 辺の長さが等しい三角形をつくればよい。まず，ノートに辺 BC をかき，点 B，C をそれぞれ中心として，BC と等しい半径の円をかく。その交点を A とすると △ABC は正三角形となり，∠B＝60° となる。
30° は，∠B の二等分線をひけばよい。
15° は，30° の角の二等分線をひけばよい。

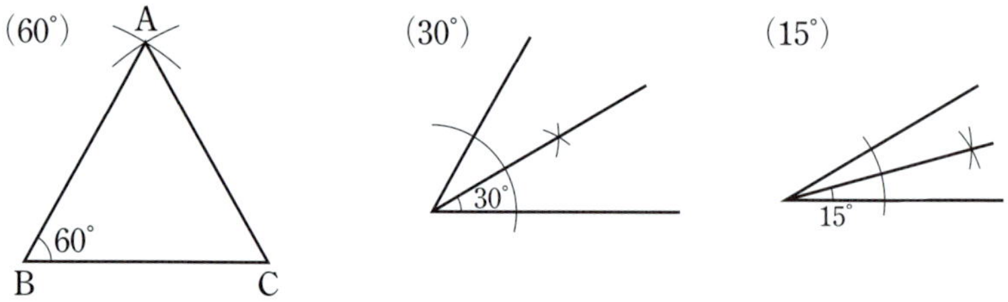

② 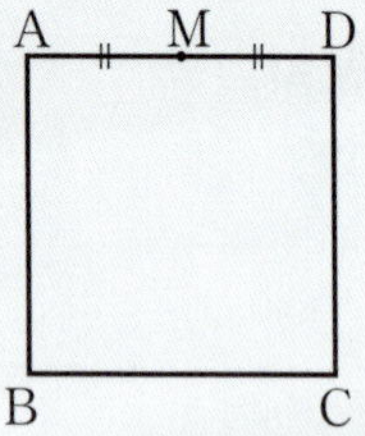

左の図のような正方形の折り紙 ABCD で，頂点 C を辺 AD の中点 M に重ねるように折ります。
このときの折り目となる線分を作図しなさい。

ガイド 折り目の線分を想像すると，点 M と点 C を結ぶ線分と折り目となる線分は，垂直に交わり，点 M と点 C は重なることから，線分 CM の垂直二等分線の作図になります。

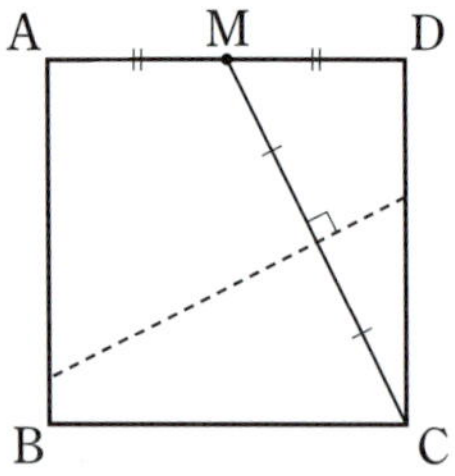

解答 （作図）

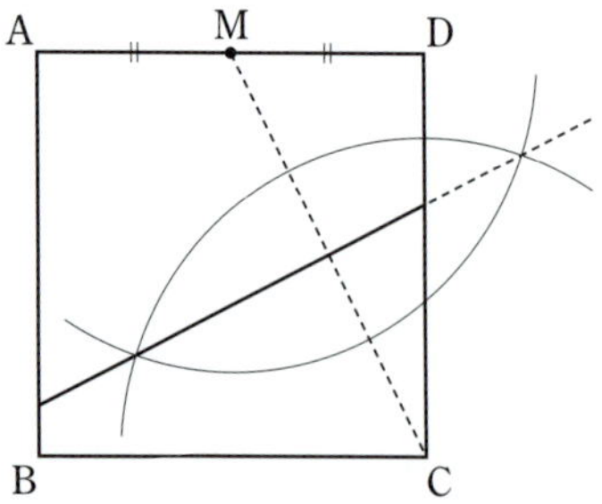

線分 CM の垂直二等分線をひき，折り目となる線分を作図する。

3節 円とおうぎ形

班の当番表をつくろう

けいたさんは，先生から班が 5 つの場合の当番表をつくることを任されました。

これは班が 6 つの場合の当番表だよ

図 1

けいたさんは，下の図 1（右の図 1）のような当番表をつくりましたが，少しおかしいようです。（図 2 は省略）

みんなで話しあってみよう

教科書 p.155

けいたさんのつくった班が 5 つの場合の当番表は，どこがおかしいのでしょうか。
また，図 2 に，正しい当番表をかきましょう。（図 2 は省略）

ガイド 班が 6 つの場合の当番表は，円を 6 等分しています。

解答例 けいたさんのつくった当番表は円を 5 等分していないので，内側の円盤（ばん）をまわしたときに，外側の円盤にかかれた班の名前と，内側の円盤にかかれた場所の名前との位置がずれてしまう。
例えば，音楽室が 2 班と 3 班のところにきたとき，どちらの班が音楽室の当番になるのかわからない。

内側の円盤をまわしてみると……あれ？

〈正しい当番表のかき方〉
はじめに半径を 1 本ひく。円の中心のまわりの角は 360°だから，5 等分して，

$360° \div 5 = 72°$

分度器を使って 72° となるように半径をひく。これを繰り返して，円を 5 等分する。

図 2

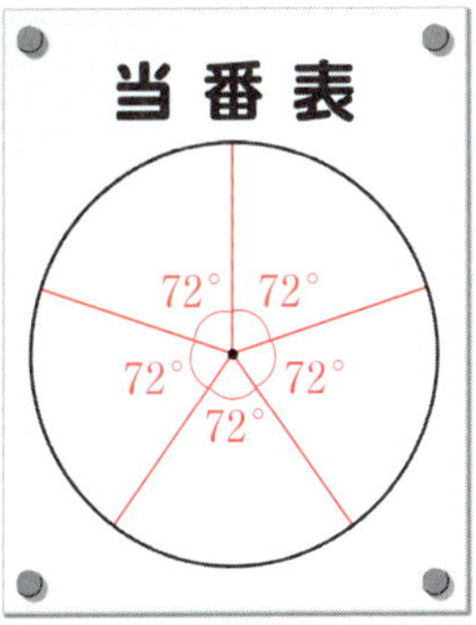

参考 〈わかること〉
- 円を使って正五角形をつくった方法と同じ。
- 円の面積が 5 等分できる。
- 合同なおうぎ形が 5 つできる。

など

5章 平面図形

1 円とおうぎ形の性質

学習のねらい

円やおうぎ形について調べることを通して，図形の合同について学習します。また，円周を等分することによって，正多角形がかけることを学習します。

教科書のまとめ　テスト前にチェック

□円と円周　▶点Oを中心とする円を，**円O**といい，円の周のことを**円周**といいます。

□弧 AB　▶円周上に2点A，Bをとるとき，円周のAからBまでの部分を，**弧**AB といい，$\overset{\frown}{AB}$ と書きます。

□弦 AB　▶$\overset{\frown}{AB}$ の両端の点を結んだ線分を，**弦**AB といいます。

□中心角　▶下の右の図のように，∠AOB を $\overset{\frown}{AB}$ に対する**中心角**といいます。

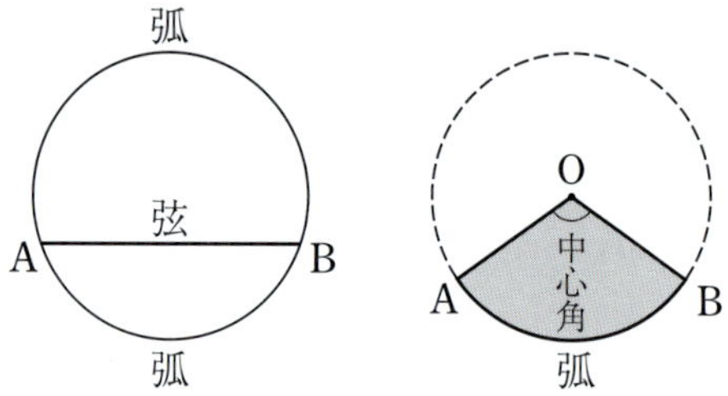

□円と直線　▶円と直線 ℓ が1点だけを共有するとき，直線 ℓ は円に**接する**といいます。また，右の図のように，直線 ℓ が円Oに接しているとき，直線 ℓ を円Oの**接線**，点Aを**接点**といいます。

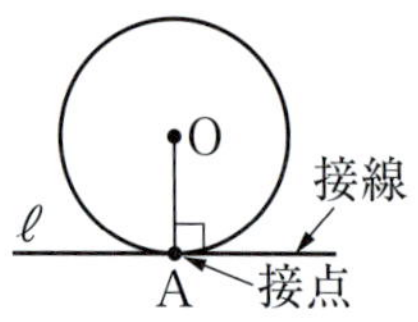

□円の接線の性質　▶円の接線は，その接点を通る半径に垂直です。

□おうぎ形　▶円Oの2つの半径 OA，OB と $\overset{\frown}{AB}$ で囲まれた図形を，**おうぎ形** OAB といいます。
また，おうぎ形の2つの半径がつくる角を，**中心角**といいます。

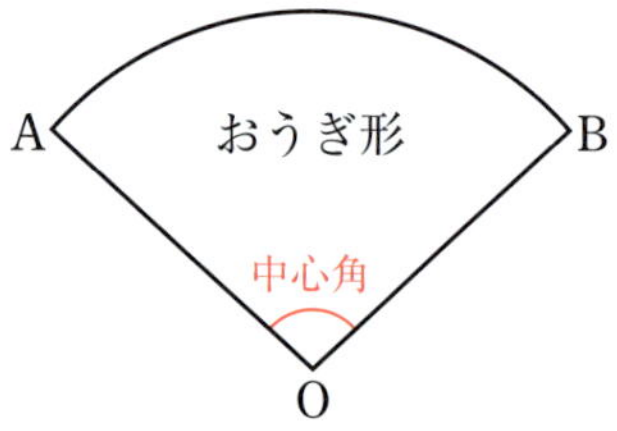

円の弧と弦

問1　右の図の円Oで，点P，Q，Rは，それぞれ，円周上の点，円の内部の点，円の外部の点です。
このとき，線分 OP と OQ，OP と OR の長さの関係を，それぞれ不等号を使って表しなさい。

教科書 p.156

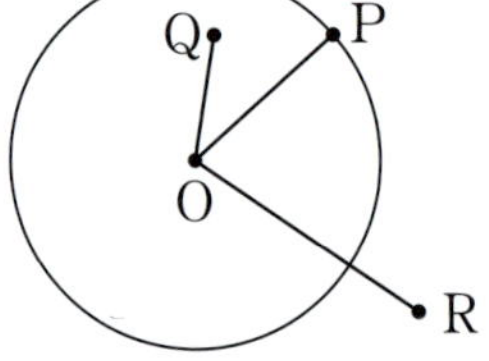

ガイド　大小関係を不等号を使って表します。また，線分 OP は円Oの半径であることに着目します。

解答　直観的にもわかるが，右のような線分図に表して考える。

OP＞OQ，OP＜OR

問 2　円の中心を通る弦のことを何といいますか。　教科書 p.156

ガイド　弦は円周上の 2 点を結んだ線分のことです。
実際に図をかいてみて考えます。

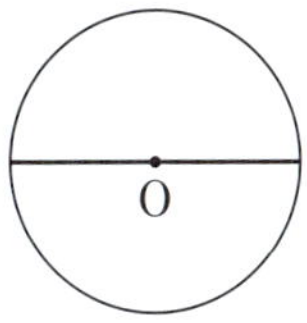

解答　直径

参考　直径は，もっとも長い弦であるといえる。

問 3　弦 AB が直径のとき，$\overset{\frown}{AB}$ に対する中心角は何度ですか。　教科書 p.156

ガイド　実際に図をかいて，$\overset{\frown}{AB}$ に対する中心角を分度器で測ります。

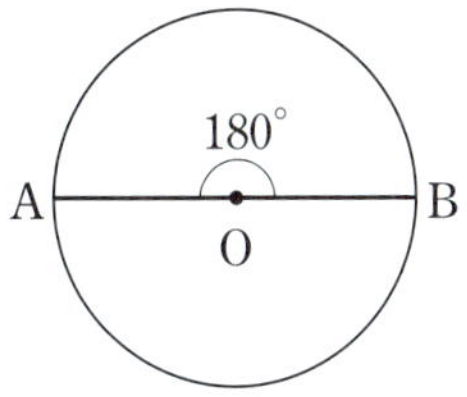

解答　180°

参考　弦 AB は直径なので，直線のつくる角が 180° であることから，
分度器で測らなくてもわかります。

問 4　上の図で，直径 m と弦 AB は，どんな関係になっていますか。(図は省略)　教科書 p.157

ガイド　円は線対称な図形だから，直径 m と弦 AB の交点を P とすると，
AP＝BP，$m \perp$ AB になっています。
また，直径 m が線対称の軸になっています。

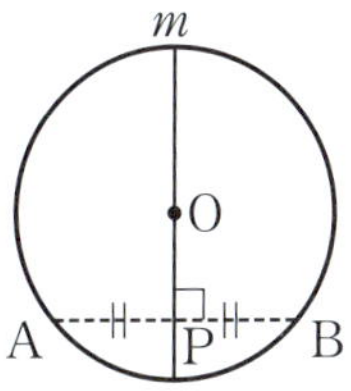

解答　直径 m は弦 AB の垂直二等分線になっている。

円と直線

問 5　右の円Oで，点Aが接点となるように，この円の接線 ℓ を作図しなさい。　教科書 p.157

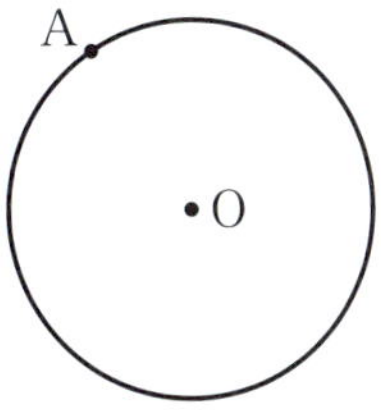

ガイド　円の接線は，その接点を通る半径に垂直になっています。

解答　(作図)

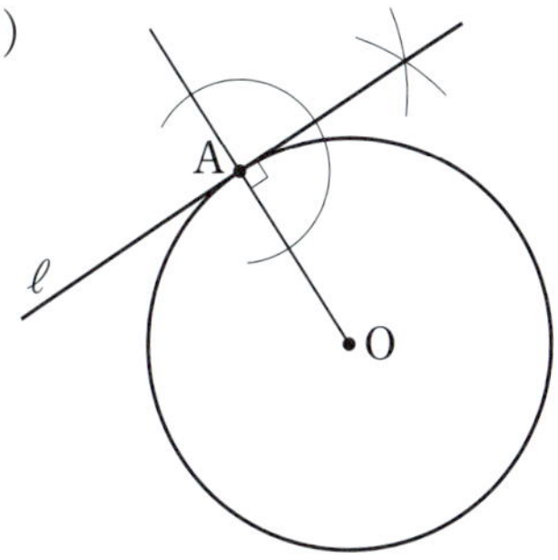

直線 OA をひく。
点Aを通って，OA に垂直な直線 ℓ をひく。
この直線 ℓ がこの円の接線である。

おうぎ形

問6 半径 3 cm で，中心角が次の大きさのおうぎ形を，それぞれかきなさい。　教科書 p.158

(1)　45°　　(2)　180°　　(3)　240°

ガイド まず，3 cm の線分をひき，一方の端から，分度器を用いてそれぞれの角度をとります。次に，この端を中心としてコンパスで，半径 3 cm の弧をかけばよいです。

解答 (作図)

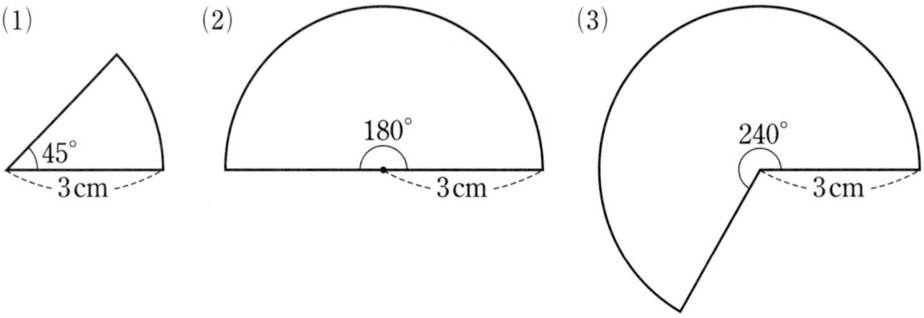

自分のことばで伝えよう　教科書 p.158

右の図は，おうぎ形 OAB の $\overset{\frown}{\mathrm{AB}}$ 上に，

$\overset{\frown}{\mathrm{AC}}=\overset{\frown}{\mathrm{BC}}$

となる点Cを作図したものです。

作図の手順と，この関係が成り立つ理由を説明しましょう。

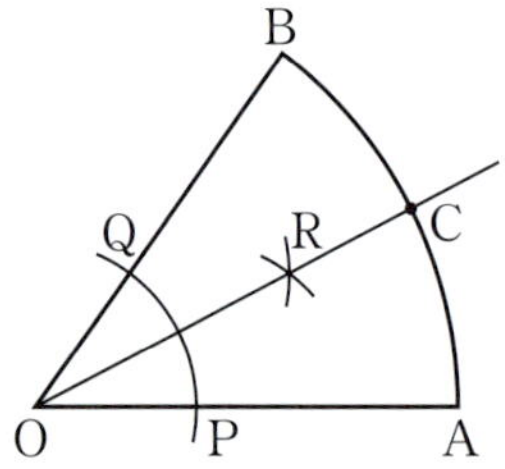

ガイド 半径と中心角が等しい 2 つのおうぎ形は合同で，その弧の長さや面積は，それぞれ等しくなります。

解答例 〈作図の手順〉

❶　O を中心に円をかき，辺 OA，OB との交点をそれぞれ P，Q とする。

❷　2 点 P，Q をそれぞれ中心として，同じ半径の円をかき，その交点の 1 つを R とする。

❸　半直線 OR をひき $\overset{\frown}{\mathrm{AB}}$ との交点を C とする。

〈$\overset{\frown}{\mathrm{AC}}=\overset{\frown}{\mathrm{BC}}$ が成り立つ理由〉

半直線 OR は ∠AOB の二等分線なので，∠AOC＝∠BOC である。

半径と中心角が等しいおうぎ形 OAC とおうぎ形 OCB は合同だから，弧の長さも等しい。

よって，$\overset{\frown}{\mathrm{AC}}=\overset{\frown}{\mathrm{BC}}$ となる。

2 円とおうぎ形の計量

学習のねらい

おうぎ形を円の一部とみて，円の周の長さと面積の求め方をもとにして，おうぎ形の弧の長さと面積について調べます。

教科書のまとめ　テスト前にチェック

□円周率

▶円周率は，円周の直径に対する割合であり，ふつう π（パイ）で表します。
└→3.14159…

□円の周の長さと面積

▶半径 r の円の周の長さを ℓ，面積を S とすると，
周の長さ $\ell=2\pi r$　面積 $S=\pi r^2$

□おうぎ形の弧の長さと面積

▶半径 r，中心角 a° のおうぎ形の弧の長さを ℓ，
面積を S とすると，

弧の長さ　$\ell=2\pi r\times\dfrac{a}{360}$

面積　$S=\pi r^2\times\dfrac{a}{360}$

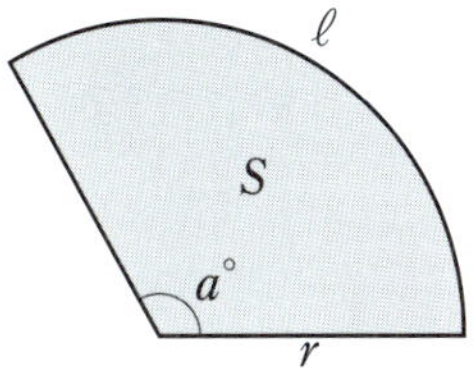

▶半径の等しい円とおうぎ形では，次の比例式が成り立ちます。
(おうぎ形の弧の長さ)：(円の周の長さ)＝(中心角の大きさ)：360
(おうぎ形の面積)：(円の面積)＝(中心角の大きさ)：360

円の周の長さと面積

教科書 p.159

海の中を走る道路「東京湾（とうきょうわん）アクアライン」の換気施設（かんきしせつ）「風の塔（とう）」がある人工島は，直径約 194 m の円の形をしています。この人工島の周の長さと面積を求める式を書きましょう。

ガイド　円の周の長さ＝直径×円周率，円の面積＝半径×半径×円周率

解答　**周の長さ＝194×円周率 (m)**，
円の半径＝194÷2＝97 (m) だから，**面積＝97×97×円周率 (m^2)**

参考　円周率を 3.14 として式をつくってもよいです。

問1　直径 20 cm の円の周の長さと面積を求めなさい。

教科書 p.159

ガイド　半径 r の円の周の長さを ℓ，面積を S とすると，　$\ell=2\pi r$，$S=\pi r^2$
円周率は π を用いて表します。

解答　円の半径は 20÷2＝10 (cm)，周の長さ…$2\pi r=2\pi\times10=20\pi$ (cm)　**20π cm**
面積…$\pi r^2=\pi\times10^2=100\pi$ (cm^2)　**100π cm^2**

おうぎ形の弧の長さと面積

問2　下の図のおうぎ形の弧の長さは，同じ半径の円の周の何倍ですか。
また，面積についてはどうですか。　教科書 p.160

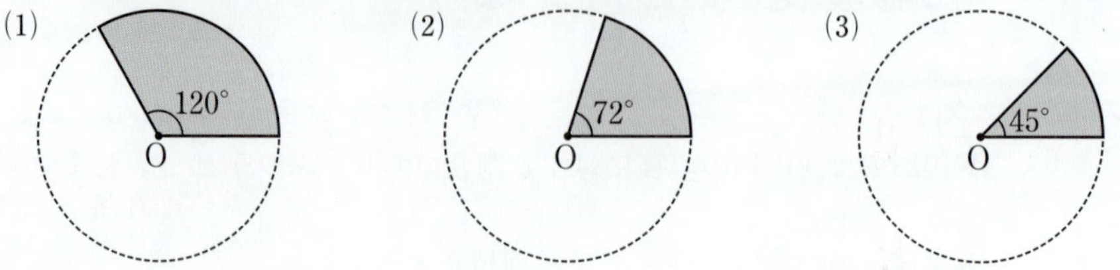

ガイド　(1)　弧の長さも面積も，同じ半径の円の周の長さや面積の $\frac{120}{360}=\frac{1}{3}$ (倍) です。
（中心角が 120°）

(2)　$\frac{72}{360}=\frac{1}{5}$ (倍)　　(3)　$\frac{45}{360}=\frac{1}{8}$ (倍)

解答　弧の長さも面積も，(1)　$\frac{1}{3}$ 倍　　(2)　$\frac{1}{5}$ 倍　　(3)　$\frac{1}{8}$ 倍

問3　次のようなおうぎ形の弧の長さと面積を求めなさい。　教科書 p.161

(1)　半径 6 cm，中心角 60°

(2)　半径 4 cm，中心角 225°

ガイド　半径 r，中心角 a° のおうぎ形の弧の長さを ℓ，面積を S とすると，

$\ell=2\pi r\times\frac{a}{360}$，　$S=\pi r^2\times\frac{a}{360}$

解答　(1)　弧の長さ…$\ell=2\pi\times6\times\frac{60}{360}=2\pi$ (cm)　　<u>**2π cm**</u>

面　　積…$S=\pi\times6^2\times\frac{60}{360}=6\pi$ (cm^2)　　<u>**6π cm^2**</u>

(2)　弧の長さ…$\ell=2\pi\times4\times\frac{225}{360}=5\pi$ (cm)　　<u>**5π cm**</u>

面　　積…$S=\pi\times4^2\times\frac{225}{360}=10\pi$ (cm^2)　　<u>**10π cm^2**</u>

右の図で，印をつけた角は，すべて同じ大きさになっています。このとき，おうぎ形 OAC とおうぎ形 OAD で，次の比を求めましょう。　教科書 p.161

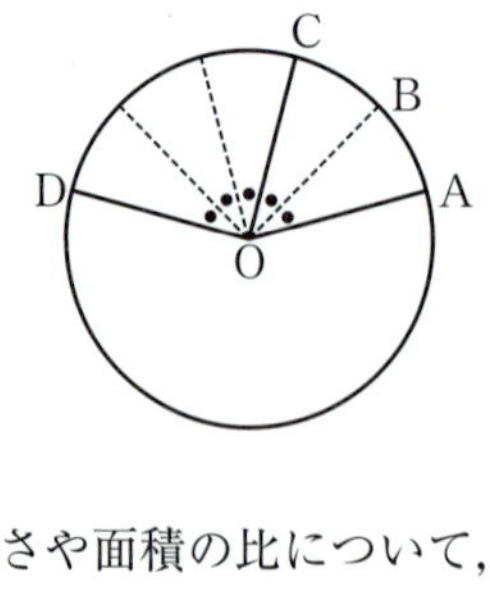

(1)　中心角 ∠AOC と ∠AOD の大きさの比

(2)　$\overset{\frown}{AC}$ と $\overset{\frown}{AD}$ の長さの比

(3)　おうぎ形 OAC とおうぎ形 OAD の面積の比

(1)〜(3)から，2 つのおうぎ形の中心角の大きさの比と弧の長さや面積の比について，どんなことがわかるでしょうか。

ガイド 半径と中心角の大きさが等しい 2 つのおうぎ形は合同です。
2 つのおうぎ形がおうぎ形 OAB の何個分になるかで考えます。

解答 (1) **2：5**　(2) **2：5**　(3) **2：5**

1 つの円では，おうぎ形の弧の長さや面積の比は，中心角の大きさの比と等しくなる。

問4 上の **例題1** のおうぎ形の面積を求めなさい。(図は省略)　教科書 p.162

ガイド 半径 r，中心角 $a°$ のおうぎ形の面積を S とすると，$S=\pi r^2\times\frac{a}{360}$

解答 半径 6 cm，中心角 240° だから，

面積　$S=\pi\times6^2\times\frac{240}{360}=24\pi$ (cm²)　　**24π cm²**

問5 半径 9 cm，弧の長さ 5π cm のおうぎ形の中心角の大きさと面積を求めなさい。　教科書 p.162

ガイド 半径 9 cm の円の周の長さを求め，中心角を $x°$ として比例式をつくります。

解答 半径 9 cm の円の周の長さは 18π cm だから，中心角を $x°$ とすると，

$$5\pi : 18\pi = x : 360$$

これを解くと，　$18\pi\times x=5\pi\times360$

└π でわって，$18\times x=5\times360$

$$x=100$$

中心角 100°

面積 $S=\pi\times9^2\times\frac{100}{360}=\frac{45}{2}\pi$ (cm²)　　**面積 $\frac{45}{2}\pi$ cm²**

参考 中心角の大きさを求めるのに，おうぎ形の弧の長さの公式

$$\ell=2\pi r\times\frac{a}{360}$$

を使って，次のように求めることができます。

中心角を $x°$ とすると，

$$5\pi=2\pi\times9\times\frac{x}{360} \longrightarrow 2\times9\times\frac{x}{360}=5$$

└π でわる，両辺を入れかえる

$$\longrightarrow \frac{x}{20}=5 \longrightarrow x=100$$

参考 教科書 p.243 の $S=\frac{1}{2}\ell r$ を使うと，中心角の大きさを求めなくてもおうぎ形の面積を求めることができます。

$$S=\frac{1}{2}\times5\pi\times9=\frac{45}{2}\pi \text{ (cm}^2\text{)}$$

知ってると，
便利な公式だね！

5章の基本のたしかめ　教科書 p.163

1 次の□にあてはまることばや記号をいいなさい。

(1) 2直線AB, CDが交わってできる角が直角であるとき，ABとCDは□であるといい，AB□CDと表す。

(2) 2直線AB, CDが交わらないとき，ABとCDは□であるといい，AB□CDと表す。

ガイド 2つの直線は，平行か，垂直か，平行でも垂直でもないかのどれかになります。

解答 (1) (順に)　**垂直，⊥**　p.140 問3

(2) (順に)　**平行，//**　p.141 問5

2 下の図のア～オの三角形は，すべて合同な正三角形です。次の(1)～(3)にあてはまる三角形をすべていいなさい。

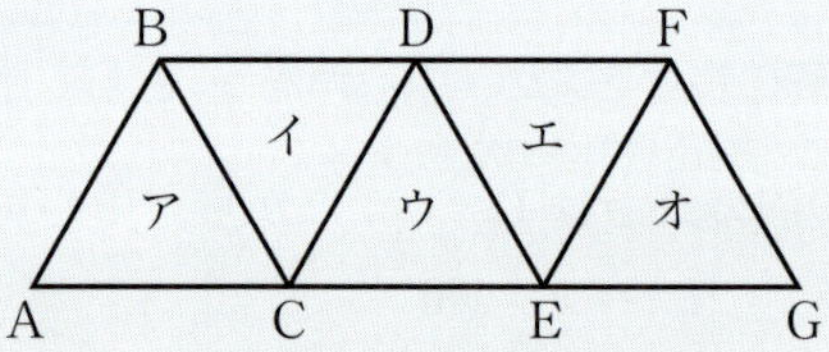

(1) アを，平行移動した三角形

(2) アを，点Cを回転の中心として回転移動した三角形

(3) アを，線分BCを対称(たいしょう)の軸(じく)として対称移動した三角形

ガイド 移動には，平行移動，回転移動，対称移動があります。
平行移動…平面上で図形を，一定の方向に，一定の長さだけずらして移す。
回転移動…平面上で図形を，1つの点Oを中心として，一定の角度だけまわして移す。
対称移動…平面上で図形を，1つの直線ℓを折り目として，折り返して移す。

解答 (1) **ウ，オ**

(2) **イ，ウ**

(3) **イ**　(1)～(3) p.148 ①

参考 (1) ウは，アをACの方向に，ACの長さだけ平行移動したもの
オは，アをACの方向に，ACの2倍の長さだけ平行移動したもの

(2) イは，アを点Cを中心として，時計の針の回転と同じ向きに60°回転移動したもの
ウは，アを点Cを中心として，時計の針の回転と同じ向きに120°回転移動したもの

3 右の図の △ABC で，次の作図をしなさい。

(1) 辺 AB の垂直二等分線

(2) ∠C の二等分線

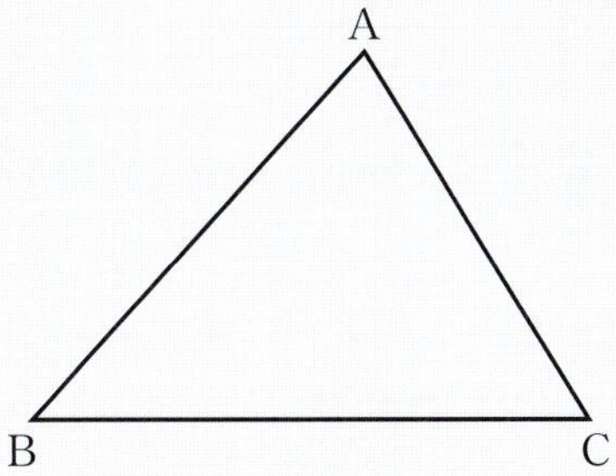

解答 （作図）

(1) 辺 AB の両端 A，B をそれぞれ中心として，等しい半径の円をかく。

この 2 つの円の交点を P，Q とすると，直線 PQ が，辺 AB の垂直二等分線である。

p.151 問1

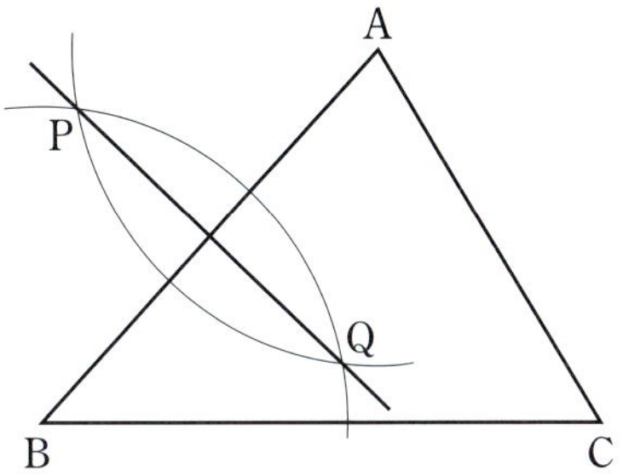

(2) 点 C を中心とする円をかき，辺 AC，BC との交点を，それぞれ P，Q とする。

次に，2 点 P，Q をそれぞれ中心として，半径 CP の円をかき，その交点の 1 つを R とする。C と R を結んだ半直線が，∠C の二等分線である。

p.151 問2

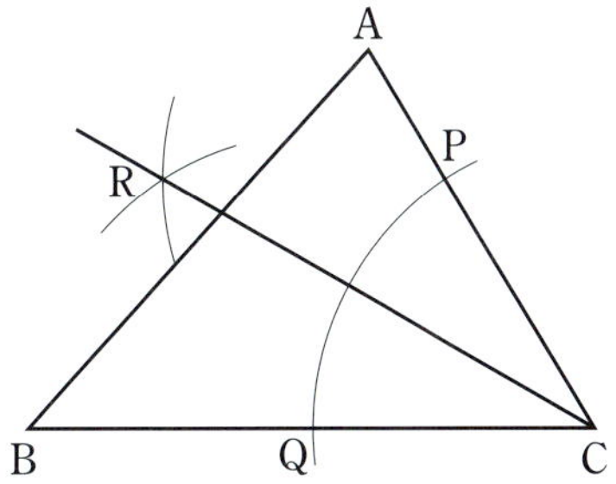

4 半径 6 cm，中心角 150° のおうぎ形の弧（こ）の長さと面積を求めなさい。

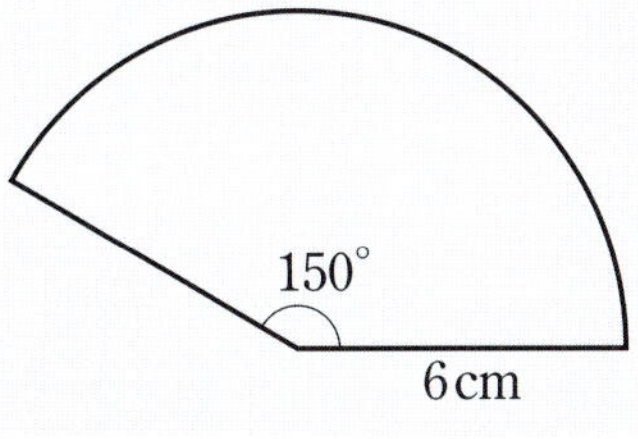

ガイド 半径 r，中心角 $a°$ のおうぎ形の弧の長さ ℓ と面積 S を求める公式は，

$\ell=2\pi r\times\dfrac{a}{360}$，　$S=\pi r^2\times\dfrac{a}{360}$

解答 弧の長さ…$\ell=2\pi\times6\times\dfrac{150}{360}=5\pi$ (cm)　　**5π cm**

面　　積…$S=\pi\times6^2\times\dfrac{150}{360}=15\pi$ (cm²)　　**15π cm²**

p.161 問3

5章の章末問題　教科書 p.164〜165

1　左の図の平行四辺形ABCDで，平行な辺AB，DC間の距離を表す線分PQを示しなさい。
（図は省略）

ガイド　辺AB，DC間の距離を示す線分は，辺AB，DCに垂直な線分だから，点Pを通る辺ABの垂線をひけばよいことになります。

解答

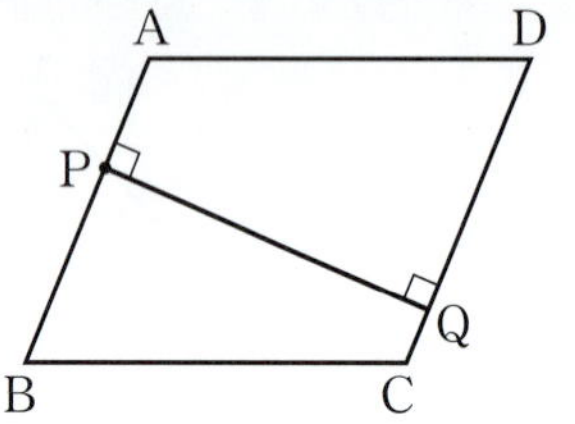

点Pを通る辺ABの垂線をひき，辺DCとの交点をQとすると，線分PQが，辺AB，DC間の距離を示す線分となる。

参考　AB∥DC だから，点Pを通る辺DCの垂線をひいてもよいです。

テストによく出る

2

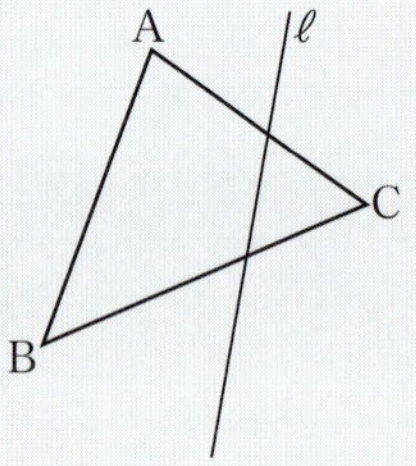

左の図の△ABCを，直線ℓを対称の軸として対称移動した図をかきなさい。

ガイド　対称移動で移りあう図形は対称の軸について線対称です。
対応する点を結んだ線分は，対称の軸と垂直に交わり，その交点で2等分されます。

解答　（かき方）

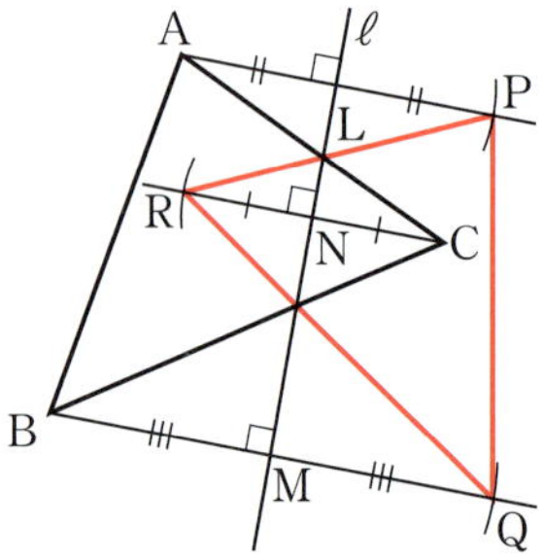

1組の三角定規を使って，A，B，Cからℓに垂線をひき，ℓとの交点をそれぞれ，L，M，Nとする。
AL＝PL，BM＝QM，CN＝RN
となるP，Q，Rをコンパスを使って求める。
（測ってもよい）
△PQRが対称移動した図である。

参考　点Aを通ってℓに垂線をひくとき，教科書153ページで学習した，「直線上にない1点を通る垂線の作図」の方法にしたがって作図してもよいでしょう。
教科書では，定規とコンパスによる作図（基本作図）のときは，「作図しなさい」としています。今回のように，「かきなさい」の場合は，特にこれにこだわることはありません。

テストによく出る

3

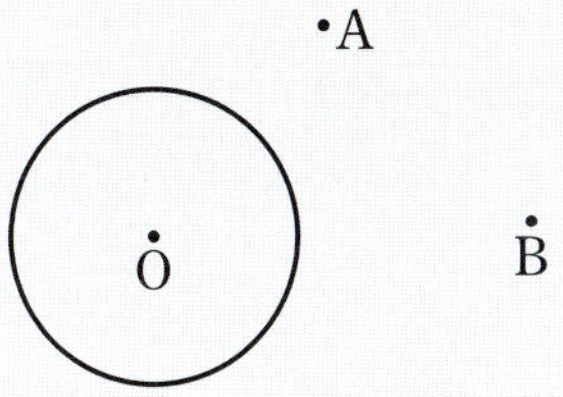

左の図のように，2点A，Bと円Oがあります。
円Oの周上にあって，

AP＝BP

となる点Pを作図しなさい。

ガイド AP＝BP となる点Pは，線分 AB の垂直二等分線上にあります。したがって，その垂直二等分線と円Oの周との交点がPです。交点Pは2つあります。

解答 （作図）

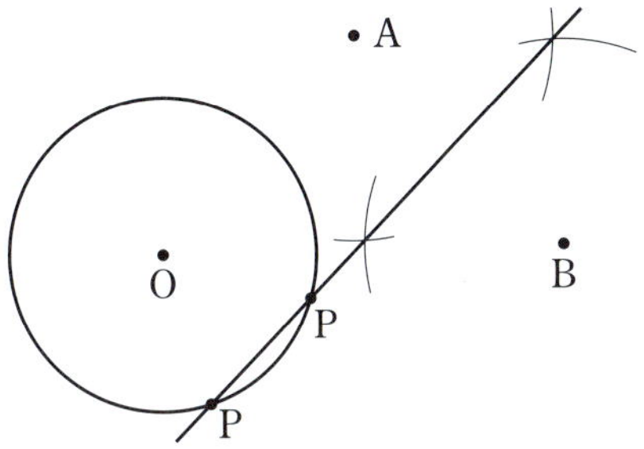

ミスに注意
図形や点を求めるとき，2つあることがある。1つだけ求めて安心しないように。

テストによく出る

4

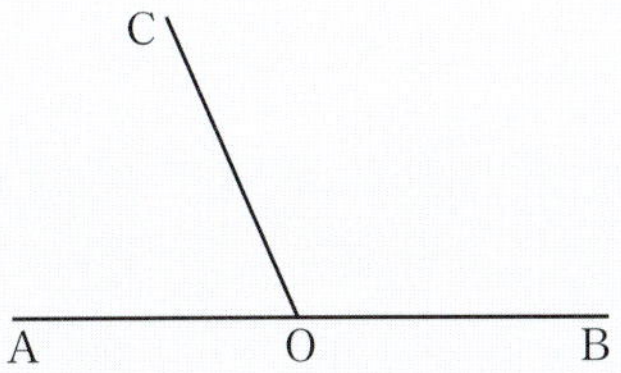

左の図は，直線 AB 上の点Oから，半直線 OC をひいたものです。
∠AOC，∠BOC のそれぞれの二等分線 OP，OQ を作図しなさい。
このとき，∠POQ の大きさは何度になりますか。

ガイド 一直線によってできる角は 180° です。よって，∠AOC＋∠BOC＝180° です。

解答 （作図）

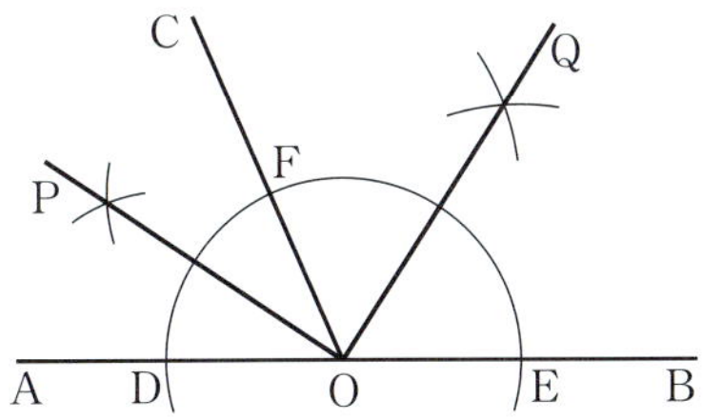

点Oを中心に円をかき，OA，OB，OC との交点をそれぞれ，D，E，F とする。
点D，F をそれぞれ中心に同じ半径の円をかき，その交点とOを通る半直線 OP が ∠AOC の二等分線である。同じようにして，∠BOC の二等分線 OQ をひく。

$$\angle POQ=\frac{1}{2}\angle AOC+\frac{1}{2}\angle BOC$$
$$=\frac{1}{2}(\angle AOC+\angle BOC)$$
$$=\frac{1}{2}\times 180^\circ$$
$$=90^\circ$$

∠POQ＝90°

5章 平面図形

テストによく出る

5 半径 6 cm，面積 30π cm^2 のおうぎ形の中心角の大きさを求めなさい。

ガイド 半径の等しい円とおうぎ形では，
(おうぎ形の面積)：(円の面積)＝(中心角の大きさ)：360

解答 半径 6 cm の円の面積は 36π cm^2 だから，中心角を $x°$ とすると，

$$30\pi : 36\pi = x : 360$$

$$36\pi \times x = 30\pi \times 360$$

（πでわって，36でわる）

$$x = 30 \times 10$$

$$x = 300$$

300°

参考 半径 r，中心角 $x°$ のおうぎ形の面積を S とすると，

$$S = \pi r^2 \times \frac{x}{360}$$

$$30\pi = 36\pi \times \frac{x}{360}$$

（πでわって，左右を入れかえる）

$$36 \times \frac{x}{360} = 30$$

$$\frac{x}{10} = 30$$

$$x = 300$$

6 右の図のように，半径 8 cm，中心角 90° のおうぎ形 OAB を，OB を直径とする半円によって 2 つに分けます。このとき，2 つの図形 P，Q の周の長さと面積を，それぞれ求めなさい。

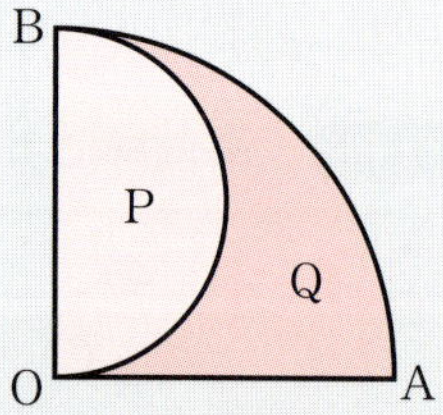

ガイド 半径 r の円の周の長さを ℓ，面積を S とすると，
$\ell = 2\pi r$,　$S = \pi r^2$

解答 P の周の長さ…$8\pi \times \dfrac{1}{2} + 8 = 4\pi + 8$ (cm)　**$4\pi + 8$ (cm)**

P の面積…$\pi \times 4^2 \times \dfrac{1}{2} = 16\pi \times \dfrac{1}{2} = 8\pi$ (cm^2)　**8π cm^2**

Q の周の長さ…$\overset{\frown}{AB} + \overset{\frown}{BO} + OA = 16\pi \times \dfrac{1}{4} + 8\pi \times \dfrac{1}{2} + 8$

$= 4\pi + 4\pi + 8 = 8\pi + 8$ (cm)　**$8\pi + 8$ (cm)**

Q の面積…$(P+Q) - P = \pi \times 8^2 \times \dfrac{1}{4} - 8\pi = 64\pi \times \dfrac{1}{4} - 8\pi = 8\pi$ (cm^2)　**8π cm^2**

参考 P と Q は形は違っていても，面積は同じになります。

テストによく出る

7 1辺が10 cmの正方形の内側にかかれた下のような図で，色をつけた部分の面積を求めなさい。

(1)
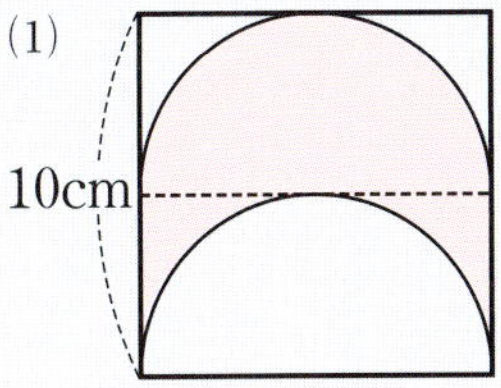

(2)
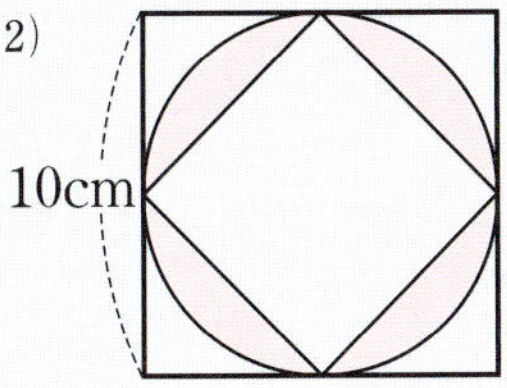

(3)
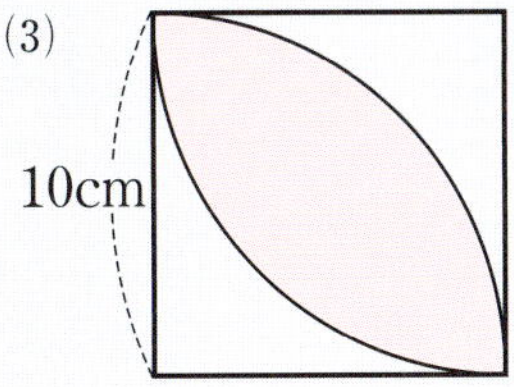

ガイド
(1) 半円部分を下に平行移動します。
(2) 中の正方形は，外の正方形の半分の大きさになっています。
(3) 半径 **10 cm** の円の $\frac{1}{4}$ の面積から直角二等辺三角形の面積をひいて考えます。

解答
(1) 上の半円部分を下に平行移動すると，縦 5 cm，横 10 cm の長方形になるので，求める面積は，

$5\times10=50\ (\mathrm{cm}^2)$

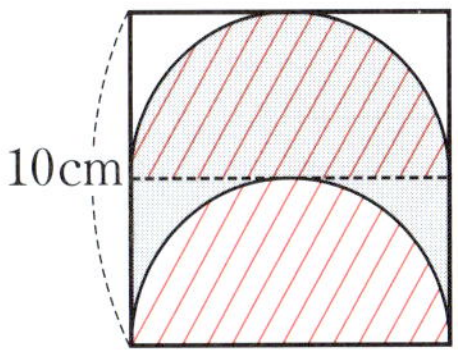

$50\ \mathrm{cm}^2$

(2) (半径 5 cm の円の面積)−(中の正方形の面積)

$=25\pi-10\times10\times\frac{1}{2}$

$=25\pi-50\ (\mathrm{cm}^2)$

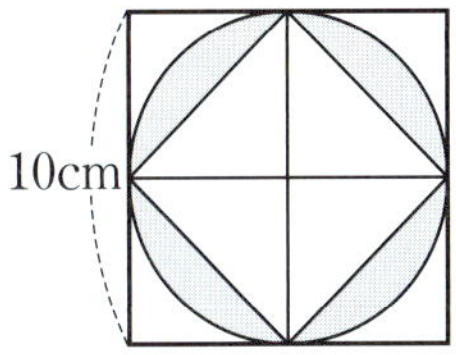

$25\pi-50\ (\mathrm{cm}^2)$

(3) {(おうぎ形 BAC の面積)−(△ABC の面積)}×2
となるので，求める面積は，

$\left(100\pi\times\frac{1}{4}-\frac{1}{2}\times10\times10\right)\times2$

$=(25\pi-50)\times2$

$=50\pi-100\ (\mathrm{cm}^2)$

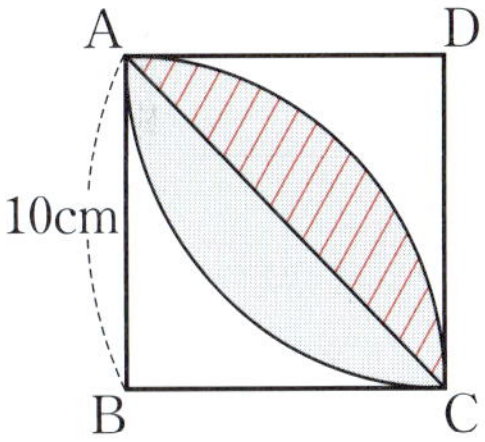

$50\pi-100\ (\mathrm{cm}^2)$

参考 (3)は，次の解き方でも求められます。
(おうぎ形 BAC の面積)+(おうぎ形 DAC の面積)−(正方形 ABCD の面積)

$=100\pi\times\frac{1}{4}+100\pi\times\frac{1}{4}-10\times10$

$=25\pi+25\pi-100$

$=50\pi-100\ (\mathrm{cm}^2)$

5章 平面図形

水飲み場はどこ？

千思万考 〜せんしばんこう〜

教科書 p.165

下の図で，放牧場Aからの帰りに，川で羊に水を飲ませてから小屋Bへ帰ります。
羊の水飲み場をPとするとき，AP+BP が最短になるPの位置は，直線 ℓ 上のどこになるでしょうか。

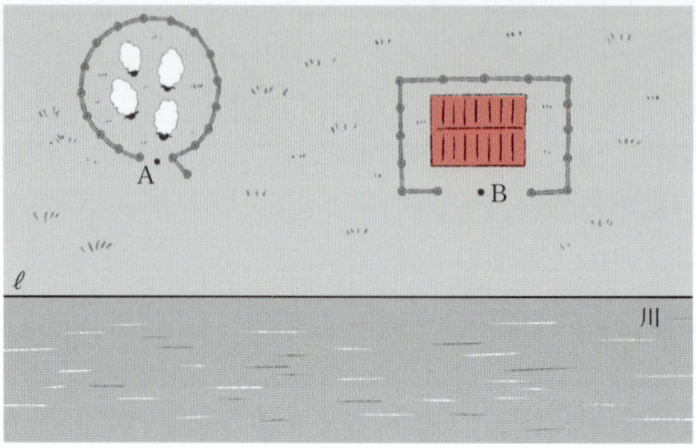

ガイド 点Bを，直線 ℓ を対称の軸として対称移動した点Cをとります。
次に，直線 ℓ 上に点Pをとって，AとP，BとP，CとPを結びます。
点Bと点Cは直線 ℓ について対称になっているので，
BP=CP だから，AP+BP=AP+CP
よって，AP+BP を最短にするには，AP+CP を最短にすればよいわけです。
したがって，A，P，C が一直線に並ぶように点Pをとれば，AP+BP は最短になります。

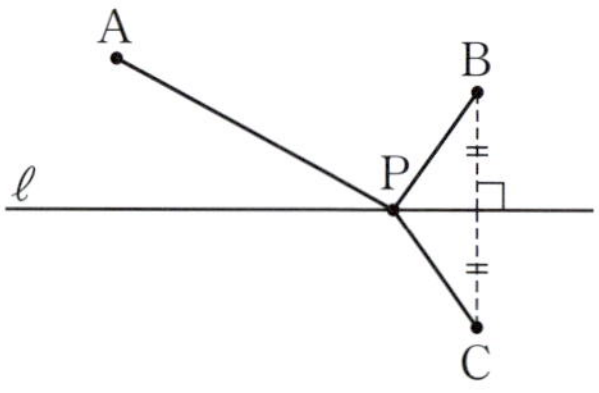

解答 (作図)

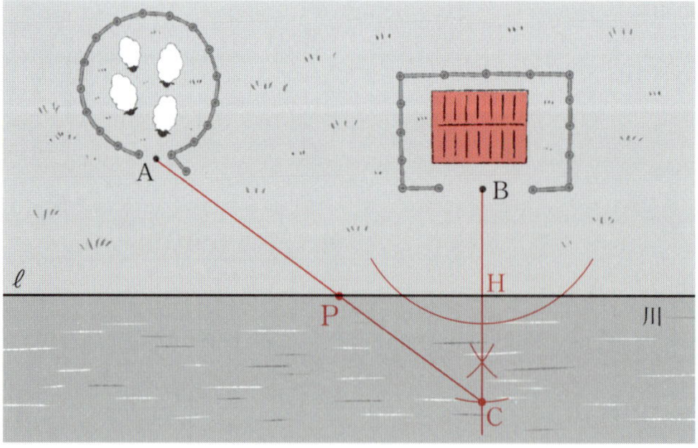

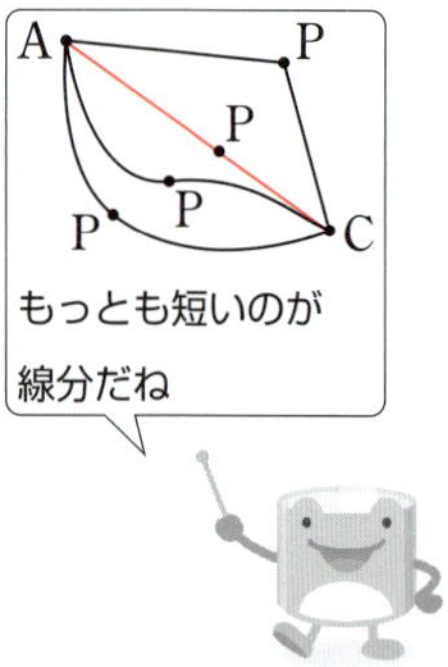

点Bから直線 ℓ に垂線をひき，その交点をHとする。その垂線上に，BH=CH となるように点Cをとる。AとCを結び，線分 AC と直線 ℓ との交点をPとすると，
AP+BP=AP+CP で，AP+CP は一直線なので，AP+BP は最短となる。

参考 点Aを，直線 ℓ を対称の軸として対称移動し，対称移動した点とBを結んでもよいです。

6章 空間図形

1節 立体と空間図形

立体をなかま分けしよう

下の写真の建物は，次のページのア～カのどの立体とみることができるでしょうか。

（写真は省略）

解答 およそのイメージで判断します。

青森県観光物産館アスパム …**ア**（三角柱）
習志野（ならしの）市営水道第２給水場 …**ウ**（円柱）
北九州市役所 …**エ**（直方体）
仁摩（にま）サンドミュージアム …**イ**
愛媛（えひめ）県総合科学博物館 …**オ**
名古屋市科学館 …**カ**（球）

ふりかえり 小学校では下のような立体を学んでいます。それぞれの立体の名前を書きましょう。 **教科書 p.167**

解答

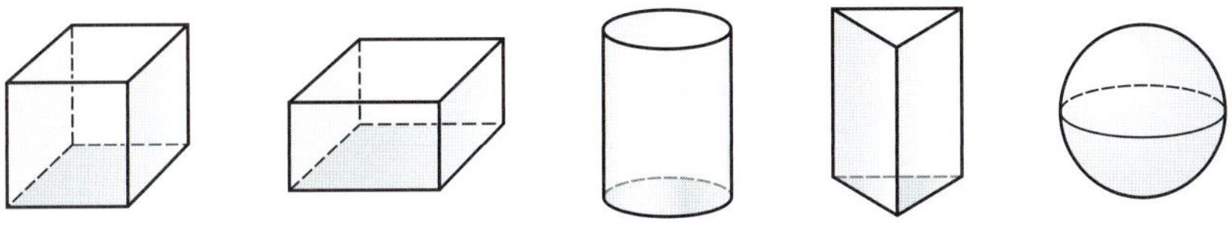

立方体　直方体　円柱　三角柱　球

みんなで話しあってみよう

教科書 p.167

ア～カの立体を，いろいろな見方でなかま分けしましょう。
また，どのようになかま分けしたのかを説明しましょう。（図は省略）

解答例 次のような観点でなかま分けします。

- 辺にあたるものがまっすぐか曲がっているか。
  まっすぐ（ア，イ，エ）　曲がっている（ウ，オ，カ）
- 面は平らか曲がっているか。
  平ら（ア，イ，エ）　曲がっている（ウ，オ，カ）
- さきのとがった部分があるか。
  ある（イ，オ）　ない（ア，ウ，エ，カ）
- 横から水平に切ったときの切り口がどんな形になっているか。
  多角形（ア，イ，エ）　円（ウ，オ，カ）

1 いろいろな立体

学習のねらい

いろいろな立体のうちで，基本的なものとして，角柱と角錐，円柱と円錐があります。ここでは，見取図と展開図をもとにして，それらの性質についてくわしく調べます。

教科書のまとめ　テスト前にチェック

□いろいろな立体

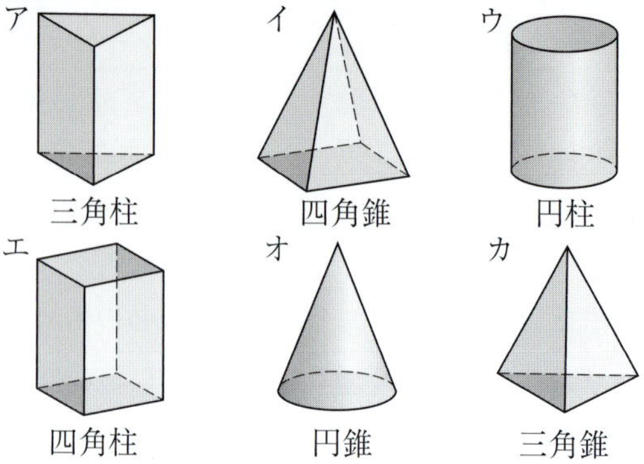

□角錐と円錐の底面，側面，頂点

▶角錐や円錐でも，右の図に示したように，**底面**と**側面**があります。また，図に示した点Aを，それぞれ，角錐，円錐の**頂点**といいます。

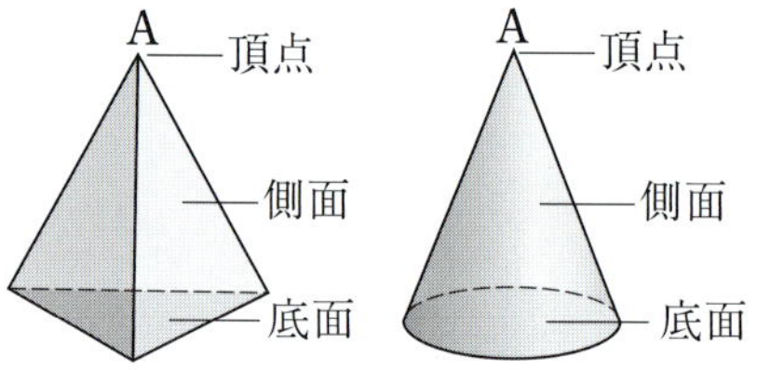

□多面体

▶いくつかの平面で囲まれた立体を**多面体**といい，その面の数によって，四面体，五面体，六面体，……といいます。

□立体の見取図

▶立体の見かけの形をある位置から見て表したものを**見取図**といいます。

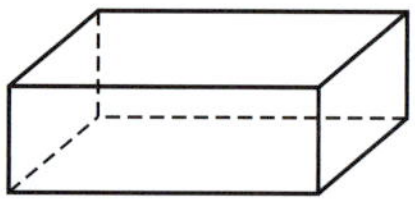

特に，決められてはいませんが，平行な辺は平行に表します。見える辺は実線，見えない辺は破線で表します。角度や辺の長さは，実際の図形と一致しません。

□立体の展開図

▶立体のすべての面をひろげて平面に表した図を**展開図**といいます。

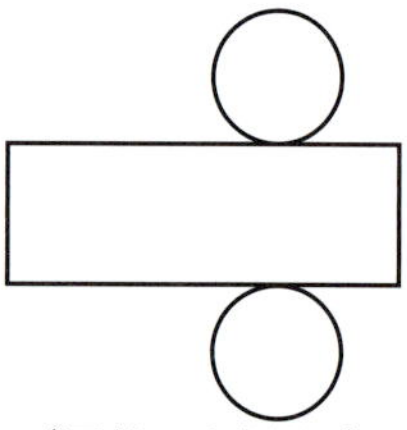
(円柱の展開図)

□正角柱

▶正三角形，正方形，……など，正多角形を底面にもつ角柱を，それぞれ正三角柱，正四角柱，……といいます。

□正角錐

▶角錐の底面が正三角形，正方形，……など正多角形で，側面がすべて合同な二等辺三角形であるとき，この角錐を，それぞれ，正三角錐，正四角錐，……といいます。

教科書 p.168

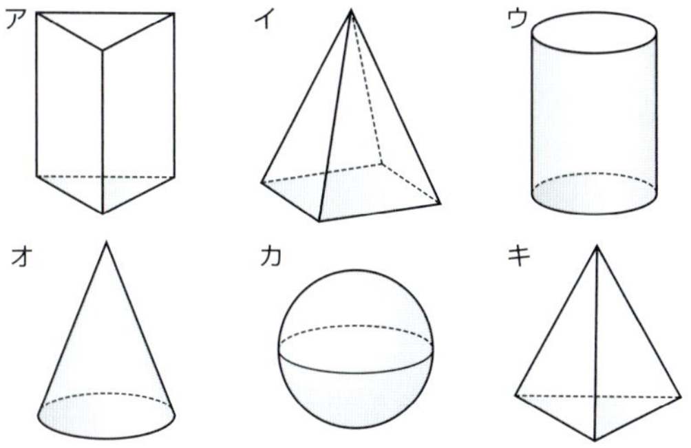

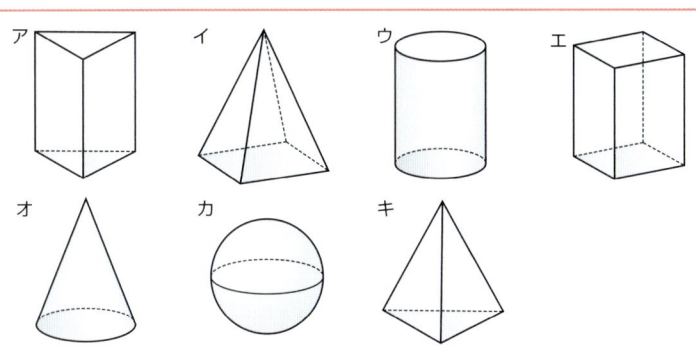

上のイ，オ，キの立体に共通する特徴は何でしょうか。

解答 **さきがとがった立体である。**

参考 イ，キのような立体を角錐，オのような立体を円錐といいます。
イは四角錐，キは三角錐といいます。

教科書 p.169

教科書 p.168 のア～キの立体で，平面だけで囲まれているものをいいましょう。また，それらの立体は，それぞれ，いくつの平面で囲まれているでしょうか。(図は省略)

ガイド 平らな面を平面といい，曲がった面を曲面といいます。

解答 **ア…5つの平面，イ…5つの平面，エ…6つの平面，キ…4つの平面**

参考 平面と曲面で囲まれているもの … ウ，オ
曲面だけで囲まれているもの … カ

教科書 p.169

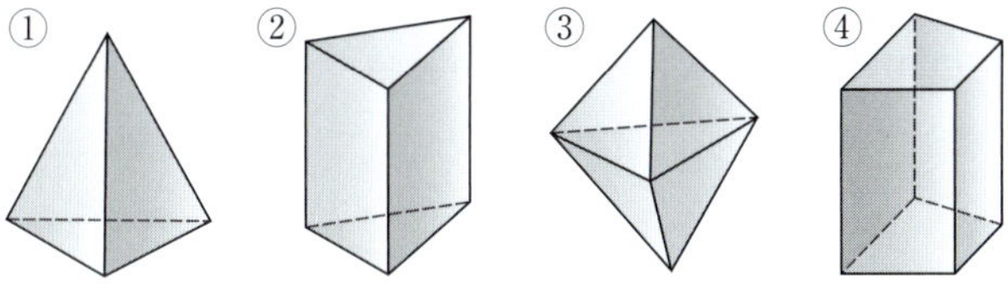

問 1 上の①～④の立体は，それぞれ何面体ですか。

ガイド いくつかの平面で囲まれた立体を多面体といい，その面の数によって，四面体，五面体，六面体，……といいます。

解答 ① **四面体**　② **五面体**　③ **六面体**　④ **六面体**

教科書 p.169

問 2 面の数がもっとも少ない多面体は，何面体ですか。

ガイド 立体をつくるのに，最小でいくつの面が必要かを考えます。

解答 **四面体**

参考 四面体とは三角錐のことで，すべての面が三角形でつくられています。

角柱と角錐

問3 上の展開図をもとにして三角柱をつくるとき，点Aと重なる点に○の印をつけなさい。
また，辺ABと重なる辺に〰〰の印をつけなさい。(図は省略)　教科書 p.170

ガイド 頭の中で立体を組み立てて考えてみるか，方眼紙に展開図をかき，切り取って組み立ててみましょう。

解答

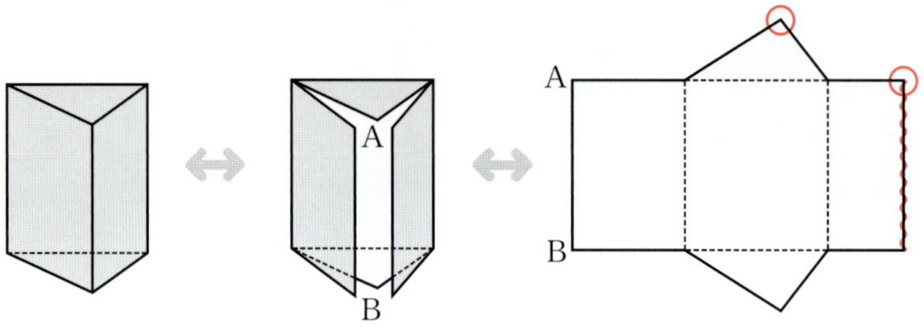

問4 正三角柱の側面の3つの長方形について，どんなことがいえますか。　教科書 p.170

ガイド 底面は正三角形だから，3つの辺の長さはすべて等しくなっています。

解答 3つの長方形は，すべて横の長さ(正三角形の1辺)が等しく，縦の長さ(高さは共通)が等しいから，**3つとも合同な長方形になっている。**

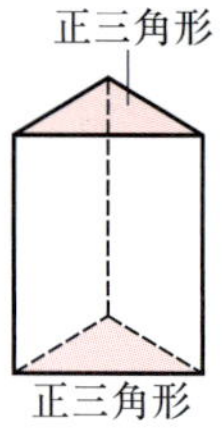

問5 右の図のような，底面が1辺4cmの正方形で，4つの側面のすべてが，高さ3cmの二等辺三角形である四角錐があります。
下の図で，この四角錐の展開図を完成させなさい。　教科書 p.171

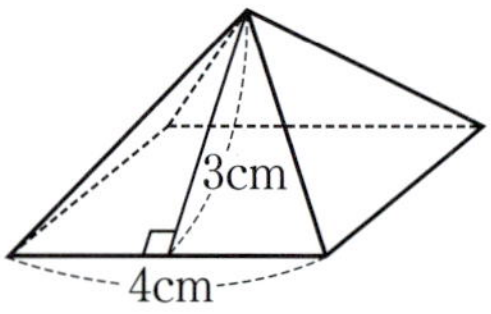

ガイド 方眼を使って側面をかくので，二等辺三角形の底辺と高さが方眼の目の数で数えられるようにします。
したがって，底面の正方形の1辺を底辺とする二等辺三角形をかきます。

解答 正方形の各辺の中点から3cmの高さをとって，側面の二等辺三角形をかく。
展開図は右の図

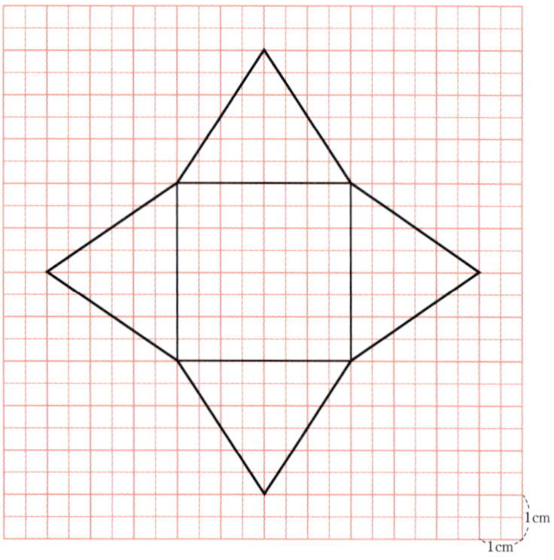

問 6 右の展開図をもとにして四角錐をつくるとき，点A と重なる点に○の印をつけなさい。 教科書 p.172

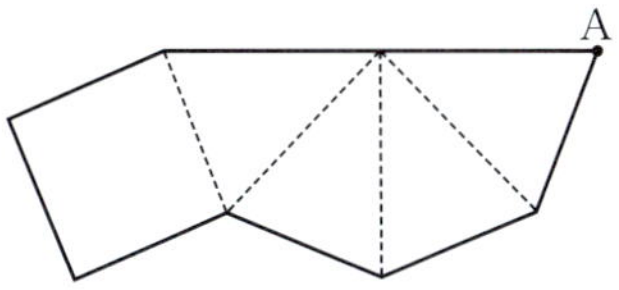

ガイド わかりやすいところから，重なる頂点に印をつけていきましょう。(この場合は 1 つです。)

解答

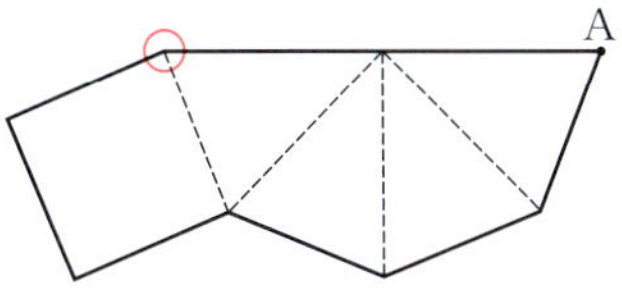

円柱と円錐

下の写真のような，ごみ取り用ローラーのシートを 1 周分はがすと，どんな図形になるでしょうか。 教科書 p.172

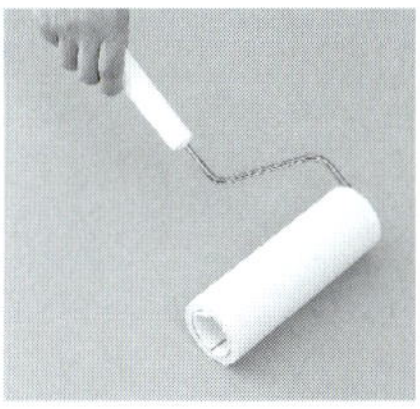

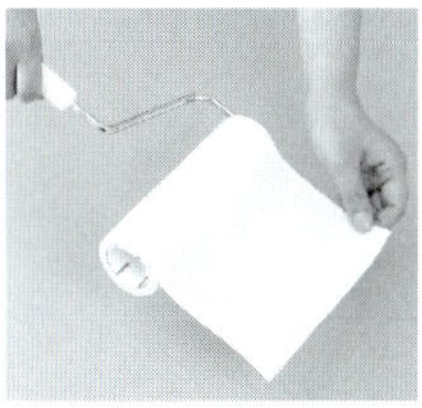

ガイド 写真のようすから考えます。円柱の側面を切りひらいてうつした形になります。

解答 **長方形**

(1 辺の長さがローラーの幅，他の辺が (外側の) 円の 1 周分に等しい長方形)

問 7 右のような，底面の直径が 3 cm で，高さが 5 cm の円柱があります。
下の図で，この円柱の展開図を完成させなさい。
また，この展開図で，組み立てたときに線分 AB と重なるところに〰〰の印をつけなさい。 教科書 p.173

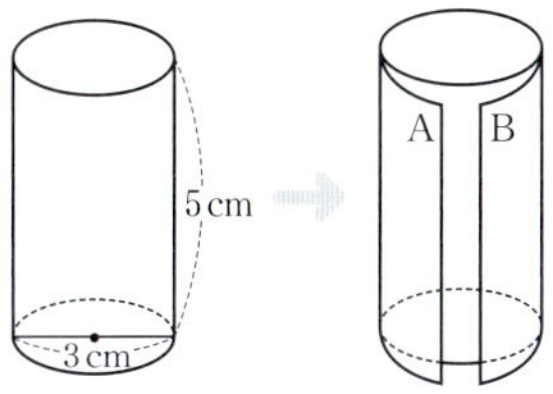

ガイド 円柱では，2 つの底面は合同な円で，側面は曲面です。
また，側面の展開図は長方形になります。
側面の長方形の横の長さ AB は，底面の円周の長さと等しく，縦の長さは円柱の高さに等しくなります。

解答　側面の長方形の縦の長さは5 cm，横の長さABは底面の円周の長さと等しく，

$3\times3.14=9.42$ (cm)

となる。

展開図は右の図

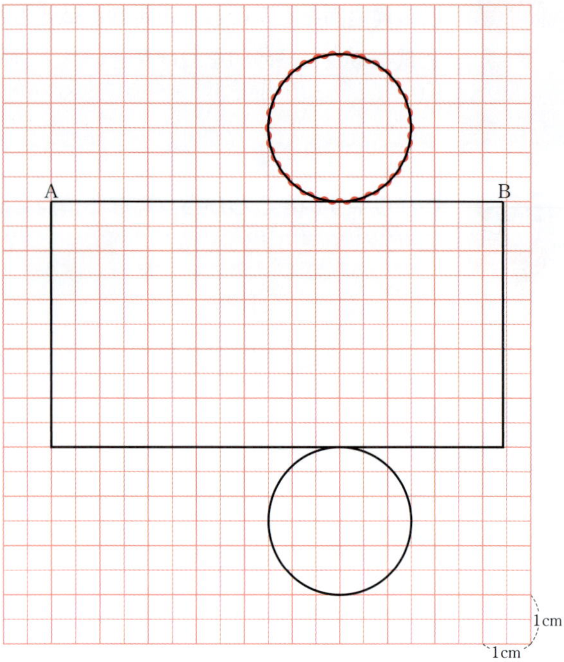

右の写真のような，アイスクリームの包み紙をひらくと，どんな図形になるでしょうか。

教科書 p.174

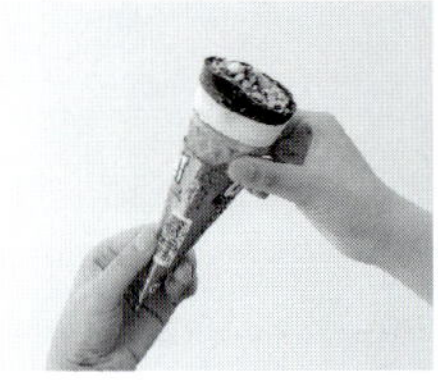

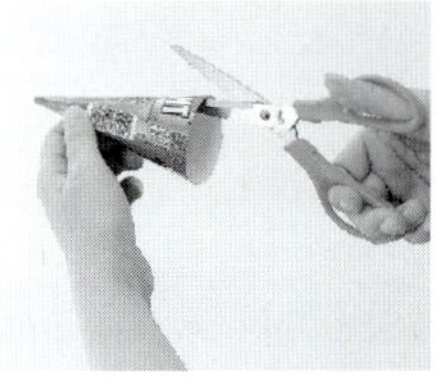

ガイド　写真のようすから考えます。円錐の側面を切りひらいてうつした形になります。

解答　**おうぎ形**

教科書 p.174

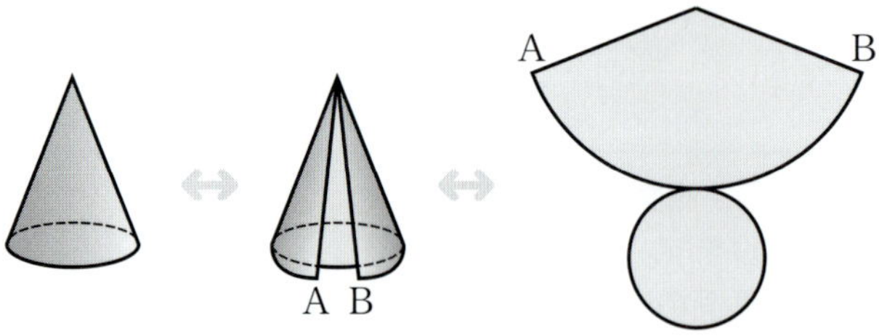

問8　上の展開図をもとにして円錐をつくるとき，$\overset{\frown}{AB}$ と重なるところに〰〰の印をつけなさい。

ガイド　円錐の底面は１つの円で，側面は曲面です。
また，側面の展開図はおうぎ形になります。
おうぎ形の弧の長さは，底面の円周の長さと等しくなります。

解答　右の図

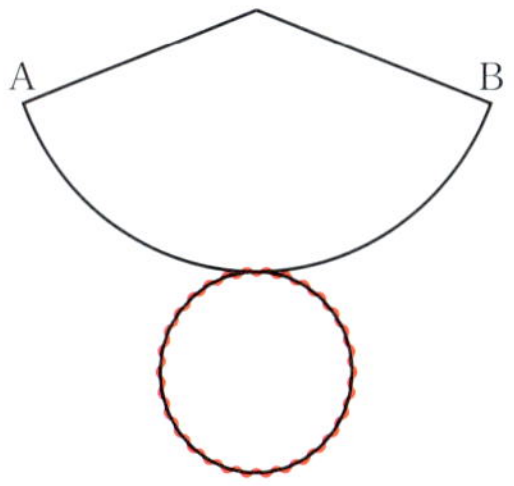

練習問題　1 いろいろな立体　p.174

① 右の図で，色をつけた部分は，すべての面が合同な正三角形である三角錐の展開図の一部です。
残りの１つの面を，図のア～オのどの位置につければ，三角錐の展開図になるでしょうか。
すべて答えなさい。

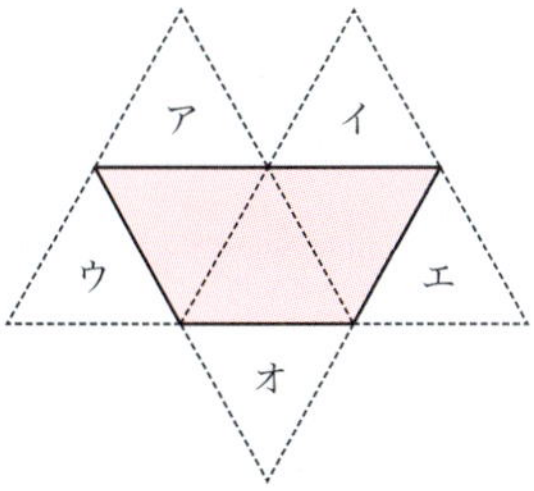

ガイド　ア～オの位置にそれぞれ正三角形を１つつけた図を，組み立てるとできる立体を考えます。
まず，色のついた３つの正三角形を組み立てかけた図の，どの辺にア～オの正三角形がつくかを考えた図が右の図です。
次に，ア～オの正三角形をつけて，組み立てかけた図が下の図です。

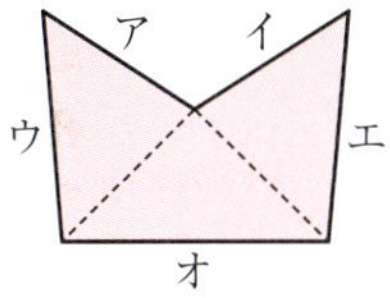

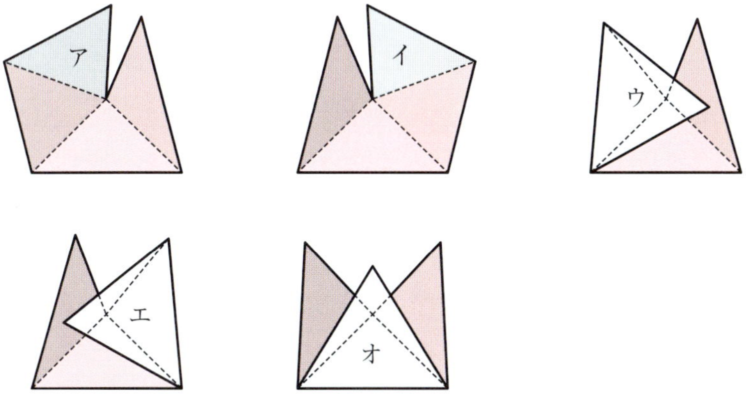

解答　ウ，エ，オ

2 空間内の平面と直線

学習のねらい

空間図形を考えるとき，もっとも基礎になるのは平面と直線です。ここでは，平面と直線について基本的なことを学習し，さらに，平面と直線の位置関係について考えます。

教科書のまとめ　テスト前にチェック

□平面
▶平面とは，平らに限りなくひろがっている面をいいます。

□平面の決定
▶同じ直線上にない3点を通る平面は1つしかありません。また，交わる2直線をふくむ平面，平行な2直線をふくむ平面も1つしかありません。

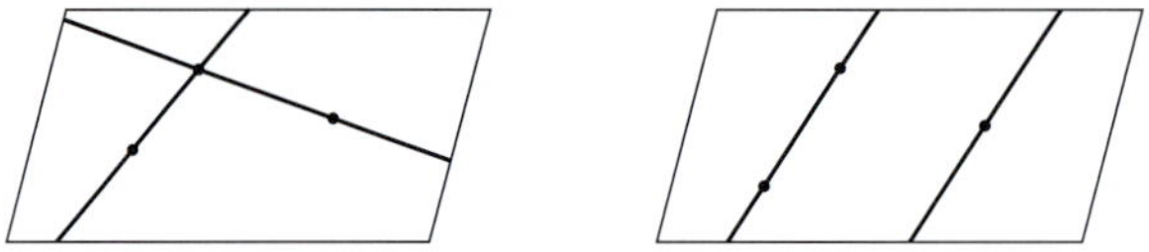

交わる2直線　　平行な2直線

□ねじれの位置
▶空間内の2直線が，平行でなく，交わらないとき，その2直線は，**ねじれの位置**にあるといいます。

□2直線の位置関係
▶空間内の2直線の位置関係には，次の3つの場合があります。

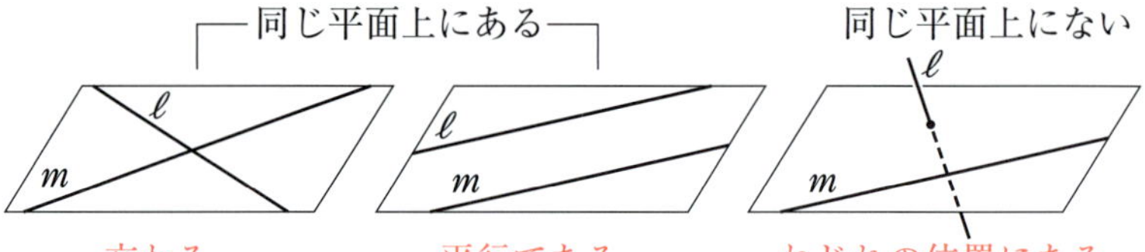

交わる　　平行である　　ねじれの位置にある

交わらない

□直線と平面の位置関係
▶直線と平面の位置関係には，次の3つの場合があります。

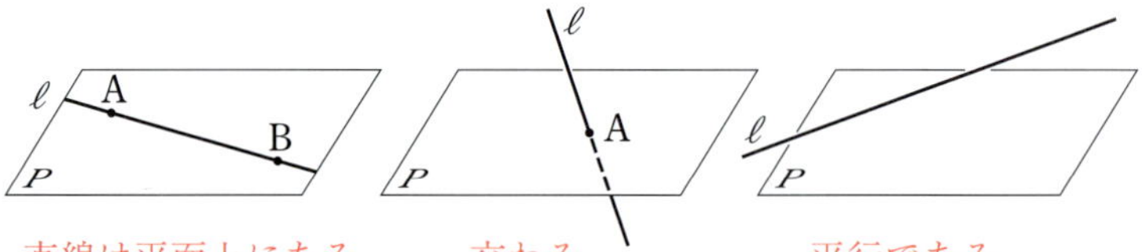

直線は平面上にある　　交わる　　平行である

□点と平面との距離
▶点と平面を結ぶ線分のうち，右の図の点Aから平面Pにひいた垂線AHのようにもっとも短いものを，**点と平面との距離**(きょり)といいます。角錐や円錐では，頂点と底面との距離を，角錐や円錐の高さといいます。

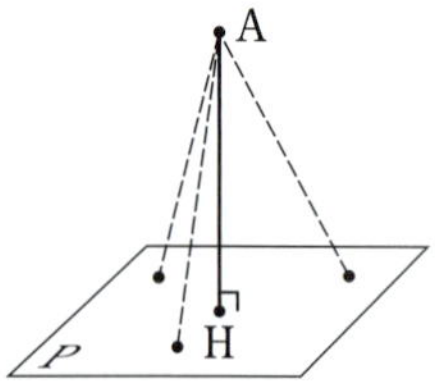

□2平面の位置関係
▶2つの平面の位置関係には，次の2つの場合があります。

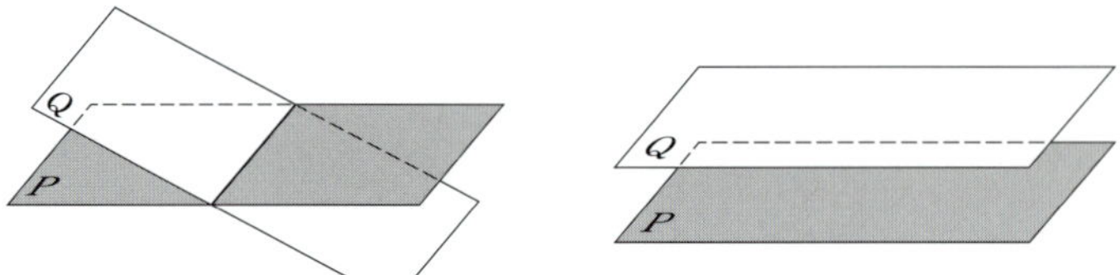

交わる　　平行である

教科書 p.175

右の写真の中から，平面や直線とみることができるものを見つけましょう。

解答例 〈平面とみることができるもの〉

壁，床，楽譜，ピアノの上ぶた など

〈直線とみることができるもの〉

フルート，バイオリンの弓，ピアノの脚，ピアノの上ぶたの支え棒 など

教科書 p.176

自分のことばで伝えよう

三脚を使ってカメラを支えると安定しますが，机のように脚が4本だとぐらつくことがあります。
その理由を説明しましょう。

ガイド 平面を決定する条件から考えてみましょう。

解答例 **脚が4本では，平面が複数できるので，脚の着いている平面が1つに決まらないため。**
3本脚ならば，脚の長さが違っていても脚の着いている平面が1つに決まる（同じ直線上にない3点で1つの平面が決まる）から，三脚は安定して動かない。

2 直線の位置関係

教科書 p.176

右の図の立方体で，辺を直線とみたとき，直線CGと交わる直線はどれでしょうか。また，交わらない直線はどれでしょうか。

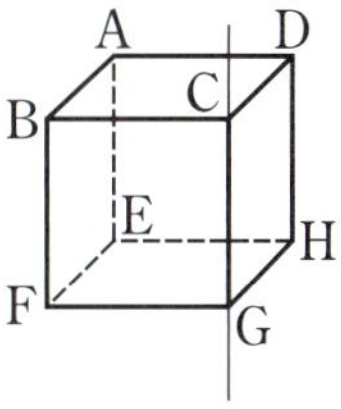

ガイド 辺を延長して考えてみましょう。

解答 交わる直線…**直線BC，直線CD，直線FG，直線GH**

交わらない直線…**直線BF，直線AE，直線DH，直線AB**

直線EF，直線AD，直線EH

問1 2本の鉛筆を2つの直線とみて，2直線のいろいろな位置関係を示しなさい。

教科書 p.177

ガイド 空間内の2直線が，平行でなく，交わらないとき，その2直線は，ねじれの位置にあるといいます。

解答例

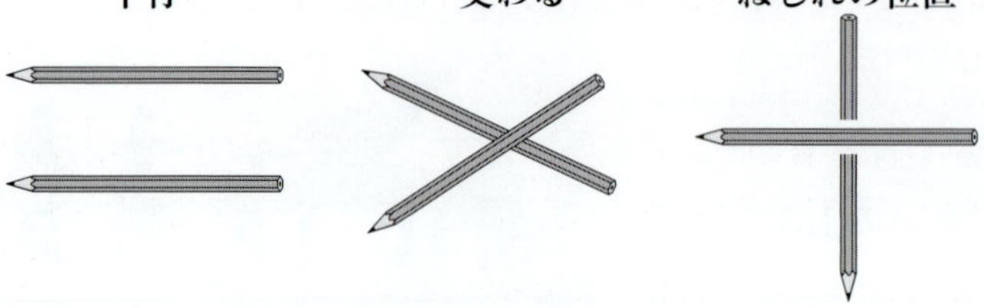

問2 右の図の正四角錐で，次の関係にある直線をいいなさい。
教科書 p.177

(1) 直線 BC と交わる直線

(2) 直線 BC と平行な直線

(3) 直線 BC とねじれの位置にある直線

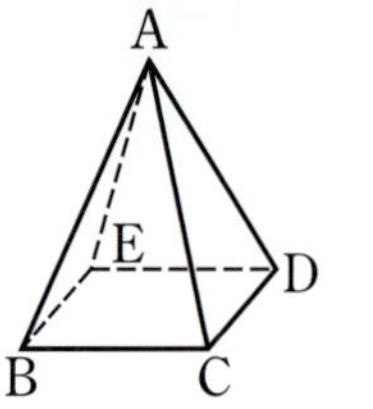

ガイド 空間内の 2 直線が，同じ平面上にない場合，その 2 直線は，ねじれの位置にあるといいます。

解答

(1) **直線 AB，直線 BE，直線 AC，直線 CD**

(2) **直線 ED**

(3) **直線 AE，直線 AD**

みんなで話しあってみよう
教科書 p.177

身のまわりから，平行やねじれの位置にある 2 直線とみることができるものを見つけましょう。どんなものがあるでしょうか。

ガイド 空間内の 2 直線のうち，次のものを見つけます。
平行…同じ平面上にあって交わらない
ねじれの位置…同じ平面上にない

解答例 〈平行とみることができるもの〉
窓ガラスの上下・左右のわく，橋のらんかん など
〈ねじれの位置とみることができるもの〉
立体交差する道路や線路，空を行き交う飛行機の航路，教室の柱と蛍光灯，車道と歩道橋 など

直線と平面の位置関係

右の図の立方体で，辺を直線，面を平面とみたとき，直線 BC と平面 EFGH は，どんな位置関係にあるでしょうか。また，直線 BC とほかの 5 つの平面とはどうでしょうか。
教科書 p.178

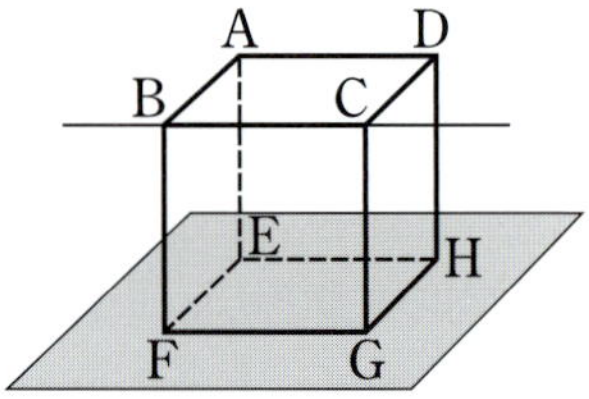

ガイド 辺も面も限りなく続いていると考えて，いろいろな場合を考えてみましょう。その位置関係を，交わる，平行である（交わらない），直線は平面上にある，の３つの場合に分けてみましょう。

解答 直線 BC と平面 EFGH…**平行である**

直線 BC と平面 ABCD…**直線は平面上にある**

直線 BC と平面 ABFE…**交わる（垂直である）**

直線 BC と平面 DCGH…**交わる（垂直である）**

直線 BC と平面 BFGC…**直線は平面上にある**

直線 BC と平面 AEHD…**平行である**

問３ 右の図の三角柱で，次の関係にある直線をいいなさい。 教科書 p.178

(1) 平面 ABC 上にある直線

(2) 平面 ABC と垂直に交わる直線

(3) 平面 ABC と平行な直線

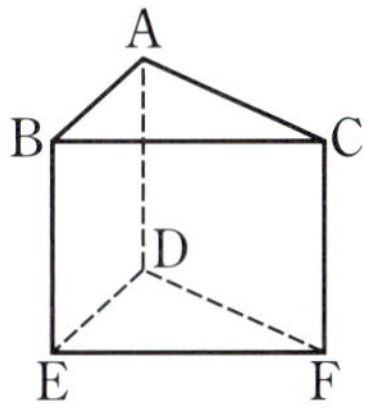

ガイド ９つある辺すべてについて，１つ１つ考えていきます。平面 ABC と平行な平面 DEF 上にある辺は，すべて平面 ABC と平行です。

解答 (1) **直線 AB，直線 BC，直線 CA**

(2) **直線 AD，直線 BE，直線 CF**

(3) **直線 DE，直線 EF，直線 FD**

問４ 右の図のように，立方体の一部を切り取ってできた三角錐があります。次の面を底面としたときの高さは，どこの長さになりますか。 教科書 p.179

(1) 面 BCD を底面としたとき

(2) 面 ACD を底面としたとき

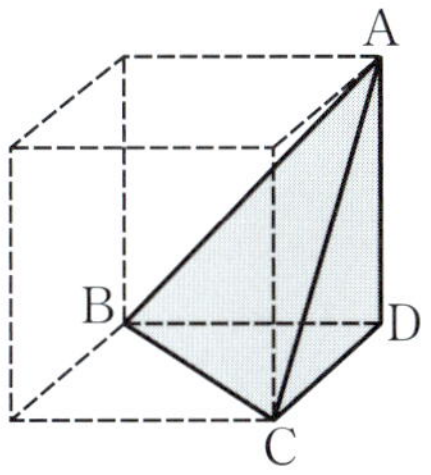

ガイド 角錐や円錐では，頂点と底面との距離を，角錐や円錐の高さといいます。

解答 (1) **辺 AD の長さ**

（三角錐の頂点はAで，辺 AD は底面 BCD に垂直になっている。）

(2) **辺 BD の長さ**

（三角錐の頂点はBで，辺 BD は底面 ACD に垂直になっている。）

参考 (2)の場合，教科書の図を，時計の針の回転と同じ向きに 90° 回転移動すると，底面と高さの関係がわかりやすくなります。

みんなで話しあってみよう 教科書 p.179

身のまわりから，平面とその垂線とみることができるものを見つけましょう。どんなものがあるでしょうか。

解答例 **地面と電信柱，地面と鉄棒の支柱　など**

2平面の位置関係

265ページのとび出す立方体を使って，2つの平面の位置関係には，どんな場合があるか調べましょう。 教科書 p.180

ガイド 面が限りなく続いていると考えましょう。2つの平面の位置関係を2つの場合に分けてみましょう。

解答例 **交わる場合と平行である場合がある。**

問5 教科書 p.180

右の図のように，立方体を2つに切って三角柱をつくりました。この三角柱で，次の関係にある平面をいいなさい。

(1) 平面ABCと平行な平面

(2) 平面ABEDと垂直な平面

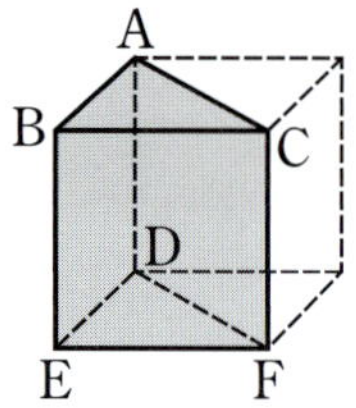

ガイド 右の図のように，平面Pと平面Qが交わっていて，平面Qが，平面Pに垂直な直線ℓをふくんでいるとき，2つの平面P，Qは垂直であるといいます。

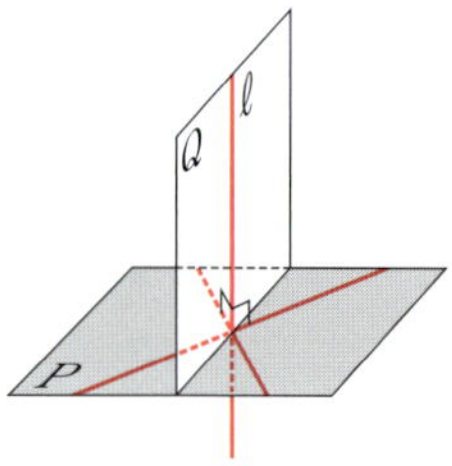

解答

(1) **平面DEF**

(2) **平面ABC，平面DEF，平面BEFC**

みんなで話しあってみよう 教科書 p.180

身のまわりから，垂直に交わる2平面とみることができるものを見つけましょう。どんなものがあるでしょうか。

解答例 **天井と壁，壁と床，タンスの横の板と背の板　など**

3 立体のいろいろな見方

学習のねらい

面や線をある条件によって動かすとき，どんな形ができるかを考え，そのことから基本的な立体について学習します。
また，立体を正面や真上から見た形でとらえることを学習します。

教科書のまとめ **テスト前にチェック**

□面を平行に動かしてできる立体
▶ 1つの多角形や円を，その面に垂直な方向に，一定の距離だけ平行に動かすと，その多角形や円の通ったあとに，角柱や円柱ができます。

□面を回転させてできる立体
▶ 1つの平面図形を，その平面上の直線 ℓ のまわりに1回転させてできる立体を**回転体**（かいてんたい）といい，直線 ℓ を**回転の軸**（じく）といいます。

□線を動かしてできる立体
▶多角形や円に垂直に立てた線分を，その周にそって1まわりさせると，角柱や円柱の側面ができます。
▶右の図の底面の円周上の点Bをその周にそって1まわりさせるとき，線分 AB が動いて，円錐の側面ができます。

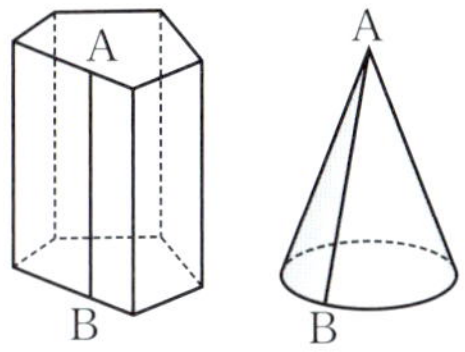

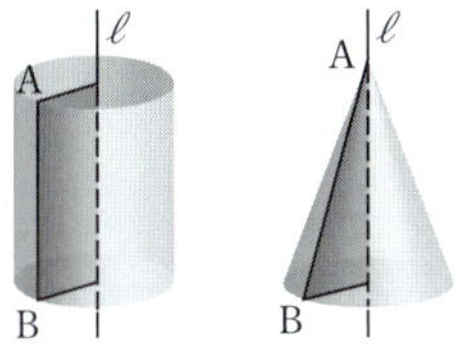

□母線
▶右の図のように，回転体の側面をつくる線分 AB を，円柱や円錐の**母線**（ぼせん）といいます。

□投影図
▶立体を表すのに真正面から見た図（立面図（りつめんず））と真上から見た図（平面図（へいめんず））を組にして表す方法があります。立面図と平面図をあわせて，**投影図**（とうえいず）といいます。

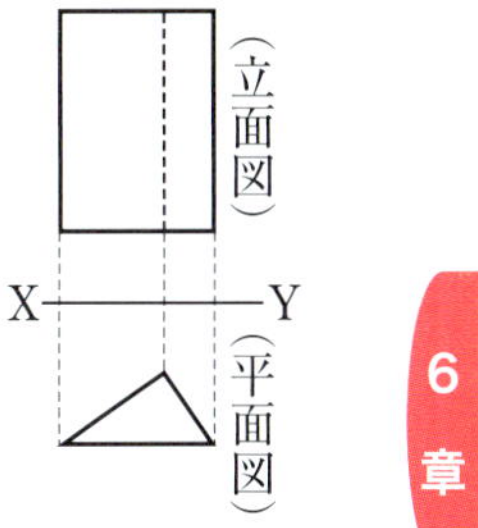

面を平行に動かしてできる立体

百人一首の札や10円硬貨（こうか）を，右の写真のようにたくさん積み重ねると，どんな立体ができるでしょうか。

教科書 p.181

ガイド 写真をよく見て考えてみましょう。枚数が多いほど，高さが高い柱体ができます。
正方形のものを積み重ねたとき，高さが正方形の1辺の長さと等しくなると，立方体になります。

解答 四角柱（直方体），円柱

問1 三角柱は，どんな図形を，どのように動かしてできる立体とみることができますか。

教科書 p.181

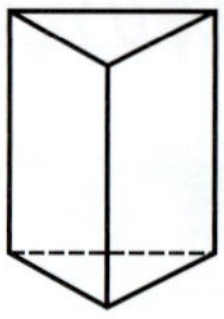

解答 **三角形を，その面に垂直な方向に，一定の距離だけ平行に動かしてできる立体とみることができる。**

面を回転させてできる立体

下の(1)〜(3)の図形を，それぞれ直線 ℓ のまわりに1回転させると，どんな立体ができるでしょうか。(図は右の図)

教科書 p.181

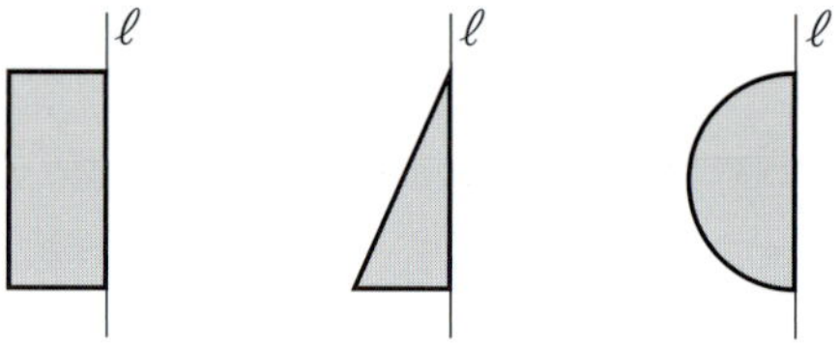

ガイド 実際に工作用紙などを，長方形，直角三角形，半円に切り抜いて，竹ひごなどのまわりに1回転させてみましょう。

解答 (1) **円柱**　(2) **円錐**　(3) **球**

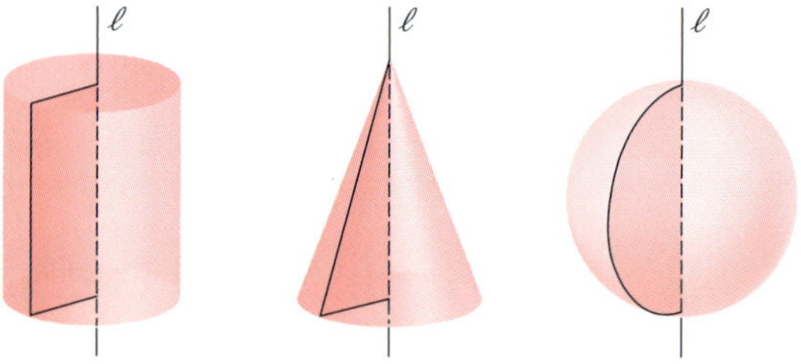

問2 右の(1)，(2)の図形を，それぞれ直線 ℓ を回転の軸として1回転させると，どんな回転体ができるでしょうか。その見取図をかきなさい。

教科書 p.182

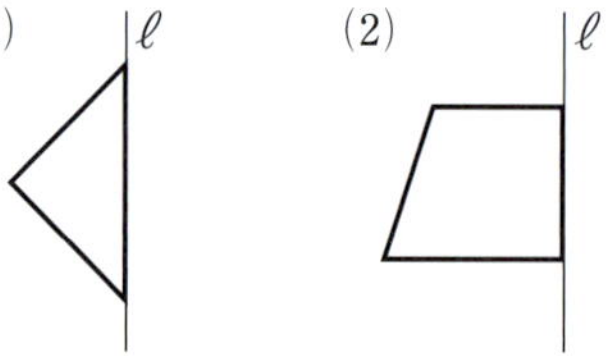

解答

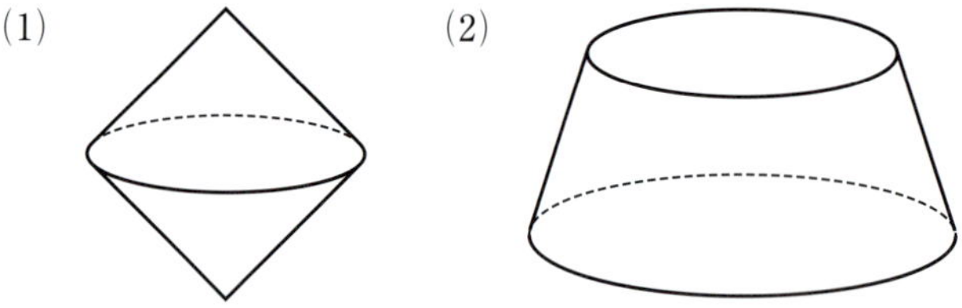

問3 円錐を，回転の軸をふくむ平面で切ると，その切り口はどんな図形になりますか。
また，回転の軸に垂直な平面で切ると，切り口はどんな図形になりますか。

教科書 p.182

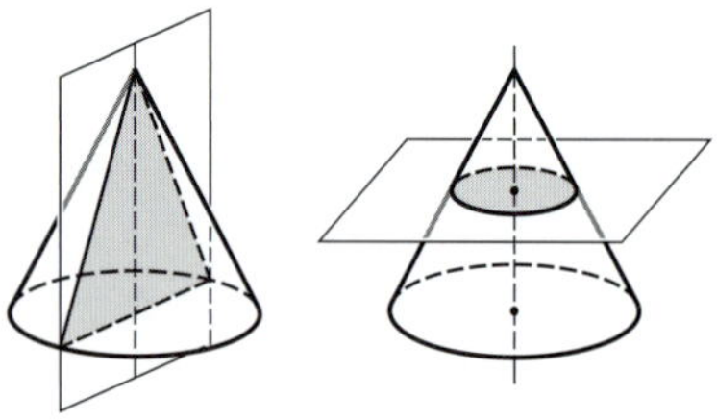

ガイド 直角三角形を1回転させたことをもとにして，3辺の長さなどについて考えます。

解答 回転の軸をふくむ平面で切る…**二等辺三角形**
回転の軸に垂直な平面で切る…**円**

線を動かしてできる立体

教科書 p.182

右の図のように，線分 AB を，多角形や円に垂直に立てたまま，その周にそって 1 まわりさせます。このとき，線分 AB が動いたあとは，それぞれどんな図形になるでしょうか。

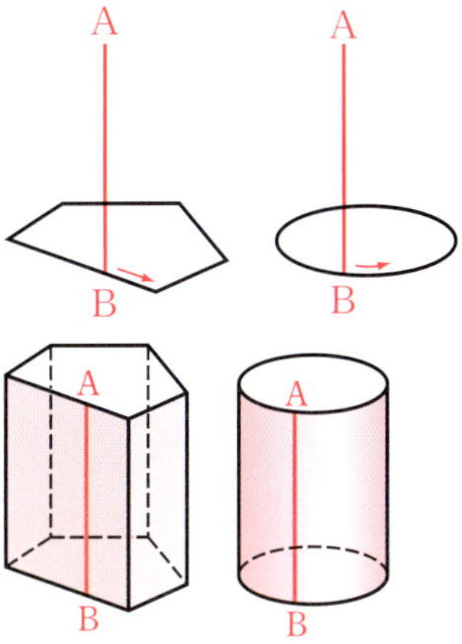

五角柱　　円柱

ガイド 実際に竹ひごなどを多角形や円に垂直に立てたまま，その周にそって 1 まわりさせてみましょう。

解答 **右の図のような立体になる。**

参考 上のように，1 まわりさせた線分を，その角柱や円柱の**母線**といいます。
円錐の場合も，線分 AB を，円錐の母線といいます。

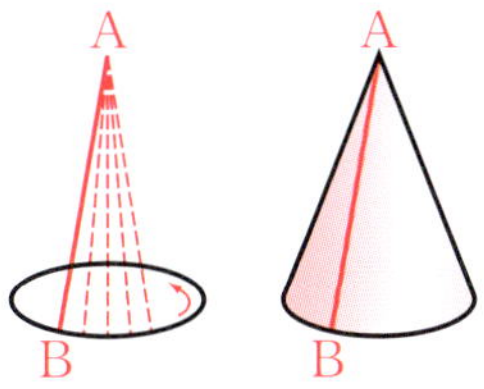

自分の考えをまとめよう

教科書 p.183

身のまわりには，次の(ア)～(ウ)とみることができるものがいろいろあります。

(ア) 面を平行に動かしてできる立体
(イ) 面を回転させてできる立体
(ウ) 線を動かしてできる立体

このような立体を見つけ，次の①，②についてレポートを書きましょう。

① 見取図
② どのようにしてできた立体とみることができるか

ガイド 身のまわりにある立体を，これまでに学習した見方で考察する課題です。

解答例 ［見つけたもの］

茶筒

① 見取図

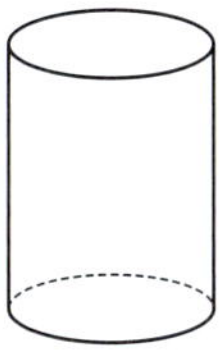

円柱になっている。

② • 面を平行に動かしてできる立体

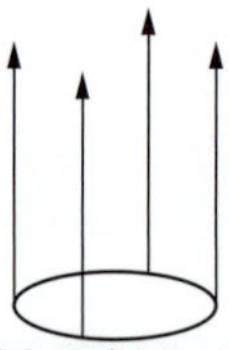

円を，その面に垂直な方向に，一定の距離だけ平行に動かしてできる立体
（茶筒の高さを測って，平行移動する距離を求める。円は茶筒の底面の円の大きさ。）

• 面を回転させてできる立体

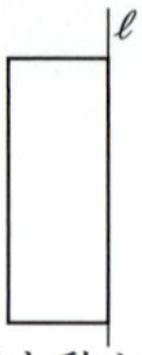

長方形を，直線 ℓ を回転の軸として1回転させてできる立体
（長方形の縦は茶筒の高さ，横は茶筒の底面の円の半径の長さ。）

• 線を動かしてできる立体

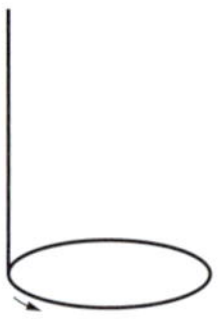

茶筒の側面は，円に垂直に立てた線分を，その周にそって1まわりさせてできる立体
（線分の長さは茶筒の高さで，円は茶筒の底面の円の大きさ。）

立体の投影図

教科書 p.184

直線XYで垂直に交わっている2平面P，Qに対して，右の図のような位置に三角柱があります。平行光線を，平面Pに垂直にあてると，この立体の影(かげ)はどんな形になるでしょうか。
また，平行光線を，平面Qに垂直にあてると，どうなるでしょうか。

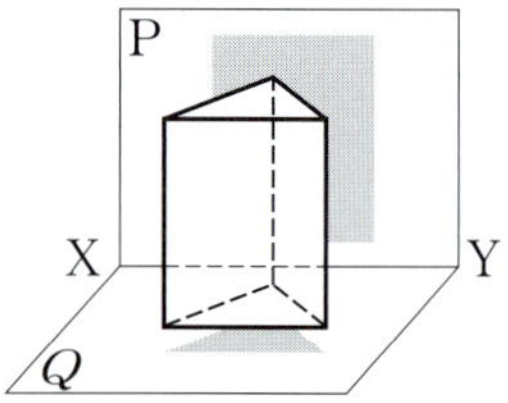

ガイド 平面上にできた立体の影は，立体を真正面から見た図と真上から見た図になっています。

解答 平行光線を，平面Pに垂直にあてたときの影の形 … **長方形**
平行光線を，平面Qに垂直にあてたときの影の形 … **三角形**

問4 下の投影図は，直方体，三角錐，四角錐，円柱，円錐，球のうち，どの立体を表していますか。
（図は右の図）

教科書 p.184

(1)

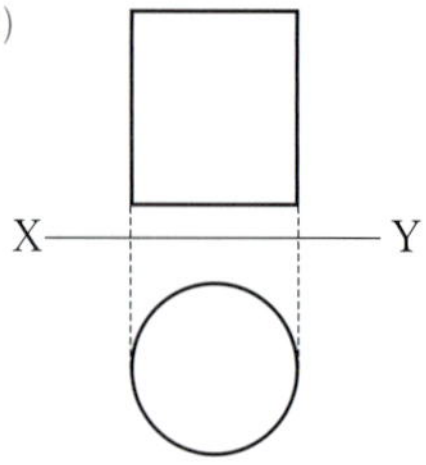

(2)

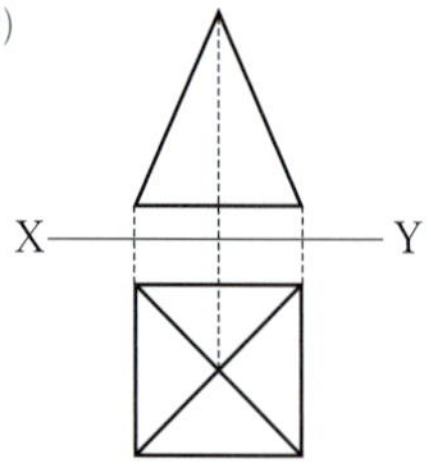

ガイド 直線XYの上部は真正面から見た図（立面図），下部は真上から見た図（平面図）。

解答 (1)　平面図が円で，立面図が長方形になっているから，**円柱**

(2)　平面図が四角形で，立面図が三角形になっているから，**四角錐**

問5 下の投影図で表された立体の見取図をかきなさい。
(図は右の図)

教科書 p.185

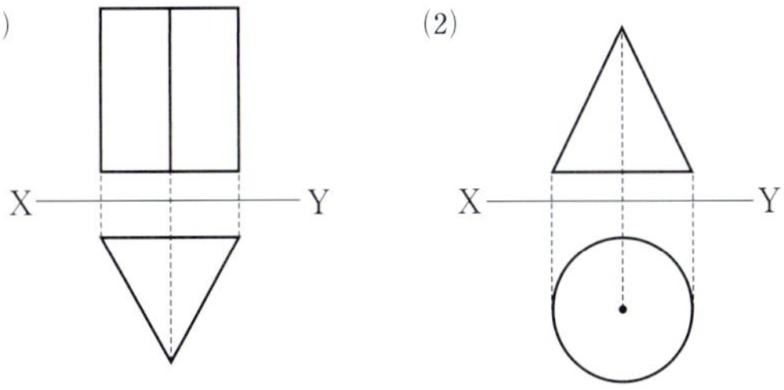

ガイド (1)　平面図が三角形，立面図が長方形になっているから，三角柱です。

(2)　平面図が円，立面図が三角形になっているから，円錐です。

実際に見える辺は実線――，見えない辺は破線……で表します。

解答 **右の図**

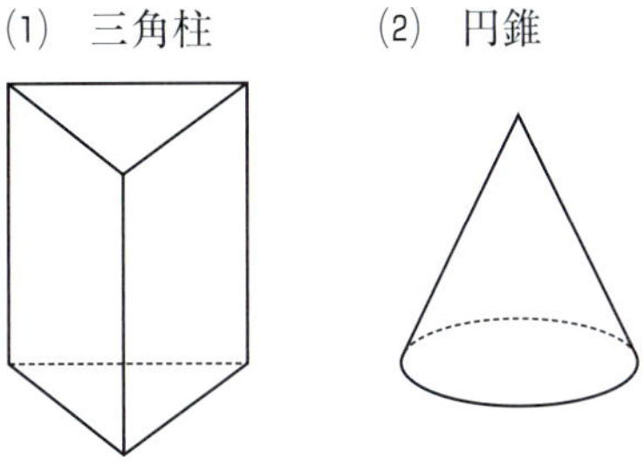

問6 底面が1辺2 cmの正方形で，高さが3 cmの正四角錐があります。
この正四角錐の立面図をかき入れて，右の投影図を完成させなさい。(投影図は省略)

教科書 p.185

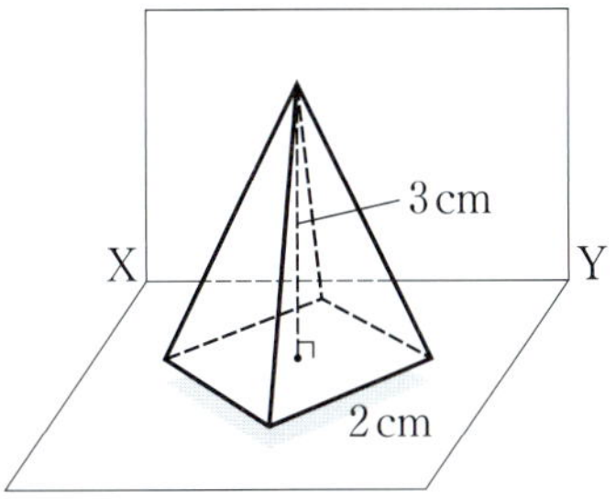

ガイド 平面図には，正四角錐の底面の正方形がかかれていますが，各辺の長さは実際の長さの **2 cm** がそのまま表れています。立面図には，高さの **3 cm** が実際の長さとしてそのまま表れますので，そのことに注意して立面図をかきましょう。

解答

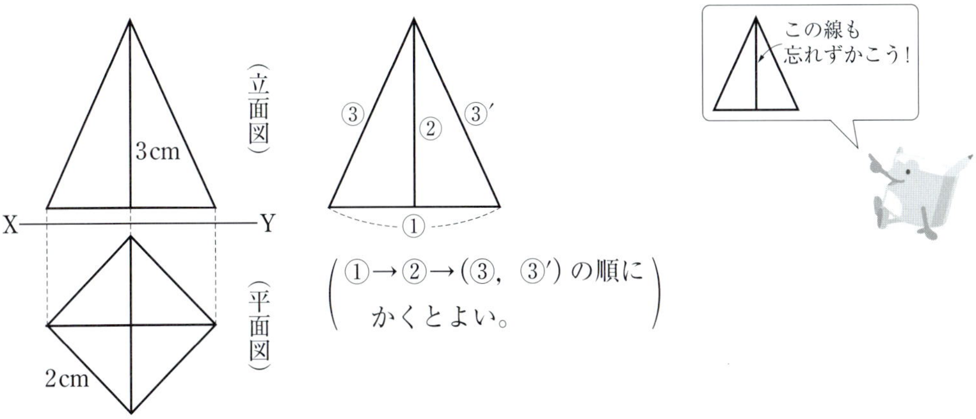

(①→②→(③，③′) の順にかくとよい。)

6章 空間図形

みんなで話しあってみよう

教科書 p.185

右の図は立方体の見取図です。この立方体を見て，けいたさんは，
「ABの長さの方がACの長さより長く見えるけど，ほんとうかな？」
といいました。
あなたはどう思いますか。

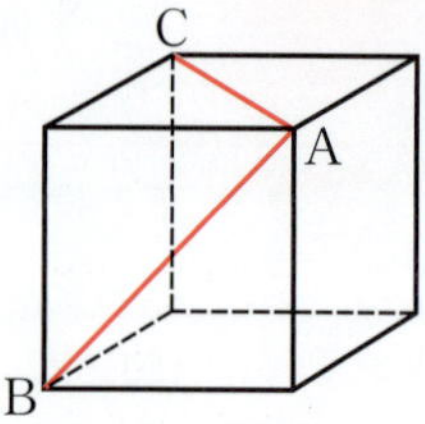

解答例 見取図は，すべての線分の長さなどは正確に表すことはできない。立方体の面はすべて合同な正方形なので，その対角線の長さはすべて等しくなる。したがって，ABの長さの方がACの長さより長いというのは，ほんとうではない。

参考 教科書186ページの「数学展望台」で取り上げています。

練習問題

3 立体のいろいろな見方 p.186

① 右の図の直方体は，どの面を，どのように動かしてできる立体とみることができますか。

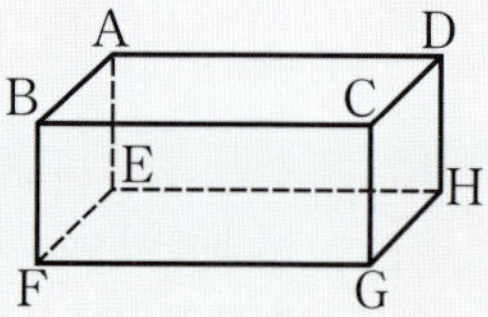

解答例
- 面ABFEを，この面に垂直な方向に辺FGの長さだけ平行に動かしてできる立体
- 面BFGCを，この面に垂直な方向に辺CDの長さだけ平行に動かしてできる立体
- 面EFGHを，この面に垂直な方向に辺CGの長さだけ平行に動かしてできる立体

② 右の回転体は，どんな平面図形を回転させたものとみることができますか。直線 ℓ を回転の軸として，その平面図形をかきなさい。

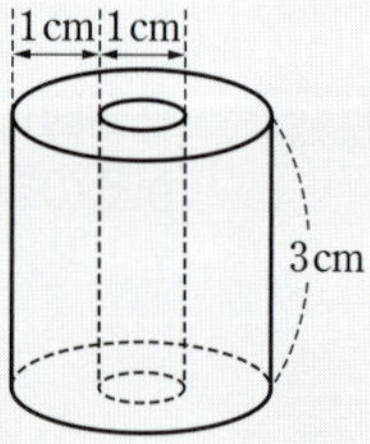

ガイド 円柱は，長方形を直線 ℓ を回転の軸として1回転させてできます。
外側の円柱の底面の円の半径は **1.5 cm**，
内側の円柱の底面の円の半径は **0.5 cm**
になっています。

解 答 右の図

縦の長さ3 cm，横の長さ1 cmの長方形を直線 ℓ から0.5 cm離して，ℓ を回転の軸として1回転させたものとみることができる。

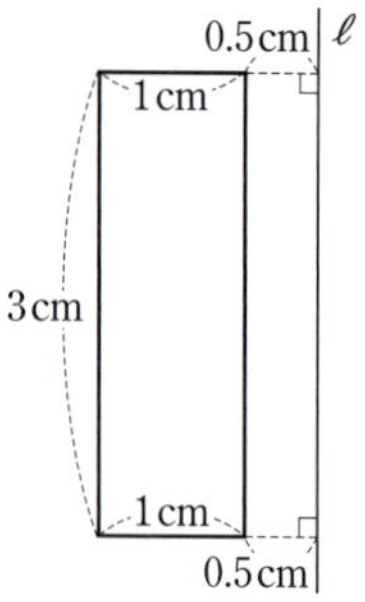

2節 立体の表面積と体積

表面全体の面積を調べよう

かりんさんとけいたさんは，容量が同じで形の違う2種類の紙パック入り飲料が売られているのを見つけました。

右の図の2つの直方体A，Bは，体積が同じです。A，Bの表面全体の面積も同じでしょうか。

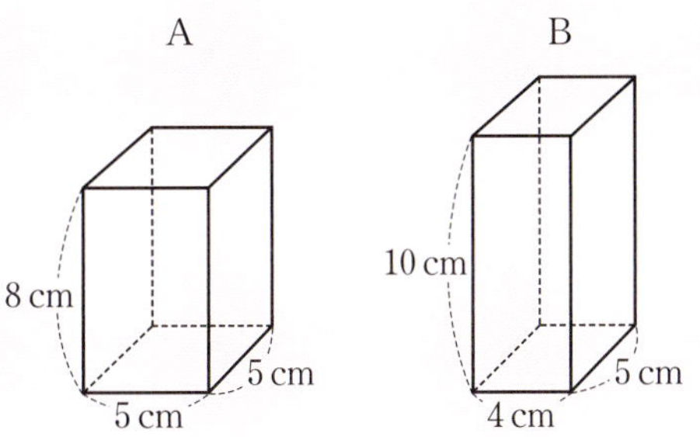

参考　A，Bの直方体の体積が同じであることは，小学校で学んだように，次のように計算して確かめられます。

Aの体積…$5\times5\times8=200\ (\mathrm{cm}^3)$　　Bの体積…$5\times4\times10=200\ (\mathrm{cm}^3)$

みんなで話しあってみよう

教科書 p.187

上のそれぞれの直方体の表面全体の面積を求めるには，どのようにすればよいでしょうか。

解答例　① 直方体がどのような面でつくられているか調べて，面積を求める。

Aの直方体…同じ正方形2つと同じ長方形4つ

Bの直方体…異なる長方形が3組それぞれ2つずつ

② それぞれの直方体の展開図をかいて，面積を求める。

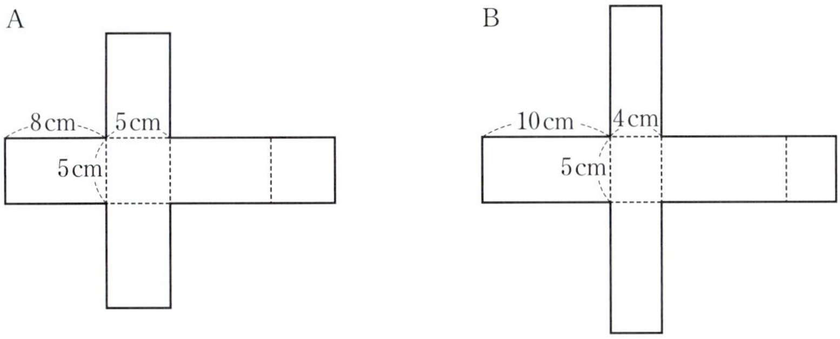

A…$(5\times5)\times2+(8\times5)\times4=210\ (\mathrm{cm}^2)$

B…$(5\times4)\times2+(10\times4)\times2+(10\times5)\times2=220\ (\mathrm{cm}^2)$

体積が同じなら表面全体の面積が同じとはいえない。

参考　立方体，直方体の体積を求めることは小学校ですでに学んでいますが，表面全体の面積や側面の面積を求めることは，中学校ではじめて学習する内容です。

1 立体の表面積

学習のねらい　基本的な立体についての理解を深め，それらの表面積の求め方を学びます。

教科書のまとめ　テスト前にチェック

□立体の表面積　▶立体の表面全体の面積を**表面積**といいます。また，１つの底面の面積を**底面積**，側面全体の面積を**側面積**といいます。

角柱，円柱の表面積

右の図のような三角柱があります。この三角柱の側面の面積を求めましょう。

教科書 p.188

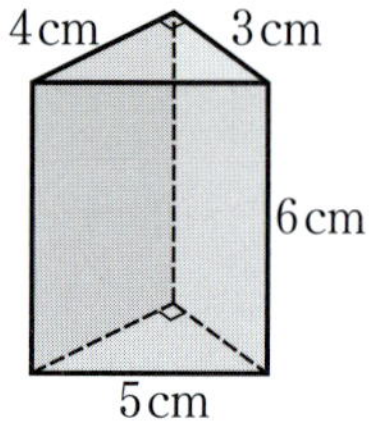

ガイド　縦の長さはすべて 6 cm，横の長さは 4 cm，5 cm，3 cm の長方形が 3 つで，側面がつくられています。

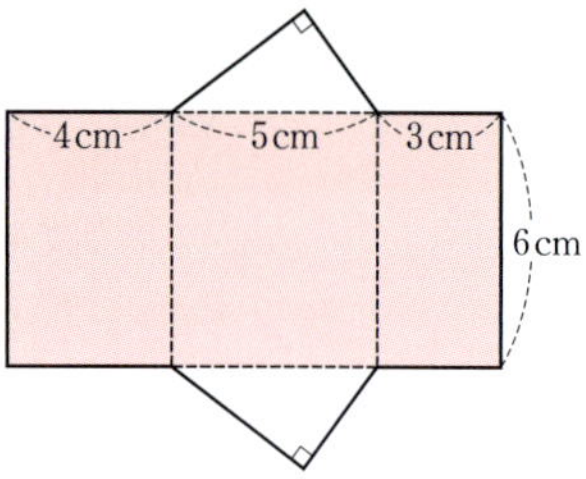

解答　$6\times4+6\times5+6\times3=72$ (cm^2)　　**72 cm^2**

参考　展開図で考えてもよいです。

$6\times(4+5+3)=6\times12=72$ (cm^2)

問 1　右の三角柱の表面積を求めなさい。

教科書 p.188

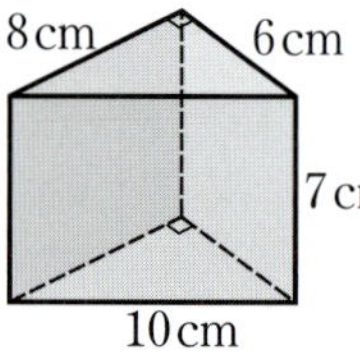

ガイド　立体の表面全体の面積を表面積といいます。展開図で考えるとわかりやすいです。

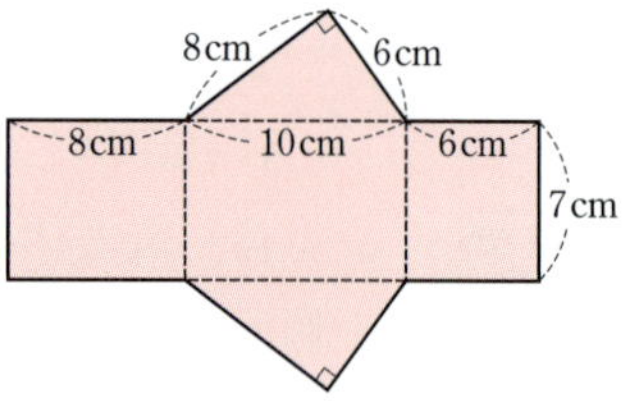

解答　側面積は，

$7\times(8+10+6)=7\times24=168$ (cm^2)

底面積は，

$\frac{1}{2}\times8\times6=24$ (cm^2)

よって，表面積は，$24\times2+168=216$ (cm^2)　　**216 cm^2**

問2 前ページ（教科書 p. 188）の **例1** の円柱の表面積を求めなさい。 教科書 p.189

ガイド 円柱の側面の展開図は長方形で，
　縦の長さ＝円柱の高さ
　横の長さ＝底面の円周の長さ

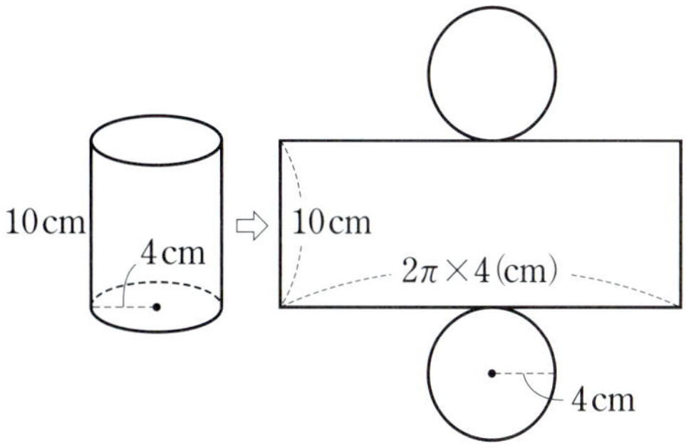

解答 側面積は，

$10\times2\pi\times4=80\pi$ (cm^2)

底面積は，

$\pi\times4^2=16\pi$ (cm^2)

よって，表面積は，

$16\pi\times2+80\pi=112\pi$ (cm^2)　　**112π cm²**

問3 右の円柱の側面積と表面積を求めなさい。 教科書 p.189

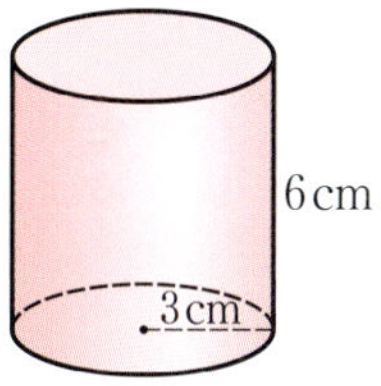

ガイド 円柱の表面積＝底面積×2＋側面積
展開図で考えるとわかりやすいです。

解答 側面積は，

$6\times2\pi\times3=36\pi$ (cm^2)

底面積は，

$\pi\times3^2=9\pi$ (cm^2)

よって，表面積は，

$9\pi\times2+36\pi=54\pi$ (cm^2)

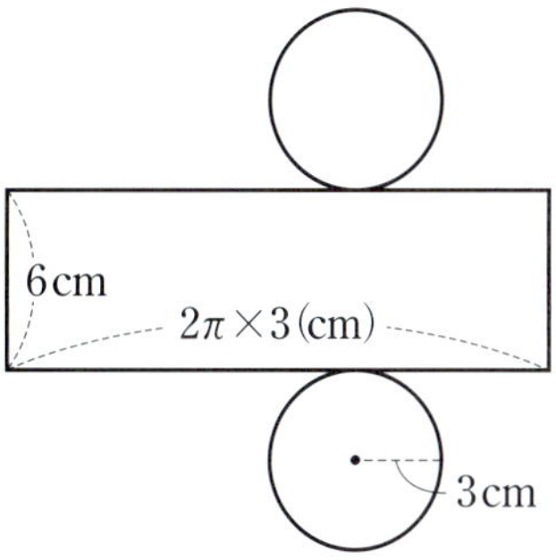

側面積 36π cm²，表面積 54π cm²

角錐，円錐の表面積

問4 右の正四角錐の表面積を求めなさい。 教科書 p.189

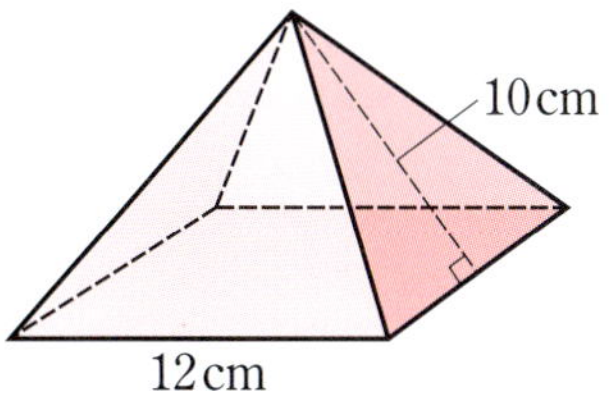

ガイド 角錐の表面積＝底面積＋側面積
└→二等辺三角形が4つ（ここでは4つが合同）

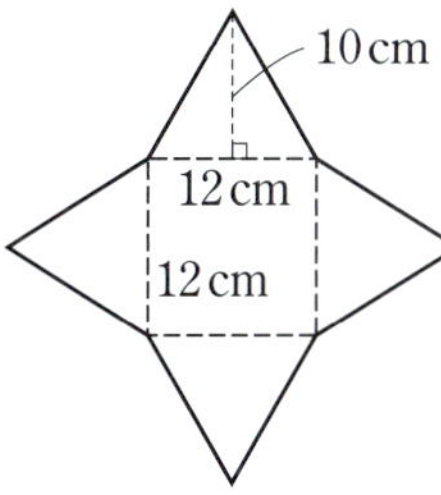

解答 $12\times12+\left(\dfrac{1}{2}\times12\times10\right)\times4=384$ (cm^2)

384 cm²

問5 底面の半径が 8 cm，母線の長さが 12 cm の円錐の側面積を求めなさい。 教科書 p.190

ガイド この円錐の側面の展開図を考えると，半径 12 cm のおうぎ形で，その弧の長さは，底面の円の周の長さに等しくなります。

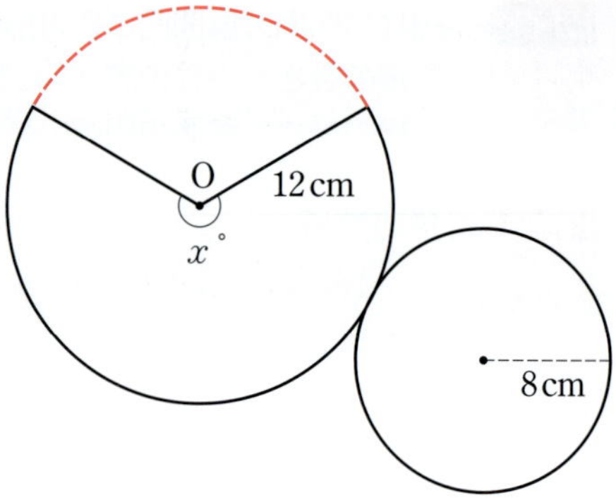

解答 側面の展開図は，半径 12 cm のおうぎ形で，その中心角を $x°$ とすると，

$(2\pi\times8):(2\pi\times12)=x:360$

この比例式を簡単にすると，　$2\pi\times4$ でわる。

$2:3=x:360$

$3x=2\times360$

$x=240$

したがって，側面積は，

$\pi\times12^2\times\dfrac{240}{360}=\pi\times12^2\times\dfrac{2}{3}=96\pi\ (\mathrm{cm}^2)$　　**96π cm²**

参考 (おうぎ形の面積)：(円の面積)＝(おうぎ形の弧の長さ)：(円の周の長さ)を利用して，側面積 S を求めることもできます。

$S:(\pi\times12^2)=(2\pi\times8):(2\pi\times12)$

$S:(\pi\times12^2)=2:3 \rightarrow 3S=2\times\pi\times12^2 \rightarrow S=96\pi$

問6 右の円錐の表面積を求めなさい。 教科書 p.190

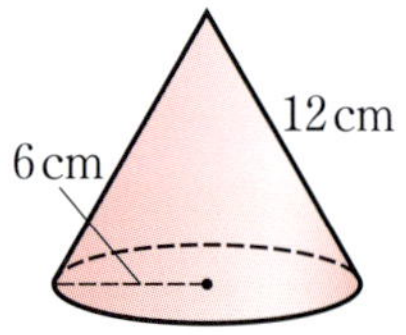

ガイド 円錐の表面積＝側面積＋底面積

解答 側面の展開図は，半径 12 cm のおうぎ形で，その中心角を $x°$ とすると，

$(2\pi\times6):(2\pi\times12)=x:360$

この比例式を簡単にすると，　$2\pi\times6$ でわる。

$1:2=x:360$

$2x=360$

$x=180$

したがって，側面積は，

$\pi\times12^2\times\dfrac{180}{360}=\pi\times12^2\times\dfrac{1}{2}=72\pi\ (\mathrm{cm}^2)$

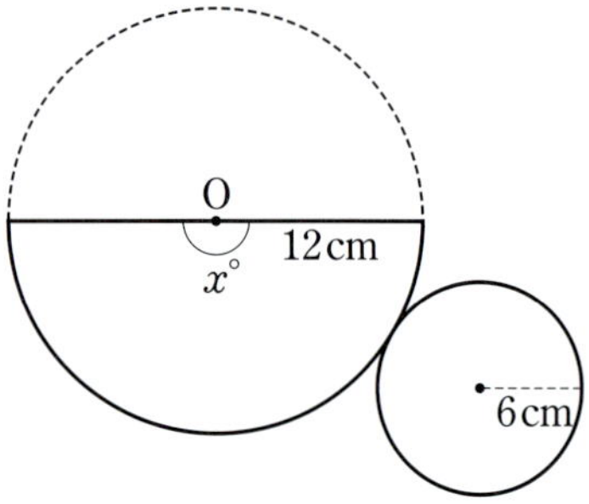

底面積は，半径 6 cm の円の面積だから，

$\pi\times6^2=36\pi\ (\mathrm{cm}^2)$

よって，表面積は，

$36\pi+72\pi=108\pi\ (\mathrm{cm}^2)$　　**108π cm²**

2 立体の体積

学習のねらい

基本的な立体についての理解を深め，それらの体積の求め方の公式を学んで，公式を利用していろいろな立体の体積を求めることができるようにします。

教科書のまとめ テスト前にチェック

□角柱，円柱の体積

▶角柱，円柱の底面積を S，高さを h，体積を V とすると，

$V=Sh$

特に，円柱では，底面の円の半径を r，高さを h，体積を V とすると，

$V=\pi r^2h$

□角錐，円錐の体積

▶角錐，円錐の底面積を S，高さを h，体積を V とすると，

$V=\frac{1}{3}Sh$

特に，円錐では，底面の円の半径を r，高さを h，体積を V とすると，

$V=\frac{1}{3}\pi r^2h$

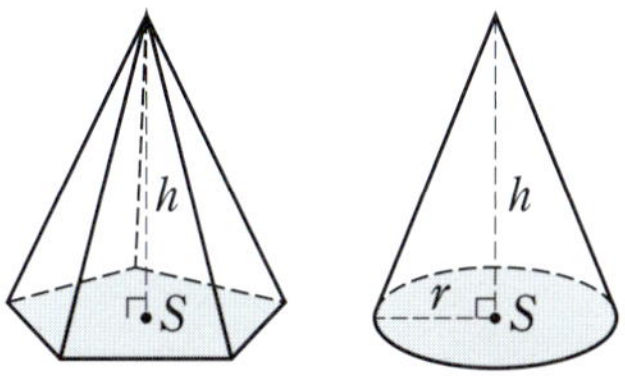

角柱，円柱の体積

ふりかえり 右の図のような，直方体を2つに切った三角柱の体積を求めてみましょう。

教科書 p.191

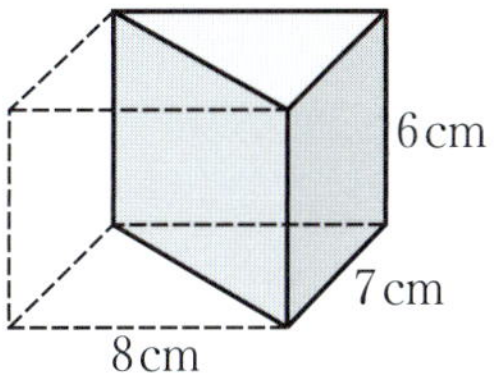

ガイド 直方体の体積の半分になっています。

解答 $(7\times8\times6)\div2=168$ (cm^3)　　**168 cm^3**

参考 底面積（三角形の面積）×高さ から求めてもよいです。

$\frac{1}{2}\times7\times8\times6=168$ (cm^3)

問1 次の立体の体積を求めなさい。

教科書 p.191

(1) 三角柱　(2) 四角柱　(3) 円柱

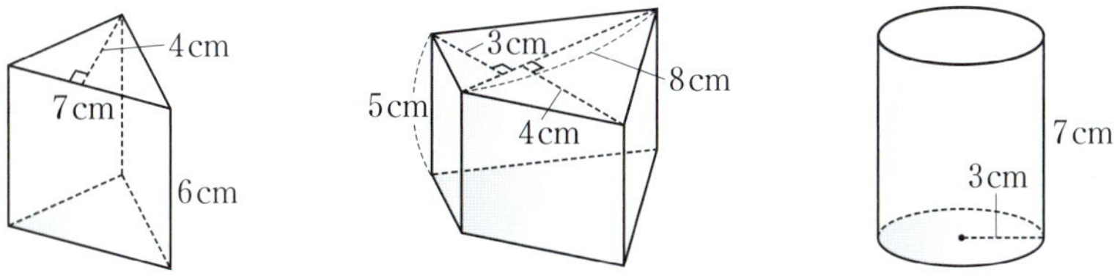

6章 空間図形

ガイド 角柱の体積＝底面積×高さ
円柱の底面の円の半径を r，高さを h，体積を V とすると，
$V=\pi r^2 h$

解答 (1) $\frac{1}{2}\times 7\times 4\times 6=84$ (cm³) **84 cm³**

(2) $\left(\frac{1}{2}\times 8\times 3+\frac{1}{2}\times 8\times 4\right)\times 5=140$ (cm³) **140 cm³**

(3) $\pi\times 3^2\times 7=63\pi$ (cm³) **63π cm³**

角錐，円錐の体積

教科書 p.192

右の図のような，底面が合同で，高さの等しい円柱と円錐の容器があります。円柱の容器には，円錐の容器の何杯分(なんばい)の水がはいるでしょうか。

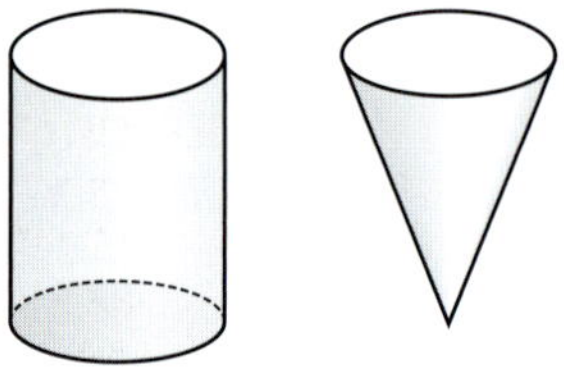

ガイド 実際に，立体模型に水を入れてみるとよくわかります。

解答 円柱の容器には，円錐の容器の **3 杯分**の水がはいる。

問2 次の立体の体積を求めなさい。 教科書 p.193

(1) 底面が 1 辺 8 cm の正方形で，高さが 15 cm の正四角錐
(2) 底面の半径が 6 cm で，高さが 20 cm の円錐

ガイド (1) 角錐の底面積を S，高さを h，体積を V とすると，$V=\frac{1}{3}Sh$

(2) 円錐の底面の円の半径を r，高さを h，体積を V とすると，$V=\frac{1}{3}\pi r^2 h$

解答 (1) $\frac{1}{3}\times 8\times 8\times 15=320$ (cm³) **320 cm³**

(2) $\frac{1}{3}\times\pi\times 6^2\times 20=240\pi$ (cm³) **240π cm³**

問3 例題1 の(ア)と(イ)の体積をそれぞれ求め，どちらが大きいかいいなさい。 教科書 p.193

ガイド 底面積と高さから体積を求めてくらべてみましょう。

(ア)

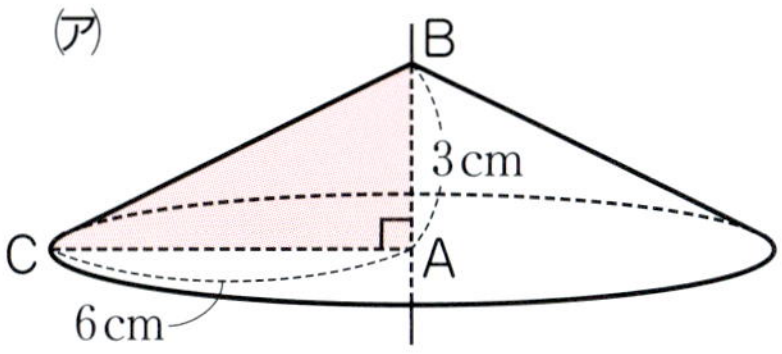

(イ)

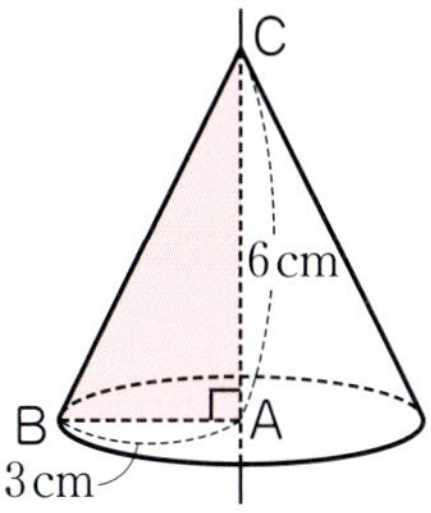

同じ三角形を回転させても，体積は等しくならないね

解答 (ア) $\frac{1}{3}\times\pi\times6^2\times3=\mathbf{36\pi}\ (\mathbf{cm^3})$

(イ) $\frac{1}{3}\times\pi\times3^2\times6=\mathbf{18\pi}\ (\mathbf{cm^3})$

(ア)の方が大きい

練習問題

2 立体の体積 p. 193

1 次の立体の体積を求めなさい。

(1) 底面積が $24\ \mathrm{cm}^2$ で，高さが 9 cm の六角柱

(2) 底面の 1 辺が 6 cm で，高さが 7 cm の正四角錐

ガイド 角柱の体積＝底面積×高さ，角錐の体積＝$\frac{1}{3}$×底面積×高さ

解答 (1) $24\times9=216\ (\mathrm{cm^3})$ **$216\ \mathrm{cm^3}$**

(2) $\frac{1}{3}\times6\times6\times7=84\ (\mathrm{cm^3})$ **$84\ \mathrm{cm^3}$**

2 次の(ア)，(イ)の立体の体積は，どちらが大きいでしょうか。

(ア) 底面の半径が 4 cm で，高さが 2 cm の円柱

(イ) 底面の半径が 4 cm で，高さが 5 cm の円錐

ガイド (ア) 円柱の底面の円の半径を r，高さを h，体積を V とすると，$V=\pi r^2 h$

(イ) 円錐の底面の円の半径を r，高さを h，体積を V とすると，$V=\frac{1}{3}\pi r^2 h$

解答 (ア) $\pi\times4^2\times2=32\pi\ (\mathrm{cm^3})$

(イ) $\frac{1}{3}\times\pi\times4^2\times5=\frac{80}{3}\pi\ (\mathrm{cm^3})$

だから，**(ア)の体積の方が大きい。**

(ア)

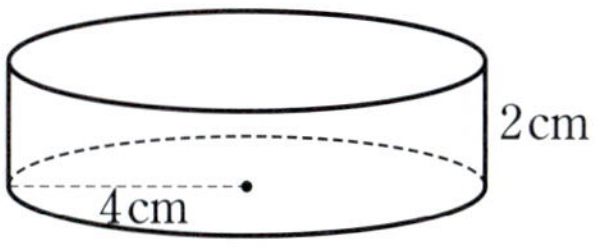

(イ)

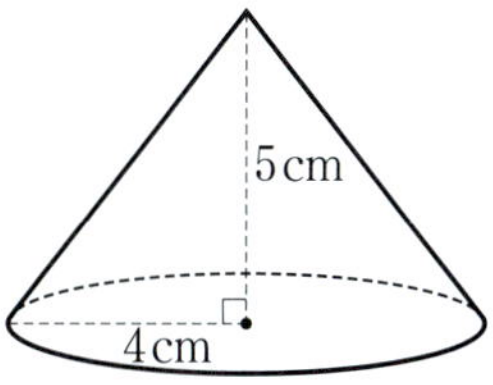

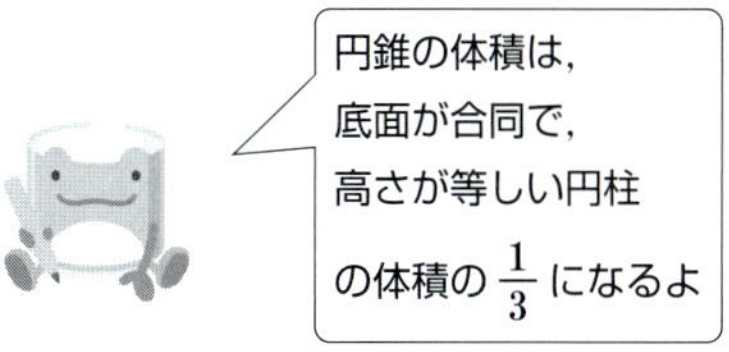

円錐の体積は，底面が合同で，高さが等しい円柱の体積の 1/3 になるよ

6章 空間図形

3 球の計量

学習のねらい　球の体積と表面積を，公式を使って求めることを学習します。

教科書のまとめ テスト前にチェック

□ **球の体積**　▶半径 r の球の体積を V とすると，
$$V=\frac{4}{3}\pi r^3$$

□ **球の表面積**　▶半径 r の球の表面積を S とすると，
$$S=4\pi r^2$$

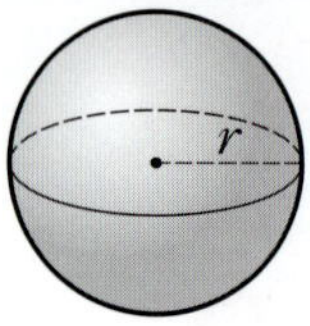

■ 球の体積

右の図のような，半径 5 cm の半球の容器(ア)と，底面の半径が 5 cm，高さが 10 cm の円柱の容器(イ)があります。
容器(イ)には，容器(ア)の何杯分の水がはいるでしょうか。

教科書 p.194

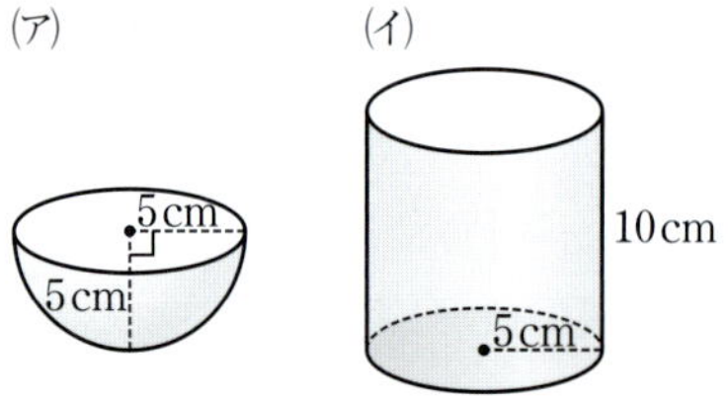

ガイド　実際に，立体模型に水を入れて実験するとよくわかります。

解答　容器(ア)と(イ)を使って実験すると，容器(イ)には容器(ア)の **3 杯分**の水がはいることがわかる。

参考　(イ)の円柱の体積
$$\pi \times 5^2 \times 10 = \pi \times 5^2 \times 5 \times 2 = 2\pi \times 5^3 \text{ (cm}^3\text{)}$$

(ア)の半球の体積

（(イ)の円柱の体積の $\frac{1}{3}$ とすると）

$$\frac{1}{3} \times (2\pi \times 5^3) \text{ (cm}^3\text{)}$$

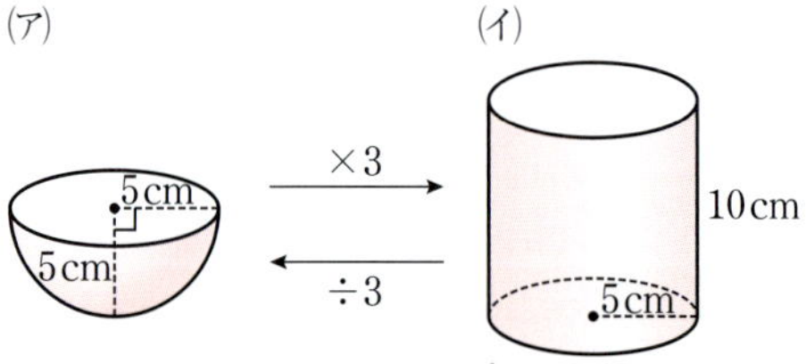

球の体積は，　$2 \times \frac{1}{3} \times 2\pi \times 5^3$

（球の体積は半球の体積の 2 倍だね）

$$= \frac{4}{3}\pi \times 5^3$$

$\xrightarrow{\text{公式}} \frac{4}{3}\pi \times (\text{半径})^3$

問1 次の球の体積を求めなさい。 教科書 p.195

(1) 半径 3 cm　　(2) 直径 8 cm

ガイド 半径 r の球の体積を V とすると，

$$V=\frac{4}{3}\pi r^3$$

解答 (1) $\frac{4}{3}\pi\times3^3=\frac{4\times3\times3\times\overset{1}{\cancel{3}}}{\underset{1}{\cancel{3}}}\pi=4\times9\pi=36\pi\ (\mathrm{cm}^3)$　　$\underline{36\pi\ \mathrm{cm}^3}$

(2) 半径は 4 cm だから，

$\frac{4}{3}\pi\times4^3=\frac{4}{3}\pi\times64=\frac{256}{3}\pi\ (\mathrm{cm}^3)$　　$\underline{\frac{256}{3}\pi\ \mathrm{cm}^3}$

参考 (2)は仮分数のままでよいです。

球の表面積

問2 次の球の表面積を求めなさい。 教科書 p.195

(1) 半径 3 cm　　(2) 直径 8 cm

ガイド 半径 r の球の表面積を S とすると，

$$S=4\pi r^2$$

解答 (1) $4\pi\times3^2=36\pi\ (\mathrm{cm}^2)$　　$\underline{36\pi\ \mathrm{cm}^2}$

(2) 半径は 4 cm だから，$4\pi\times4^2=64\pi\ (\mathrm{cm}^2)$　　$\underline{64\pi\ \mathrm{cm}^2}$

自分のことばで伝えよう 教科書 p.195

(ア)

(イ)

右の写真(ア)のように，半径 5 cm の半球に，ひもを巻きつけます。巻きつけたひもの長さを 2 倍にして，これを写真(イ)のように，平面上で巻いて円をつくると，その半径はおよそ 10 cm になります。その理由を，球の表面積の公式を使って説明しましょう。

ガイド 球の表面積の公式　$S=4\pi r^2$

解答例 半径 5 cm の半球に巻きつけたひもの面積は球の表面積の半分になっている。これを 2 倍にしたのだから，球の表面積に等しくなる。

半径 10 cm の円の面積は，　$\pi\times10^2=100\pi\ (\mathrm{cm}^2)$

半径 5 cm の球の表面積は，公式 $S=4\pi r^2$ を使うと，

$4\pi\times5^2=100\pi\ (\mathrm{cm}^2)$

したがって，実験による結果と公式による結果とが同じになる。

練習問題　　3 球の計量　p.196

① 下の図のような立体があります。

(ア) 円錐　　(イ) 球　　(ウ) 円柱

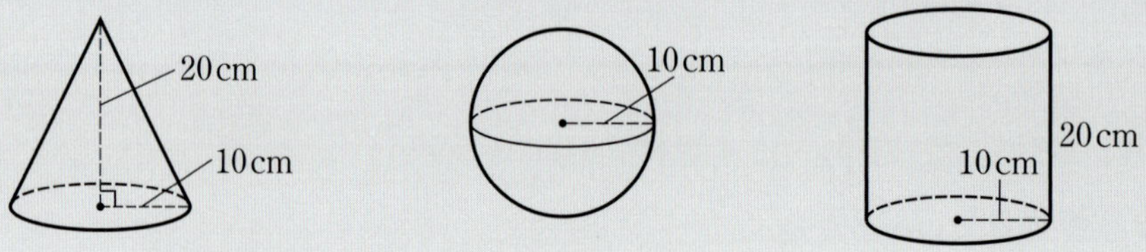

(1) (ア), (イ), (ウ)の体積を，それぞれ求めなさい。

(2) (イ), (ウ)の体積は，それぞれ，(ア)の何倍ですか。

解答 (1) (ア) $\frac{1}{3}\times\pi\times10^2\times20=\frac{2000}{3}\pi$ (cm³)　　**$\frac{2000}{3}\pi$ cm³**

(イ) $\frac{4}{3}\pi\times10^3=\frac{4000}{3}\pi$ (cm³)　　**$\frac{4000}{3}\pi$ cm³**

(ウ) $\pi\times10^2\times20=2000\pi$ (cm³)　　**2000π cm³**

(2) $\frac{4000}{3}\pi\div\frac{2000}{3}\pi=2$ だから，**(イ)は(ア)の 2 倍**

$2000\pi\div\frac{2000}{3}\pi=\frac{2000\times3}{2000}=3$ だから，**(ウ)は(ア)の 3 倍**

参考 (ア)：(イ)：(ウ)＝1：2：3 になっています。

② 半径 6 cm の球を，中心Oを通る平面Pで切った半球があります。この半球を，さらに，Oを通り平面Pに垂直な 2 つの平面で切り取って，右の図のような立体をつくりました。

この立体の表面積と体積を求めなさい。

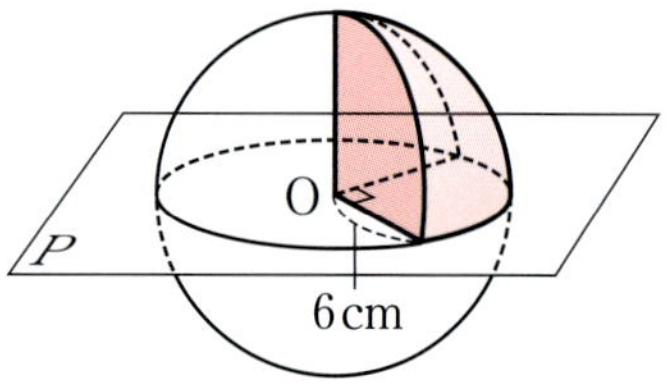

ガイド 半球を，上のように 2 つの平面で切り取っているので，半球の $\frac{1}{4}$，つまり，球の $\frac{1}{8}$ の立体になっています。

解答
- 立体の表面積＝$\left(球の表面積\times\frac{1}{8}\right)$＋(中心角 90° のおうぎ形の面積)×3

球の表面積は，$4\pi\times6^2=144\pi$ (cm²) だから，$144\pi\times\frac{1}{8}=18\pi$ (cm²)

おうぎ形の面積は，$\pi\times6^2\times\frac{1}{4}=9\pi$ (cm²) だから，$9\pi\times3=27\pi$ (cm²)

よって，この立体の表面積は，$18\pi+27\pi=45\pi$ (cm²)

- 体積は半径 6 cm の球の $\frac{1}{8}$ になっているから，

$\frac{4}{3}\pi\times6^3\times\frac{1}{8}=\pi\times\frac{4\times6\times6\times6}{3\times8}=36\pi$ (cm³)　　**表面積 45π cm²，体積 36π cm³**

6章の基本のたしかめ　教科書 p.197

1　右の図の三角柱について，□にあてはまることばや記号をいいなさい。

(1)　直線 BE と直線 AC は，□の位置にある。

(2)　直線 CF と平行な平面は，平面□である。

(3)　平面 ABC と平行な平面は，平面□である。

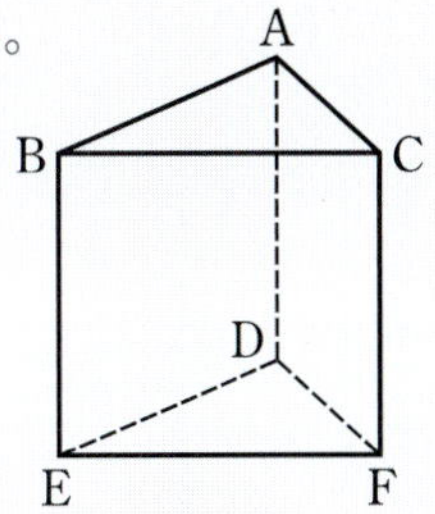

ガイド　(1)　直線 BE と直線 AC は同じ平面上にありません。

(2)　直線と平面の位置関係には，交わる，平行である，直線は平面上にある，の 3 つの場合があります。

(3)　2 つの平面の位置関係には，交わる，平行である，の 2 つの場合があります。

解答　(1)　ねじれ　p.177 問2

(2)　ABED　p.178 問3

(3)　DEF　p.180 問5

2　次の㋐～㋔の立体について，下の問いに答えなさい。

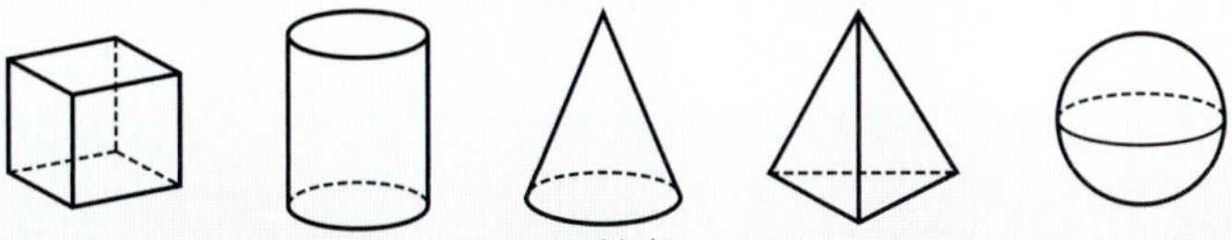

㋐ 立方体　㋑ 円柱　㋒ 円錐(えんすい)　㋓ 三角錐　㋔ 球

(1)　回転体とみることができるのはどれですか。

(2)　多角形や円を，その面に垂直な方向に，平行に動かしてできる立体とみることができるのはどれですか。

ガイド　1 つの平面図形を，その平面上の直線 ℓ のまわりに 1 回転させてできる立体を回転体といいます。

また，角柱や円柱は，1 つの多角形や円を，その面に垂直な方向に，一定の距離だけ平行に動かしてできる立体とみることができます。

解答　(1)　㋑は長方形を 1 つの辺を回転の軸として，㋒は直角三角形を直角をはさむ辺を回転の軸として，㋔は半円を直径を回転の軸として回転した立体とみることができる。

㋑，㋒，㋔　p.182 問2

(2)　㋐は正方形を，㋑は円を，その面に垂直な方向に，一定の距離だけ平行に移動した立体とみることができる。　㋐，㋑　p.181 問1

6章　空間図形

3　**2** の㋐～㋔の立体のうち，下の投影図で表されるのはどれですか。

(1)

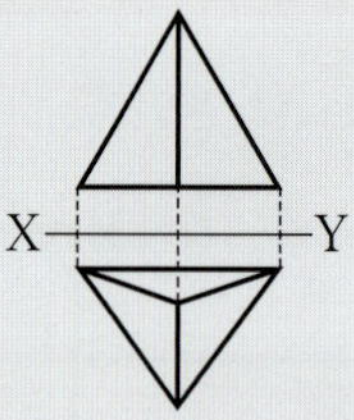

(2)

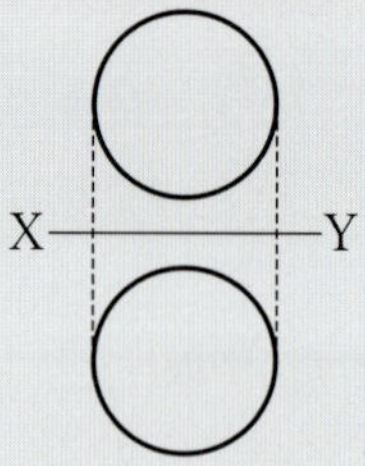

ガイド　直線 XY の上部は真正面から見た図（立面図），下部は真上から見た図（平面図）です。

解答　(1)　平面図も立面図も三角形になっているから，三角錐で，㋓

(2)　平面図も立面図も円になっているから，球で，㋔

p. 184 問4

4　下の図の立体の表面積と体積を，それぞれ求めなさい。

(1)　三角柱

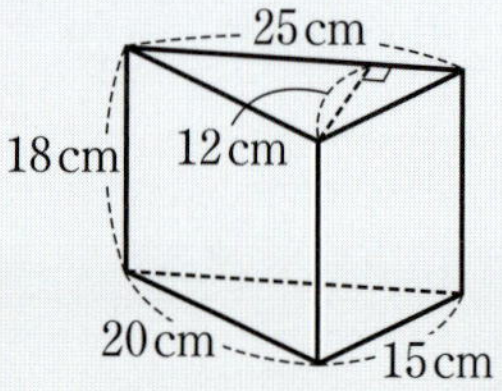

(2)　半径 2 cm の球

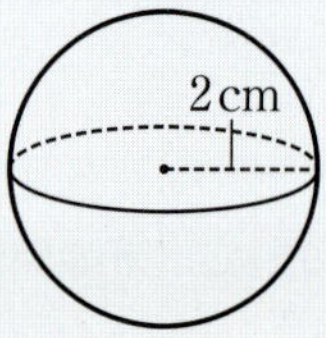

ガイド　(1)　角柱の表面積は展開図をかくとわかりやすいです。
角柱の体積＝底面積×高さ

(2)　球の表面積…$S=4\pi r^2$（r は半径）
球の体積…$V=\frac{4}{3}\pi r^3$（r は半径）

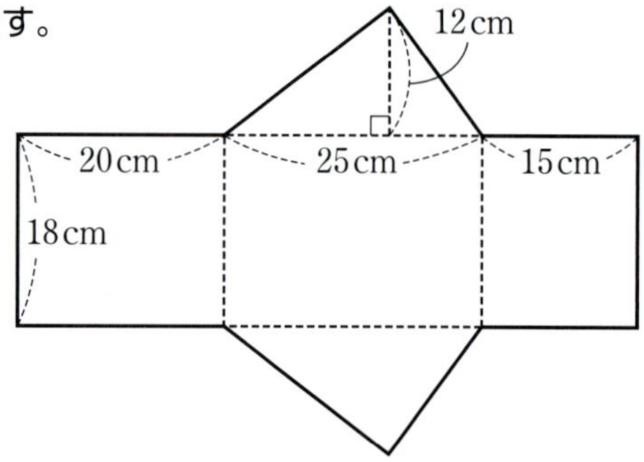

解答　(1)　表面積…$\left(\frac{1}{2}\times25\times12\right)\times2+18\times(20+25+15)$
$=1380$ (cm²)

表面積　1380 cm²　p. 188 問1

体　積…$\frac{1}{2}\times25\times12\times18=2700$ (cm³)

体　積　2700 cm³　p. 191 問1

(2)　表面積…$4\pi\times2^2=16\pi$ (cm²)

表面積　16π cm²　p. 195 問2

体　積…$\frac{4}{3}\pi\times2^3=\frac{4}{3}\pi\times8=\frac{32}{3}\pi$ (cm³)

体　積　$\frac{32}{3}\pi$ cm³　p. 195 問1

6章の章末問題　教科書 p.198〜199

テストによく出る

1 右のような直方体から三角柱を切り取った立体について，次の問いに答えなさい。

(1) 直線 AB と平行な直線はどれですか。

(2) 直線 AE とねじれの位置にある直線はどれですか。

(3) 平面 ABCD と垂直な平面はどれですか。

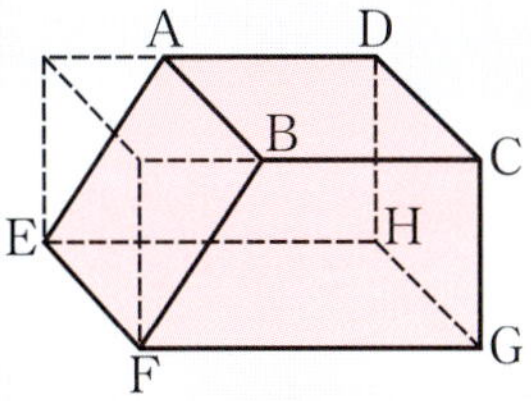

ガイド　2直線の位置関係

同じ平面上にある：交わる，平行である
同じ平面上にない：ねじれの位置にある
交わらない：平行である，ねじれの位置にある

解答　(1) **直線 DC，EF，HG**

(2) 平行でなく，交わらない直線である。
直線 AE と平行な直線は，直線 BF……㋐
直線 AE と交わる直線は，直線 AD，AB，EH，EF，DH……㋑
㋐，㋑以外の直線だから，**直線 BC，CD，FG，GH，CG**

(3) **平面 AEHD，BFGC，CGHD**

テストによく出る

2 右の図は，直方体の展開図です。この展開図を組み立てて直方体をつくるとき，次の問いに答えなさい。

(1) 辺 AB と平行になる面はどれですか。

(2) 面Pと垂直になる面はどれですか。

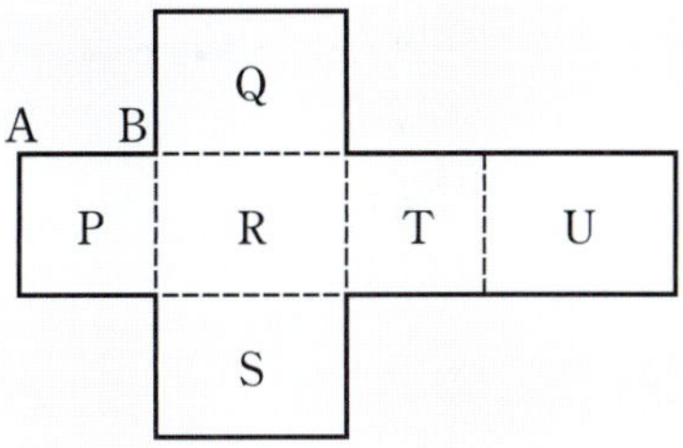

ガイド　(1) 辺と平行な面は同じ平面上になく，交わってもいない面です。
(2) 面と垂直な面は，交わっている面をさがします。

解答　(1) 辺 AB と平行な面は，辺 AB が平面上にある場合（面 P，Q）と，平面と交わっている場合（面 R，U）以外の面であるから，**面 S, T**

(2) 面Pと垂直な面は，交わる面の中から考えればよい。直方体では，交わっている面どうしはすべて垂直であるから，**面 Q, R, S, U**

参考　立体の展開図から組み立てていく過程を，下のようにイメージしてみましょう。

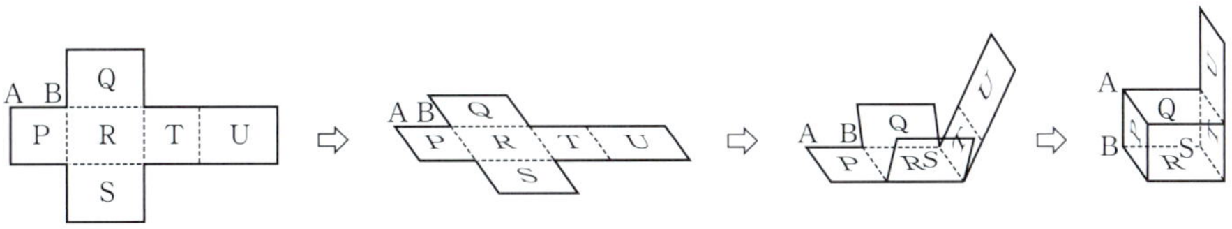

3 空間内にある平面や直線について，次のことは正しいですか。

(1)　1つの平面に平行な2つの直線は平行である。

(2)　1つの平面に垂直な2つの直線は平行である。

ガイド イメージしやすいように右のような直方体で考えます。

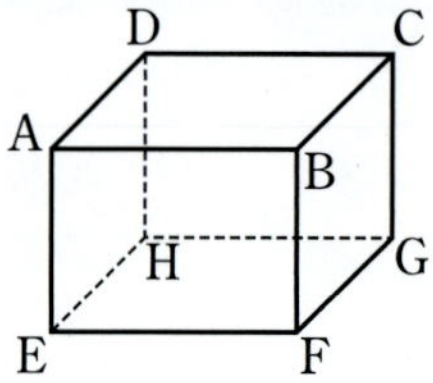

解答 (1)　平面 ABCD∥EH，平面 ABCD∥EF であるが，EH⊥EF となっている。(交わる場合がある。)　<u>正しくない。</u>

(2)　平面 ABCD に垂直な辺 AE，BF，CG，DH は，すべて平行になっている。　<u>正しい。</u>

テストによく出る

4 次の立体の表面積と体積を求めなさい。

(1)

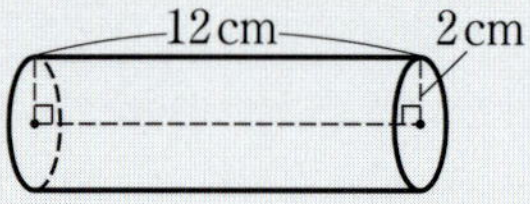

(2)

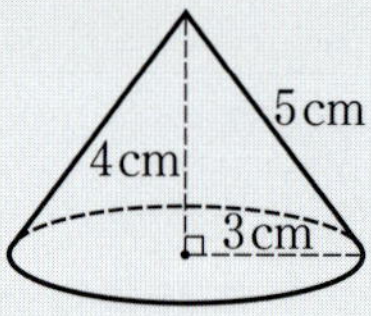

ガイド 表面積は，それぞれ展開図をかいて考えます。

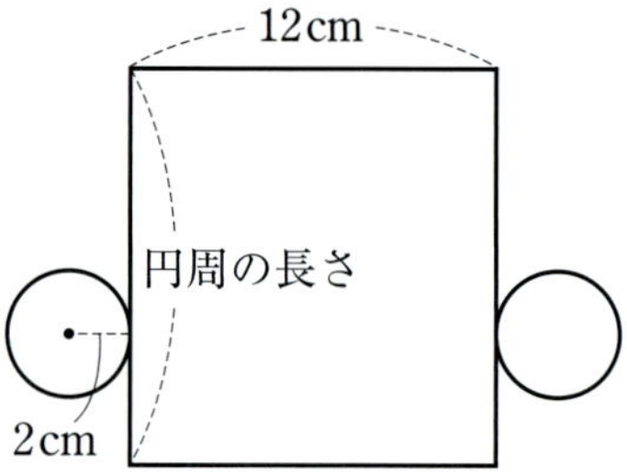

解答 (1)　〈表面積〉

側面の長方形の縦の長さは，底面の円の周の長さに等しいから，4π (cm)

よって，側面積は，$4\pi\times12=48\pi$ (cm²)

底面積は，$\pi\times2^2=4\pi$ (cm²) だから

表面積は，$4\pi\times2+48\pi=56\pi$ (cm²)　<u>**56π cm²**</u>

〈体積〉

$\pi\times2^2\times12=48\pi$ (cm³)　<u>**48π cm³**</u>

(2)　〈表面積〉

側面の展開図は，半径 5 cm のおうぎ形で，その中心角を x° とすると，

$(2\pi\times3):(2\pi\times5)=x:360$

これを解くと，$3:5=x:360$

$x=216$

したがって，側面積は，

$\pi\times5^2\times\frac{216}{360}=15\pi$ (cm²)　（$\frac{216}{360}$ を $\frac{3}{5}$ に約分）

表面積は，$\pi\times3^2+15\pi=24\pi$ (cm²)　<u>**24π cm²**</u>

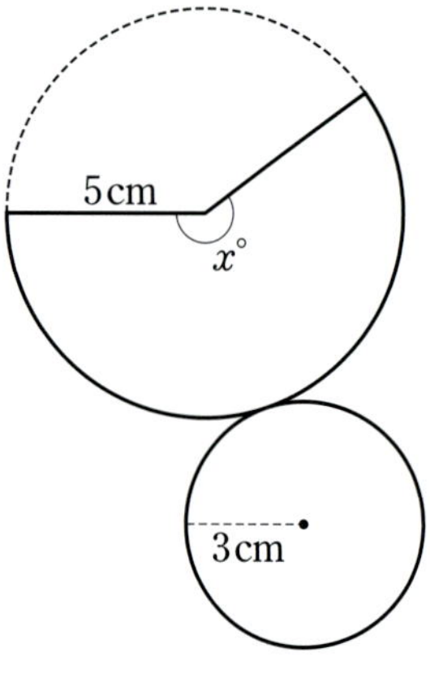

〈体積〉

$\frac{1}{3}\times\pi\times3^2\times4=12\pi$ (cm³)　<u>**12π cm³**</u>

テストによく出る

5 1辺が6 cmの正方形の折り紙を折って，右の図のような三角錐(さんかくすい)をつくりました。

(1) この三角錐で，辺ADに垂直に交わる辺をいいなさい。

(2) この三角錐の体積を求めなさい。

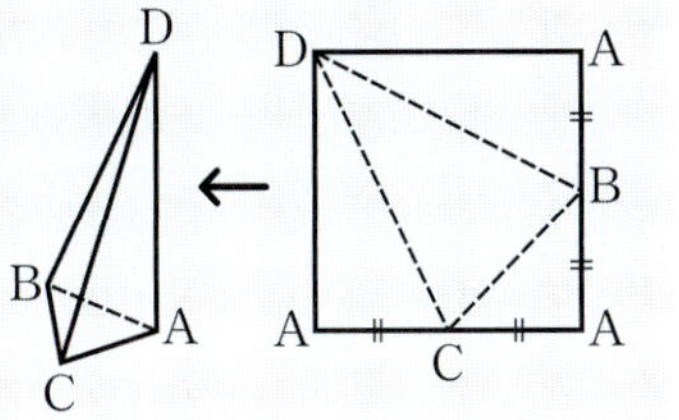

ガイド 実際に正方形の折り紙を折って調べるとわかりやすくなります。

解答 (1) 辺AD ⊥ 面ABCになっているから，

AD ⊥ AB，AD ⊥ AC　　　　<u>**辺AB，AC**</u>

(2) $\frac{1}{3}\times\left(\frac{1}{2}\times3\times3\right)\times6=9\ (\mathrm{cm}^3)$　　　　<u>**9 cm³**</u>

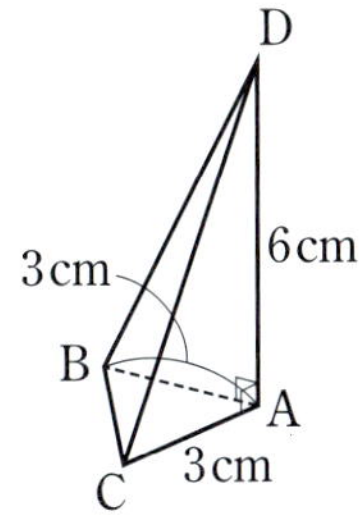

テストによく出る

6 右の図の△ABCは，辺ABの長さが10 cmで，∠C＝90°の直角三角形です。この三角形を，辺ACを回転の軸(じく)として1回転させてできる立体の展開図をかいてみると，側面が半円になりました。
この立体の表面積を求めなさい。

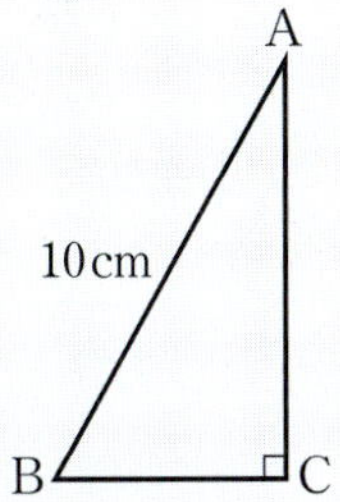

ガイド 展開図をかいて考えます。

解答 半円の弧の長さは，$\ell=2\pi\times10\times\frac{180}{360}$

$=10\pi\ (\mathrm{cm})$

だから，底面の円周は，10π cm

底面の半径を r cmとすると，$2\pi r=10\pi$

$r=5$…底面の円の半径は5 cm

表面積は，$\pi\times5^2+\pi\times10^2\times\frac{180}{360}=25\pi+50\pi=75\pi\ (\mathrm{cm}^2)$

<u>**75π cm²**</u>

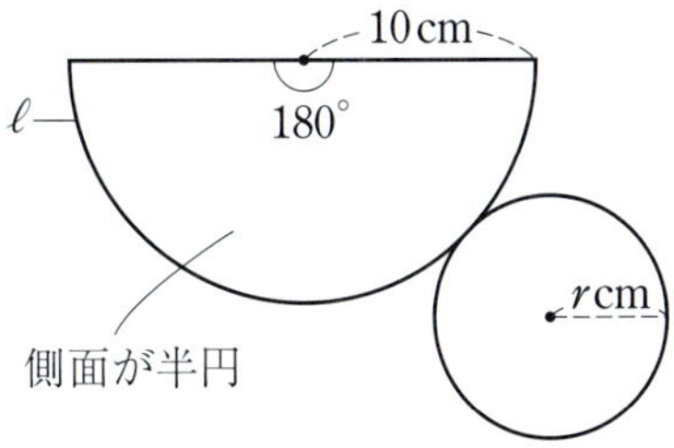

7 下の図形を，直線 ℓ を回転の軸として1回転させてできる立体の表面積と体積を求めなさい。

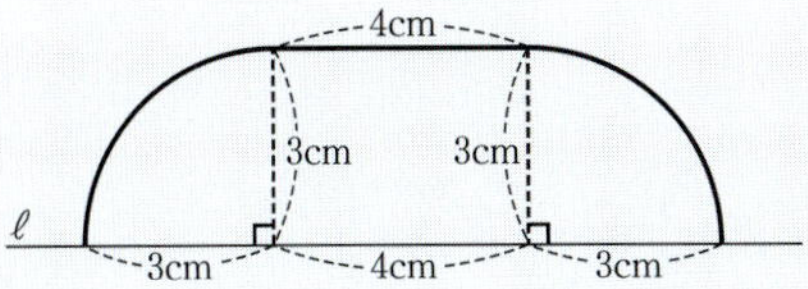

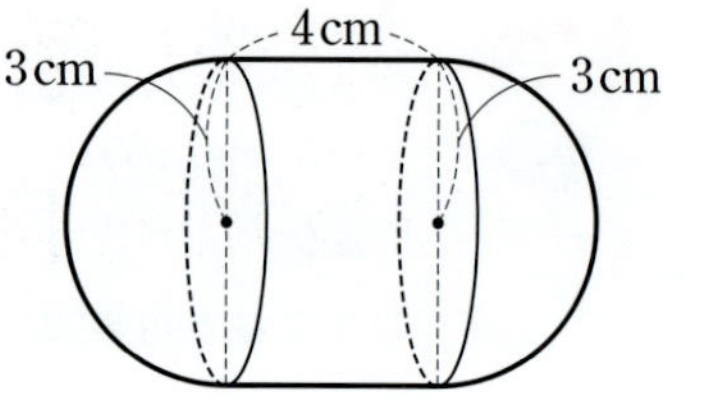

ガイド 半球 2 つで球ができます。

解答 〈表面積〉 重なる部分があるので，

球の表面積＋円柱の側面積 になる。

$4\pi\times3^2+6\pi\times4=36\pi+24\pi=60\pi\ (\text{cm}^2)$

（$6\pi\times4$：円柱の側面の長方形）

$60\pi\ \text{cm}^2$

〈体積〉 $\frac{4}{3}\pi\times3^3+\pi\times3^2\times4=36\pi+36\pi$

$=72\pi\ (\text{cm}^3)$

$72\pi\ \text{cm}^3$

真横から見た図をそえて表すと？

千思万考 〜せんしばんこう〜　教科書 p. 199

右のような投影図（とうえいず）で表される立体があります。

1. この立体の見取図はどうなるでしょうか。

2. *1.* で考えた立体のほかに，この投影図で表される立体はないでしょうか。

3. 立面図と平面図だけでははっきりしない立体に，真横から見た図をそえて表す場合があります。*1.* や *2.* で考えた立体の真横から見た図をかいてみましょう。

4. これまでに考えた立体のほかにも，上の投影図で表される立体を考えて，その立体を真横から見た図と見取図をかいてみましょう。

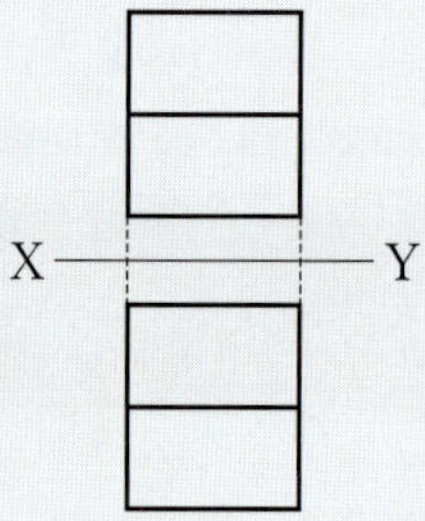

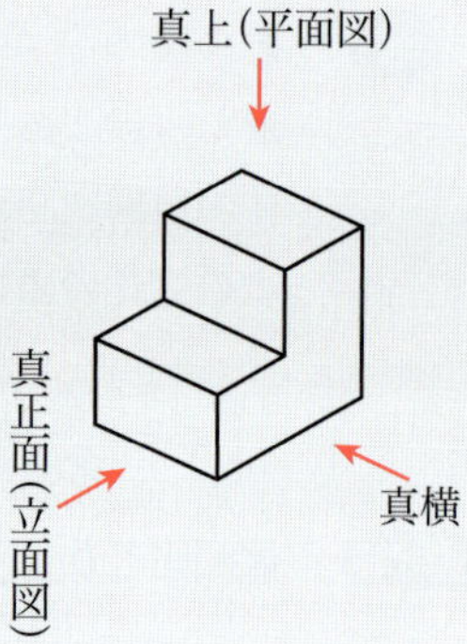

ガイド 上の投影図の立面図や平面図でのまん中の横線は，とび出した部分ともへこんだ部分とも考えられます。真横から見た図をかくと，どのようになっているかがわかります。

解答例 考えられる立体には，次のようなものがある。

見取図　　真横から見た図　　見取図　　真横から見た図

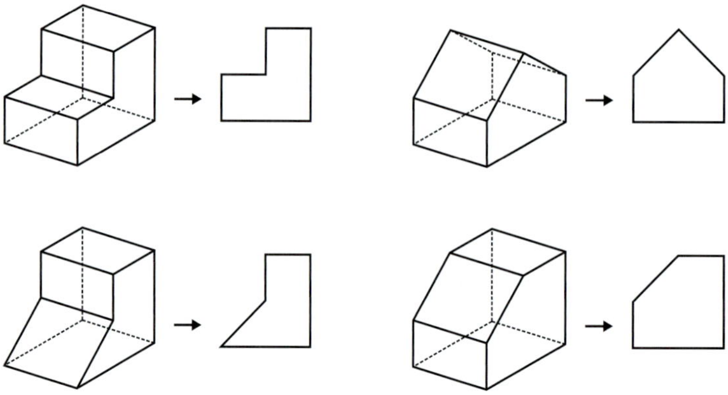

7章 資料の活用

1節 資料の傾向を調べよう

滞空(たいくう)時間が長いのは？

264ページの紙コプターを，組み立てて落下させます。

滞空時間が長くなるのは，羽の長さを何 cm にしたときでしょうか。

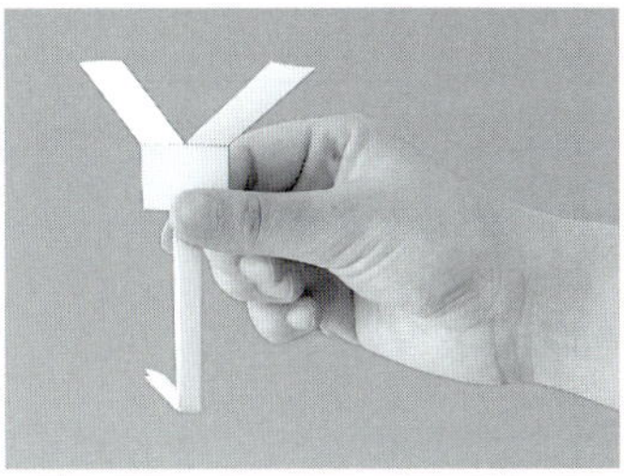

みんなで話しあってみよう

教科書 p.200

羽の長さが7 cm のものと5 cm のものをつくってくらべると，滞空時間が長いのはどちらでしょうか。

また，それを確かめるには，どうすればよいでしょうか。

解答例 〈滞空時間が長いのはどちらか〉

- 羽の長さが長い7 cm の方が滞空時間が長い。
- 羽の長さが短い5 cm の方が滞空時間が長い。
- どちらも同じような滞空時間である。
- はじめから予想ができない。

など，いろいろな予想が出てくるものと思われる。

〈確かめるにはどうすればよいか〉

(方法)

- それぞれ，同じ条件で実験する。
  - ◦どちらも2 m の高さから，紙コプターを落下させる。
  - ◦紙コプターの羽は教科書200ページの写真のように，手から離すときは，水平でなく角度をつけておく。
  - ◦使用するストップウォッチで差が出ないようなものを選ぶ。

  など
- 実験回数は少なくならないようにする。（ともに，50回）
- 実験結果を正確に表に記録する。

(分析)

- それぞれの実験結果が比較しやすいような表やグラフをつくり，それをもとに判断していく。⟶ これが，この章で学んでいく内容になる。

1 度数分布

学習のねらい　目的に応じて資料を収集し，表やグラフに整理して，資料の傾向を調べます。

教科書のまとめ **テスト前にチェック**

□階級
▶資料を右の表のように整理したとき，整理した1つ1つの区間を**階級**（かいきゅう）といいます。

□度数
▶各階級にはいる資料の個数を，その階級の**度数**（どすう）といいます。

□度数分布表
▶階級に応じて，度数を右のように整理した表を**度数分布表**（どすうぶんぷひょう）といいます。

羽の長さ 7cm

滞空時間(秒)	度数(回)
2.05 以上～ 2.20 未満	2
2.20 ～ 2.35	4
2.35 ～ 2.50	12
2.50 ～ 2.65	24
2.65 ～ 2.80	6
2.80 ～ 2.95	2
計	50

□ヒストグラム
▶階級の幅を横，度数を縦とする長方形を並べて右のようなグラフをつくります。このようなグラフを，**ヒストグラム**といいます。

□度数分布多角形
▶ヒストグラムの1つ1つの長方形の上の辺の中点を結ぶと折れ線グラフができます。このような折れ線グラフを**度数分布多角形**といいます。

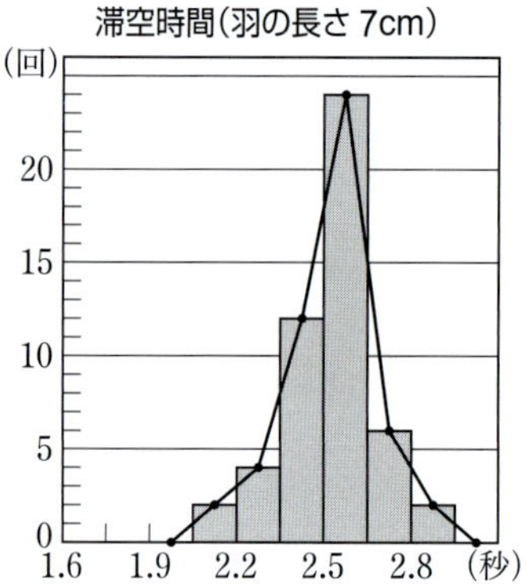

□相対度数
▶各階級の度数の，全体に対する割合を，その階級の**相対度数**（そうたいどすう）といいます。

$$相対度数=\frac{階級の度数}{度数の合計}$$

相対度数は，小数で表すことが多いです。

問1　上の表1，表2で，それぞれ，次のことを調べなさい。　教科書 p.202

(1)　滞空時間の最大の値，最小の値は何秒ですか。

(2)　滞空時間が2秒未満であるのは何回ですか。

(表は次ページ)

紙コプターの滞空時間

表 1　羽の長さ 7cm

実験回数	滞空時間（秒）	実験回数	滞空時間（秒）
1	2.43	26	2.64
2	2.50	27	2.45
3	2.53	28	2.56
4	2.54	29	2.46
5	2.63	30	2.29
6	2.29	31	2.71
7	2.53	32	2.50
8	2.29	33	2.62
9	2.45	34	2.37
10	2.28	35	2.68
11	2.54	36	2.13
12	2.69	37	2.81
13	2.60	38	2.61
14	2.44	39	2.43
15	2.72	40	2.45
16	2.53	41	2.52
17	2.57	42	2.60
18	2.58	43	2.51
19	2.60	44	2.62
20	2.60	45	2.62
21	2.46	46	2.74
22	2.42	47	2.48
23	2.73	48	2.51
24	2.12	49	2.81
25	2.54	50	2.40

表 2　羽の長さ 5cm

実験回数	滞空時間（秒）	実験回数	滞空時間（秒）
1	2.03	26	2.22
2	2.18	27	2.06
3	2.24	28	1.95
4	2.25	29	2.00
5	2.15	30	2.18
6	2.12	31	2.09
7	2.30	32	2.26
8	2.12	33	1.95
9	2.36	34	2.13
10	2.18	35	2.04
11	2.15	36	1.94
12	2.20	37	2.05
13	2.16	38	2.17
14	2.11	39	2.12
15	2.01	40	2.21
16	2.23	41	2.07
17	2.21	42	2.09
18	1.97	43	2.05
19	1.86	44	1.96
20	2.08	45	2.10
21	2.12	46	2.14
22	2.24	47	2.08
23	2.21	48	2.02
24	2.08	49	2.25
25	2.14	50	2.26

解答

(1)〈表 1〉最大の値…**2.81 秒**（実験回数 37，49）　最小の値…**2.12 秒**（実験回数 24）
〈表 2〉最大の値…**2.36 秒**（実験回数 9）　最小の値…**1.86 秒**（実験回数 19）

(2)〈表 1〉 2 秒未満…**なし**
〈表 2〉 2 秒未満…**6 回**（実験回数 18，19，28，33，36，44）

度数分布表

前ページ（教科書 p. 202）の表 1，表 2 で，滞空時間が 2.20 秒以上 2.35 秒未満の回数は，どちらが多いでしょうか。

教科書 p.203

解答 表1は，4回(実験回数6，8，10，30)
表2は，13回(実験回数3，4，7，12，16，17，22，23，26，32，40，49，50)
だから，**表2の方が多い。**

問2 前ページ(教科書 p.202)の表2を，右の度数分布表に整理しなさい。 教科書 p.203

表4　羽の長さ 5cm

滞空時間(秒)	度数(回)
1.75以上〜1.90未満	1
1.90 〜 2.05	10
2.05 〜 2.20	25
2.20 〜 2.35	13
2.35 〜 2.50	1
計	50

ガイド
- 1.75以上〜1.90未満
  1.75 をふくむ。　1.90 をふくまない。
  2.05 秒は，2.05以上〜2.20未満の区間にはいります。
- 順番に正の字を書いて整理します。

解答 右の度数分布表

問3 表3と表4の度数分布表について，それぞれ，次のことを調べなさい。 教科書 p.203
(1) 度数がもっとも多いのは，どの階級ですか。
(2) 滞空時間が2.20秒以上であった回数は何回ですか。
また，それは全体の何%ですか。

表3　羽の長さ 7cm

滞空時間(秒)	度数(回)
2.05以上〜2.20未満	2
2.20 〜 2.35	4
2.35 〜 2.50	12
2.50 〜 2.65	24
2.65 〜 2.80	6
2.80 〜 2.95	2
計	50

表4　羽の長さ 5cm

滞空時間(秒)	度数(回)
1.75以上〜1.90未満	1
1.90 〜 2.05	10
2.05 〜 2.20	25
2.20 〜 2.35	13
2.35 〜 2.50	1
計	50

解答
(1) 〈表3〉**2.50秒以上2.65秒未満の階級**(度数24)
〈表4〉**2.05秒以上2.20秒未満の階級**(度数25)

(2) 〈表3〉2.20秒以上であった回数…**48回**　$\frac{48}{50}\times100=96$ (%)　**96%**

〈表4〉2.20秒以上であった回数…**14回**　$\frac{14}{50}\times100=28$ (%)　**28%**

ヒストグラム

問4 前ページ(教科書 p.203)の 問2 でつくった度数分布表をもとにして，図2にヒストグラムをかきなさい。(図2は省略) 教科書 p.204

ガイド 階級の幅を横，度数を縦とする長方形を並べてヒストグラムをかきます。
表4「羽の長さ 5 cm」の度数分布表からつくります。

解答 右の図

図2　滞空時間（羽の長さ 5cm）

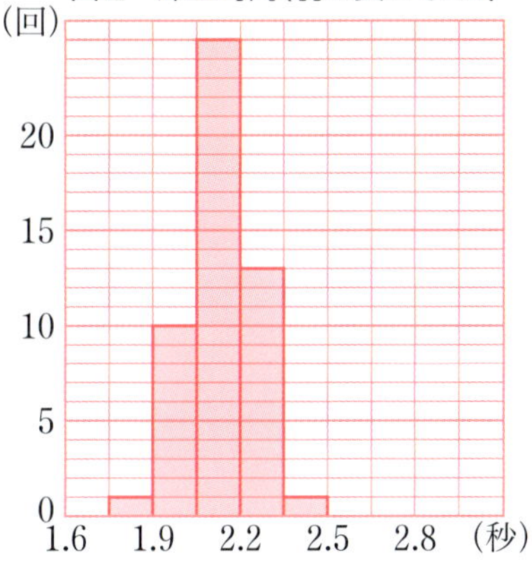

みんなで話しあってみよう

教科書 p.204

図3，図4は，（教科書）202 ページの表1の実験結果について，図1とは階級の幅を変えてかいたヒストグラムです。これらを図1とくらべると，どんなことがいえるでしょうか。

図1　滞空時間（羽の長さ 7cm）

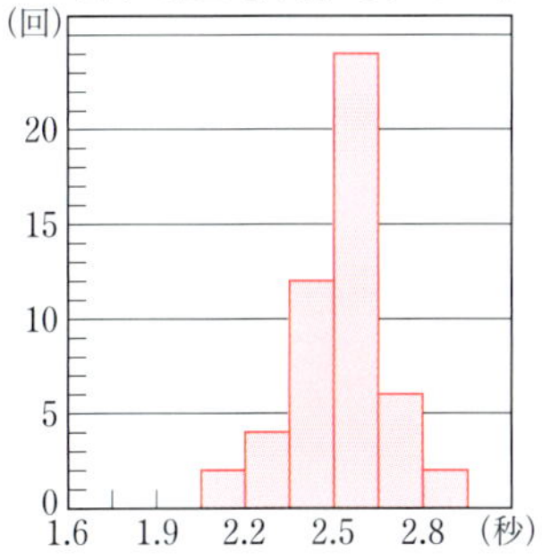

図3　滞空時間（羽の長さ 7cm）
階級の幅 0.05 秒

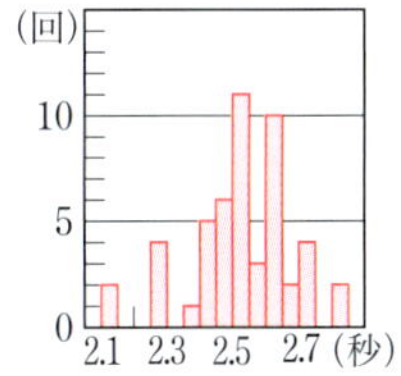

図4　滞空時間（羽の長さ 7cm）
階級の幅 0.25 秒

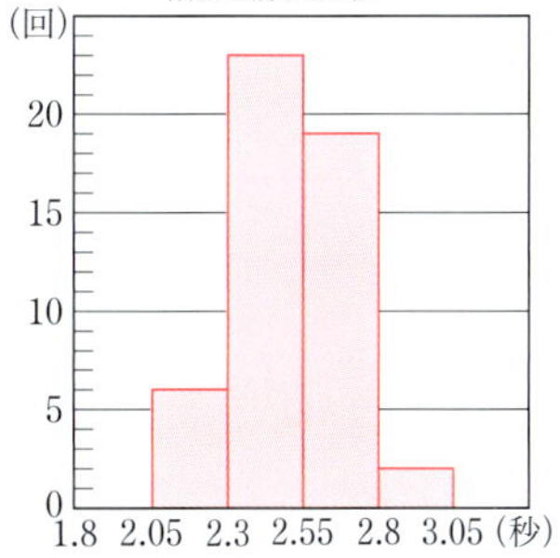

ガイド 資料の傾向を読みとるのに，どれが適しているかくらべます。

解答例
- 資料の傾向を読みとる場合，図4のように，階級の幅が大きく，階級の個数があまりに少ないと，全体の傾向を読みとるには不十分で大まかなことしかわからないので，判断を誤る場合があるかも知れない。
- 図3のように，階級の幅が小さく，階級の個数が多すぎると，似たような度数や0の度数が多くあって，全体の概要がとらえにくくなる。
- 図1のようなヒストグラムを作成することで，全体の形，左右のひろがりのようす，頂上の位置などがとらえやすく，ヒストグラムをつくる場合，図1がいちばん適している。

度数分布多角形

問5 右の図は，前ページ（教科書 p.204）の図1をもとにしてつくった度数分布多角形です。これに，前ページの図2をもとにして，度数分布多角形をかき入れなさい。（図は省略）

教科書 p.205

ガイド ヒストグラムの1つ1つの長方形の上の辺の中点を，順に線分で結びます。ただし，両端では度数0の階級があるものと考えて，線分を横軸までのばして折れ線グラフ（度数分布多角形）をつくります。

解答 右の図の赤のグラフ

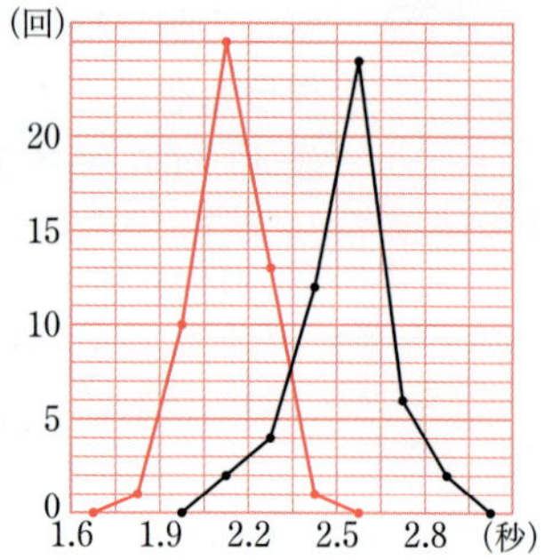

みんなで話しあってみよう

教科書 p.205

問5 でつくった度数分布多角形から，羽の長さが7 cm と5 cm の紙コプターでは，どちらの滞空時間が長いといえそうでしょうか。

解答例 羽の長さが7 cm の紙コプターの方が，羽の長さが5 cm の紙コプターよりも，全体に右(滞空時間が長い方)によっていることから，滞空時間が長いといえる。

相対度数

教科書 p.206

別のクラスでは，羽の長さが6 cm の紙コプターを，2 m の高さから落下させる実験をしていました。その結果ともくらべようと思い，右のような度数分布表に整理しましたが，全体の度数が違っています。
6 cm，7 cm の同じ階級の度数どうしをくらべてもよいでしょうか。

紙コプターの滞空時間

滞空時間(秒)	6 cm 度数(回)	7 cm 度数(回)
2.05 以上〜 2.20 未満	2	2
2.20 〜 2.35	13	4
2.35 〜 2.50	37	12
2.50 〜 2.65	25	24
2.65 〜 2.80	3	6
2.80 〜 2.95	0	2
計	80	50

解答例 全体の度数が異なる場合，小学校では，全体を1あるいは100（%）にするなどの割合を求めて，いくつかの資料をくらべてきた。これを帯グラフ，円グラフに表して考えてきたが，ここでも同じように割合で考えればよい。

問6 上の表の羽の長さが7 cm の紙コプターで，2.35 秒以上 2.50 秒未満の階級の相対度数を求めなさい。

教科書 p.206

ガイド 相対度数 $=\dfrac{\text{階級の度数}}{\text{度数の合計}}$，小数第2位まで求めます。

解答 階級 2.35 秒以上 2.50 秒未満の度数は，12 だから，$\dfrac{12}{50}=0.24$ 　　**0.24**

問7 下の表は，羽の長さが 5 cm，6 cm，7 cm の紙コプターの滞空時間の相対度数をまとめた表です。空欄をうめて，表を完成させなさい。(表は省略)

教科書 p.207

解答 小数第 2 位まで求める。

滞空時間(秒)	5 cm		6 cm		7 cm	
	度数(回)	相対度数	度数(回)	相対度数	度数(回)	相対度数
1.75以上～1.90未満	1	0.02	0	0.00	0	0.00
1.90 ～ 2.05	10	0.20	0	0.00	0	0.00
2.05 ～ 2.20	25	0.50	2	0.03	2	0.04
2.20 ～ 2.35	13	0.26	13	0.16	4	0.08
2.35 ～ 2.50	1	0.02	37	0.46	12	0.24
2.50 ～ 2.65	0	0.00	25	0.31	24	0.48
2.65 ～ 2.80	0	0.00	3	0.04	6	0.12
2.80 ～ 2.95	0	0.00	0	0.00	2	0.04
計	50	1.00	80	1.00	50	1.00

問8 右の図は，上の表から，羽の長さが 5 cm と 7 cm の相対度数を，度数分布多角形に表したものです。この図に，羽の長さが 6 cm の度数分布多角形をかき入れなさい。(図は省略)

教科書 p.207

解答 右の赤のグラフ

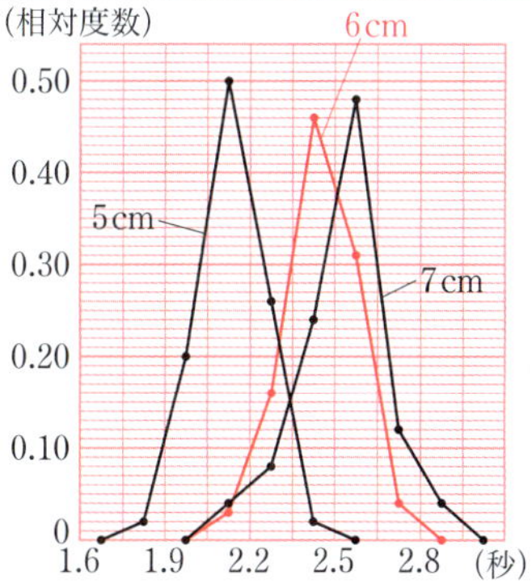

自分の考えをまとめよう

教科書 p.207

紙コプターの羽の長さと滞空時間について，どんなことがいえるでしょうか。
これまでに調べたことと，わかったことをまとめましょう。

解答例

- 羽の長さが違う 3 つの紙コプターを 問8 のように，相対度数の度数分布多角形でくらべると，グラフがそれぞれ右にずれていることから 5 cm，6 cm，7 cm の順に滞空時間が長くなっていることがわかる。グラフを見ると，6 cm，7 cm の紙コプターでは，それほど差はないが，5 cm の紙コプターとは滞空時間の差がはっきりしている。
- いくつかの資料をくらべる場合，度数分布表をつくって整理するが，これだけではくらべにくいので，ヒストグラムや度数分布多角形をつくってくらべるとよい。ただ，全体の度数が異なっている場合などはくらべにくいので，全体を 1 として，相対度数の度数分布多角形をつくってくらべればよい。

2 代表値と散らばり

学習のねらい

資料を1つの数値に代表させ，それをもとにして，資料の傾向をとらえたり，いくつかの資料をくらべたりします。

教科書のまとめ テスト前にチェック

□平均値 ▶**平均値＝$\dfrac{\text{資料の個々の値の合計}}{\text{資料の個数}}$**

□代表値 ▶資料の値全体を代表する値を**代表値**といいます。

□中央値 ▶資料の値を大きさの順に並べたとき，その中央の値を**中央値**，または，**メジアン**といいます。

□最頻値 ▶資料の値の中で，もっとも多く現れる値を**最頻値**(さいひんち)，または，**モード**といいます。

□階級値 ▶度数分布表で，各階級のまん中の値を**階級値**といいます。

□範囲 ▶**範囲**(はんい)**（レンジ）＝最大値－最小値**

教科書 p.208

ある水泳チームでは，大会の100 m自由形に出場する選手を1人決めることになりました。右の表1は，候補の2人の選手が，100 mを20回ずつ泳いだ記録を並べたものです。あなたは，どちらの選手が出場するのにふさわしいと思いますか。

表1　自由形の記録(秒)

A選手	B選手
55.72	56.73
56.28	56.22
55.72	56.36
55.99	56.41
56.95	54.98
56.45	55.35
55.23	56.93
55.93	56.67
55.61	56.22
55.93	55.71
54.48	54.74
55.47	54.47
54.91	56.73
57.26	56.47
54.67	55.84
56.88	57.37
55.23	53.44
56.12	55.57
55.81	55.11
56.33	56.36

表2　自由形の記録

階級(秒)	A選手	B選手
	度数(回)	度数(回)
53.00以上〜53.50未満	0	1
53.50〜54.00	0	0
54.00〜54.50	1	1
54.50〜55.00	2	2
55.00〜55.50	3	2
55.50〜56.00	7	3
56.00〜56.50	4	6
56.50〜57.00	2	4
57.00〜57.50	1	1
計	20	20

解答例

・A選手がふさわしいと思う。
理由は，A選手は20回のうち，いちばん多い階級は55.50秒以上56.00秒未満で7回あり，B選手は20回のうち，いちばん多い階級は56.00秒以上56.50秒未満で6回ある。また，56秒未満の回数は，A選手は13回，B選手は9回で，A選手の方が速い記録が多いので，A選手がふさわしい。

・B選手がふさわしいと思う。
理由は，B選手はA選手より速い記録が少ないが，53.00 秒以上 53.50 秒未満というとても速い記録を 1 回出しているので，これに期待するから。

平均値

問 1 上の表 1 で，B 選手の記録の平均値を求めなさい。(表は省略)

教科書 p.208

ガイド (資料の個々の値の合計)÷20 で，小数第 3 位まで求めます。

解答 (56.73＋56.22＋56.36＋……＋56.36)÷20＝1117.68÷20＝55.884 (秒)　　**55.884 秒**

中央値

問 2 B選手の記録の中央値を求めなさい。

教科書 p.209

ガイド 資料の個数が偶数の場合は，中央に並ぶ 2 つの値の平均をとって中央値とします。

解答 $\frac{56.22+56.22}{2}$＝56.22 (秒)　　**56.22 秒**

問 3 ある中学校の陸上部員 15 人の 50 m 走の記録 (秒) は，次のようでした。
この 15 人の記録の中央値と平均値を求めなさい。

教科書 p.210

7.2，7.8，7.4，8.2，7.7，8.1，7.0，7.5，7.3，8.3，7.9，7.0，7.4，8.1，7.1

ガイド 中央値を求めるため，資料の値を大きさの順に並べかえます。
15 人なので，$\frac{15+1}{2}$＝8，8 番目の記録が中央値になります。

解答 資料の値を大きさの順 (速い順) に並べると，

7.0，7.0，7.1，7.2，7.3，7.4，7.4，7.5，7.7，7.8，7.9，8.1，8.1，8.2，8.3
（7.5 ← 8 番目）

$\frac{15+1}{2}$＝8 だから，8 番目の記録は，7.5 (秒)　　**中央値 7.5 秒**

平均値は，上の資料を利用すると，
(7.0×2＋7.1＋7.2＋……＋8.3)÷15＝114÷15＝7.6 (秒)　　**平均値 7.6 秒**

最頻値

ある中学校の 1 年生男子 24 人の運動ぐつのサイズ (cm) を調べると，次のようでした。

教科書 p.210

25，24，24，25，26，26，27，25，24，25，24，23，25，25，26，25，
26，25，25，26，24，23，25，26

どのサイズの生徒がいちばん多いでしょうか。

ガイド 正の字を書いて調べますが，合計を確認して，数え間違(まちが)いをふせぎます。

サイズ (cm)		
23	T	→ 2
24	正	→ 5
25	正正	→ 10
26	正一	→ 6
27	一	→ 1
		24

解答 25 cm の人がいちばん多く，10 人いる。

25 cm

問4 あるクラスで，大なわとびを 20 回おこなったところ，跳(と)んだ回数は，次のようになりました。この 20 回の記録の最頻値を求めなさい。 教科書 p.210

15，11，14，17，20，8，11，6，14，8，10，12，
16，18，14，10，14，8，6，14

ガイド 資料の値の中で，もっとも多く現れる値を最頻値（モード）といいます。

解答 それぞれ跳んだ回数が，いくつ現れたかをみると，
6 回…2，　8 回…3，　10 回…2，11 回…2，12 回…1，14 回…5，
15 回…1，16 回…1，17 回…1，18 回…1，20 回…1
14 回が 5 つでもっとも多いので，最頻値は 14 回

14 回

問5 下の度数分布表で，各階級の階級値の空欄をうめなさい。また，この度数分布表で，A 選手と B 選手の記録の最頻値を答えなさい。(度数分布表は省略) 教科書 p.211

ガイド 度数分布表では，度数のもっとも多い階級の階級値を最頻値とします。
度数分布表では，階級値のまん中の値を階級値とします。
右の表で，53.50 秒以上 54.00 秒未満の階級値は，

$$\frac{53.50+54.00}{2}=53.75\text{ (秒)}$$

として求めます。

自由形の記録

階級(秒)	階級値(秒)	A 選手 度数(回)	B 選手 度数(回)
53.00 以上〜 53.50 未満	53.25	0	1
53.50 〜 54.00	53.75	0	0
54.00 〜 54.50	54.25	1	1
54.50 〜 55.00	54.75	2	2
55.00 〜 55.50	55.25	3	2
55.50 〜 56.00	55.75	7	3
56.00 〜 56.50	56.25	4	6
56.50 〜 57.00	56.75	2	4
57.00 〜 57.50	57.25	1	1
計		20	20

解答 階級値は右の表
〈A 選手の最頻値〉
55.50 秒以上 56.00 秒未満の階級で，**55.75 秒**
〈B 選手の最頻値〉
56.00 秒以上 56.50 秒未満の階級で，**56.25 秒**

みんなで話しあってみよう 教科書 p.211

これまでに調べたことから，あなたなら，(教科書) 208 ページのA選手，B選手のどちらを出場選手にしますか。また，その理由を説明しましょう。

ガイド 判断材料として，これまでに調べた各選手の代表値を整理しておきます。

	平均値(秒)	中央値(秒)	最頻値(秒)
A選手	55.849	55.87	55.75 (7 回)
B選手	55.884	56.22	56.25 (6 回)

平均値，中央値，最頻値の意味するところを考えて判断します。

解答例
- A選手を出場選手にする。
  平均値はともに同じくらいで差 (0.035 秒) はないが，安定性を示す中央値，最頻値でA選手が優れている。中央値で 0.35 秒，最頻値で 0.5 秒もB選手より速く，A選手の最頻値の 55.75 秒が 7 回というのもA選手を選ぶ大きな理由である。いずれにしても，これらの客観的な数値から安定性のあるA選手がふさわしいと思う。
- B選手を出場選手にする。
  平均値はA選手と同じくらいであるが，中央値や最頻値でやや劣り，安定性という点ではむらがありA選手には負けるが，53.44 秒という速さを出した一発の能力に期待してB選手を選ぶ。

参考
- 選出する基準で，A選手，B選手のどちらかを決めることになります。
- 一般的には，A選手を選びます。(上の理由と同じ)

度数分布表と平均値

教科書 p.213

右のような度数分布表だけが与(あた)えられたとき，このクラスの通学時間の平均値は，どのように考えればよいでしょうか。

1年3組　通学時間

時間(分)	度数(人)
0以上～10未満	5
10 ～20	9
20 ～30	11
30 ～40	3
40 ～50	2
50 ～60	1
計	31

解答例 平均値$=\dfrac{資料の個々の値の合計}{資料の個数}$である。

表から，資料の個数は 31 人であり，各階級の度数もわかっている。

したがって，各階級の人々がそれぞれ同じ 1 つの値と考えれば，その値に度数をかけたものの合計を資料の個々の値の合計として用いることができて，平均値が求められる。

問6 上のの通学時間について，右の表の空欄をうめて，この表から，1 年 3 組の通学時間の平均値と最頻値を求めなさい。
また，中央値がふくまれる階級も答えなさい。(表は省略)　教科書 p.213

ガイド まず，各階級の階級値を求めます。
例えば，10 分以上 20 分未満の階級値は，$\dfrac{10+20}{2}=15$（分）として求めます。他の階級の階級値も同じようにして求めます。
次に，各階級の（階級値）×（度数）を求めて，その和を度数の合計でわると平均値が求められます。

解答 〈階級値〉

$\dfrac{0+10}{2}=5,\ \dfrac{10+20}{2}=15,$

$\dfrac{20+30}{2}=25,\ \dfrac{40+50}{2}=45,$

$\dfrac{50+60}{2}=55$

1年3組　通学時間

時間(分)	階級値(分)	度数(人)	階級値×度数
0以上〜10未満	5	5	25
10 〜 20	15	9	135
20 〜 30	25	11	275
30 〜 40	35	3	105
40 〜 50	45	2	90
50 〜 60	55	1	55
計		31	685

〈階級値×度数〉

$5\times5=25,\ 15\times9=135,$

$25\times11=275,\ 45\times2=90$

$55\times1=55$

〈平均値〉

$\dfrac{25+135+275+105+90+55}{31}=\dfrac{685}{31}=22.09\cdots$（分）　**22.1 分**

〈最頻値〉

度数のもっとも多い階級の階級値だから，20 分以上 30 分未満の階級の階級値で，
25 分

〈中央値がふくまれる階級〉

度数の合計が 31 人だから，中央値の人は時間が少ない方から数えて 16 番目である。
よって，中央値がふくまれる階級は，**20 分以上 30 分未満の階級**

散らばり

教科書 p.214

2つの容器 A，B に，卵が 10 個ずつはいっています。それぞれの容器にはいった卵の重さを1つずつはかると，右の表のようでした。
これらの平均値，中央値は，それぞれ次のようになります。

容器A……平均値 50.5 g，中央値 50.6 g

容器B……平均値 50.5 g，中央値 50.6 g

容器AとBの卵の重さの分布は，ほぼ同じといってよいでしょうか。

卵の重さ (g)

容器A	容器B
50.1	43.2
48.7	50.3
50.5	57.1
52.1	53.7
47.8	50.2
48.4	44.9
52.2	50.9
50.7	55.3
53.3	45.8
51.2	53.6

ガイド 分布のようすを調べるために，度数分布表やヒストグラムをかきます。

卵の重さ

階級(g)	容器A 度数(個)	容器B 度数(個)
42以上～44未満	0	1
44 ～46	0	2
46 ～48	1	0
48 ～50	2	0
50 ～52	4	3
52 ～54	3	2
54 ～56	0	1
56 ～58	0	1
計	10	10

卵の重さ（容器A）

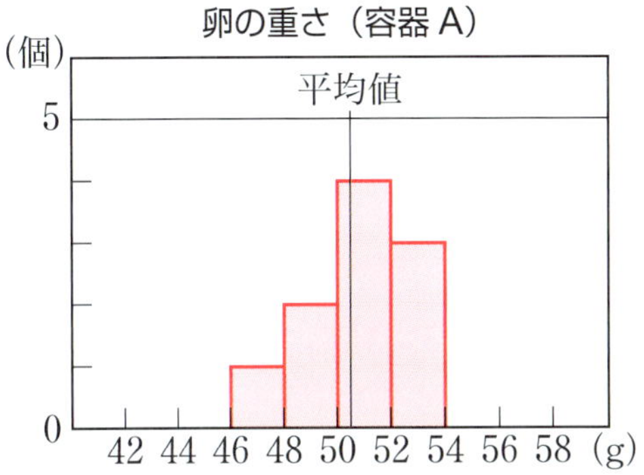

卵の重さ（容器B）

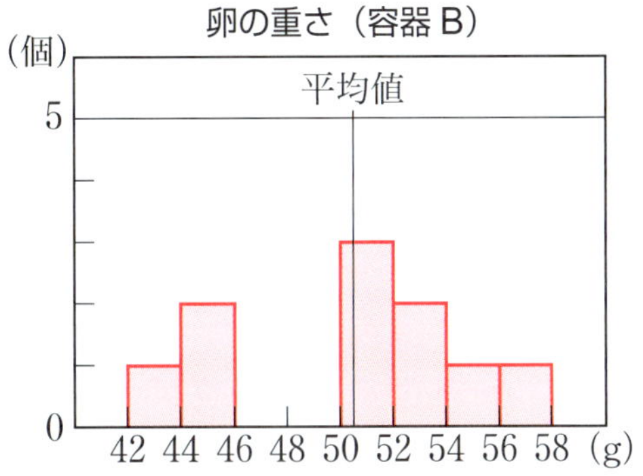

解答例 2つの容器の平均値，中央値はどちらも同じであるが，上の度数分布表，ヒストグラムからもわかるように，**容器Aの卵の重さは平均値に近い値に集まっているが，容器Bの卵の重さにばらつきがある。**

参考 教科書のあとの方で学習しますが，　範囲＝最大値－最小値
容器A……53.3－47.8＝5.5 (g)，容器B……57.1－43.2＝13.9 (g)
これからもわかりますが，容器Bの卵の重さは散らばっています。

問7 教科書 p.215

右の表は，ある年の3月11日から20日まで，さいたま市と福岡市で，花粉飛散数を調べたものです。この表で，両市のこの期間の花粉飛散数の範囲を求めなさい。

花粉飛散数

	さいたま市	福岡市
11日	684	586
12日	873	196
13日	971	164
14日	2013	135
15日	684	12
16日	533	578
17日	184	881
18日	229	221
19日	471	1627
20日	1115	992

ガイド 範囲＝最大値－最小値

解答 さいたま市の最大値…2013，最小値…184
だから，さいたま市の花粉飛散数の範囲
2013－184＝**1829**
福岡市の最大値…1627，最小値…12
福岡市の花粉飛散数の範囲　1627－12＝**1615**

3 近似値

学習のねらい　測定などによって得られた数の表し方について学びます。

教科書のまとめ　テスト前にチェック

□近似値　▶真の値に近い値のことを**近似値**(きんじち)といいます。測定値は近似値です。

□誤差　▶近似値から真の値をひいた差を**誤差**(ごさ)といいます。

誤差＝近似値－真の値

□有効数字　▶近似値を表す数で，意味のある数字を**有効数字**といい，その数字の個数を有効数字の**けた数**といいます。

3.40 秒……有効数字 3 けた

右の線分 AB の長さは，何 mm でしょうか。ものさしを使って測りましょう。 教科書 p.216

解答例　39 mm より長く 40 mm より少し短い。

問 1　ある数 a の小数第 2 位を四捨五入した近似値が 1.6 であるとき，a の範囲を，不等号を使って表しなさい。 教科書 p.217

ガイド　ある数 a の小数第 2 位を四捨五入した近似値が 1.6 のとき，a の範囲は次のようになります。

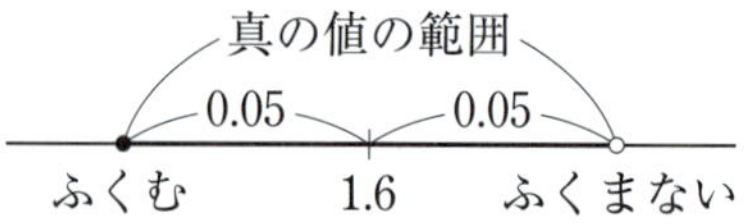

解答　$1.6-0.05=1.55$，$1.6+0.05=1.65$ だから，$\mathbf{1.55 \leqq a < 1.65}$

参考　a は 1.55 以上 1.65 未満の数になっています。

問 2　次の近似値で，有効数字が 3 けたであるとき，整数部分が 1 けたの小数と，10 の何乗かの積の形に表しなさい。 教科書 p.217

(1)　ある体育館の広さ　1210 m^2

(2)　あるマッコウクジラの重さ　48000 kg

ガイド　有効数字をはっきりさせるためには，整数部分が 1 けたの小数と，10 の何乗かの積の形に表します。
有効数字が 3 けただから，(1)では上の位から 1，2，1 が有効数字，(2)では上の位から 4，8，0 が有効数字です。

解答

(1)　$1210=1.21\times1000=\mathbf{1.21\times10^3}$ ($\mathbf{m^2}$)

(2)　$48000=4.80\times10000=\mathbf{4.80\times10^4}$ (**kg**)

4 調べたことをまとめ，発表しよう

学習のねらい

目的にあわせて資料を収集，整理して，調べてわかったことをほかの人にわかりやすく伝えることができるようにします。

教科書のまとめ **テスト前にチェック**

□レポートのまとめ方

▶❶ 調べたいことを決めよう。
❷ 必要な資料を集めよう。
❸ 資料を整理しよう。
❹ 整理した資料を考察しよう。
❺ まとめて発表しよう。
❻ さらに深めよう。

資料は，本やインターネットなど
いろいろな方法で収集できるよ

例　夏の最高気温についてのレポートを紹介します。

夏の最高気温について

① **調べたいこと** ←調べたいことを決める

2013年の8月12日，高知県四万十市(江川崎)で日本の最高気温41.0℃を記録したことをニュースで知りました。それまでの最高気温の記録は，2007年8月16日に，岐阜県多治見市，埼玉県熊谷市で記録した40.9℃でした。

私の住んでいる大阪市も2013年の8月は大変暑かったことを記憶していますが，その年の8月，大阪市と四万十市，実際，どちらがどのぐらい暑かったのか調べようと思いました。

また，天気予報で，夏日，真夏日，猛暑日という呼び方がされていますが，これらの使い方についても調べようと思いました。

② **資料の収集** ←必要な資料を集める

2013年8月の大阪市と四万十市(江川崎)の最高気温を，インターネットを使って調べました。

同時に，夏日，真夏日，猛暑日についても調べました。

夏　日…最高気温が25℃以上の日
真夏日…最高気温が30℃以上の日
猛暑日…最高気温が35℃以上の日(2007年4月1日より気象庁の正式用語)

③　資料の整理 ←資料を整理する

右の資料をもとに，度数分布表，ヒストグラム，度数分布多角形をつくり，代表値などについても調べました。

〈大阪市〉

階級（℃）	度数（日）
25以上〜28未満	0
28　〜31	3
31　〜34	6
34　〜37	16
37　〜40	6
40　〜43	0
計	31

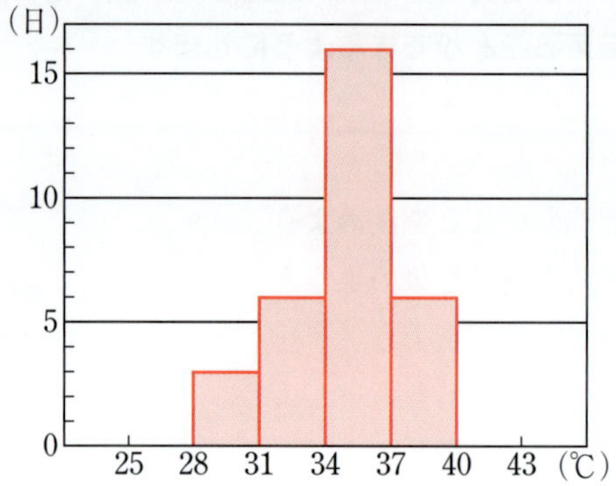

〈四万十市〉

階級（℃）	度数（日）
25以上〜28未満	2
28　〜31	1
31　〜34	4
34　〜37	14
37　〜40	6
40　〜43	4
計	31

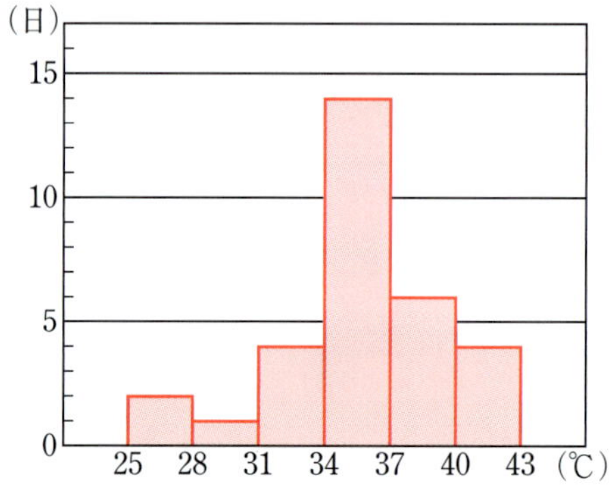

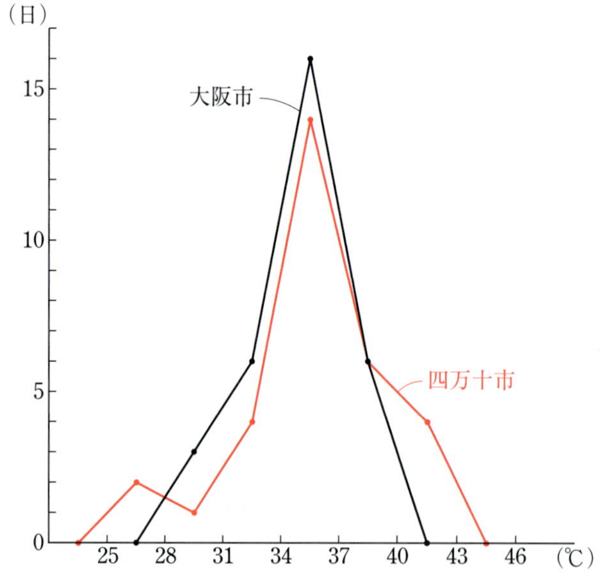

2013年8月の最高気温（℃）

日	大阪市	四万十市
1	33.8	37.0
2	34.1	34.3
3	33.4	35.8
4	34.6	33.3
5	35.3	34.2
6	34.3	36.9
7	35.1	37.9
8	35.3	38.0
9	36.0	39.3
10	36.8	40.7
11	37.6	40.4
12	38.2	41.0
13	37.9	40.0
14	38.4	38.6
15	36.0	37.6
16	36.2	35.9
17	35.9	35.6
18	35.8	35.8
19	36.7	36.4
20	36.8	36.8
21	37.2	36.9
22	37.2	36.2
23	35.1	36.7
24	28.1	32.5
25	28.5	26.6
26	28.9	25.4
27	31.4	33.4
28	31.5	35.3
29	33.1	34.1
30	34.5	32.9
31	33.8	29.9

	大阪市	四万十市
平均値	34.8℃	35.7℃
中央値	35.3℃	36.2℃
最頻値	35.5℃	35.5℃
最大値	38.4℃	41.0℃
最小値	28.1℃	25.4℃

注　最頻値は度数分布表の度数のもっとも多い階級値で示しています。

範囲

大阪市…10.3℃　　　四万十市…15.6℃

真夏日，猛暑日の比較

大阪市　…30℃ 以上の真夏日が 28 日あり，そのうち，35℃ 以上の猛暑日が 18 日

四万十市…30℃ 以上の真夏日が 28 日あり，そのうち，35℃ 以上の猛暑日が 21 日

〈インターネット資料より〉

今回，国内最高気温を記録した四万十市の観測所のある場所は，四万十市北部にある江川崎（えかわさき）という地域です。1,000 メートル級の山々に囲まれた盆地状の地形で，太平洋沿岸から数十キロ離れた内陸部に位置します。

④　**調べてわかったこと** ←整理した資料を考察する

- 2013 年 8 月の最高気温の平均値が大阪市で 34.8℃，四万十市で 35.7℃ もあり，どちらも大変暑い夏であったことがわかりました。
- 2 つの市を比べると，度数分布表，ヒストグラム，度数分布多角形，各代表値からもわかるように，この 8 月に関しては四万十市の方が大阪市よりも全体で 1℃ 近く暑かったことがわかりました。
- 四万十市の最高気温が 40℃ 以上の日が 4 日間も連続してあったのは驚きでした。
- 大阪市の猛暑日が 8 月の約 58 %，四万十市で約 68 % を占めたのも驚きで，熱中症に気をつけなければならないことを実感しました。
- 日本で記録した最低気温は北海道旭川市の −41.0℃（1902 年 1 月 25 日）だから，最高気温 41.0℃ とちょうどプラスマイナスが反対で絶対値が等しいことがわかりました。

（これから調べたいこと）←さらに深める

一昔前の夏は今より気温が幾分低く，しのぎやすかったと言うお年寄りが多くいます。それで，今住んでいる市の 10 年前，20 年前，30 年前の 8 月の最高気温を調べて，現在と比較したいと思います。

7章の基本のたしかめ　教科書 p.221

1 下の表は，R中学校とS中学校の1年生男子について，握力（あくりょく）を調べ，その結果を度数分布表に表したものです。(表は省略)

(1) 上の表の空欄（くうらん）をうめなさい。

(2) S中学校で，握力が25 kg未満の生徒は，全部で何人ですか。

(3) 握力が45 kg以上50 kg未満の生徒の割合が大きいのは，どちらの中学校ですか。

ガイド (1) 相対度数＝$\dfrac{\text{階級の度数}}{\text{度数の合計}}$

(2) 握力が25 kg未満の生徒とは，15 kg以上20 kg未満の階級と20 kg以上25 kg未満の階級の度数の和です。

解答 (1)

握　力 (kg)	R中学校		S中学校	
	度数（人）	相対度数	度数（人）	相対度数
15以上～20未満	1	0.03	8	0.04
20　～25	3	0.08	27	0.13
25　～30	6	0.16	48	0.23
30　～35	10	0.26	59	0.28
35　～40	8	0.21	45	0.21
40　～45	7	0.18	14	0.07
45　～50	2	0.05	7	0.03
50　～55	1	0.03	2	0.01
計	38	1.00	210	1.00

p.207 問7

(2) 15 kg以上20 kg未満の階級の度数は8人，20 kg以上25 kg未満の階級の度数は27人だから，8＋27＝35 (人)　**35人**

p.203 問3

(3) 相対度数でくらべればよいから，45 kg以上50 kg未満の階級の相対度数は，R中学校は0.05，S中学校は0.03

よって，**R中学校の方が割合が大きい。**

p.207 問7

2 ある中学校の生徒20人について，先月読んだ本の冊数を調べたところ，下のような結果になりました。この20人の読んだ本の冊数の平均値，中央値，最頻値（さいひんち）を求めなさい。

3，6，14，5，7，2，1，18，5，4，
8，5，9，13，10，11，3，2，8，11

ガイド 20人の読んだ本の冊数を，少ない順に並べかえてみます。

1，2，2，3，3，4，5，5，5，6，7，8，
8，9，10，11，11，13，14，18

解答 〈平均値〉

$$\frac{1+2\times2+3\times2+4+5\times3+6+7+8\times2+9+10+11\times2+13+14+18}{20}$$

$$=\frac{145}{20}=7.25\text{（冊）}$$ **7.25 冊** p.210 問3

〈中央値〉

度数の合計が 20 人だから，読んだ本の冊数の少ない順に並べたときの 10 番目と

11 番目の値の平均だから，$\frac{6+7}{2}=6.5$（冊） **6.5 冊** p.210 問3

〈最頻値〉

度数がもっとも多いのは，5 冊の 3 人である。 **5 冊** p.210 問4

3 ある棒の長さを測り，その小数第 3 位を四捨五入した近似値（きんじち）が，3.52 m になりました。この棒の長さの真の値を a m とするとき，a の範囲を不等号を使って表しなさい。

ガイド 真の値 a の小数第 3 位を四捨五入した近似値が 3.52 であるとき，a の範囲は次のようになります。

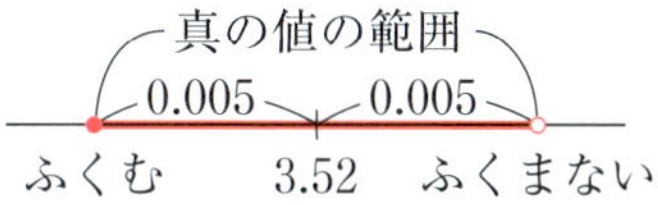

解答 $3.52-0.005=3.515$　$3.52+0.005=3.525$ だから，$\mathbf{3.515 \leqq a < 3.525}$ p.217 問1

7章の章末問題

教科書 p.222

テストによく出る

1 ある中学校の野球部員19人のハンドボール投げの記録の平均値を求めると，25 m でした。この結果からかならずいえることを，次の(ア)～(ウ)から選びなさい。

(ア) 記録が25 m だった部員がいちばん多い。

(イ) 記録を大きさの順に並べたとき，大きい方から数えて10番目の部員の記録が25 m である。

(ウ) 全員の記録を合計すると475 m である。

ガイド 平均値が25 m ということから，例外なく「かならずいえる」かどうかを考える問題です。

解答 (ア) 資料が一方にかたよっていれば，かならずしもいえない。最頻値が25 m であればいえることである。

(イ) これも(ア)と同じ理由でかならずしもいえない。中央値が25 m であればいえることである。

(ウ) 資料の個々の値の合計＝平均値×資料の個数 で，$25\times19=475$ (m) になっているので，これはかならずいえる。

(ウ)

テストによく出る

2 次の(1)～(4)のそれぞれにあてはまるものを，A～Dのヒストグラムからすべて選びなさい。

(1) 範囲（はんい）がもっとも大きいものはどれですか。

(2) 平均値がもっとも大きいものはどれですか。

(3) 平均値と中央値と最頻値（さいひんち）がほとんど同じになるものはどれですか。

(4) 中央値が，40以上50未満の階級にふくまれているものはどれですか。

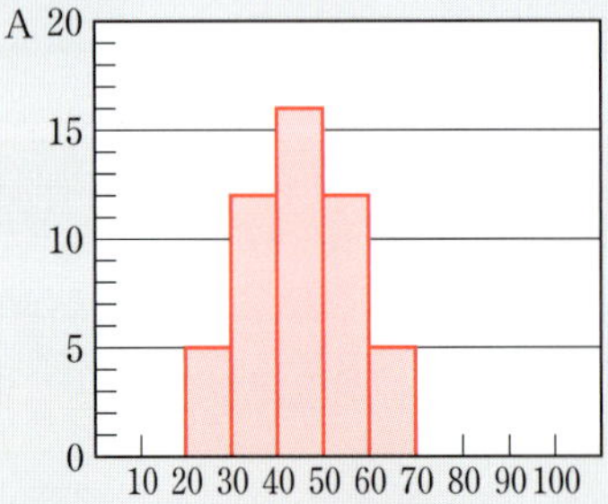

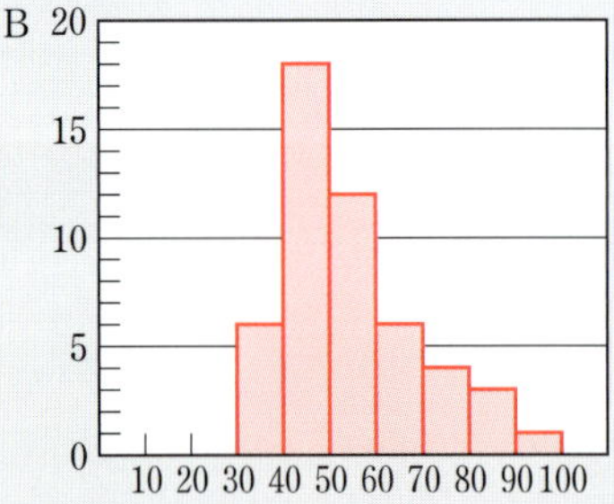

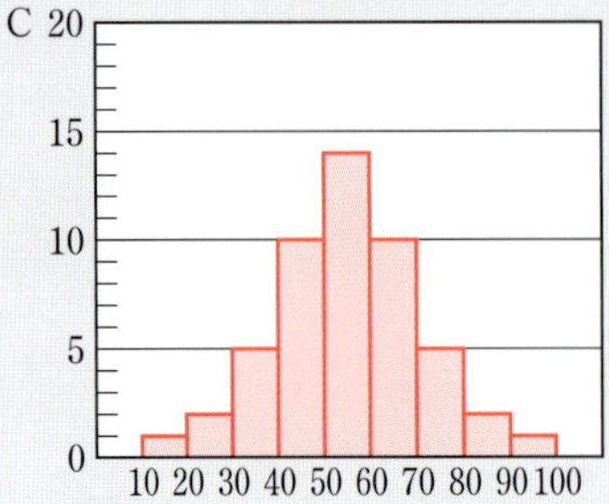

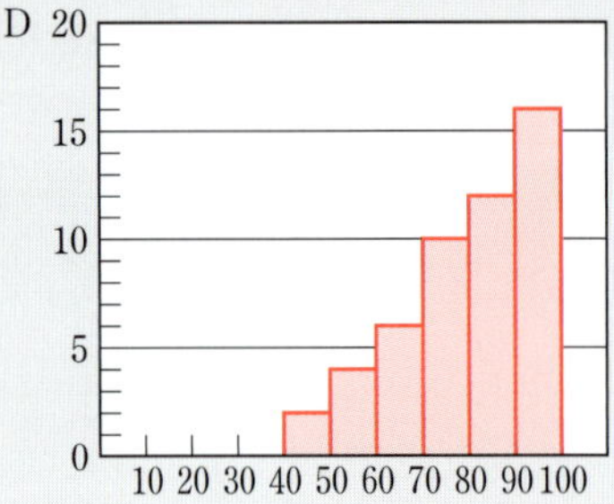

ガイド ヒストグラムの形から代表値，範囲を考える問題です。

解答 (1) 範囲（最大値－最小値）がもっとも大きい分布なので，ヒストグラムの左右の幅がもっともひろいものを選ぶ。

10 から 100 までひろがっているＣを選ぶ。 **C**

(2) Ａの平均値は 40 以上 50 未満の階級，Ｃの平均値は 50 以上 60 未満の階級にあることは，山型の頂点の区間にあることからもわかる。

Ｂの平均値は，資料が左にかたよっていることから，左から最頻値，中央値，平均値の順に並んでいると思われることから，平均値は 50 以上 60 未満の階級にあるものと判断できる。

Ｄの平均値は，資料が右にかたよっていることから，左から平均値，中央値，最頻値の順に並んでいると思われることから，平均値は 70 以上 80 未満の階級，あるいは 80 以上 90 未満の階級にあると判断できる。

これらのことから，平均値がもっとも大きいのはＤと判断できる。 **D**

(3) ヒストグラムがほぼ左右対称な山型になっていれば，平均値，中央値，最頻値はほとんど近い値になる。

左右対称になっているＡとＣを選ぶ。 **A，C**

(4) ヒストグラムがほぼ左右対称の山型なので，ＡとＣは平均値，中央値，最頻値がほとんど近い値である。Ａは 40 以上 50 未満の階級に，Ｃは 50 以上 60 未満の階級に中央値があると判断できる。

Ｂでは，30 以上 50 未満の度数の合計は 24，50 以上 100 未満の度数の合計は 26 であるから，中央値は 50 以上 60 未満の階級にあると判断できる。

Ｄでは，40 以上 80 未満の度数の合計が 22，80 以上 100 未満の度数の合計は 28 だから，中央値は 80 以上 90 未満の階級にあると判断できる。

これらのことから，中央値が 40 以上 50 未満の階級にふくまれているのはＡと判断できる。 **A**

力をつけよう

くり返し練習　教科書 p.223～231

■利用のしかた

問題文はすべて省略しています。答えは Math Navi ブックの p.49～51 にのっています。理解しにくい問題には，ガイド に考え方をのせてあります。Math Navi ブックの答えを見てもわからないときに利用しましょう。

1章　正の数・負の数

1

ガイド 正の数・負の数の加法について，次のことがいえます。

同符号の 2 数の和

符号… 2 数と同じ符号

絶対値… 2 数の絶対値の和

$(+2)+(+6)=+(2+6)$
$(-2)+(-6)=-(2+6)$

異符号（いふごう）の 2 数の和

符号…絶対値の大きい方の符号

絶対値… 2 数の絶対値の大きい方から小さい方をひいた差

$(+2)+(-6)=-(6-2)$
$(-2)+(+6)=+(6-2)$

正の数・負の数の加法では，数の中に小数や分数があっても，計算のしかたに変わりはありません。分数の計算では，通分することが必要です。

解答

(1) $(-7)+(-11)=-(7+11)$
$=\mathbf{-18}$

(2) $(-19)+(+13)=-(19-13)$
$=\mathbf{-6}$

(3) $(-6.9)+(-1.1)=-(6.9+1.1)$
$=\mathbf{-8}$

(4) $(+8.2)+(-2.5)=+(8.2-2.5)$
$=\mathbf{+5.7}$

(5) $\left(-\frac{2}{3}\right)+\left(-\frac{4}{3}\right)=-\left(\frac{2}{3}+\frac{4}{3}\right)$
$=-\frac{6}{3}$
$=\mathbf{-2}$

(6) $\left(-\frac{1}{4}\right)+\left(+\frac{1}{2}\right)=\left(-\frac{1}{4}\right)+\left(+\frac{2}{4}\right)$
$=+\left(\frac{2}{4}-\frac{1}{4}\right)$
$=\mathbf{+\frac{1}{4}}$

2

ガイド 正の数・負の数の減法について，次のことがいえます。

正の数・負の数をひくには，符号を変えた数をたせばよい。

$(-5)-(+9)=(-5)+(-9)$
$(-7)-(-2)=(-7)+(+2)$

解答

(1) $(-8)-(+2)=(-8)+(-2)$
$=\mathbf{-10}$

(2) $0-(-9)=0+(+9)$
$=\mathbf{+9}$

(3) $(-3.4)-(-3.4)=(-3.4)+(+3.4)$
$=\mathbf{0}$

(4) $(+2.8)-(-5.4)=(+2.8)+(+5.4)$
$=\mathbf{+8.2}$

(5) $\left(-\frac{2}{3}\right)-\left(-\frac{5}{6}\right)=\left(-\frac{4}{6}\right)-\left(-\frac{5}{6}\right)=\left(-\frac{4}{6}\right)+\left(+\frac{5}{6}\right)=\mathbf{+\frac{1}{6}}$

(6) $\left(-\frac{1}{2}\right)-\left(+\frac{2}{3}\right)=\left(-\frac{3}{6}\right)-\left(+\frac{4}{6}\right)=\left(-\frac{3}{6}\right)+\left(-\frac{4}{6}\right)=\mathbf{-\frac{7}{6}}$

3

ガイド 加法と減法の混じった式では，正の項の和，負の項の和を，それぞれ求めて計算することができます。
計算の結果が正の数のときは，符号 ＋ を省くことができます。

解答
(1) $-6+21=\mathbf{15}$
−6 と 21 の和とみる。

(2) $-4-3=\mathbf{-7}$
−4 と −3 の和とみる。

(3) $7-12+18=7+18-12$
$=25-12$
$=\mathbf{13}$

(4) $13-4+6-12=13+6-4-12$
$=19-16$
$=\mathbf{3}$

(5) $-11+(-8)+26-10=-11-8+26-10$
$=26-11-8-10$
$=26-29$
$=\mathbf{-3}$

4

ガイド 負の数×正の数＝−(絶対値の積)　$(-3)\times4=-(3\times4)$
正の数×負の数＝−(絶対値の積)　$3\times(-4)=-(3\times4)$
負の数×負の数＝＋(絶対値の積)　$(-3)\times(-4)=+(3\times4)$

解答
(1) $(-3)\times5=-(3\times5)$
$=\mathbf{-15}$

(2) $(-15)\times4=-(15\times4)$
$=\mathbf{-60}$

(3) $7\times(-11)=-(7\times11)$
$=\mathbf{-77}$

(4) $12\times(-6)=-(12\times6)$
$=\mathbf{-72}$

(5) $(-6)\times(-13)=+(6\times13)$
$=\mathbf{78}$

(6) $(-16)\times(-5)=+(16\times5)$
$=\mathbf{80}$

5

ガイド 負の数÷正の数＝−(絶対値の商)　$(-8)\div2=-(8\div2)$
正の数÷負の数＝−(絶対値の商)　$8\div(-2)=-(8\div2)$
負の数÷負の数＝＋(絶対値の商)　$(-8)\div(-2)=+(8\div2)$

解答
(1) $(-12)\div3=-(12\div3)=\mathbf{-4}$

(2) $28\div(-14)=-(28\div14)=\mathbf{-2}$

(3) $(-52)\div(-13)=+(52\div13)=\mathbf{4}$

6

ガイド 正の数・負の数の乗除では，数の中に小数があっても，計算のしかたに変わりはありません。

解答
(1) $(-0.4)\times(-0.3)=+(0.4\times0.3)$
$=\mathbf{0.12}$

(2) $3.6\div(-0.6)=-(3.6\div0.6)$
$=\mathbf{-6}$

(3) $(-2.4)\div3=-(2.4\div3)$
$=\mathbf{-0.8}$

7

ガイド 2つの数の積が1になるとき，一方の数を，他方の数の逆数といいます。正の数・負の数でわるには，その数の逆数をかければよいです。

$\div\left(-\frac{2}{3}\right)$ は，$\times\left(-\frac{3}{2}\right)$ だね

解答

(1) $\left(-\frac{2}{3}\right)\times\frac{5}{4}=-\left(\frac{2}{3}\times\frac{5}{4}\right)=-\mathbf{\frac{5}{6}}$

(2) $\frac{1}{2}\div\left(-\frac{1}{3}\right)=\frac{1}{2}\times(-3)=-\left(\frac{1}{2}\times3\right)=-\mathbf{\frac{3}{2}}$

(3) $\left(-\frac{3}{8}\right)\div\left(-\frac{9}{4}\right)=\left(-\frac{3}{8}\right)\times\left(-\frac{4}{9}\right)=+\left(\frac{3}{8}\times\frac{4}{9}\right)=\mathbf{\frac{1}{6}}$

8

ガイド 乗法と除法の混じった式では，乗法だけの式になおし，次に，結果の符号を決めてから計算することができます。

① すべて × に
↓
② 符号
↓
③ 計算

解答

(1) $(-3)\times4\times(-5)=+(3\times4\times5)=\mathbf{60}$

(2) $4\times(-3)\times(-25)\times(-9)=-(4\times3\times25\times9)$　（$4\times25=100$）

$=-(100\times27)=\mathbf{-2700}$

(3) $\left(-\frac{3}{5}\right)\div\frac{6}{5}\times\left(-\frac{2}{3}\right)=\left(-\frac{3}{5}\right)\times\frac{5}{6}\times\left(-\frac{2}{3}\right)$

$=+\left(\frac{3}{5}\times\frac{5}{6}\times\frac{2}{3}\right)=\mathbf{\frac{1}{3}}$

(4) $\frac{1}{3}\div\left(-\frac{1}{2}\right)\div\frac{1}{5}=\frac{1}{3}\times(-2)\times5=-\left(\frac{1}{3}\times2\times5\right)=\mathbf{-\frac{10}{3}}$

9

ガイド 4^3 の右上の小さい数3は，かけあわす数4の個数を示したもので，これを指数といいます。

$\underbrace{4\times4\times4}_{3個}=4^{③}$（指数）

解答

(1) $(-4)^3=(-4)\times(-4)\times(-4)$

$=\mathbf{-64}$

(2) $-0.5^2=-(0.5\times0.5)$

$=\mathbf{-0.25}$

(3) $(-2^3)\times(-1)^2=\underline{-(2\times2\times2)}\times\underline{(-1)\times(-1)}$

$=(-8)\times1=\mathbf{-8}$

10

ガイド 加減と乗除が混じった式は，乗除をさきに計算します。

解答

(1) $-2^2+6\div(-2)$

$=-4+(-3)$

$=\mathbf{-7}$

(2) $(-2)\times5+(-8)\div(-4)$

$=(-10)+2$

$=\mathbf{-8}$

(3) $(7-11)\div2-4$

$=(-4)\div2-4$

$=-2-4$

$=\mathbf{-6}$

(4) $10-\{-4-(4-7)\times6\}$

$=10-\{-4-(-3)\times6\}$

$=10-\{-4+18\}$

$=10-14=\mathbf{-4}$

2章　文字の式

文字式の表し方

① かけ算の記号 × を省いて書く。
② 文字と数の積では，数を文字の前に書く。
③ 同じ文字の積は，指数を使って書く。
④ わり算は，記号 ÷ を使わないで，分数の形で書く。
＊ アルファベットは，ふつう，アルファベットの順に書く。
＊ $1\times a$ は，a と書く。$(-1)\times a$ は，$-a$ と書く。（ただし，$0.1a$ はこのままでよい。）

11

解答

(1) $5\times a=\boldsymbol{5a}$　　(2) $x\times(-1)\times x=\boldsymbol{-x^2}$

(3) $(m+n)\div 3=\boldsymbol{\dfrac{m+n}{3}}$　$\left(\dfrac{1}{3}(m+n)\right.$ でもよい。$\left.\right)$

(4) $x\div y=\boldsymbol{\dfrac{x}{y}}$　　(5) $a+b\div 5=\boldsymbol{a+\dfrac{b}{5}}$　$\left(a+\dfrac{1}{5}b\right.$ でもよい。$\left.\right)$

(6) $x\div(-2)-y\times 4=\boldsymbol{-\dfrac{x}{2}-4y}$　$\left(-\dfrac{1}{2}x-4y\right.$ でもよい。$\left.\right)$

12

解答

(1) $3x^2y=\boldsymbol{3\times x\times x\times y}$

(2) $\dfrac{a-b}{2}=\boldsymbol{(a-b)\div 2}$　$\left(\dfrac{1}{2}\times(a-b)\right.$ でもよい。$\left.\right)$

(3) $\dfrac{x}{5}-4(y+z)=\boldsymbol{x\div 5-4\times(y+z)}$　$\left(\dfrac{1}{5}\times x-4\times(y+z)\right.$ でもよい。$\left.\right)$

13

ガイド

(2) 速さ＝道のり÷時間，時速（km）の書き方は，km/h（h：hour（時））

(3) 7％を分数で表すと $\dfrac{7}{100}$，小数で表すと 0.07 になります。

(4) 1割は10％だから，分数で表すと $\dfrac{10}{100}=\dfrac{1}{10}$，小数で表すと 0.1

解答

(1) $\boldsymbol{2x+6y}$（円）　　(2) $\boldsymbol{\dfrac{10}{x}}$（km/h）

(3) $a\times\dfrac{7}{100}=\boldsymbol{\dfrac{7}{100}a}$（g）　（$0.07a$（g）でもよい。）

(4) もとの値段の9割で買ったから，$\boldsymbol{\dfrac{9}{10}y}$（円）　（$0.9y$（円）でもよい。）

14

ガイド

式の中の文字に数をあてはめることを**代入する**といいます。また，文字に数を代入したとき，その数を**文字の値**といい，代入して求めた結果を**式の値**といいます。

解答

(1) $2-5x=2-5\times(-5)$
$=2+25=\boldsymbol{27}$

(2) $-x+3=-(-5)+3$
$=5+3=\boldsymbol{8}$

(3) $-\dfrac{15}{x}=(-15)\div x$
$=(-15)\div(-5)=\boldsymbol{3}$

(4) $x^2=(-5)^2$
$=(-5)\times(-5)=\boldsymbol{25}$

(5)　$-x^2=-(-5)^2$

$=-\{(-5)\times(-5)\}=\mathbf{-25}$

15

ガイド　文字が2つ以上ある場合でも，同じように式の値を求めることができます。

解答　(1)　$2x+y=2\times(-3)+4$

$=-6+4=\mathbf{-2}$

(2)　$3x-2y=3\times(-3)-2\times4$

$=-9-8=\mathbf{-17}$

(3)　$-\frac{4}{3}x+y=\left(-\frac{4}{3}\right)\times(-3)+4$

$=4+4=\mathbf{8}$

16

ガイド　計算法則 $\boldsymbol{mx+nx=(m+n)x}$ を使うと，式を簡単にすることができます。計算するとき，$\boldsymbol{x}$，$\boldsymbol{-x}$ は，それぞれ $\boldsymbol{1x}$，$\boldsymbol{-1x}$ と考えます。
文字と数が混じった式では，文字の部分が同じ項どうし，数の項どうしを，それぞれまとめて簡単にすることができます。

解答　(1)　$12x-4x=(12-4)x$

$=\boldsymbol{8x}$

(2)　$-3a+2a=(-3+2)a$

$=\boldsymbol{-a}$

(3)　$y-\frac{1}{4}y=\left(1-\frac{1}{4}\right)y$

$=\boldsymbol{\frac{3}{4}y}$

(4)　$a+5-6a=a-6a+5$

$=(1-6)a+5$

$=\boldsymbol{-5a+5}$

(5)　$-13x+2-2x-5=-13x-2x+2-5$

$=(-13-2)x+2-5$

$=\boldsymbol{-15x-3}$

17

ガイド　かっこがある式は，　$\boldsymbol{a+(b+c)=a+b+c}$　$\boldsymbol{a-(b+c)=a-b-c}$
のようにしてかっこをはずすことができます。

解答　(1)　$3x-(4x-2)=3x-4x+2$

$=\boldsymbol{-x+2}$

(2)　$8y+3+(4-2y)=8y+3+4-2y$

$=8y-2y+3+4$

$=\boldsymbol{6y+7}$

18

ガイド　文字式に数をかける計算では，かける順序を変えると，数どうしの計算をすることができます。

解答　(1)　$3x\times4=3\times x\times4$

$=3\times4\times x$

$=\boldsymbol{12x}$

(2)　$-x\times(-2)=(-1)\times x\times(-2)$

$=(-1)\times(-2)\times x$

$=\boldsymbol{2x}$

(3)　$2x\times\left(-\frac{3}{4}\right)=2\times x\times\left(-\frac{3}{4}\right)=2\times\left(-\frac{3}{4}\right)\times x=\boldsymbol{-\frac{3}{2}x}$

19

ガイド　文字式を数でわる計算では，次のようにして計算することができます。

$a\div b=\frac{a}{b}$　　$a\div\frac{n}{m}=a\times\frac{m}{n}$　（逆数をかける）

解答 (1) $12x\div(-3)$

$=-\dfrac{12x}{3}$

$=-\dfrac{12\times x}{3}=\boldsymbol{-4x}$

(2) $-5x\div(-5)$

$=\dfrac{5x}{5}$

$=\dfrac{5\times x}{5}=\boldsymbol{x}$

(3) $8x\div\left(-\dfrac{4}{7}\right)$

$=8x\times\left(-\dfrac{7}{4}\right)$

$=8\times\left(-\dfrac{7}{4}\right)\times x=\boldsymbol{-14x}$

20

ガイド 項が2つ以上の式に数をかけるときは，$m(a+b)=ma+mb$ などを使います。

解答 (1) $6(a-3)$

$=6\times a+6\times(-3)$

$=\boldsymbol{6a-18}$

(2) $-3(2x+5)$

$=(-3)\times 2x+(-3)\times 5$

$=\boldsymbol{-6x-15}$

(3) $(3x-7)\times 10$

$=3x\times 10+(-7)\times 10$

$=\boldsymbol{30x-70}$

(4) $(-3x+2)\times(-4)$

$=(-3x)\times(-4)+2\times(-4)$

$=\boldsymbol{12x-8}$

(5) $8\left(\dfrac{3}{4}x-5\right)$

$=8\times\dfrac{3}{4}x+8\times(-5)$

$=\boldsymbol{6x-40}$

(6) $\left(-2x+\dfrac{4}{3}\right)\times\left(-\dfrac{1}{2}\right)$

$=(-2x)\times\left(-\dfrac{1}{2}\right)+\dfrac{4}{3}\times\left(-\dfrac{1}{2}\right)$

$=\boldsymbol{x-\dfrac{2}{3}}$

21

ガイド 項が2つ以上の式を数でわるときは，$\dfrac{a+b}{m}=\dfrac{a}{m}+\dfrac{b}{m}$ を使います。

解答 (1) $(18x+9)\div 3$

$=\dfrac{18x}{3}+\dfrac{9}{3}$

$=\boldsymbol{6x+3}$

(2) $(16a-8)\div(-8)$

$=-\dfrac{16a}{8}+\dfrac{8}{8}$

$=\boldsymbol{-2a+1}$

(3) $\left(-\dfrac{7}{2}x+8\right)\div 4$

$=-\dfrac{7x}{2\times 4}+\dfrac{8}{4}$

$=\boldsymbol{-\dfrac{7}{8}x+2}$

(4) $(5x+20)\div\dfrac{5}{3}$

$=(5x+20)\times\dfrac{3}{5}$

$=5x\times\dfrac{3}{5}+20\times\dfrac{3}{5}$

$=\boldsymbol{3x+12}$

(5) $(4x-3)\div\left(-\dfrac{1}{2}\right)$

$=(4x-3)\times(-2)$

$=4x\times(-2)+(-3)\times(-2)$

$=\boldsymbol{-8x+6}$

(6) $\left(20x-\dfrac{5}{3}\right)\div(-5)$

$=\left(20x-\dfrac{5}{3}\right)\times\left(-\dfrac{1}{5}\right)$

$=20x\times\left(-\dfrac{1}{5}\right)+\left(-\dfrac{5}{3}\right)\times\left(-\dfrac{1}{5}\right)$

$=\boldsymbol{-4x+\dfrac{1}{3}}$

22

ガイド　分数の形の式に数をかけるときは，かける数と分母が約分できれば約分しておきます。

解答　(1)　$9\times\dfrac{5x-4}{3}$

$=3\times(5x-4)$

$=3\times5x+3\times(-4)$

$=\mathbf{15x-12}$

(2)　$\dfrac{-3x-2}{4}\times(-8)$

$=(-3x-2)\times(-2)$

$=(-3x)\times(-2)+(-2)\times(-2)$

$=\mathbf{6x+4}$

23

ガイド　かっこがある式の計算では，かっこをはずし，さらに式を簡単にします。

解答　(1)　$3(2x-3)+2(3x+4)=6x-9+6x+8=\mathbf{12x-1}$

(2)　$\dfrac{1}{2}(2y-6)-2(3y-3)=y-3-6y+6=\mathbf{-5y+3}$

24

ガイド　等号 ＝ を使って，2 つの数量が等しい関係を表した式を等式といいます。
等式で，等号の左側の式を左辺，右側の式を右辺，その両方をあわせて両辺といいます。
等式では，左辺と右辺を入れかえることができます。

等式
$4a=b+1000$
左辺　右辺
⇓
$b+1000=4a$

解答　(1)　(今日の最高気温)＝(昨日の最高気温)－2°C
の関係があるから，$\boldsymbol{x=y-2}$　(単位はつけないこと)

(2)　1 週間は 7 日だから，
(毎日読んだ本のページ数)×7＝(1 週間で読んだ本のページ数)

$\mathbf{7a=b}$

(3)　2 枚たりないということは，画用紙の枚数 (x 枚) が配る枚数 ($3y$ 枚) より 2 枚少ないということだから，$\boldsymbol{x=3y-2}$

(4)　a 円の 20％ 引きということは，a 円の 80％ だから，$\dfrac{80}{100}a$ (円)

$\boldsymbol{\dfrac{80}{100}a=b}$　($0.8a=b$ でもよい。)

(5)　1 g と x g の平均は $\dfrac{1+x}{2}$ (g) だから，$\boldsymbol{\dfrac{1+x}{2}=a}$

25

ガイド　不等号を使って，2 つの数量の大小関係を表した式を不等式といいます。
不等式で，不等号の左側の式を左辺，右側の式を右辺，その両方をあわせて両辺といいます。

不等式
$4a<b+1000$
左辺　右辺

解答　(1)　(ある数の 2 倍から 3 をひいた数)＜(もとの数)

$\boldsymbol{2x-3<x}$

(2)　1 個 a 円のメロンパン 5 個と 1 個 b 円のあんパン 3 個の代金は，

$5a+3b$ (円)

1000 円で買うことができるのだから，

$5a+3b \leqq 1000$　（$1000 \geqq 5a+3b$ でもよい。）

(3)　$\frac{x}{4}$（時間）かかったが，3 時間より少なかったので，　$\frac{x}{4}<3$

3章　方程式

26

ガイド　等式では，一方の辺の項(こう)を，符号を変えて，他方の辺に移すことができます。このことを移項するといいます。ここでは，数の項を移項します。

解答

(1)　$x-6=3$

左辺の -6 を右辺に移項して，

$x=3+6$

$x=9$

(2)　$7x+4=-52$

左辺の 4 を右辺に移項して，

$7x=-52-4$

$7x=-56$

$x=-8$

(3)　$6x-11=13$

左辺の -11 を右辺に移項して，

$6x=13+11$

$6x=24$

$x=4$

(4)　$-5x+2=-78$

左辺の 2 を右辺に移項して，

$-5x=-78-2$

$-5x=-80$

$x=16$

27

ガイド　ここでは，文字の項を移項します。数の項だけでなく，文字の項も移項できます。

解答

(1)　$4x=180-2x$

右辺の $-2x$ を左辺に移項して，

$4x+2x=180$

$6x=180$

$x=30$

(2)　$7x=12x-30$

右辺の $12x$ を左辺に移項して，

$7x-12x=-30$

$-5x=-30$

$x=6$

28

ガイド　方程式を解くには，移項することによって，文字の項を一方の辺に，数の項を他方の辺に集めます。ふつう，文字の項を左辺に，数の項を右辺に集めます。

解答

(1)　$7x+15=3x-5$

15 を右辺に，$3x$ を左辺に移項して，

$7x-3x=-5-15$

$4x=-20$

$x=-5$

(2)　$2x-18=-9-x$

-18 を右辺に，$-x$ を左辺に移項して，

$2x+x=-9+18$

$3x=9$

$x=3$

(3)　$7x+600=5x+780$

600 を右辺に，$5x$ を左辺に移項して，

$7x-5x=780-600$

$2x=180$

$x=90$

(4)　$15x+4=8x+4$

4 を右辺に，$8x$ を左辺に移項して，

$15x-8x=4-4$

$7x=0$

$x=0$

29

ガイド かっこがある方程式は，分配法則を使って，かっこをはずしてから解きます。

$a(b+c)=ab+ac$

解答

(1) $4(x-2)=9x-23$

左辺のかっこをはずして，

$$4x-8=9x-23$$
$$4x-9x=-23+8$$
$$-5x=-15$$
$$\boldsymbol{x=3}$$

(2) $5(3-x)=15-x$

左辺のかっこをはずして，

$$15-5x=15-x$$
$$-5x+x=15-15$$
$$-4x=0$$
$$\boldsymbol{x=0}$$

(3) $3-x=4(2+x)$

右辺のかっこをはずして，

$$3-x=8+4x$$
$$-x-4x=8-3$$
$$-5x=5$$
$$\boldsymbol{x=-1}$$

(4) $9(2x-3)=7(x+4)$

両辺のかっこをはずして，

$$18x-27=7x+28$$
$$18x-7x=28+27$$
$$11x=55$$
$$\boldsymbol{x=5}$$

30

ガイド 分数をふくむ方程式では，分母の（最小）公倍数を両辺にかけて，分母をはらってから解くこともできます。

解答

(1) $\frac{2}{15}x=\frac{4}{5}$

両辺に 15 をかけて，

$$\frac{2}{15}x\times15=\frac{4}{5}\times15$$
$$2x=12$$
$$\boldsymbol{x=6}$$

(2) $x=\frac{2}{3}x-5$

両辺に 3 をかけて，

$$x\times3=\left(\frac{2}{3}x-5\right)\times3$$
$$3x=2x-15$$
$$\boldsymbol{x=-15}$$

(3) $\frac{x+1}{2}=\frac{1}{3}x+1$

両辺に 6 をかけて，

$$\frac{x+1}{2}\times6=\left(\frac{1}{3}x+1\right)\times6$$
$$(x+1)\times3=2x+6$$
$$3x+3=2x+6$$
$$\boldsymbol{x=3}$$

(4) $\frac{2x-1}{5}=\frac{3x-5}{4}$

両辺に 20 をかけて，

$$\frac{2x-1}{5}\times20=\frac{3x-5}{4}\times20$$
$$(2x-1)\times4=(3x-5)\times5$$
$$8x-4=15x-25$$
$$-7x=-21$$
$$\boldsymbol{x=3}$$

31

ガイド 比例式の外側の項の積と内側の項の積は等しくなります。この性質を使って比例式を解くことができます。

$a:b=c:d$ ならば $ad=bc$

解答 (1) $x : 6 = 3 : 2$

$2x = 18$

$\boldsymbol{x = 9}$

(2) $40 : 3 = x : 2$

$3x = 80$

$\boldsymbol{x = \frac{80}{3}}$

(3) $150 : 120 = 800 : x$

$150x = 120 \times 800$

$x = \frac{\overset{4}{\cancel{120}} \times \overset{160}{\cancel{800}}}{\underset{\cancel{5}\ 1}{\cancel{150}}}$

$= 4 \times 160 = \boldsymbol{640}$

(4) $3 : 2x = 2 : 5$

$4x = 15$

$\boldsymbol{x = \frac{15}{4}}$

32

ガイド 2通りの折り紙の配り方から，折り紙の枚数と生徒の人数の関係は，次のようになります。　7枚ずつ配るとき…(折り紙の枚数)＝7×(人数)－12
5枚ずつ配るとき…(折り紙の枚数)＝5×(人数)

解答 生徒の人数を x 人とすると，

$7x - 12 = 5x$

これを解くと，

$2x = 12$

$x = 6$

この解は問題にあっている。

折り紙の枚数は，$x=6$ を $7x-12$，$5x$ のどちらに代入しても求められる。

$5 \times 6 = 30$ (枚)　　**生徒の人数　6人，折り紙の枚数　30枚**

33

ガイド 時間＝$\frac{\text{道のり}}{\text{速さ}}$ だから，家から駅までの道のりを x m とすると，分速 80 m では $\frac{x}{80}$ (分)，分速 200 m では $\frac{x}{200}$ (分) かかります。分速 80 m で進む方が分速 200 m で進むよりも 15 分多くかかることから，x についての方程式をつくります。

解答 家から駅までの道のりを x m とすると，

$$\frac{x}{80} = \frac{x}{200} + 15$$

両辺に 400 をかけて，

$$\frac{x}{80} \times 400 = \left(\frac{x}{200} + 15\right) \times 400$$

$5x = 2x + 6000$

$3x = 6000$

$x = 2000$

この解は問題にあっている。　**家から駅までの道のり　2000 m**

4章　変化と対応

34

ガイド x の値を決めると，それに対応して y の値がただ1つに決まるとき，y は x の関数であるといいます。

(ア)　(三角形の面積)＝(底辺)×(高さ)×$\frac{1}{2}$

(イ)　例えば，6の約数は1，2，3，6の4個。9の約数の個数は1，3，9の3個。5の約数の個数は1，5の2個など。

(ウ)　同じ体重の人は，みんな同じ身長であるとはいえません。

解答 (ア)　高さが決まっていないので，底辺 (x) が決まっても面積 (y) は1つには決まらないので，y は x の関数ではない。

(イ)　自然数 (x) を決めると，その約数の個数 (y) は1つに決まるので，y は x の関数である。

(ウ)　x kg の体重の人の身長 (y) はいろいろあるので，y は x の関数ではない。

(イ)

35

ガイド (1)　「4以下」というのは，4に等しいかそれより小さい数のことです。

(2)　「−3以上」というのは，−3に等しいかそれより大きい数のことです。

(3)　「2未満」というのは，2をふくまず，2より小さい数のことです。

解答 (1)　x のとる値が，4以下のとき，

$x \leqq 4$

(2)　x のとる値が，−3以上のとき，

$x \geqq -3$

(3)　x のとる値が，2未満のとき，

$x < 2$

(4)　x のとる値が，0より大きく3より小さいとき，

$0 < x < 3$

(5)　x のとる値が，−5以上 −2未満のとき，

$-5 \leqq x < -2$

36

ガイド y が x の関数で，その間の関係が，

$y = ax$　a は定数

で表されるとき，

y は x に比例する

といいます。また，定数 a を比例定数といいます。

> 比例
> $y = ax$
> ↑
> 比例定数

解答 道のり＝速さ×時間　だから，

時速 50 km の自動車が，x 時間に進む道のりを y km とするとき，

x と y の関係を式に表すと，

$y = 50x$

となり，y は x に比例することがわかる。**比例定数は50**

37 **ガイド** y は x に比例するので，$y=ax$ と表すことができます。
x と y の値を，それぞれ $y=ax$ に代入して，a の値を求めます。
x と y の値が 1 組わかれば式が求められます。

解答 (1) 比例定数を a とすると，$y=ax$
$x=-2$ のとき $y=20$ だから，
$20=a\times(-2)$
$-2a=20$ （左辺と右辺を入れかえる。）
$a=-10$
したがって，$\boldsymbol{y=-10x}$

(2) 比例定数を a とすると，$y=ax$
$x=-3$ のとき $y=-18$ だから，
$-18=a\times(-3)$
$-3a=-18$ （左辺と右辺を入れかえる。）
$a=6$
したがって，$\boldsymbol{y=6x}$

38 **ガイド** 比例の関係 $y=ax$ のグラフは，原点ともう 1 つの点（x 座標と y 座標がともに整数になる点をとれば，グラフがかきやすい）をとり，これらを通る直線をひいてかくことができます。

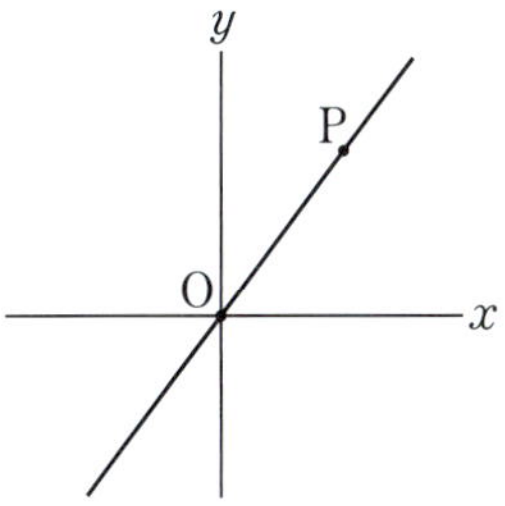

原点と他の 1 点をとる

解答 (1) $y=4x$ のグラフ
$x=1$ のとき $y=4$ だから，
原点と点 (1，4) を通る。

(2) $y=\dfrac{2}{3}x$ のグラフ
$x=3$ のとき，$y=2$ だから，原点と点 (3，2) を通る。

(3) $y=-\dfrac{3}{4}x$ のグラフ
$x=4$ のとき，$y=-3$ だから，原点と点 (4，-3) を通る。

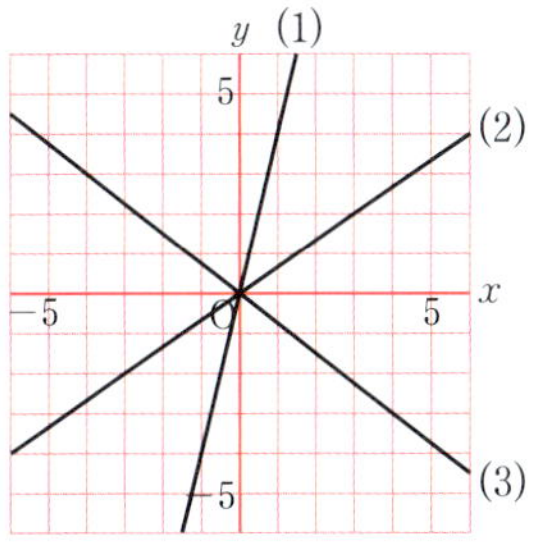

39 **ガイド** y が x の関数で，その間の関係が，
$y=\dfrac{a}{x}$ 　a は定数
で表されるとき，
y は x に反比例する
といいます。
また，定数 a を比例定数といいます。

反比例
$y=\dfrac{a}{x}$ ← 比例定数

解答　道のり＝速さ×時間 だから，道のりは，60×15＝900 (m)

この道のり 900 m を，分速 x m で進んだときにかかる時間を y 分とするとき，

$$時間=\frac{道のり}{速さ}$$

だから，x と y の関係を式に表すと，$\boldsymbol{y=\frac{900}{x}}$

となり，**y は x に反比例する**ことがわかる。**比例定数は 900**

40

ガイド　y は x に反比例するので，$y=\frac{a}{x}$ と表すことができます。

x と y の値を，それぞれ $y=\frac{a}{x}$ に代入して，a の値を求めます。

解答　(1)　比例定数を a とすると，$y=\frac{a}{x}$

$x=4$ のとき $y=6$ だから，

$$6=\frac{a}{4}$$

（左辺と右辺を入れかえる。）

$$\frac{a}{4}=6$$

（両辺に 4 をかける。）

$$a=24$$

したがって，$\boldsymbol{y=\frac{24}{x}}$

(2)　比例定数を a とすると，$y=\frac{a}{x}$

$x=3$ のとき $y=-\frac{5}{3}$ だから，

$$-\frac{5}{3}=\frac{a}{3}$$

（左辺と右辺を入れかえる。）

$$\frac{a}{3}=-\frac{5}{3}$$

（両辺に 3 をかける。）

$$a=-5$$

したがって，$\boldsymbol{y=-\frac{5}{x}}$

41

ガイド　反比例 $y=\frac{a}{x}$ のグラフのかき方

x	…	−3	−2	−1	0	1	2	3	…
y					×				

0 でわることはできないから，$x=0$ に対応する y の値はない。

- 対応する x と y の値の表をつくる。
- 表をもとに，x と y の値の組を座標とする点を方眼紙にかき入れる。
- 対応する点をとって，なめらかな曲線になるようにかく。

注意　グラフは，なめらかな曲線であって，折れ線で結んではいけません。

解答 (1) $y=\dfrac{4}{x}$

x	…	-4	-3	-2	-1	0	1	2	3	4	…
y	…	-1	$-\dfrac{4}{3}$	-2	-4	×	4	2	$\dfrac{4}{3}$	1	…

$\dfrac{4}{3}=1.3\cdots$ として目分量で点をとる。

(2) $y=-\dfrac{4}{x}$

x	…	-4	-3	-2	-1	0	1	2	3	4	…
y	…	1	$\dfrac{4}{3}$	2	4	×	-4	-2	$-\dfrac{4}{3}$	-1	…

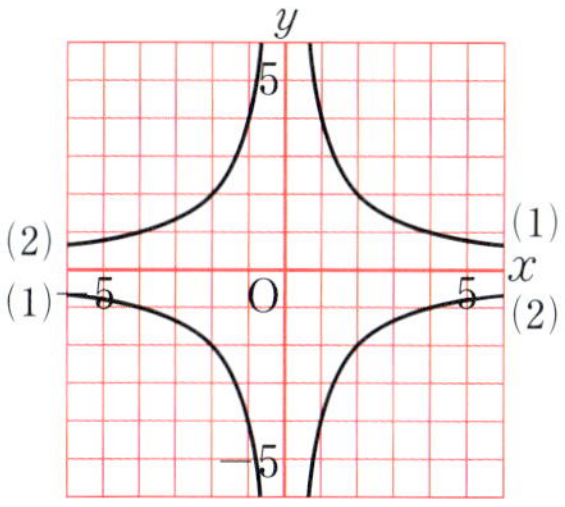

5章 平面図形

42 **ガイド** 回転移動では，次のことがいえます。
- 対応する点は，回転の中心からの距離が等しい。
- 回転の中心と結んでできた角の大きさはすべて等しい。

解答 右の図

線分 AC，AB を，それぞれ右まわりに 45° 回転して，AC′，AB′ とする。
└時計の回転と同じ向き

△AB′C′ が回転移動した図になる。

(AC′＝AC，AB′＝AB，∠CAC′＝45°，∠BAB′＝45°)

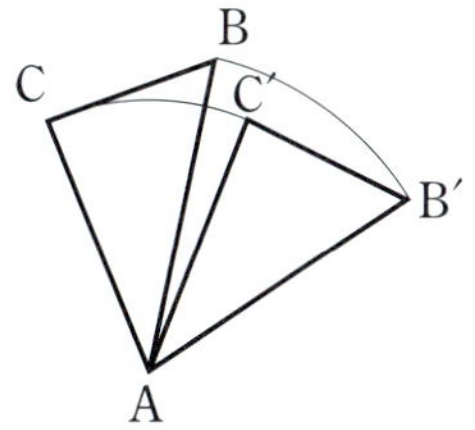

43 **ガイド** 対称(たいしょう)移動では，次のことがいえます。
- 対応する点を結んだ線分は，対称の軸(じく)と垂直に交わり，その交点で 2 等分される。

解答 右の図

A，B，C から直線 ℓ に垂線をひき，ℓ との交点をそれぞれ，P，Q，R とする。

AP＝A′P，BQ＝B′Q，CR＝C′R となる点 A′，B′，C′ をそれぞれの垂線上にとる。

△A′B′C′ が対称移動した図である。

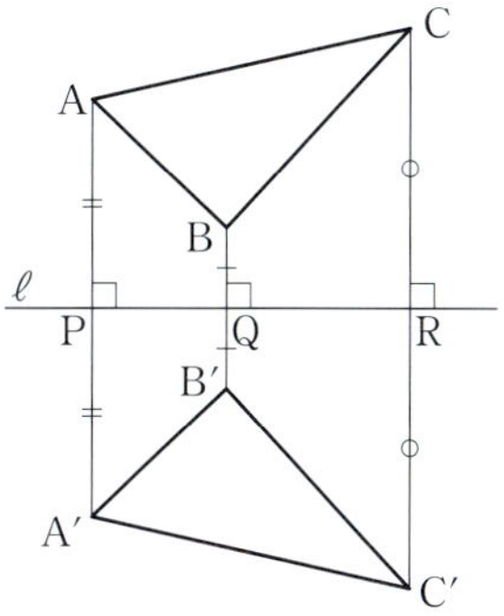

44 **ガイド** 線分 AB の垂直二等分線は，線分 AB を 1 つの対角線とするひし形 AQBP をつくることを考えると，作図することができます。
線分 AB の中点は，AM＝BM であることから，AB と PQ の交点として求められます。

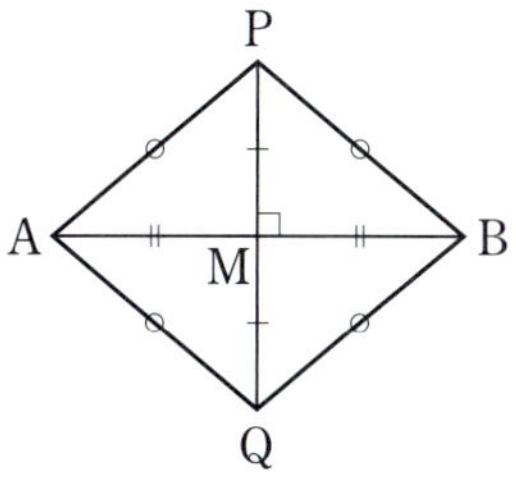

解答　**右の図**

(1)　線分の両端の点A，Bを，それぞれ中心として等しい半径の円をかく。この2円の交点をP，Qとして，ひいた直線PQが直線ℓになる。

(2)　(1)と同じようにして，線分ABの垂直二等分線PQをかき，ABとPQの交点が求める線分ABの中点Mになる。

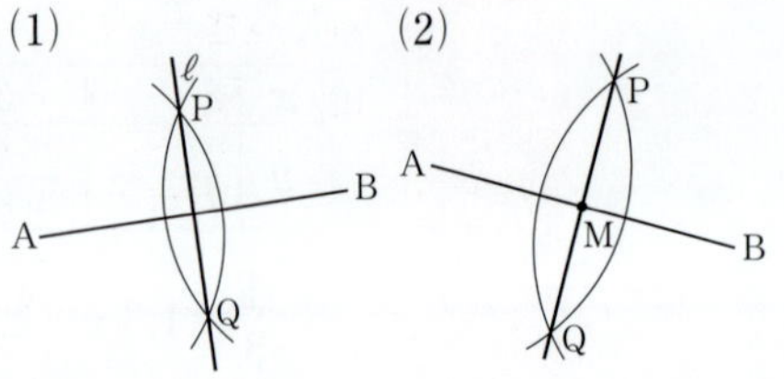

45

ガイド　**∠XOYの二等分線は，半直線OX，OY上に2辺OP，OQをもつひし形OQRPを考えると，作図することができます。**

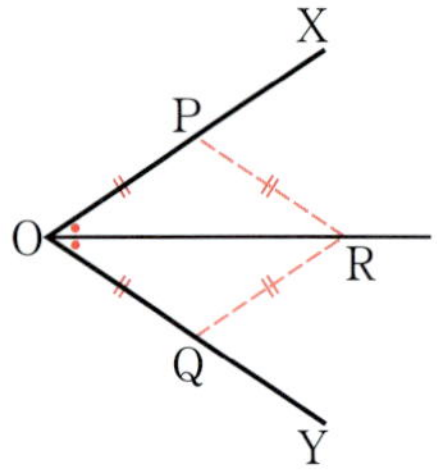

解答　**下の図**

(1)，(2)とも同じようにして作図する。

①　点Oを中心とする円をかき，半直線OX，OYとの交点を，それぞれP，Qとする。

②　2点P，Qを，それぞれ中心として，半径OPの円をかく。

③　その交点の1つをRとし，半直線ORをひく。

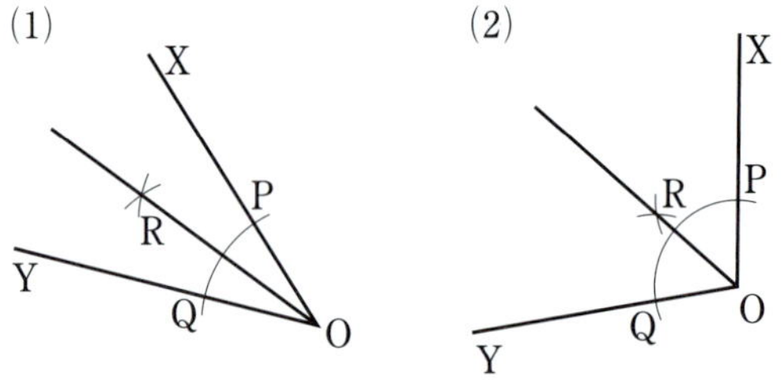

46

ガイド　(1)　**直線ℓ上にある点Pを通るℓの垂線をひく。**

(2)　**直線ℓ上にない点Pからℓに垂線をひく。**

解答　**下の図**

(1)　①　点Pを中心とする円をかき，直線ℓとの交点をA，Bとする。

②　点A，Bを，それぞれ中心として，等しい半径の円をかく。

③　その交点の1つをQとして，直線PQをひく。

（180°の角の二等分線を作図していることになる。）

(2)　(1)と同じ方法で作図することができる。

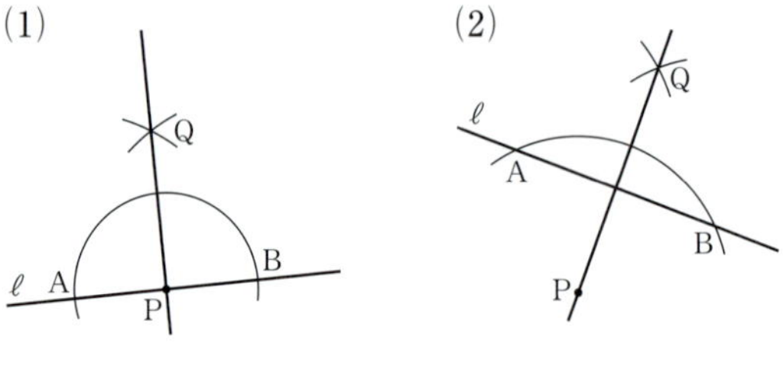

47

ガイド 半径 r の円の周の長さを ℓ，面積を S とすると，

周の長さ　$\ell=2\pi r$

面　　積　$S=\pi r^2$

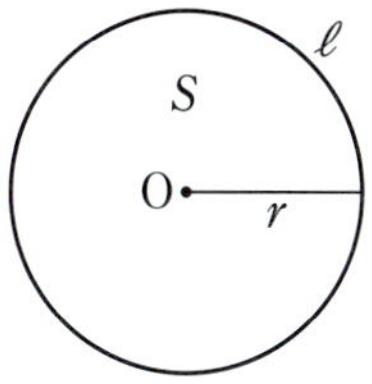

解答 (1) 周の長さ…$2\pi\times4=8\pi$ (cm)　　**8π cm**

面　　積…$\pi\times4^2=16\pi$ (cm^2)　　**16π cm^2**

(2) 周の長さ…$2\pi\times\frac{3}{2}=3\pi$ (cm)　　**3π cm**

面　　積…$\pi\times\left(\frac{3}{2}\right)^2=\frac{9}{4}\pi$ (cm^2)　　**$\frac{9}{4}\pi$ cm^2**

(3) 半径は 7 cm だから，

周の長さ…$2\pi\times7=14\pi$ (cm)　　**14π cm**

面　　積…$\pi\times7^2=49\pi$ (cm^2)　　**49π cm^2**

48

ガイド 半径 r，中心角 a° のおうぎ形の弧（こ）の長さを ℓ，面積を S とすると，

弧の長さ　$\ell=2\pi r\times\frac{a}{360}$

面　　積　$S=\pi r^2\times\frac{a}{360}$

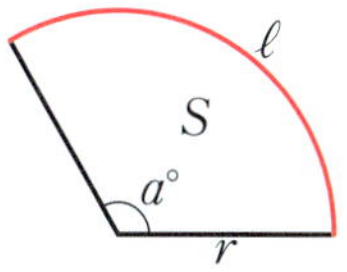

解答 (1) 弧の長さ…$2\pi\times8\times\frac{45}{360}=2\pi\times8\times\frac{1}{8}=2\pi$ (cm)　　**2π cm**

（$\frac{45}{360}$→$\frac{1}{8}$　さきに約分しておくとよい。）

面　　積…$\pi\times8^2\times\frac{45}{360}=\pi\times64\times\frac{1}{8}=8\pi$ (cm^2)　　**8π cm^2**

(2) 弧の長さ…$2\pi\times10\times\frac{54}{360}=2\pi\times10\times\frac{3}{20}=3\pi$ (cm)　　**3π cm**

面　　積…$\pi\times10^2\times\frac{54}{360}=\pi\times100\times\frac{3}{20}=15\pi$ (cm^2)　　**15π cm^2**

(3) 弧の長さ…$2\pi\times9\times\frac{80}{360}=2\pi\times9\times\frac{2}{9}=4\pi$ (cm)　　**4π cm**

面　　積…$\pi\times9^2\times\frac{80}{360}=\pi\times81\times\frac{2}{9}=18\pi$ (cm^2)　　**18π cm^2**

(4) 弧の長さ…$2\pi\times5\times\frac{225}{360}=2\pi\times5\times\frac{5}{8}=\frac{25}{4}\pi$ (cm)　　**$\frac{25}{4}\pi$ cm**

面　　積…$\pi\times5^2\times\frac{225}{360}=\pi\times25\times\frac{5}{8}=\frac{125}{8}\pi$ (cm^2)　　**$\frac{125}{8}\pi$ cm^2**

49

ガイド　半径の等しい円とおうぎ形では，
(おうぎ形の弧の長さ)：(円の周の長さ)＝(中心角の大きさ)：360
(おうぎ形の面積)：(円の面積)＝(中心角の大きさ)：360

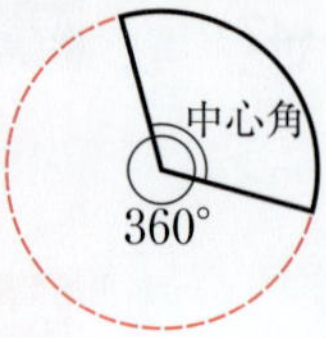

解答　半径 12 cm の円の周の長さは 24π cm だから，中心角を x° とすると，

$$12\pi : 24\pi = x : 360$$

これを解くと，

$$24\pi \times x = 12\pi \times 360$$

$$x = 180$$　　<u>**中心角　180°**</u>

比例式
$a : b = c : d$
ならば，
$ad = bc$

半径 12 cm の円の面積は 144π cm^2 だから，おうぎ形の面積を y cm^2 とすると，$y : 144\pi = 180 : 360$　(180：360＝1：2 として計算するとよい。)

$$2 \times y = 144\pi \times 1$$

$$y = 72\pi$$　　<u>**面積　72π cm^2**</u>

(別解)

中心角を x° とすると，

$$12\pi = 2\pi \times 12 \times \frac{x}{360}$$

これを解くと，$x=180$　　<u>180°</u>

おうぎ形の面積は，

$$\pi \times 12^2 \times \frac{180}{360} = 72\pi \ (\text{cm}^2)$$　　<u>72π cm^2</u>

公式
$\ell = 2\pi r \times \frac{a}{360}$
$S = \pi r^2 \times \frac{a}{360}$

参考　(別解) の中心角を求める等式では，はじめに両辺を 12π でわって，

$$1 = \cancel{2}^{1} \times 1 \times \frac{x}{\cancel{360}_{180}} \rightarrow \frac{x}{180} = 1 \rightarrow x = 180$$

とすると，計算が簡単になります。

6章　空間図形

50

ガイド　空間内の 2 直線が同じ平面上にない場合，この 2 直線はねじれの位置にあるといいます。ねじれの位置にある直線は，交わる直線と平行な直線以外の直線であるといえます。

解答
(1)　**直線 AB，DC，BF，CG**
(2)　**直線 AD，EH，FG**
(3)　直線 FG と交わる直線は，直線 BF，CG，FE，GH
　　　　平行な直線は，直線 BC，AD，EH
　よって，ねじれの位置にある直線は，これら以外の直線だから，
　直線 AB，AE，CD，DH

51

ガイド 三角柱，円柱の展開図は，それぞれ次のようになります。

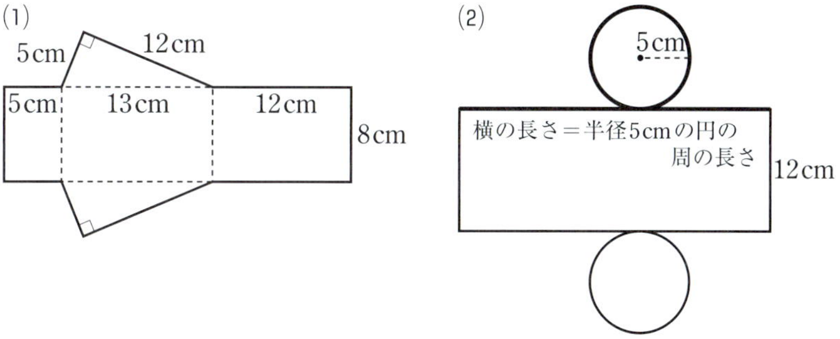

解答 (1) 側面積は，

$8\times(5+13+12)=240\ (\text{cm}^2)$ **240 cm²**

表面積は，$\left(\dfrac{1}{2}\times5\times12\right)\times2+240=300\ (\text{cm}^2)$ **300 cm²**

(2) 側面積は，$12\times2\pi\times5=120\pi\ (\text{cm}^2)$ **120π cm²**

（$2\pi\times5$：長方形の横の長さ）

表面積は，$\pi\times5^2\times2+120\pi=170\pi\ (\text{cm}^2)$ **170π cm²**

52

ガイド 正四角錐（せいしかくすい）の底面は，1辺10cmの正方形になっています。正四角錐の展開図は，右の図のようになります。

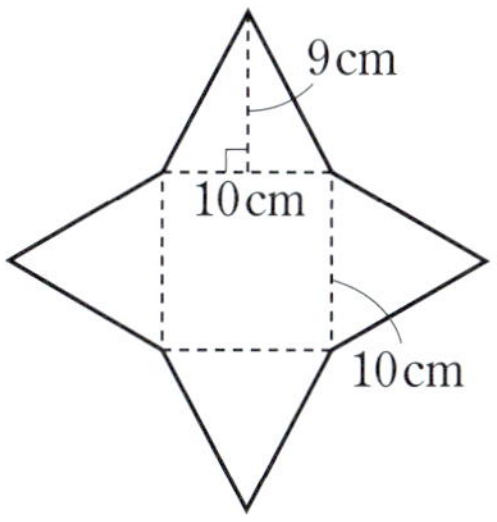

解答 側面積は，$\left(\dfrac{1}{2}\times10\times9\right)\times4=180\ (\text{cm}^2)$ **180 cm²**

表面積は，$10\times10+180=280\ (\text{cm}^2)$ **280 cm²**

53

ガイド 円錐の側面の展開図は，半径5cmのおうぎ形で，その弧の長さは，底面の円の周の長さに等しくなります。
(おうぎ形の弧の長さ)：(円の周の長さ)
＝(中心角の大きさ)：360

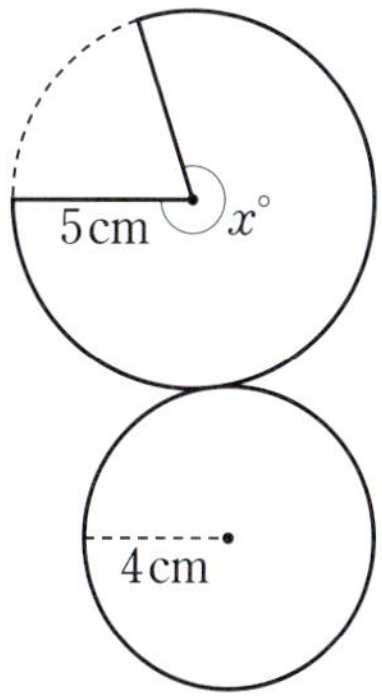

解答 側面の展開図は，半径5cmのおうぎ形で，その中心角を$x°$とすると，

$(2\pi\times4):(2\pi\times5)=x:360$

$4:5=x:360$

$5x=4\times360$

$x=288$

側面積は，$\pi\times5^2\times\dfrac{288}{360}=\pi\times25\times\dfrac{4}{5}=20\pi\ (\text{cm}^2)$ **20π cm²**

表面積は，$\pi\times4^2+20\pi=16\pi+20\pi=36\pi\ (\text{cm}^2)$ **36π cm²**

54

ガイド 角柱と円柱の体積について，次の公式が成り立ちます。
角柱，円柱の底面積を S，高さを h，体積を V とすると，

$$V=Sh$$

特に，円柱では，底面の円の半径を r とすると，

$$V=\pi r^2 h$$

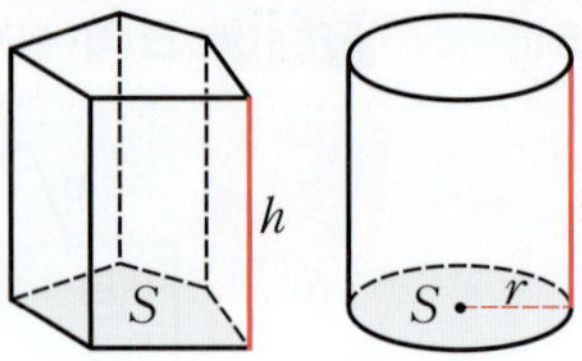

解答 (1)　底面は直角をはさむ 2 辺が 4 cm，3 cm の直角三角形で，高さが 5 cm だから，体積 $=\left(\frac{1}{2}\times3\times4\right)\times5=30$ (cm³)　**30 cm³**

(2)　底面は，底辺が 10 cm で高さが 4 cm の三角形と，底辺が 10 cm で高さが 2 cm の三角形を 2 つ合わせたものとする。高さが 6 cm だから，

体積 $=\left(\frac{1}{2}\times10\times4+\frac{1}{2}\times10\times2\right)\times6$
$=30\times6$
$=180$ (cm³)　**180 cm³**

(3)　底面は半径 4 cm の円で，高さが 8 cm だから，
体積 $=\pi\times4^2\times8=128\pi$ (cm³)　**128π cm³**

55

ガイド 角錐と円錐の体積について，次の公式が成り立ちます。
角錐，円錐の底面積を S，高さを h，体積を V とすると，

$$V=\frac{1}{3}Sh$$

特に，円錐では，底面の円の半径を r とすると，

$$V=\frac{1}{3}\pi r^2 h$$

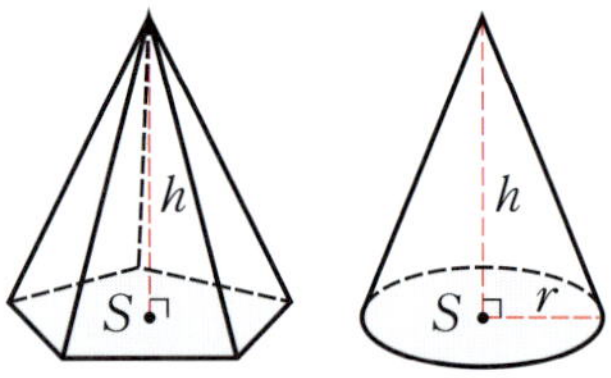

解答 (1)　底面は 1 辺が 7 cm の正方形で，高さが 12 cm だから，
体積 $=\frac{1}{3}\times7^2\times12=196$ (cm³)　**196 cm³**

(2)　底面は半径が 8 cm の円で，高さが 6 cm だから，
体積 $=\frac{1}{3}\times\pi\times8^2\times6=128\pi$ (cm³)　**128π cm³**

56

ガイド (1)と(2)は，下の図のような円錐になるので，それぞれについて，底面の円の半径と高さを考えます。

(1)

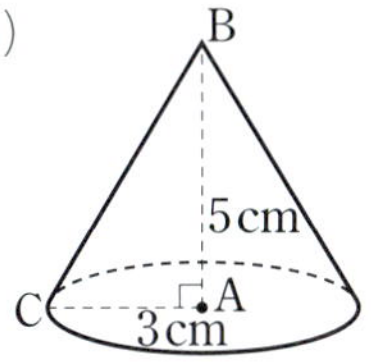

(2)

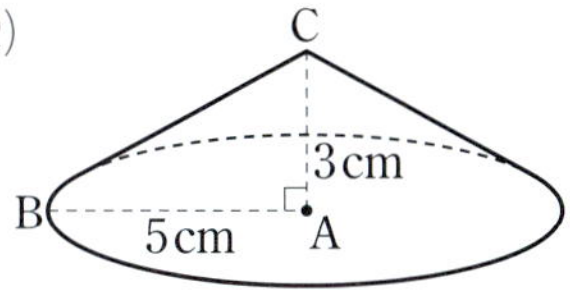

解答 (1) 底面の円の半径が 3 cm，高さが 5 cm の円錐になるから，

体積$=\frac{1}{3}\times\pi\times3^2\times5=15\pi\,(\mathrm{cm}^3)$ **15π cm^3**

(2) 底面の円の半径が 5 cm，高さが 3 cm の円錐になるから，

体積$=\frac{1}{3}\times\pi\times5^2\times3=25\pi\,(\mathrm{cm}^3)$ **25π cm^3**

57

ガイド 球の体積について，次の公式が成り立ちます。
半径 r の球の体積を V とすると，

$V=\frac{4}{3}\pi r^3$

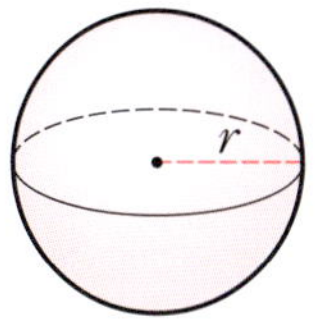

解答 (1) $\frac{4}{3}\pi\times7^3=\frac{4}{3}\pi\times343=\frac{1372}{3}\pi\,(\mathrm{cm}^3)$ **$\frac{1372}{3}\pi$ cm^3**

(2) 半径が 9 cm になるから，

$\frac{4}{3}\pi\times9^3=\frac{4}{3}\pi\times9\times9\times9=972\pi\,(\mathrm{cm}^3)$ **972π cm^3**

58

ガイド 球の表面積については，次の公式が成り立ちます。
半径 r の球の表面積を S とすると，

$S=4\pi r^2$

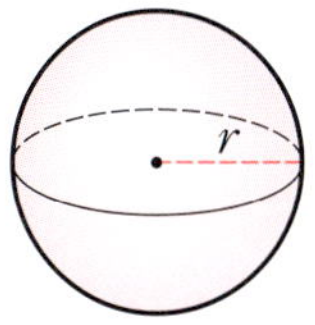

解答 (1) $4\pi\times8^2=4\pi\times64=256\pi\,(\mathrm{cm}^2)$ **256π cm^2**

(2) 半径が 5 cm になるから，

$4\pi\times5^2=4\pi\times25=100\pi\,(\mathrm{cm}^2)$ **100π cm^2**

まとめの問題　教科書 p.232〜238

■利用のしかた

問題文はすべて省略しています。答えは Math Navi ブックの p.52〜53 にのっています。理解しにくい問題には，ガイド に考え方をのせてあります。Math Navi ブックの答えを見てもわからないときに利用しましょう。

1章　正の数・負の数

1

ガイド　まず，負の数と正の数に分けます。

負の数……$-6,\ -0.3,\ -1.5,\ -2$

正の数……$\frac{3}{4},\ 0.01$

負の数の大小関係は，絶対値の大きいものほど，小さいことに注意します。
上の負の数を絶対値の大きい順に並べかえると，次のようになります。

$-6,\ -2,\ -1.5,\ -0.3$

また，分数と小数をくらべるときは，$\frac{3}{4}=0.75$ と分数を小数になおしましょう。

解答　$-6,\ -2,\ -1.5,\ -0.3,\ 0,\ 0.01,\ \frac{3}{4}$

2

ガイド　正の数・負の数の加法の計算は，次のようにまとめられます。

同符号の2数の和 {符号……2数と同じ符号 / 絶対値…2数の絶対値の和}

異符号(いふごう)の2数の和 {符号……絶対値の大きい方の符号 / 絶対値…2数の絶対値の差}

また，正の数・負の数をひくには符号を変えた数をたしてもよいから，加法の計算のしかたを利用するとよいでしょう。

3つ以上の数の加法，減法は，左から順に計算していってもよいですが，加法ばかりの形（和の形）になおしてから計算するのが便利です。また，そのときは，正の項の和，負の項の和をそれぞれ求めて計算するとよいでしょう。

かっこのある式は，かっこをはずして計算します。かっこをはずすときには，符号の変化に注意しましょう。

加法と減法の混じった式は，かっこのない式になおし，正の項の和，負の項の和を，それぞれ求めてから計算するとよいでしょう。

解答

(1) -4　(2) -11　(3) 15　(4) -5　(5) -8

(6) 0　(7) $-\frac{2}{3}$　(8) $-\frac{3}{2}$　(9) 3.1　(10) -1

(11) $9-17+21$
$=9+21-17$
$=30-17=13$

(12) $-2.7+6.2-1.3$
$=6.2-2.7-1.3$
$=6.2-4=2.2$

(13) $-\frac{2}{3}+\left(-\frac{5}{6}\right)-\frac{1}{12}$

$=-\frac{2}{3}-\frac{5}{6}-\frac{1}{12}$

$=-\frac{8}{12}-\frac{10}{12}-\frac{1}{12}=\mathbf{-\frac{19}{12}}$

(14) $\frac{1}{4}-\frac{7}{10}+\frac{2}{3}$

$=\frac{1}{4}+\frac{2}{3}-\frac{7}{10}$

$=\frac{15}{60}+\frac{40}{60}-\frac{42}{60}=\mathbf{\frac{13}{60}}$

(15) $-16-5+16-3$

$=16-16-5-3$

$=-5-3=\mathbf{-8}$

(16) $-14+(-7)+24-9$

$=-14-7+24-9$

$=24-14-7-9$

$=24-30=\mathbf{-6}$

3

ガイド 同符号の2数の積や商は，2数の絶対値の積や商に正の符号をつけます。
異符号の2数の積や商は，2数の絶対値の積や商に負の符号をつけます。
除法は，わる数の逆数をかけることによって乗法になります。
乗除の混じった式では，乗法ばかりの式（積の形）になおしてから計算すると便利です。
また，計算結果の符号は，負の数が奇数個のとき……負
負の数が偶数個のとき……正
となります。検算するときに利用しましょう。
なお，分数の計算は，かならず約分して答えるようにします。
乗法と除法ばかりの式では，乗法だけの式になおし，次に，結果の符号を決めてから計算することができます。

解答 (1) **−80**　(2) **90**　(3) **0**　(4) **−3**　(5) $\mathbf{\frac{3}{7}}$　(6) **0**　(7) $\mathbf{-\frac{15}{7}}$

(8) $-\frac{7}{4}\div\frac{21}{8}=\left(-\frac{\cancel{7}^{1}}{\cancel{4}_{1}}\right)\times\frac{\cancel{8}^{2}}{\cancel{21}_{3}}=\mathbf{-\frac{2}{3}}$

(9) **−4.2**　(10) **−10**　(11) **30**

(12) $(-24)\div(-4)\div(-2)=(+6)\div(-2)=\mathbf{-3}$

(13) $\frac{9}{7}\times\left(-\frac{2}{3}\right)\div\frac{3}{7}=-\left(\frac{\cancel{9}^{\cancel{3}\,1}}{\cancel{7}_{1}}\times\frac{2}{\cancel{3}_{1}}\times\frac{\cancel{7}^{1}}{\cancel{3}_{1}}\right)=\mathbf{-2}$

(14) $9\div(-1)^2\div(-18)\times(-2)=9\div(+1)\div(-18)\times(-2)$

$=9\div(-18)\times(-2)=9\times\frac{1}{18}\times2=\mathbf{1}$

ミスに注意

・指数では，次のことに気をつけよう。
$(-3^2)=(-3\times3)=-9$ である。（　）は計算式の都合でつけているが，-3^2 と同じことである。$(-3)^2$ と区別しておくこと。
$(-3)^2=(-3)\times(-3)=9$ で，この（　）は，負の数を2乗するときにかならず使う。

4

ガイド 計算の順序についてまとめておきましょう。
① 加減だけの式，乗除だけの式では，左から右へ順に計算していく。
② 加減と乗除が混じった式では，乗除をさきに計算する。
③ かっこのある式では，かっこの中をさきに計算する。
④ 分配法則 $c\times a+c\times b=c\times(a+b)$ を利用して，簡単に計算できる場合がある。

解答
(1) $(-3)\times7+(-84)\div(-2^2)=(-3)\times7+(-84)\div(-4)$
$=-21+21=\mathbf{0}$

(2) $72\div(-9)+(-13)\times(-5)=-8+65=\mathbf{57}$

(3) $36-(-3)\times(-14-3^2)=36-(-3)\times(-14-9)$
$=36-(-3)\times(-23)$
$=36-69=\mathbf{-33}$

(4) $16-\{-11-(9-12)\times7\}=16-\{-11-(-3)\times7\}$
$=16-\{-11-(-21)\}$
$=16-(-11+21)$
$=16-10=\mathbf{6}$

(5) $23\times(-12)+23\times112=23\times(-12+112)$
$=23\times100=\mathbf{2300}$

(6) $(-32)\times(-6)+(-18)\times(-6)=\{(-32)+(-18)\}\times(-6)$
$=(-32-18)\times(-6)$
$=(-50)\times(-6)=\mathbf{300}$

5

ガイド 分数と小数の混じった乗除の計算は，小数を分数になおして計算します。

解答
(1) $\left(-\frac{5}{3}\right)\times0.7\div(-1.4)\times\left(-\frac{6}{5}\right)$

$=\left(-\frac{5}{3}\right)\times\frac{7}{10}\div\left(-\frac{14}{10}\right)\times\left(-\frac{6}{5}\right)$

$=-\left(\frac{5}{3}\times\frac{7}{10}\times\frac{10}{14}\times\frac{6}{5}\right)$

$=\mathbf{-1}$

(2) $\left(-\frac{4}{3}\right)\times\left(-\frac{2}{5}\right)-\frac{8}{15}\div\frac{4}{3}$

$=\left(-\frac{4}{3}\right)\times\left(-\frac{2}{5}\right)-\frac{8}{15}\times\frac{3}{4}$

$=\frac{8}{15}-\frac{2}{5}$

$=\frac{8}{15}-\frac{6}{15}=\mathbf{\frac{2}{15}}$

(3) $\frac{2}{3}\times(-6)^2+0.25\times(-2)^3-2^2$

$=\frac{2}{3}\times36+\frac{1}{4}\times(-8)-4$

$=24-2-4$

$=\mathbf{18}$

(4) $-2^2\times(-0.2)^2+\left(-\frac{2}{5}\right)^2$

$=-2^2\times\left(-\frac{1}{5}\right)^2+\left(-\frac{2}{5}\right)^2$

$=-4\times\frac{1}{25}+\frac{4}{25}=-\frac{4}{25}+\frac{4}{25}=\mathbf{0}$

2章　文字の式

〈文字の式の復習〉　文字の式を書くときの約束を復習しておきましょう。

① かけ算の記号×を省いて書く。　例 $a\times b=ab$

② 文字と数の積では，数を文字の前に書く。　例 $a\times 3=3a$

③ 同じ文字の積は，指数を使って書く。　例 $a\times a=a^2$

④ わり算は，記号÷を使わないで，分数の形で書く。　例 $a\div 2=\frac{a}{2}$

⑤ 文字は，ふつうはアルファベットの順に書く。　例 $y\times x=xy$

⑥ 文字にかける1や -1 の1は，省いて書く。　例 $1\times a=a$

$(-1)\times a=-a$

6

ガイド

(1) 50円硬貨 a 枚の金額は，$50\times a=50a$（円）

10円硬貨1枚の金額は，$10\times 1=10$（円）

(2) 1本 x 円の鉛筆5本の代金は，$x\times 5=5x$（円）

1冊 y 円のノート3冊の代金は，$y\times 3=3y$（円）

代金の合計は，$5x+3y$（円）

これを買うのに1000円を出したのだから，その差がおつりになります。

(3) 時間＝道のり÷速さ の関係で表されるから，

(行きにかかった時間)$=a\div 80=\frac{a}{80}$（分）

(帰りにかかった時間)$=a\div 60=\frac{a}{60}$（分）

(往復にかかった時間)＝(行きにかかった時間)＋(帰りにかかった時間)

解答

(1) $50a+10$（円）

(2) $1000-5x-3y$（円）

または，$1000-(5x+3y)$（円）

(3) $\frac{a}{80}+\frac{a}{60}$（分） または，$\frac{7}{240}a$（分）

7

ガイド

問題の(1)〜(3)の x の文字に -4 を，y の文字に6を代入して計算します。
特に，負の数を代入するときは，かっこをつけて代入し，符号を間違えないように注意しましょう。

解答

(1) $3x-2=3\times(-4)-2$

$=-12-2$

$=-14$

(2) $-\frac{18}{y}=-\frac{18}{6}$

$=-3$

(3) $-\frac{x}{2}-3y=-\frac{(-4)}{2}-3\times 6$

$=2-18$

$=-16$

代入したあとの計算の式は，ていねいに書いていくと，間違いが減るよ

8

ガイド 式の計算は，同じ文字の項については，その係数の加減の計算をします。
計算法則 $mx+nx=(m+n)x$ を使います。

解答

(1) $7a-1-4a+6$

$=7a-4a-1+6$

$=(7-4)a+5$

$=\mathbf{3a+5}$

(2) $\dfrac{2}{3}x-\dfrac{3}{2}x+x$

$=\left(\dfrac{2}{3}-\dfrac{3}{2}+1\right)x$

$=\left(\dfrac{4}{6}-\dfrac{9}{6}+\dfrac{6}{6}\right)x$

$=\mathbf{\dfrac{1}{6}x}$

同じ文字の項と数の項を分けて計算する方が，間違いが少なくてすむよ
特に，分数の計算では注意しよう

(3) $4x+(-3+7x)$

$=4x-3+7x$

$=(4+7)x-3$

$=\mathbf{11x-3}$

(4) $9a-(8a+2)$

$=9a-8a-2$

$=(9-8)a-2$

$=\mathbf{a-2}$

9

ガイド かっこをはずすとき，かっこの前が－の場合は，かっこの中の各項の符号が変わることに気をつけます。かっこをはずしたあとは，同じ文字の項をまとめて簡単にします。

$a+(b+c)=a+b+c$　　$a-(b+c)=a-b-c$

数×(　)，(　)÷数 の計算では，次の計算法則を使います。

$m(a+b)=ma+mb$

$\dfrac{a+b}{m}=\dfrac{a}{m}+\dfrac{b}{m}$

解答

(1) $6(1-2x)+3(x-2)$

$=6-12x+3x-6$

$=-12x+3x+6-6$

$=\mathbf{-9x}$

(2) $2(x+1)-4(8-0.5x)$

$=2x+2-32+2x$

$=2x+2x+2-32$

$=\mathbf{4x-30}$

(3) $(6x-27)\div(-3)$

$=-\dfrac{6x}{3}+\dfrac{27}{3}$

$=\mathbf{-2x+9}$

(4) $12\times\dfrac{4x-1}{3}$

$=\overset{4}{\cancel{12}}\times\dfrac{4x-1}{\underset{1}{\cancel{3}}}$

$=4(4x-1)$

$=\mathbf{16x-4}$

(5) $\dfrac{1}{3}(6x-9)-\dfrac{1}{2}(4x-8)$

$=2x-3-2x+4$

$=\mathbf{1}$

(6) $a-\{4a-(2a-3)+5\}$

$=a-(4a-2a+3+5)$

$=a-4a+2a-3-5$

$=\mathbf{-a-8}$

(7) $\left(\frac{5}{6}x-\frac{3}{4}\right)\times 18$

$=\frac{5}{6}x\times 18-\frac{3}{4}\times 18$

$=\mathbf{15x-\frac{27}{2}}$

(8) $\frac{y}{2}-1+\frac{y}{3}+\frac{2}{3}$

$=\left(\frac{1}{2}+\frac{1}{3}\right)y-1+\frac{2}{3}$

$=\left(\frac{3}{6}+\frac{2}{6}\right)y-\frac{1}{3}$

$=\mathbf{\frac{5}{6}y-\frac{1}{3}}$

10

ガイド (1) 兄が弟に c 円渡(わた)したあとの兄の所持金は，$a-c$ (円)，弟の所持金は，$b+c$ (円) になります。これらが等しくなったことから，数量の関係を等式に表すことができます。

(2) a 円の品物を 3 個買うと代金は，$a\times 3=3a$ (円)
b 円の品物を 4 個買うと代金は，$b\times 4=4b$ (円)
代金の合計は，$3a+4b$ (円)
1000 円札を出しておつりがあったのだから，代金の合計と 1000 円との関係は，次のようになります。
- 代金の合計は，1000 円より少ない。
- 1000 円は，代金の合計より多い。

(3) 得点の平均点は，(平均点)＝(合計点)÷(人数) で求められます。
合計点は，$a+b$ (点) だから，2 人の平均点は，

$\frac{a+b}{2}$ (点)

となります。これが，c 点より大きいことから，不等式に表すことができます。

解答 (1) $\mathbf{a-c=b+c}$　(2) $\mathbf{3a+4b<1000}$ **または，** $\mathbf{1000>3a+4b}$

(3) $\mathbf{\frac{a+b}{2}>c}$

11

ガイド 長方形の縦が a cm，横が b cm だから，
$a+b$ は長方形の，(縦の長さ)＋(横の長さ)　……①
ab は長方形の，(縦の長さ)×(横の長さ)　……②
だから，①の 2 倍は何を表すかを考え，②は何を表すかを考えます。

解答 (1) **長方形の周の長さが 30 cm である。**

(2) **長方形の面積が 54 cm^2 以上である。**

3章　方程式

12

ガイド　方程式を解くとき，どの等式の性質を用いたらよいかを考えて使います。

〈等式の性質〉　①　$A=B$ ならば，$A+C=B+C$

②　$A=B$ ならば，$A-C=B-C$

③　$A=B$ ならば，$A\times C=B\times C$

④　$A=B$ ならば，$A\div C=B\div C$　（Cは0でない）

また，「移項」は等式の性質①，②によるものであり，移項すると，その項の符号が変わることに注意しましょう。

解答

(1)
$$x+\frac{1}{4}=\frac{1}{3}$$
$$x=\frac{1}{3}-\frac{1}{4}$$
$$\boldsymbol{x=\frac{1}{12}}$$

(2)
$$\frac{x}{3}=-\frac{5}{6}$$
└両辺に3をかける。
$$\boldsymbol{x=-\frac{5}{2}}$$

(3)
$$3x+12=0$$
$$3x=-12$$
$$\boldsymbol{x=-4}$$

(4)
$$7x=4x+6$$
$$7x-4x=6$$
$$3x=6$$
$$\boldsymbol{x=2}$$

(5)
$$4x-3=2x+1$$
$$4x-2x=1+3$$
$$2x=4$$
$$\boldsymbol{x=2}$$

(6)
$$x-5=8x-5$$
$$x-8x=-5+5$$
$$-7x=0$$
$$\boldsymbol{x=0}$$

(7)
$$2x+15=1-6x$$
$$2x+6x=1-15$$
$$8x=-14$$
$$x=-\frac{14}{8}$$
$$\boldsymbol{x=-\frac{7}{4}}$$

(8)
$$6x-21=4x+7$$
$$6x-4x=7+21$$
$$2x=28$$
$$\boldsymbol{x=14}$$

(9)
$$-7x+8=-x-7$$
$$-7x+x=-7-8$$
$$-6x=-15$$
$$x=\frac{15}{6}$$
$$\boldsymbol{x=\frac{5}{2}}$$

(10)
$$2.3x-0.5=1.9x+2.3$$
両辺に10をかけて，
$$23x-5=19x+23$$
$$23x-19x=23+5$$
$$4x=28$$
$$\boldsymbol{x=7}$$

(11)
$$0.5x+3=0.42x+0.6$$
両辺に100をかけて，
$$50x+300=42x+60$$
$$50x-42x=60-300$$
$$8x=-240$$
$$\boldsymbol{x=-30}$$

13

ガイド　方程式を解く順序について復習しておきましょう。

①　かっこがあればかっこをはずし，係数に分数があれば公倍数を両辺にかけて分母をはらう。（係数が小数のときは，両辺に10や100をかける。）

②　文字の項を一方の辺（左辺）に，数の項を他方の辺（右辺）に集める。

③　$ax=b$ の形にまとめる。

④　両辺をxの係数aでわる。

この順序にそって，途中の式を省略しないで，ていねいに書いていきます。

そのとき，できるだけ等号（=）の位置をそろえるようにします。また，もとの方程式と変形した方程式は，等号（=）では結びません。

解答

(1) $2(3x-1)-3x+5=0$

$6x-2-3x+5=0$

$6x-3x=2-5$

$3x=-3$

$\boldsymbol{x=-1}$

(2) $13=6-(4x-15)$

$13=6-4x+15$

$4x=6+15-13$

$4x=8$

$\boldsymbol{x=2}$

(3) $3(x-2)-(1+x)=13$

$3x-6-1-x=13$

$3x-x=13+6+1$

$2x=20$

$\boldsymbol{x=10}$

(4) $3x-2(4x-3)=-24$

$3x-8x+6=-24$

$3x-8x=-24-6$

$-5x=-30$

$\boldsymbol{x=6}$

(5) $30x+60=20x-100$

両辺を 10 でわると，

$3x+6=2x-10$

$3x-2x=-10-6$

$\boldsymbol{x=-16}$

(6) $0.1(y+1)=0.06(y+15)$

両辺に 100 をかけて，

$10(y+1)=6(y+15)$

$10y+10=6y+90$

$10y-6y=90-10$

$4y=80$　$\boldsymbol{y=20}$

14

ガイド 分母の（最小）公倍数を等式の両辺にかけて，分母をはらってから解きます。

解答

(1) $\frac{3}{4}x-\frac{1}{3}=\frac{x}{4}-\frac{5}{6}$

両辺に 12 をかけて，

$\left(\frac{3}{4}x-\frac{1}{3}\right)\times12=\left(\frac{x}{4}-\frac{5}{6}\right)\times12$

$9x-4=3x-10$

$9x-3x=-10+4$

$6x=-6$

$\boldsymbol{x=-1}$

(2) $\frac{x-4}{4}=\frac{-x+7}{2}$

両辺に 4 をかけて，

$\left(\frac{x-4}{4}\right)\times4=\left(\frac{-x+7}{2}\right)\times4$

$x-4=-2x+14$

$x+2x=14+4$

$3x=18$

$\boldsymbol{x=6}$

(3) $\frac{1}{2}(2x-3)=\frac{1}{3}(x-1)$

両辺に 6 をかけて，

$3(2x-3)=2(x-1)$

$6x-9=2x-2$

$6x-2x=-2+9$

$4x=7$

$\boldsymbol{x=\frac{7}{4}}$

(4) $\frac{x-1}{2}-\frac{x+1}{3}=1$

両辺に 6 をかけて，

$\left(\frac{x-1}{2}-\frac{x+1}{3}\right)\times6=1\times6$

$3(x-1)-2(x+1)=6$

$3x-3-2x-2=6$

$3x-2x=6+3+2$

$\boldsymbol{x=11}$

(5)　$\frac{2}{3}x-\frac{2x-10}{5}=\frac{1}{10}x$

両辺に 30 をかけて,

$\left(\frac{2}{3}x-\frac{2x-10}{5}\right)\times30=\frac{1}{10}x\times30$

$20x-6(2x-10)=3x$

$20x-12x+60=3x$

$20x-12x-3x=-60$

$5x=-60$

$\boldsymbol{x=-12}$

(6)　$\frac{2x+5}{3}-\frac{x+3}{2}=0$

両辺に 6 をかけて,

$\left(\frac{2x+5}{3}-\frac{x+3}{2}\right)\times6=0\times6$

$2(2x+5)-3(x+3)=0$

$4x+10-3x-9=0$

$4x-3x=-10+9$

$\boldsymbol{x=-1}$

15

ガイド　$a:b=c:d$ のような，比が等しいことを表す式を比例式といいます。比例式の性質を使って，x の値を求めます。

　$a:b=c:d$ ならば，$ad=bc$

ad
$a:b=c:d$
bc

解答

(1)　$16:x=4:5$

$4x=80$

$\boldsymbol{x=20}$

(2)　$x:8=9:6$

$6x=72$

$\boldsymbol{x=12}$

(3)　$x:0.3=100:0.2$

$0.2x=0.3\times100$

$0.2x=30$

$\boldsymbol{x=150}$

(4)　$x:(14-x)=3:4$

$4x=3(14-x)$

$4x=42-3x$

$7x=42$

$\boldsymbol{x=6}$

16

ガイド　卵 1 個の値段を x 円として，持っていたお金を 2 通りに表します。
40 個買うと 50 円たりないのだから，持っていたお金は $40x-50$ (円)
30 個買うと 150 円余るのだから，持っていたお金は $30x+150$ (円)

解答　卵 1 個の値段を x 円とすると，

$40x-50=30x+150$

$40x-30x=150+50$　　$10x=200$　　$x=20$　　**卵 1 個の値段　20 円**

17

ガイド　時間$=\frac{道のり}{速さ}$ で考えます。家から図書館までの道のりを x km とすると，
家を出た時刻から図書館の開館時刻までの時間について，
はじめの条件からは，$\frac{x}{15}$ 時間に 15 分をたして，　$\frac{x}{15}+\frac{15}{60}$ (時間)
あとの条件からは，$\frac{x}{8}$ 時間より 20 分をひいて，　$\frac{x}{8}-\frac{20}{60}$ (時間)

解答 家から図書館までの道のりを x km とすると，

$$\frac{x}{15}+\frac{15}{60}=\frac{x}{8}-\frac{20}{60}$$

両辺に 120 をかけて，

$8x+30=15x-40$　　$-7x=-70$　$x=10$

15 分を加えるとき，時間の単位になおすことに注意。15 をそのまま加えてはいけない。

家から図書館までの道のり　**10 km**

4章　変化と対応

18

ガイド (1)〜(3)の数量関係をまず等式で表し，比例，反比例の式の形と比較して判断します。
(3)　周の長さが 16 cm なので，縦と横の長さをあわせると 8 cm ということです。

解答 (1)　(三角形の面積)＝(底辺)×(高さ)×$\frac{1}{2}$ であるから，

$$12=x\times y\times\frac{1}{2}$$

$xy=24$

$\boldsymbol{y=\frac{24}{x}}$（反比例 $y=\frac{a}{x}$ の式の形にあてはまる。）

(2)　(鉛筆(えんぴつ) 1 本の値段)×(本数)＝(代金) であるから，

$70x=y$

$\boldsymbol{y=70x}$（比例 $y=ax$ の式の形にあてはまる。）

(3)　縦と横の 2 辺の和は，16÷2＝8 (cm) で，縦を y cm，横を x cm とするのだから，

$y+x=8$

$\boldsymbol{y=8-x}$（比例でも反比例でもない。）

比例するもの…(2)　反比例するもの…(1)

19

ガイド 比例では $y=ax$，反比例では $y=\frac{a}{x}$ の，それぞれに対応する x，y の値を代入して，比例定数 a を求めて式に表します。

解答 (1)　$y=ax$ に $x=6$，$y=-9$ を代入すると，

$-9=a\times 6$

$a=-\frac{9}{6}=-\frac{3}{2}$　　よって，$\boldsymbol{y=-\frac{3}{2}x}$

(2)　$y=\frac{a}{x}$ に $x=6$，$y=-9$ を代入すると，

$-9=\frac{a}{6}$　　$a=(-9)\times 6=-54$　　よって，$\boldsymbol{y=-\frac{54}{x}}$

20

ガイド (1)　$y=ax$ に，$x=12$，$y=-9$ を代入して，a の値を求めます。

(2)　点 $(-16,\ 10)$ がこの直線上にあるかどうかを調べるには，$x=-16$ を代入して，$y=10$ となれば，この直線上にあるといえます。

(3)　直線の式に $y=6$ を代入して，x の値を求めます。

解答 (1)　$y=ax$ に $x=12$，$y=-9$ を代入すると，

$$-9=a\times12$$

$$a=-\frac{9}{12}=-\frac{3}{4}$$

$a=-\dfrac{3}{4}$

(2)　(1)で求めた直線の式 $y=-\dfrac{3}{4}x$ に $x=-16$ を代入すると，

$y=-\dfrac{3}{4}\times(-16)=12$　となって，点 $(-16,\ 12)$ が直線上の点である。

点 $(-16,\ 10)$ はこの直線上にない。

(3)　$y=-\dfrac{3}{4}x$ に $y=6$ を代入すると，

$6=-\dfrac{3}{4}\times x$　　$x=-8$

$(-8,\ 6)$

21

ガイド (1)　$y=\dfrac{a}{x}$ に $x=1$，$y=4$ を代入して，a の値を求めます。

(2)　(1)で求めた式に，$x=0.5$ を代入して $y=8$ になるかどうか調べます。

(3)　(1)で求めた式に，$x=16$ を代入して，y の値を求めます。

解答 (1)　$y=\dfrac{a}{x}$ に $x=1$，$y=4$ を代入すると，$4=\dfrac{a}{1}$ より，**$a=4$**

(2)　$y=\dfrac{4}{x}$ に $x=0.5$ を代入すると，

$$y=\frac{4}{0.5}=4\div0.5=4\div\frac{1}{2}=4\times\frac{2}{1}=8$$

点 $(0.5,\ 8)$ は，この双曲線上にある。

(3)　$y=\dfrac{4}{x}$ に $x=16$ を代入すると，

$$y=\frac{4}{16}=\frac{1}{4}$$

$\left(16,\ \dfrac{1}{4}\right)$

22

ガイド 3つの点を正しくとって三角形をかいたら，その三角形を囲む長方形を考えます。長方形の面積から，まわりの3つの直角三角形の面積をひくと求められます。

解答 三角形は，右の図の三角形 ABC

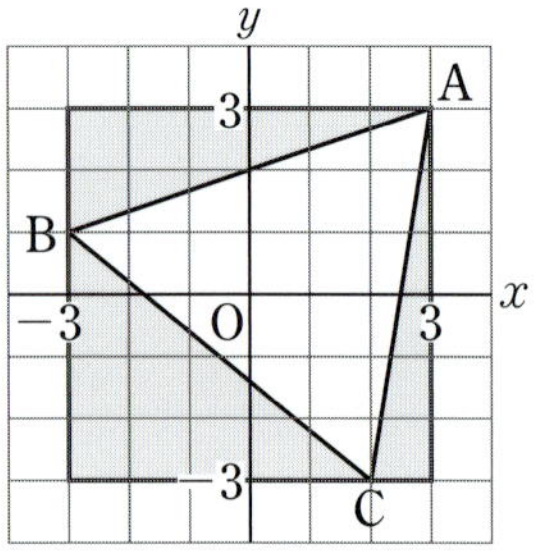

面積は，$6\times6-\left(\dfrac{1}{2}\times2\times6+\dfrac{1}{2}\times5\times4+\dfrac{1}{2}\times1\times6\right)$

$=36-19=17\ (\mathrm{cm}^2)$　　**$17\ \mathrm{cm}^2$**

5章　平面図形

23

ガイド
- 平行移動で重ねるには，中心Aから中心Bの方向に，ABの長さだけ平行移動します。
- 対称(たいしょう)移動で重ねるには，対称の軸(じく)を中心AとBを結んだ線分ABの垂直二等分線に決めて，対称移動します。
- 回転移動で重ねるには，回転の中心を，中心AとBを結んだ線分ABの垂直二等分線上にとって，回転移動します。

平行移動

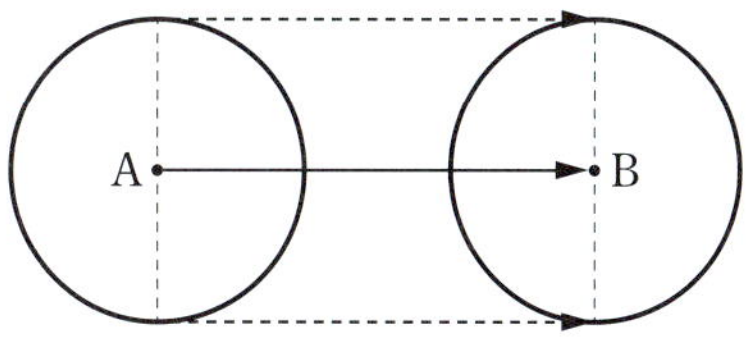

対称移動，回転移動

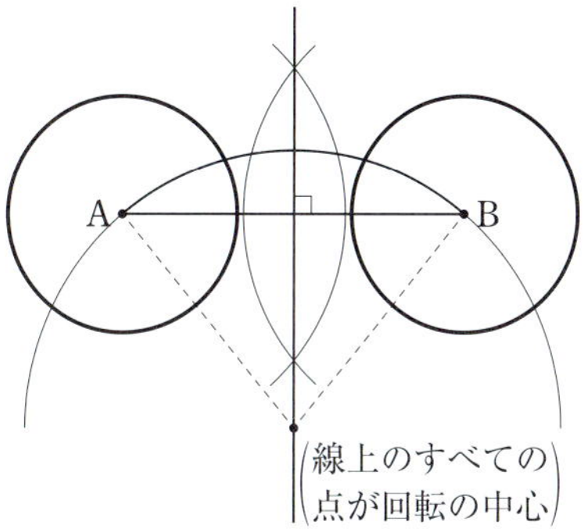

解答 中心Aから中心Bの方向に，ABの長さだけ平行移動すればよい。
対称の軸は，線分ABの垂直二等分線に決めればよい。
回転の中心は，線分ABの垂直二等分線上にある点に決めればよい。

24

ガイド
(1) 半径4 cmの円の面積の半分の面積になります。
(2) 半径6 cmの円の面積から，半径3 cmの円の面積2つ分をひいた面積になります。
(3) 右の図のように補助線をひいて考えます。半径4 cmの円の $\frac{1}{4}$ の面積から，底辺と高さが4 cmの直角二等辺三角形の面積をひいた面積（図の色のついた部分）を8倍して求めます。

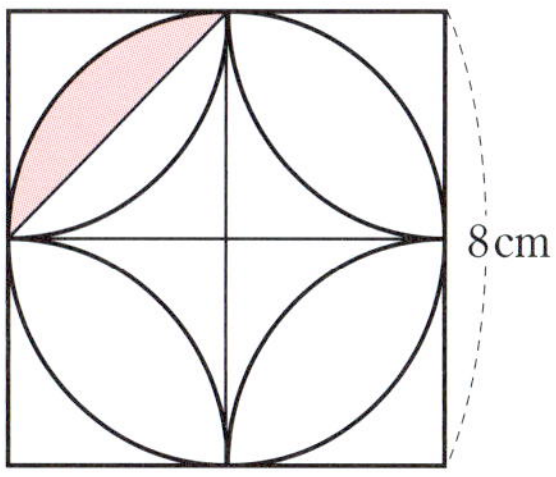

解答
(1) $\pi\times4^2\div2=8\pi\,(\text{cm}^2)$　　**8π cm²**

(2) $\pi\times6^2-\pi\times3^2\times2$
$=36\pi-18\pi$
$=18\pi\,(\text{cm}^2)$　　**18π cm²**

(3) $\left(\pi\times4^2\times\frac{1}{4}-\frac{1}{2}\times4\times4\right)\times8$
$=(4\pi-8)\times8$
$=32\pi-64\,(\text{cm}^2)$　　**$32\pi-64$ (cm²)**

25

ガイド 周の長さは，弧の部分と直線の部分に分けて考えます。
面積は，大きいおうぎ形から小さいおうぎ形をひいて求めます。

解答 周の長さ…$2\pi\times12\times\frac{120}{360}+2\pi\times6\times\frac{120}{360}+(12-6)\times2=12\pi+12$ (cm)

周の長さ　$12\pi+12$ (cm)

面積…$\pi\times12^2\times\frac{120}{360}-\pi\times6^2\times\frac{120}{360}=36\pi$ (cm^2)　　**面積　36π cm^2**

26

ガイド 半径の等しい円とおうぎ形では，
(おうぎ形の弧の長さ)：(円の周の長さ)＝(中心角の大きさ)：360
の関係があります。

解答 おうぎ形の弧の長さ＝半径 6 cm の円の周 より，
弧の長さ＝$2\pi\times6=12\pi$ (cm)
半径 15 cm の円の周の長さは 30π cm だから，
中心角を $x°$ とすると，

$12\pi : 30\pi = x : 360$

これを解くと，

$30\pi\times x=12\pi\times360$

$x=12\times12$

$x=144$　　**144°**

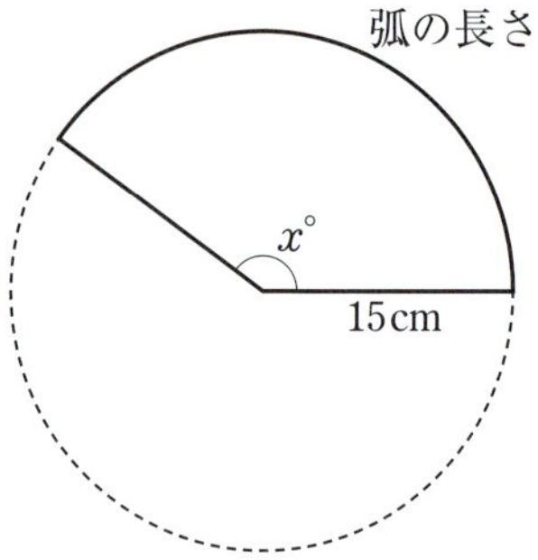

(別解) おうぎ形の中心角を $x°$ とすると，

$12\pi=2\pi\times15\times\frac{x}{360}$　　これを解いて，$x=144$

27

ガイド 図形 BAA′ は線分 AB が B を中心に 45° 回転移動した図形だから，半径 12 cm で中心角が 45° のおうぎ形になります。
半円 A′CB の面積は半円 O の面積に等しいので，色をつけた部分の面積は
(半円 A′CB の面積)＋(おうぎ形 BAA′ の面積)
−(半円 O の面積)＝(おうぎ形 BAA′ の面積)

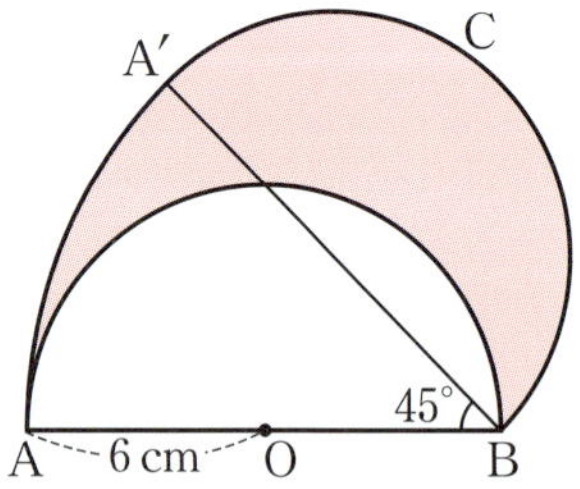

解答 色をつけた部分の面積は，おうぎ形 BAA′ の面積に等しいので，

$\pi\times12^2\times\frac{45}{360}=\pi\times144\times\frac{1}{8}$

$=18\pi$ (cm^2)　　**18π cm^2**

6章　空間図形

28

ガイド この立体は直方体です。

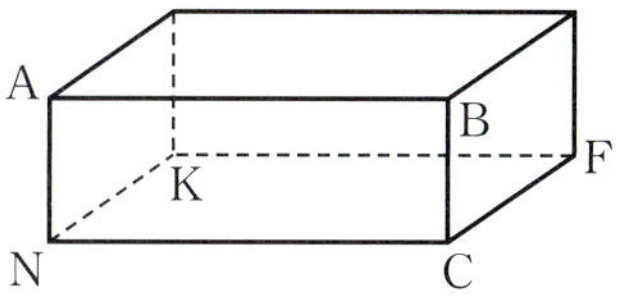

(1)　見取図をかいて求めるとよいでしょう。
残りの記号を頂点にかいていきましょう。

(2)　直方体では，3つの面が集まって1つの頂点をつくっています。わかりにくければ，実際に組み立てて，また，組み立ててできる見取図を想像して，どの辺とどの辺，どの頂点とどの頂点が重なるか試してみましょう。

(3)　(2)の解答も参考にして，辺 CD と辺 HI の関係を考えてみましょう。
辺と辺の関係は，次のいずれかです。
交わる（垂直もふくむ）・平行である・ねじれの位置にある

解答 (1)　見取図より，**辺の数…12本，頂点の数…8個**

(2)　3つの面が交わるから，点Aをつくる面は，Aをふくむ面 ABCN と，面 MNKL，面 JGHI である。
よって，**点Mと点I**である。

(3)　点Aと点Iが重なるから，辺 CD と辺 HI は交わった状態であるといえる。
直方体の交わった辺はすべて垂直であるから，辺 CD と辺 HI は**垂直**である。

29

ガイド 真正面から見た図を立面図，真上から見た図を平面図といいます。
また，立面図と平面図をあわせて，投影図(とうえいず)といいます。
投影図をかくとき，実際に見える辺は実線――で示し，見えない辺は破線……で示します。

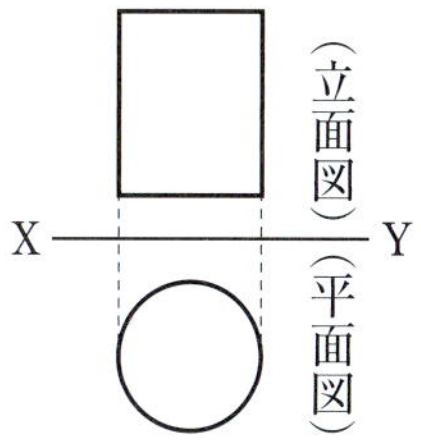

(1)，(2)　それぞれの見取図をかくと，投影図が示しやすくなります。

(1)

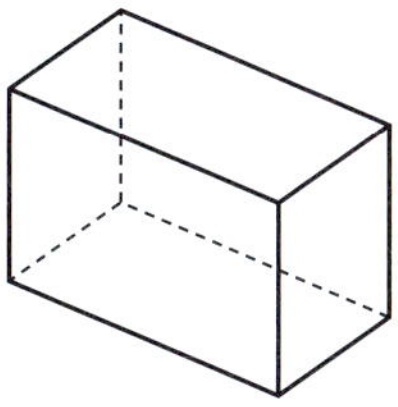

(2)

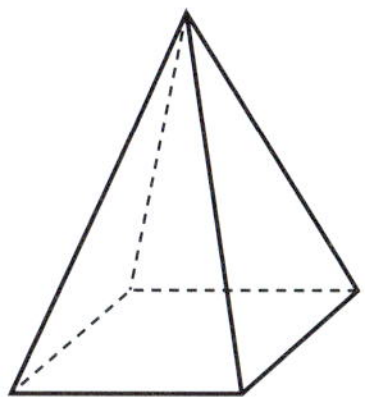

解答 (1)

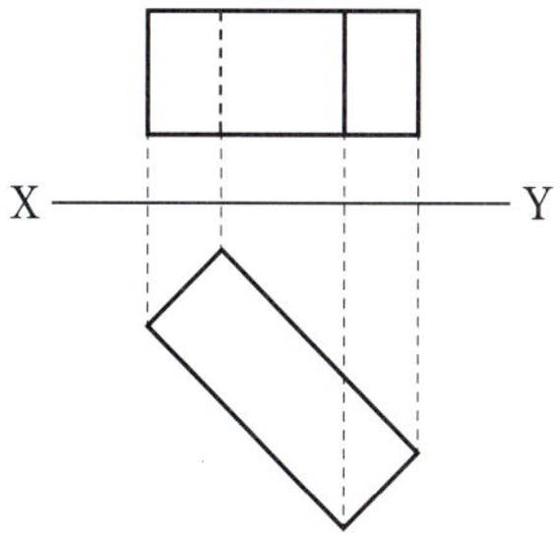

(2)

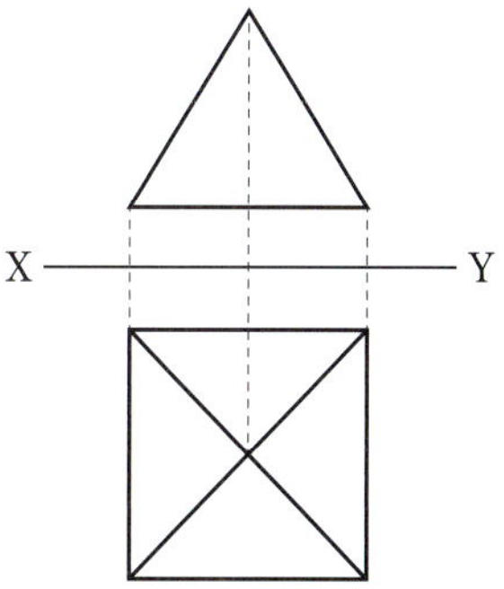

30

ガイド 辺 BD を回転の軸として，1 回転させてできる立体は，円錐と半球（球の半分）をくっつけた立体になります。
立体の体積＝(円錐の体積)＋(半球の体積)
立体の表面積＝(円錐の側面積)＋(球の表面積の半分)

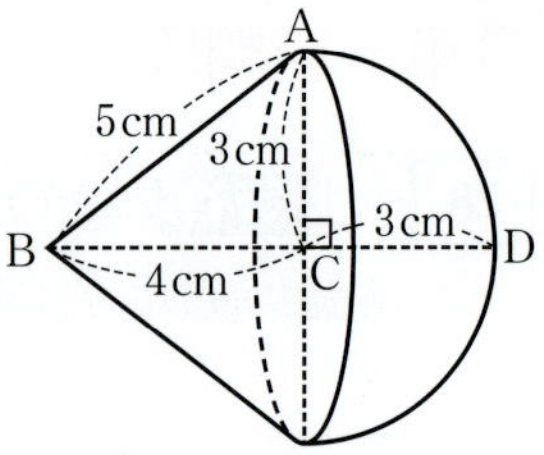

解答 〈立体の体積〉

円錐の体積…$\frac{1}{3}\times\pi\times3^2\times4=12\pi\,(\text{cm}^3)$

半球の体積…$\frac{1}{2}\times\frac{4}{3}\pi\times3^3=18\pi\,(\text{cm}^3)$

よって，立体の体積…$12\pi+18\pi=30\pi\,(\text{cm}^3)$　　**30π cm^3**

〈立体の表面積〉

円錐の側面積を求めるとき，右の図のように，側面の展開図のおうぎ形から，その中心角を求める。中心角を $x°$ とすると，

$(2\pi\times3):(2\pi\times5)=x:360$

これを解くと，$x=216$

したがって，側面積は，

$\pi\times5^2\times\frac{216}{360}=15\pi\,(\text{cm}^2)$

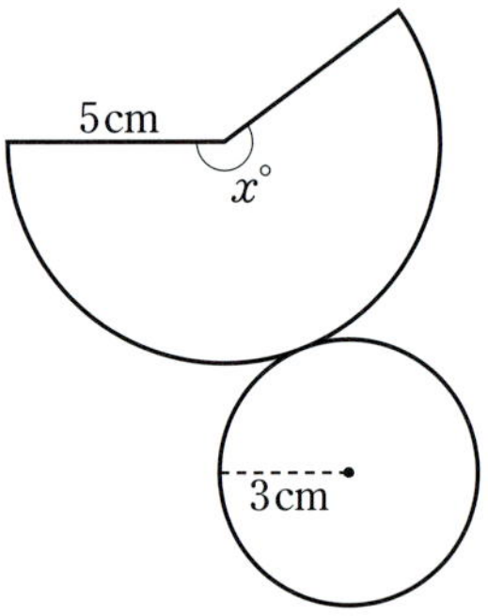

球の表面積の半分は，$\frac{1}{2}\times4\pi\times3^2=18\pi\,(\text{cm}^2)$

よって，立体の表面積…$15\pi+18\pi=33\pi\,(\text{cm}^2)$　　**33π cm^2**

31

ガイド 半径 6 cm の半球の体積…$\frac{1}{2}\times\frac{4}{3}\pi\times6^3\,(\text{cm}^3)$
底面の半径 6 cm，高さ h cm の円柱の体積…$\pi\times6^2\times h\,(\text{cm}^3)$
底面の半径 6 cm，高さ k cm の円錐の体積…$\frac{1}{3}\times\pi\times6^2\times k\,(\text{cm}^3)$
です。これらが等しいことから，h と k の値を求めます。

解答 円柱の体積と半球の体積が等しいことから，

$$\pi\times6^2\times h=\frac{1}{2}\times\frac{4}{3}\pi\times6^3$$

$$h=\frac{1}{2}\times\frac{4}{3}\times6=4$$

円錐の体積と半球の体積が等しいことから，

$$\frac{1}{3}\times\pi\times6^2\times k=\frac{1}{2}\times\frac{4}{3}\pi\times6^3$$

$$k=\frac{1}{2}\times4\times6=12$$

$h=4$，$k=12$

7章　資料の活用

「資料の活用」の章では，いろいろな用語が出てきます。

階級，度数，度数分布表，ヒストグラム，度数分布多角形

その他，次のようなものがあります。

相対度数＝$\dfrac{\text{階級の度数}}{\text{度数の合計}}$

〈代表値〉

平均値＝$\dfrac{\text{資料の個々の値の合計}}{\text{資料の個数}}$

中央値　資料の値を大きさの順に並べたとき，その中央の値を中央値，または，メジアンといいます。

資料の個数が奇数…まん中の値が中央値

資料の個数が偶数…中央に並ぶ 2 つの値の平均が中央値

階級値　度数分布表で，各階級のまん中の値

最頻値（さいひんち）　資料の値の中で，もっとも多く現れる値を最頻値，または，モードといいます。

度数分布表では，度数のもっとも多い階級の階級値を最頻値といいます。

〈散らばり〉

範囲（レンジ）＝(最大値)−(最小値)

〈近似値〉

有効数字　近似値を表す数で，意味のある数字を有効数字といい，その数字の個数を，有効数字のけた数といいます。

32

ガイド (1)　一般に，中央値は，資料の個数 n が奇数の場合は，$\dfrac{n+1}{2}$ 番目の値，個数 n が偶数の場合は，$\dfrac{n}{2}$ 番目と $\left(\dfrac{n}{2}+1\right)$ 番目の値の平均です。

資料の個数が 13 の奇数なので，まん中は，$\dfrac{13+1}{2}=7$（番目）

記録を低い（高い）方から順に並べて 7 番目の記録が中央値です。

解答 (1)　記録を低い方から順に並べると，

19，20，20，21，21，22，㉒，

23，23，23，25，25，27

7 番目の記録は 22 m だから，中央値は 22 m　　**22 m**

(2)　記録を表に整理すると，

記録 (m)	19	20	21	22	23	25	27
度数 (人)	1	2	2	2	3	2	1

度数のもっとも多いのは 3 人で，最頻値は 23 m　　**23 m**

33

ガイド (1) ㋐…階級 760 kcal 以上 800 kcal 未満の階級値は，まん中の値だから，

$\frac{760+800}{2}=780$ (kcal) として求められますが，この場合，表を見て，階級値が 40 ずつ増加していることから，$740+40=780$ (kcal) としてもよいです。

㋒…(度数の合計)－(各階級の度数の和) で求められます。

㋓，㋔，㋕については，電卓で計算すればよいです。

(2) 平均値$=\frac{(階級値\times度数)の合計}{度数の合計}$ で求められます。

(4) 資料の個数が奇数だから，$\frac{21+1}{2}=11$　11 番目がはいっている階級を求めます。

解答 (1) ㋐ **780**　　㋑ **860**

㋒ $21-(1+4+3+5+2+1)=\mathbf{5}$

㋓ $780\times3=\mathbf{2340}$

㋔ $820\times5=\mathbf{4100}$

㋕ $700+2960+2340+4100+4300+1800+940=\mathbf{17140}$

(2) $\frac{17140}{21}=816.1\overset{2}{9}\cdots$ (kcal)　　**<u>816.2 kcal</u>**

(3)

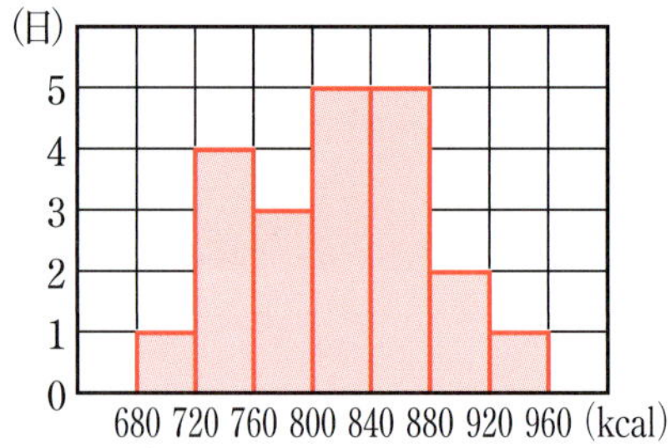

(4) 度数の欄(らん)を上(下)から見て 11 番目がはいっている階級を見る。

<u>800 kcal 以上 840 kcal 未満の階級</u>

34

ガイド (1) 46800 の有効数字 3 けたは，上の位から，4，6，8 です。

(2) 150000000 の有効数字 3 けたは，上の位から，1，5，0 です。

解答 (1) $46800=4.68\times10000=\mathbf{4.68\times10^4}$ ($\mathbf{m^2}$)

(2) $150000000=1.50\times100000000=\mathbf{1.50\times10^8}$ (**km**)

数学広場

「数学広場」では，興味・関心に応じて取り組むことができる数学を活用する課題をとり上げています。(全員が一律に学習する必要はありません。)

ひろがる数学

数学を通して考えよう

自由研究に取り組もう
(MathNavi ブック)

自由研究の窓

さらに調べて深めることができることがらです。

正の数・負の数をたすこと，ひくこと

ひろがる数学
教科書 p.240～241

p.24～29　正の数・負の数の加法，減法

学習のねらい

教科書 24～29 ページで学んだ正の数・負の数の加法，減法のしかたとは別に，「正の数をたすこと，ひくこと」という計算の意味に基づいて計算することを学習します。これにより，計算のしかたをひろげます。

教科書のまとめ

□正の数をたす，ひく計算

▶① 正の数をたす計算 … その数だけ大きい数を求める

2+5　　2 より 5 大きい数

② 正の数をひく計算 … その数だけ小さい数を求める

2−5　　2 より 5 小さい数

□負の数をたす，ひく計算

▶③ 負の数をたす計算 … 符号を変えた正の数をひく

2+(−5)=2−5　　2 より 5 小さい数

④ 負の数をひく計算 … 符号を変えた正の数をたす

2−(−5)=2+5　　2 より 5 大きい数

1

上の考え方で，次の計算をしましょう。　教科書 p.240

(1)　3+8　　　(2)　(−3)+8

(3)　4−7　　　(4)　(−4)−7

ガイド

(1)，(2)　ある数より 8 大きい数は，数直線上で，ある数より 8 だけ右に進んだ点で表される数になります。

(3)，(4)　ある数より 7 小さい数は，数直線上で，ある数より 7 だけ左に進んだ点で表される数になります。

解答

(1)　3+8=**11**

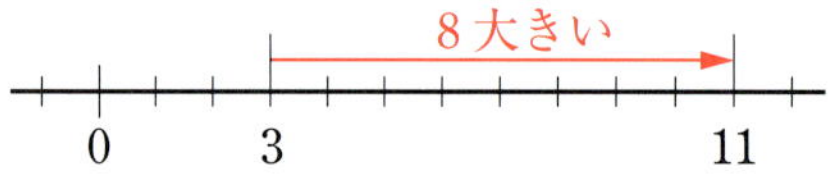

(2)　(−3)+8=**5**

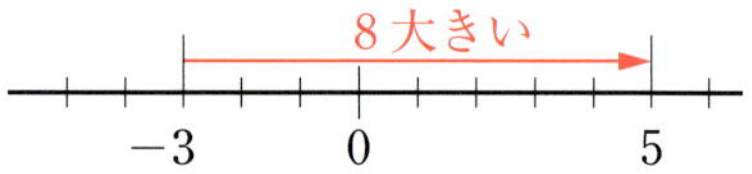

(3)　4−7=**−3**

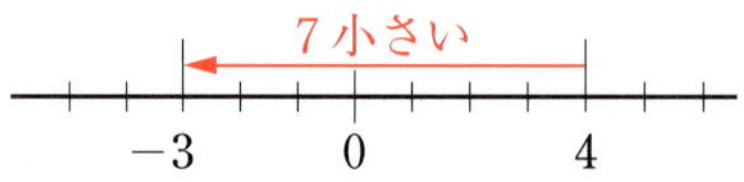

(4)　(−4)−7=**−11**

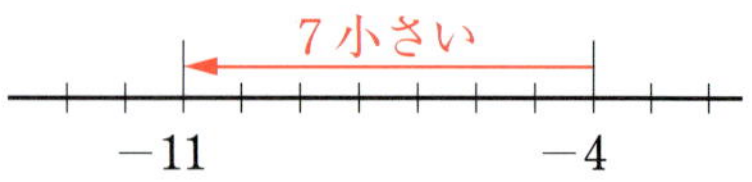

2

ひき算になおして，次の計算をしましょう。　教科書 p.240

(1)　5+(−7)　　　(2)　(−5)+(−7)

ガイド

(1)　5+(−7) は，　5 より −7 大きい数，
　　つまり，　5 より　7 小さい数
を求めることになり，5−7 と同じ計算になります。

−7 大きい
↓
7 小さい

解答 (1) $5+(-7)$
$=5-7=\mathbf{-2}$

(2) $(-5)+(-7)$
$=(-5)-7=\mathbf{-12}$

3

たし算になおして，次の計算をしましょう。 教科書 p.241

(1) $2-(-6)$　(2) $(-2)-(-6)$
(3) $7-(-4)$　(4) $(-7)-(-4)$

ガイド (1) **2−(−6) は，　2 より −6 小さい数**
つまり，　2 より　6 大きい数
を求めることになり，2+6 と同じ計算になります。

−6 小さい
↓
6 大きい

解答 (1) $2-(-6)=2+6$
$=\mathbf{8}$

(2) $(-2)-(-6)=(-2)+6$
$=\mathbf{4}$

(3) $7-(-4)=7+4$
$=\mathbf{11}$

(4) $(-7)-(-4)=(-7)+4$
$=\mathbf{-3}$

4

次の(1)～(4)のうち，計算結果が，3 より大きくなるのはどれですか。 教科書 p.241

(1) $3-7$　(2) $3+(-7)$
(3) $3-(-7)$　(4) $3+7$

ガイド **正の数をたす計算になれば，計算結果はもとの数より大きくなります。**

解答 (1)，(2)とも，3−7 になるので，3 より小さくなります。
(3)，(4)とも，3+7 になるので，3 より大きくなります。　**(3)と(4)**

5

次の計算をしましょう。 教科書 p.241

(1) $(-3)+(-5)$　(2) $(-2)-(-5)$　(3) $12-(+10)$
(4) $(-12)+(-5)$　(5) $8-(-15)$　(6) $(-8)-(-15)$
(7) $(-200)+(-300)$　(8) $(-200)-(-300)$

ガイド **正の数をたす，ひくという計算になおして計算します。**

解答 (1) $(-3)+(-5)$
$=(-3)-5=\mathbf{-8}$

(2) $(-2)-(-5)$
$=(-2)+5=\mathbf{3}$

(3) $12-(+10)$
$=12-10=\mathbf{2}$

(4) $(-12)+(-5)$
$=(-12)-5=\mathbf{-17}$

(5) $8-(-15)$
$=8+15=\mathbf{23}$

(6) $(-8)-(-15)$
$=(-8)+15=\mathbf{7}$

(7) $(-200)+(-300)$
$=(-200)-300=\mathbf{-500}$

(8) $(-200)-(-300)$
$=(-200)+300=\mathbf{100}$

ひろがる数学
教科書 p.242

土器の大きさ

p.156〜157　円の性質

学習のねらい

円の一部である「土器の破片」を使って，円の大きさを調べる課題です。円の対称性，円の弦の性質を利用して課題の解決をはかります。

教科書のまとめ

□円の弦の性質

▶円の弦の垂直二等分線は，その円の中心を通ります。

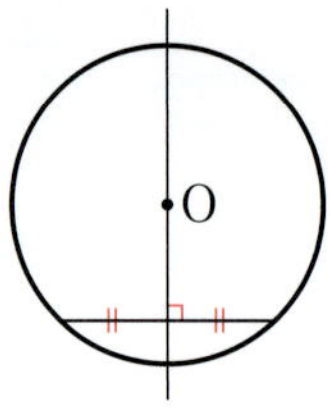

教科書 p.242

左の図の線分 AB は，円Oの弦(げん)です。弦の垂直二等分線を作図してみましょう。
どんなことがわかるでしょうか。(図は省略)

ガイド　「垂直二等分線の作図のしかた」,「円は線対称な図形で，対称の軸は直径である」こと，また,「円の中心は，円周上のどの点からも距離が等しい」ことから考えます。

解答

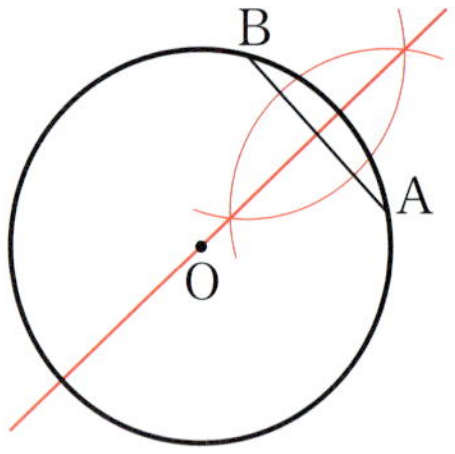

円の弦の垂直二等分線は，円の直径になっているから，その円の中心を通ることがわかる。

教科書 p.242

1　左の図は，ある円の弧(こ)の一部で，線分 AB，CD は，その円の弦です。
この円の中心Oを，作図して求めましょう。(図は省略)

ガイド　「円の弦の垂直二等分線は円の中心を通る」こと，また,「平行でない 2 直線の交点は 1 点で交わる」ことを利用します。

解答　(作図)

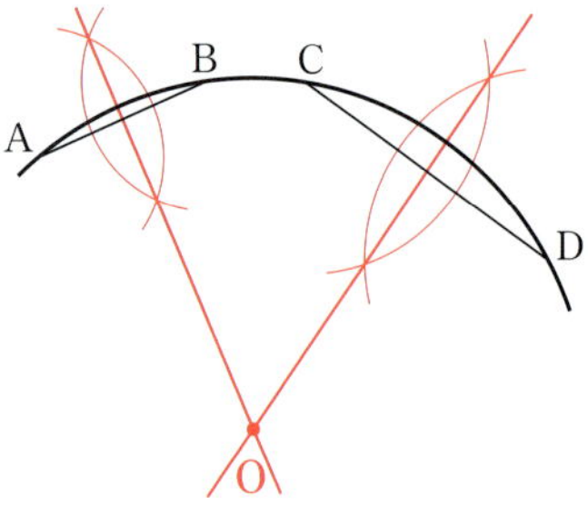

線分 AB と CD の垂直二等分線をひく。それらの交点Oがこの円の中心になる。

2　このページの上にある土器の破片から，土器のもとの大きさは，どのようにすればわかるでしょうか。(図は省略)　教科書 p.242

ガイド　1 のように，土器のふちの曲線部分にある 4 点をとってもよいですが，3 つの点をとり，その 2 つの弦の垂直二等分線を作図し，その交点を円の中心として円を作図します。

解答　(作図例)

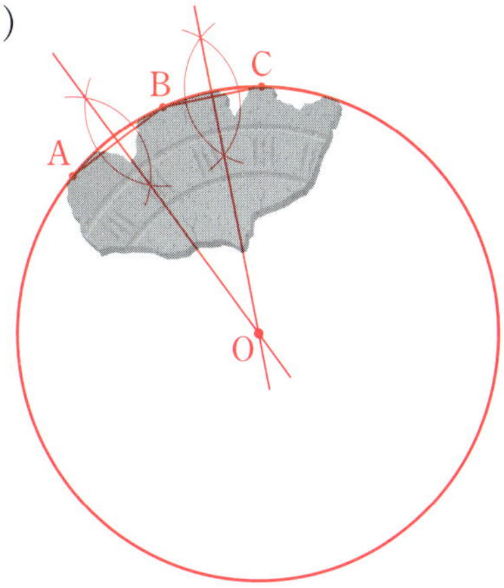

図のように土器のふちの曲線部分に 3 点 A，B，C をとり，線分 AB の垂直二等分線と線分 BC の垂直二等分線をひき，その交点を O とする。

中心を O，半径を OA とする円が土器のもとの大きさとなる。

おうぎ形の面積

ひろがる数学　教科書 p.243

p.160〜162　おうぎ形の弧の長さと面積

学習のねらい

教科書本文では，おうぎ形の面積を中心角を求めて計算しましたが，ここでは，半径と弧（こ）の長さだけからおうぎ形の面積を求めます。

教科書のまとめ

□おうぎ形の面積

▶半径 r，弧の長さ ℓ のおうぎ形の面積を S とすると，

$$S=\frac{1}{2}\ell r$$

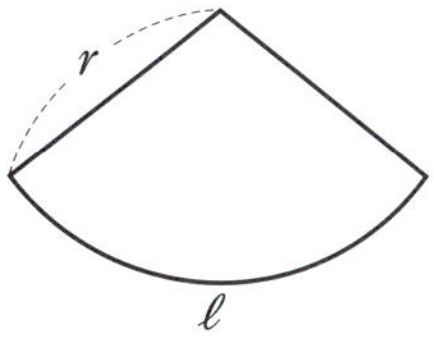

三角形の面積

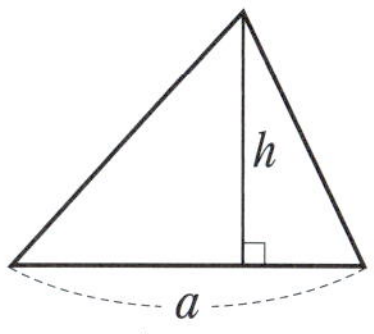

$$S=\frac{1}{2}ah$$

1　次の面積と弧の長さを求めましょう。　教科書 p.243

(1)　半径 10 cm，弧の長さ 4π cm のおうぎ形の面積

(2)　半径 3 cm，面積 6π cm^2 のおうぎ形の弧の長さ

ガイド　$S=\frac{1}{2}\ell r$ を利用します。

解答　(1)　$S=\dfrac{1}{2}\times4\pi\times10=20\pi\,(\mathrm{cm}^2)$　　　　**$20\pi\ \mathrm{cm}^2$**

(2)　弧の長さを ℓ cm とすると，

$6\pi=\dfrac{1}{2}\times\ell\times3$　　$\ell=4\pi\,(\mathrm{cm})$　　　　**4π cm**

正多面体を調べよう

ひろがる数学
教科書 p.244〜245

p.169　多面体

学習のねらい

正多面体が 5 種類しかないことは教科書 169 ページで紹介していますが，ここでは，面の形，頂点の数，辺の数，面の数を調べたりして，さらに見方をひろげます。

教科書のまとめ

□正多面体

▶多面体のうち，すべての面が合同な正多角形で，どの頂点に集まる面の数も等しく，へこみのないものを正多面体といいます。

正多面体には，次の 5 種類しかないことが 2000 年以上前から知られています。

1 つの面が正三角形 … 正四面体，正八面体，正二十面体

1 つの面が正方形　 … 正六面体（立方体）

1 つの面が正五角形 … 正十二面体

正四面体

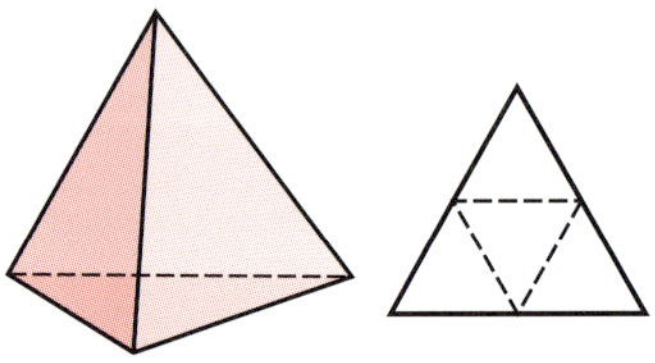

正六面体（立方体）

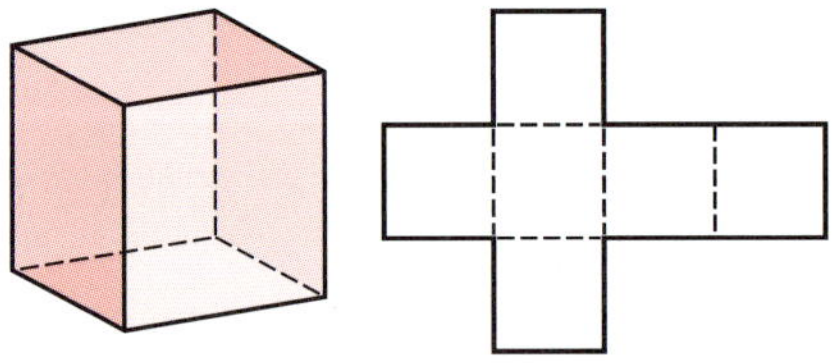

正八面体

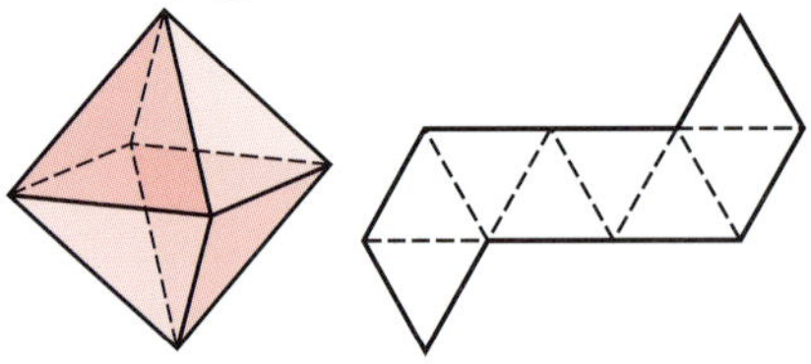

正十二面体

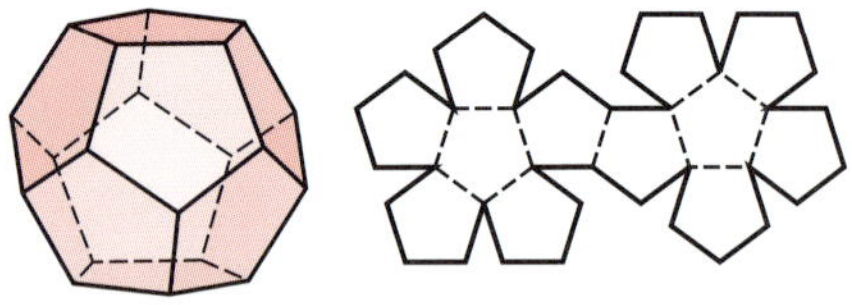

正二十面体

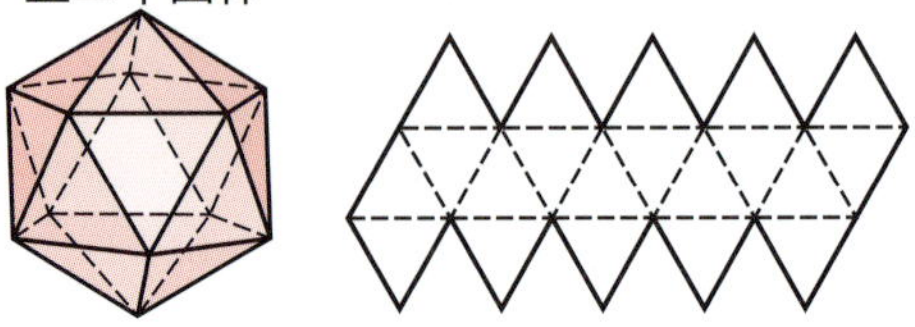

2

正四面体の1つの頂点のまわりには，正三角形がいくつ集まっていますか。
また，正八面体，正二十面体ではどうですか。

教科書 p.244

ガイド 見取図，展開図を利用します。

解答 正四面体…**3 個**　正八面体…**4 個**　正二十面体…**5 個**

3

1つの頂点のまわりに，正三角形が6個集まる正多面体はありません。
なぜでしょうか。

教科書 p.245

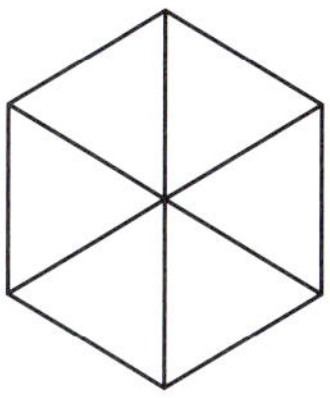

ガイド 1つの頂点に集まる角の和から判断します。

解答例 1つの頂点に正三角形が6個集まると，その点に集まる角の和は，
$60° \times 6 = 360°$ となって，平面になってしまい，正多面体の頂点とならない。
したがって，1つの頂点のまわりに，正三角形が6個集まる正多面体はない。

4

正十二面体の辺の数と頂点の数を，はやとさんとあかねさんは，次のようにして求めました。
それぞれ，どのように考えたのか説明しましょう。

教科書 p.245

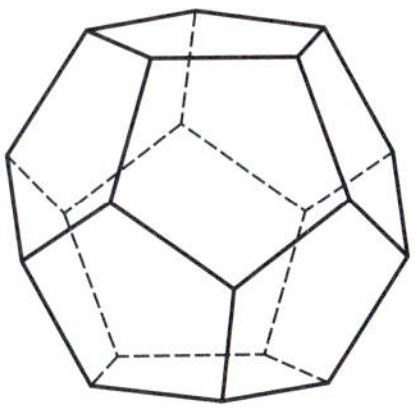

辺の数は $5 \times 12 \div 2 = 30$（本）になります。	頂点の数は $5 \times 12 \div 3 = 20$（個）になります。
（はやと）	（あかね）

ガイド 1つの面の辺の数，頂点の数から判断します。

解答例 はやと（辺の数）

正十二面体の1つの面は正五角形だから，辺の数は5本
面が12個あるのだから，$5 \times 12 = 60$（本）
1つの辺は2つの面で共有していて，これは2重に数えていることになるから，
正十二面体の辺の数は，$60 \div 2 = 30$（本）

あかね（頂点の数）

正十二面体の1つの面は正五角形だから，頂点の数は5個
面が12個あるのだから，$5 \times 12 = 60$（個）
1つの頂点は3つの面で共有していて，これは3重に数えていることになるから，
正十二面体の頂点の数は，$60 \div 3 = 20$（個）

5つの正多面体について，面の形と，頂点，辺，面のそれぞれの数を調べて，次の表にまとめましょう。(表は省略)
教科書 p.245

ガイド 辺の数，頂点の数は，それぞれ，はやとさん，あかねさんが考えた方法で求めてみましょう。辺の数は ÷2 で求められますが，頂点の数は，÷（1つの頂点に集まる面の数）になります。ただし，正四面体，正六面体は，見取図からすぐにわかります。

解答 正八面体　頂点の数…3×8÷4　辺の数…3×8÷2

正二十面体　頂点の数…3×20÷5　辺の数…3×20÷2

正多面体	面の形	頂点の数	辺の数	面の数
正四面体	**正三角形**	**4**	**6**	4
正六面体	**正方形**	**8**	**12**	6
正八面体	**正三角形**	**6**	**12**	8
正十二面体	正五角形	20	30	12
正二十面体	**正三角形**	**12**	**30**	20

5 上の表で，5つの正多面体について，それぞれ，

頂点の数－辺の数＋面の数

を求めましょう。どんなことがわかるでしょうか。
教科書 p.245

解答 頂点の数－辺の数＋面の数

正四面体… 4－6＋4＝2

正六面体… 8－12＋6＝2

正八面体… 6－12＋8＝2

正十二面体… 20－30＋12＝2

正二十面体… 12－30＋20＝2

となって，**いずれも，頂点の数－辺の数＋面の数＝2 となる。**

自由研究の窓
教科書 p.245

5 で考えた式の値についてのきまりは，スイスの数学者オイラー（1707〜1783）が発見しました。オイラーについて調べてみましょう。

解答例 オイラーは，多面体の頂点，辺，面の数の間に，

頂点の数－辺の数＋面の数＝2

という関係があることを見つけました。

これが，多面体についての有名な法則「オイラーの多面体定理」とよばれるものです。

このほかにも，高等学校で学ぶ微分・積分学にも多大な功績を残したり，物理学や天文学などにも多大な功績を残しました。

発展

立体の切り口の形

ひろがる数学
教科書 p.246〜247

p.182　立体の切り口

学習のねらい

立体を平面で切ると，切り口は，いろいろな図形になります。立体を，底面に平行な平面で切ったり，底面に垂直な平面で切ったり，また，斜め(なな)に切ったりしたときの切り口の形を考察することで，立体の見方をひろげます。

1　教科書 p.246

円柱を，底面に垂直な平面で切ったときの切り口は，どんな形になるでしょうか。

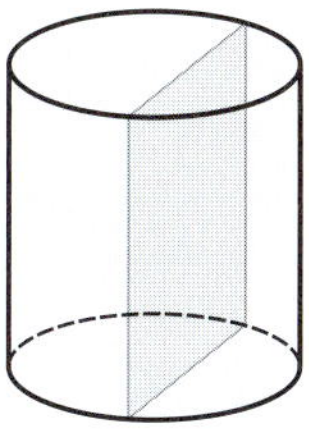

ガイド　切り口の形の四角形の 4 つの角に注目します。

解答　底面に垂直な平面で切っているのだから，底面の辺と側面の辺は，垂直に交わっている。だから，四角形の 4 つの角は，すべて 90° なので，切り口の形は**長方形**である。

教科書 p.246

球を，その中心を通る平面で切ったときの切り口は，どんな形になるでしょうか。

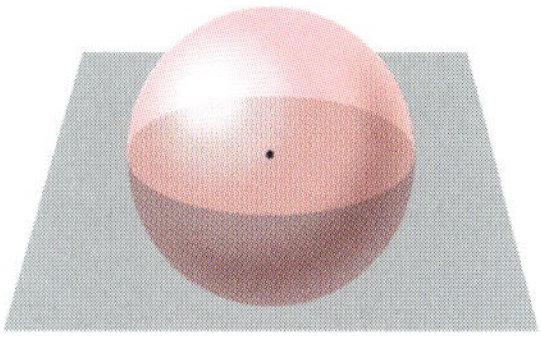

ガイド　右の図で予想します。

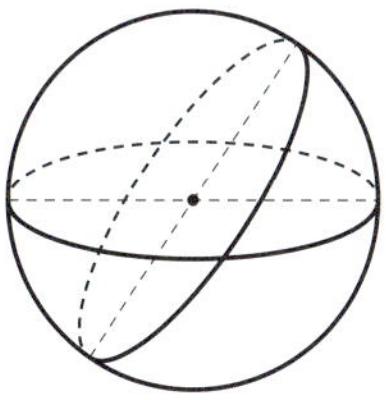

解答　**円**

2　教科書 p.246

球を，その中心を通らない平面で切ったときの切り口は，どんな形になるでしょうか。

ガイド　右の図で予想します。

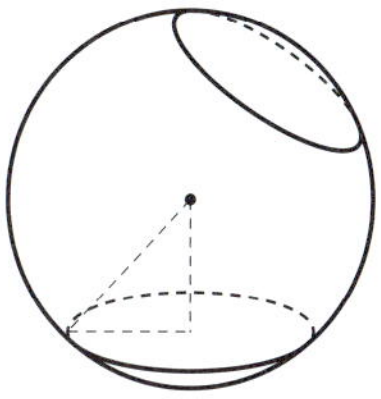

解答　**円**　(大小いろいろな円ができる。)

参考　球を平面で切ったとき，切り口がもっとも大きくなる円は，球の中心をふくむ平面で切った場合です。

3　教科書 p.247

右の立方体で，∠BPD の大きさが 60° になるのは，点Pがどこにあるときでしょうか。

(一部　図は省略)

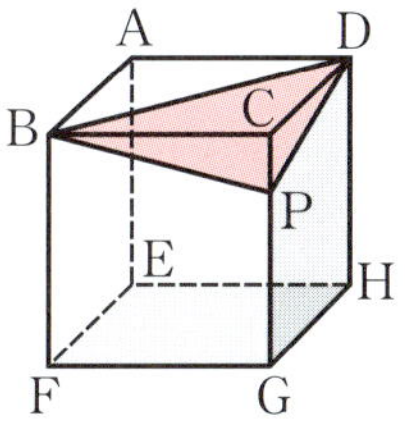

ガイド　**P**が辺 **CG** 上のどこにあっても，**PB＝PD** であることに注目します。

解答　点PがCからGまで動くとき，切り口はつねに三角形になる。直角二等辺三角形→二等辺三角形 と変わるが，点Pが点Gにきたとき，PB=PD=BD となるので，切り口の△BPDは正三角形となる。∠BPDが60°になるのは，**点Pが点Gに重なるとき**である。

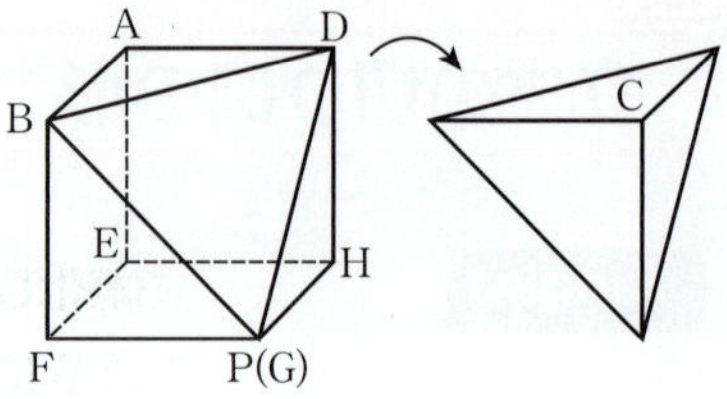

4　上の①，②の切り口は，どんな形になるでしょうか。(図は下の図)　教科書 p.247

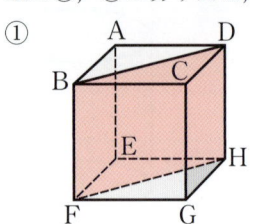

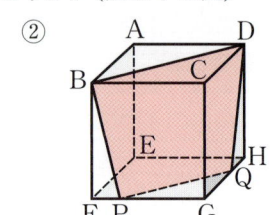

ガイド　切り口の形は，面と面の位置関係，辺の数や，辺の長さの関係，辺と辺のなす角などに注目します。

解答
① 切り口は四角形 BFHD で，**長方形**である。
② BD∥PQ となるので，切り口の四角形 BPQD は**台形**である。

5　右の立方体で，点Mは辺 BF の中点です。
3点 A，M，G を通る平面でこの立体を切ったとき，切り口は，どんな形になるでしょうか。　教科書 p.247

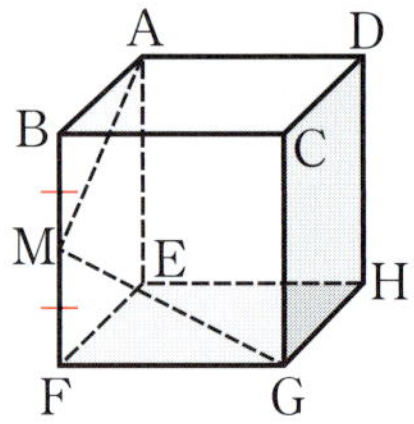

ガイド　**3点 A，M，G を通る平面は，右のように辺 DH の中点Nと交わります。**

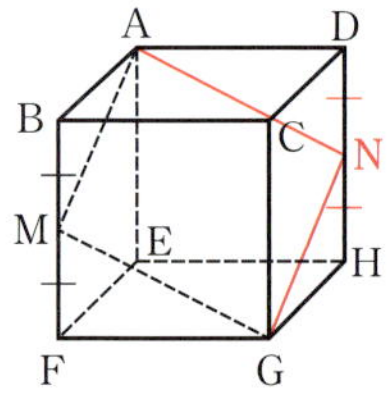

解答　切り口の形は平行四辺形になるが，
AM=MG=GN=NA
つまり，4つの辺がすべて等しいので，**ひし形**になる。

自由研究の窓　教科書 p.247

切り口を，上の図のような正六角形や五角形にするには，どんな切り方をすればよいでしょうか。(図は右の図)

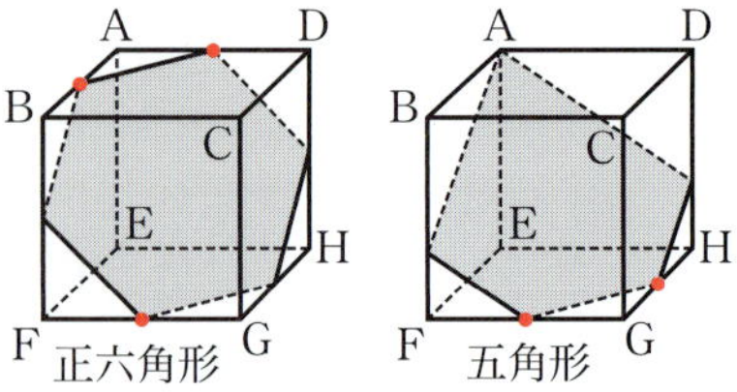

ガイド　**3点で平面が決まるから，条件にあう3点を決めれば，切り口が決まります。**

解答
正六角形…辺 AB，AD，FG (GH) のそれぞれの中点を通る平面で切る。
五角形……辺 FG，GH と交わり，点Aを通る平面で切る。

数学を通して考えよう
教科書 p.252〜253

時差の求め方

学習のねらい

国際化した今日，日本と外国との時差を考えることは，例えば，国際電話をかけるときにも，たがいに都合のよい時間帯を選んで電話するなど，有効な情報となります。時差を調べるときには，正の数・負の数の章で学習したことが役に立ちます。

1 アメリカの東部は西経 75° の経線を標準時子午線と決めています。
日本が午後 7 時のとき，アメリカの東部は何時になるでしょうか。(図は省略)

教科書 p.253

ガイド 西経 75° を負の数を使って東経で表し，日本との経度の差を求めます。
教科書 17 ページの 例2 東と西 で学習したことが参考になります。

解答 日本の標準時子午線は東経 135°
アメリカ東部の標準時子午線 (教科書の地図ではニューヨークを通る) は西経 75°
西経 75° を東経で表すと東経 −75°
よって，経度の差は，135°−(−75°)=210°
だから，日本とアメリカ東部の時差は，

$$210 \div 15 = 14$$

で，14 時間となる。つまり，日本の時刻は，アメリカ東部の時刻の +14 時間になる。
したがって，日本が午後 7 時のとき，アメリカ東部は 14 時間前になる。
午後 7 時は，24 時間制で表すと 19 時だから，19−14=5 (時)
つまり，(同じ日の) 午前 5 時になる。

午前 5 時

教科書 p.253

アメリカの東部が午後 7 時のとき日本は何時かな？

ガイド 日本の時刻は，アメリカ東部の時刻の +14 時間になることから求めます。

解答 アメリカ東部が午後 7 時のとき，日本は 14 時間後になっているから，
午後 7 時から 5 時間後には午前 0 時 (午後 12 時)，
さらに，9 時間後は (翌日の) 午前 9 時になる。
(19+14=33，33−24=9 から求めてもよい。)

翌日の午前 9 時

数学を通して考えよう
教科書 p.254〜255

ドッジボール大会を計画しよう

1 **解答**　Math Navi ブック p.55 の解答参照

2 **ガイド**　問題にあう図をかいて考えます。

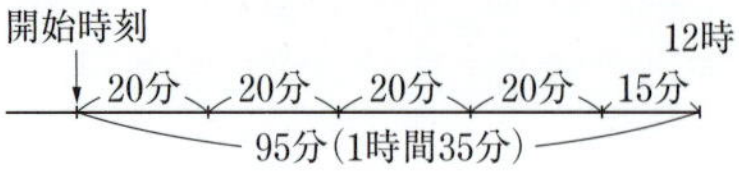

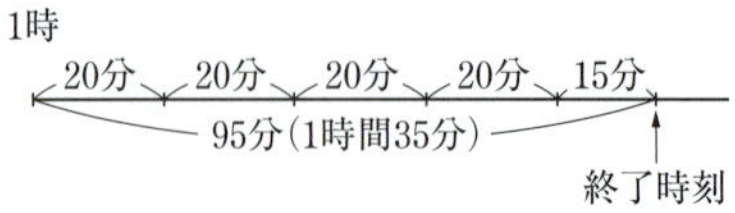

解答
・午前の最初の試合をはじめる時刻
12 時から 1 時間 35 分前
→ 午前 10 時 25 分
・午後の最後の試合が終わる時刻
1 時から 1 時間 35 分後
→ 午後 2 時 35 分

3 **ガイド**　対戦のきまりから，第 3 試合の対戦クラスは，B，D，E 以外だから，A と C です。
また，第 2 試合の対戦クラスは，B，A，C 以外だから，D と E です。

解答　**第 3 試合　A－C，第 2 試合　D－E**

数学を通して考えよう
ドッジボール大会を計画しよう

1 試合の時間は 15 分で，次の試合を始めるまでの時間は 5 分とします。
また，使用するコートは 1 面だけで，午前に 5 試合，午後に 5 試合をおこないます。

2 正午に午前の試合を終了し，昼休みを 1 時間とって，午後は 1 時から試合をはじめるようにします。
午前の最初の試合をはじめる時刻と，午後の最後の試合が終わる時刻は，それぞれ何時何分でしょうか。

▶▶ 対戦のきまり
(ア)　同じクラスが，2 試合を連続しておこなうことがないようにする。
ただし，昼休みをはさんだ第 5 試合と第 6 試合は連続してもよい。
(イ)　各クラスとも，午前に 2 試合，午後に 2 試合をおこなう。
(ウ)　試合をおこなわないクラスが審判(しんぱん)をする。
(エ)　各クラスとも，午前と午後にそれぞれ 1 試合ずつ，審判をする。
(オ)　審判をしたクラスは，その次の試合には出場しないようにする。

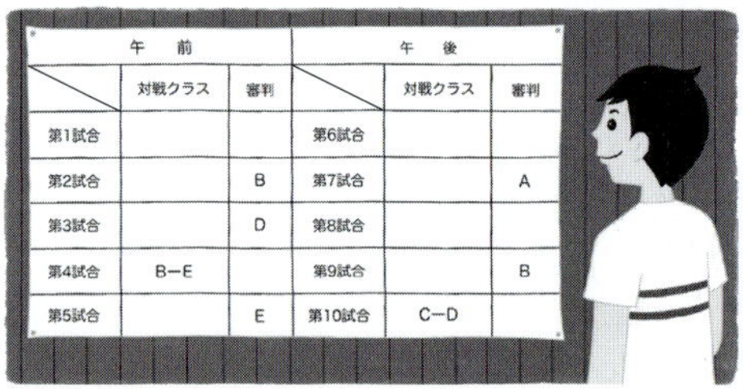

3 対戦のきまりから，まず，第 3 試合の対戦が決まります。
また，同じようにして，第 2 試合の対戦が決まります。
それぞれ決めましょう。

4 **3** までにわかったことから，第 5 試合の対戦はどうなるでしょうか。

5 対戦表のあいている部分をすべてうめましょう。

4 **ガイド**　第 4 試合の審判は，B，D，E 以外のクラスだから，A か C です。A が審判をすると，第 5 試合は C－D となって，第 10 試合と重複します。
したがって，第 4 試合の審判は C となり，第 5 試合の対戦クラスは，B，C，E 以外です。

解答　**第 5 試合　A－D**

5 **ガイド**　**4** までにわかったことから，第 1 試合の審判は A で，対戦は B－C です。
午後の第 9 試合の審判が B，第 10 試合の対戦が C－D だから，第 9 試合の対戦は A－E です。
以下，同じように考えて，第 8，7，6 試合を順次うめていきます。

解答

	午前			午後	
	対戦クラス	審判		対戦クラス	審判
第 1 試合	**B－C**	**A**	第 6 試合	**A－B**	**D**
第 2 試合	**D－E**	B	第 7 試合	**C－E**	A
第 3 試合	**A－C**	D	第 8 試合	**B－D**	**C**
第 4 試合	B－E	**C**	第 9 試合	**A－E**	B
第 5 試合	**A－D**	E	第 10 試合	C－D	**E**

数学を通して考えよう

つかまえられるかな？

教科書 p.256

思考力

数学を通して考えよう　つかまえられるかな？

いつでも取り組めます。

あかねさんは，川の近くの水田に，トンボ採集にきました。

右の図1で，あぜ道にある㋐から㋚の地点が，トンボをつかまえられる場所です。

図1

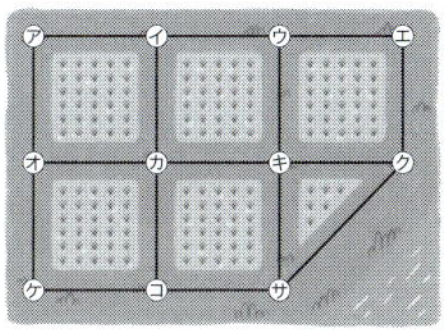

いま，トンボは㋑にいます。

あかねさんが，㋖からスタートして，㋕に1コマ移動すると，次に，トンボも㋑から㋐か㋒のどちらかに逃（に）げます。

このように，あかねさん，トンボの順に，交互（こうご）に1コマずつ移動するとき，あかねさんは，トンボをつかまえられるでしょうか。おはじきなどを使って，確かめてみましょう。

上の場面で，かならずトンボをつかまえることができる方法はあるでしょうか。

簡単にするために，まず，右の図2で考えてみます。

この図の状態では，あかねさんが1コマ移動しても，トンボをつかまえることはできません。あかねさんがトンボをつかまえるためには，トンボとあかねさんがとなりあった状態で，あかねさんの移動する順番にすることが必要です。

図2

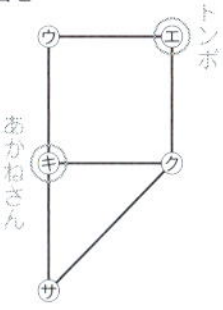

1　図2で，トンボとあかねさんがとなりあった状態で，あかねさんが移動する順番にできないか，調べてみましょう。

1 から，㋗と㋚を斜（なな）めに結ぶあぜ道をうまく使うと，トンボがつかまえられるようになることがわかります。

2　図1で，トンボは㋑，あかねさんは㋖にいて，あかねさんから移動しはじめるものとします。このとき，確実にトンボをつかまえるのに，あかねさんは，何回移動すればすむでしょうか。

1

ガイド　図2で，トンボがあかねさんのとなりのコマに移動して，次にあかねさんが移動するような順番になる状態をつくれば，確実にトンボをつかまえられます。

図2

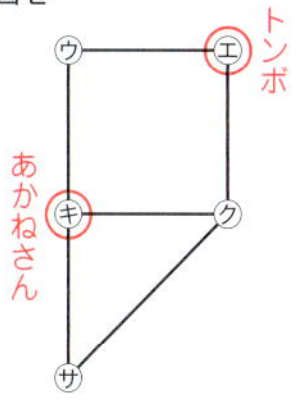

解答　あかねさんがまず㋗に移動すると（①），トンボは㋒に移動する（[1]）。次にあかねさんが㋚に移動すると（②），トンボは㋖か㋓に移動する（[2]）。トンボが㋖に移動したとき（[2]），あかねさんは㋖に移動して（③）トンボをつかまえることができる。トンボが㋓に移動したとき（[2]），あかねさんは㋖に移動する（③）。このあと，トンボは㋒か㋗に移動する（[3]）。㋒も㋗も㋖のとなりなので，あかねさんは4回目の移動で，トンボをつかまえることができる。

したがって，あかねさんは㋗と㋚を結ぶあぜ道を1回通ればよい。例えば，㋖→㋗→㋚→㋖と移動すれば，トンボとあかねさんがとなりあった状態で，あかねさんが移動する順番にできる。

参考　同じように考えて，㋖→㋚→㋗と移動すれば，トンボとあかねさんがとなりあった状態で，あかねさんが移動する順番にできます。

2

ガイド　1 で調べたように，㋗と㋚を結ぶあぜ道を1回通ることを考えます。

解答　あかねさんは，㋖→㋚→㋗→㋖（または，㋖→㋗→㋚→㋖）と3回移動する。

その間にトンボも移動し，まだつかまっていない場合は，3回目の移動で，㋐，㋒，㋕，㋗，㋘，㋚のどこかにいて，次にあかねさんが移動する順番になる。

このとき，トンボが㋒，㋕，㋗，㋚のどこかにいれば，あかねさんは，次の移動（合計4回の移動）でトンボをつかまえることができる。

また，トンボが㋐か㋘にいても，あかねさんが，さらに㋕に移動すれば，トンボが㋑，㋔，㋙のどこかに移動するので，そのどこにいても，あかねさんは，その次の移動（合計5回の移動）でトンボをつかまえることができる。　**5回の移動**

重いボールはどれ？

数学を通して考えよう
教科書 p.257

1 **ガイド**

〈3 個の場合〉

つりあう
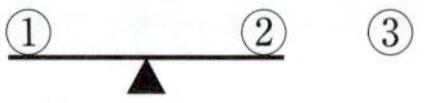

③が重い

つりあわない

②が重い

〈4 個の場合〉

つりあわない
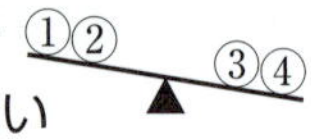

④が重い

解答 2 個…**1** 回，3 個…**1** 回，4 個…**2** 回

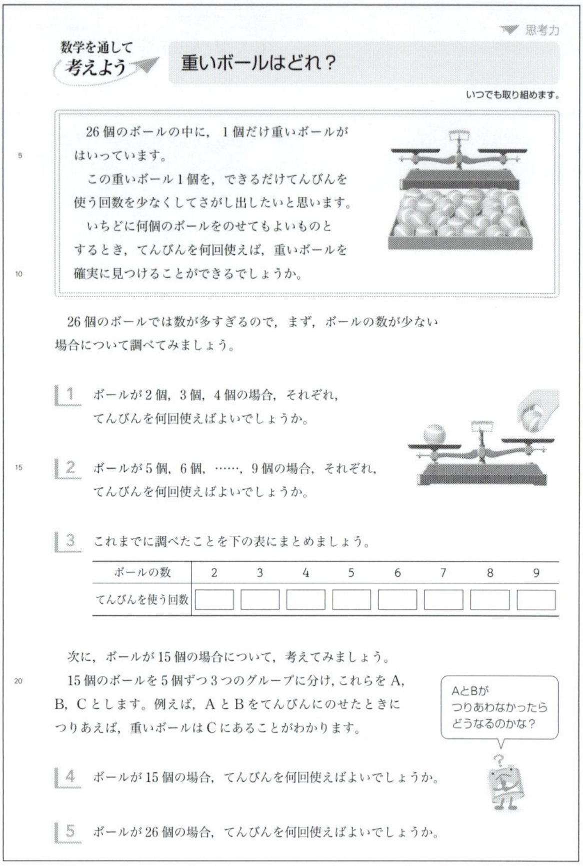

思考力

数学を通して考えよう　重いボールはどれ？

いつでも取り組めます。

26 個のボールの中に，1 個だけ重いボールがはいっています。
この重いボール 1 個を，できるだけてんびんを使う回数を少なくしてさがし出したいと思います。
いちどに何個のボールをのせてもよいものとするとき，てんびんを何回使えば，重いボールを確実に見つけることができるでしょうか。

26 個のボールでは数が多すぎるので，まず，ボールの数が少ない場合について調べてみましょう。

1 ボールが 2 個，3 個，4 個の場合，それぞれ，てんびんを何回使えばよいでしょうか。

2 ボールが 5 個，6 個，……，9 個の場合，それぞれ，てんびんを何回使えばよいでしょうか。

3 これまでに調べたことを下の表にまとめましょう。

ボールの数	2	3	4	5	6	7	8	9
てんびんを使う回数								

次に，ボールが 15 個の場合について，考えてみましょう。
15 個のボールを 5 個ずつ 3 つのグループに分け，これらを A，B，C とします。例えば，A と B をてんびんにのせたときにつりあえば，重いボールは C にあることがわかります。

A と B が つりあわなかったら どうなるのかな？

4 ボールが 15 個の場合，てんびんを何回使えばよいでしょうか。

5 ボールが 26 個の場合，てんびんを何回使えばよいでしょうか。

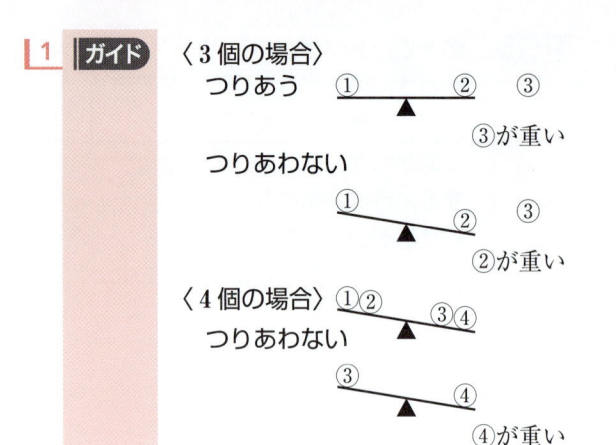

2 **ガイド**

〈5 個の場合〉
- 2 個ずつのせる（つりあわないとき）
  → 重い方の 2 個を調べる

〈9 個の場合〉
- 3 個ずつのせる（つりあうとき）
  → 残りの 3 個を調べる
- 3 個ずつのせる（つりあわないとき）
  → 重い方の 3 個を調べる

解答 5 個～9 個の場合，すべててんびんを **2** 回使えばよい。

3 **解答** 左から順に，**1**，**1**，**2**，**2**，**2**，**2**，**2**，**2**

4 **ガイド**

15 個のボールを 5 個ずつ 3 つのグループに分け，A，B，C とします。
A，B をのせる（つりあうとき）→ 重いボールは C にある（C の 5 個を調べる）
A，B をのせる（つりあわないとき）→ 重いボールのグループの 5 個を調べる

解答 **3** 回

5 **ガイド**

これまでに調べたことから，ボールの総数のほぼ $\frac{1}{3}$ のグループに分けて考えればよいことがわかります。
26 個の場合，9 個ずつのせて調べます。（A…9 個，B…9 個，C…8 個）
A，B をのせる（つりあうとき）→ C の 8 個を調べる
A，B をのせる（つりあわないとき）→ 重いボールのグループ 9 個を調べる

解答 **3** 回

発展

当選するには何票必要かな？

数学を通して考えよう

教科書 p.258〜259

生徒数が34人のクラスで，2人の委員を選ぶことになり，全員が1名ずつ名前を書いて投票することにしました。ある人が，ほかの人の票数によらずに，かならず当選するためには，何票をとることが必要でしょうか。不等式を使って考えましょう。

教科書 p.259

1 右の表の空欄（くうらん）に，$\frac{34-x}{2}$ の値と記号を書き入れましょう。
2人の委員を選ぶ場合に，ある人がかならず当選するために必要な票数は何票でしょうか。（表は省略）

x	記号	$\frac{34-x}{2}$
9	<	12.5
10	<	**12**
11	<	**11.5**
12	>	**11**
13	>	**10.5**
14	>	10

ガイド 不等式の，(左辺の値)>(右辺の値) となる x の値を見つけます。

解答 $x=12$ のとき，(左辺)>(右辺) となるから，
12票以上 とれば，かならず当選する。

教科書 p.259

2 はじめの場面で，3人の委員を選ぶ場合はどうなるでしょうか。

x	記号	$\frac{34-x}{3}$
6	<	$\frac{28}{3}$
7	<	9
8	<	$\frac{26}{3}$
9	>	$\frac{25}{3}$
10	>	8
11	>	$\frac{23}{3}$

ガイド 上と同じように考えて，ある人の票数を x とすると，ほかの3人が残りの $(34-x)$ 票を全部分けあったとしても，3人ともが $\frac{34-x}{3}$ 票をこえることはないので，$x>\frac{34-x}{3}$ であれば，x 票とった人はかならず当選します。

解答 右の表から，$x=9$ のとき（左辺)>(右辺）となるから，**9票以上** とれば，かならず当選する。

参考 これらの問題は，次のように考えると解けます。
例えば，34人のクラスで3人が当選する場合，ある人が上位3人のうちの1人に負けなければよいのです。上位4人が同点になるのは，多くて，34÷4=8.5（票）
8.5票は実際にはないので，これから考えて，少なくとも9票とれば当選します。
（9票あれば，ほかの3人のうちの1人に負けることはない）
→(9票，9票，9票，7票)，(9票，10票，9票，6票)，……
（8票だと，ほかの2人に負けて1人と同点になってしまうことがある）
→(8票，9票，9票，8票)

自由研究に取り組もう ナウマンゾウの化石は死後何年たっている Math Navi ブック p.40〜41

レポート例⇨

ガイド

1. 研究の動機

日本でナウマンゾウの化石は北海道から九州まで各地，100 か所以上で多数発見されています。その中で，1962 年に発見された長野県の野尻湖の底から発見された化石は有名で，生息年代が最も新しく 2 ～ 3 万年前といわれています。中学 1 年で学習した関数の知識でもある程度わかるということからこの研究に取り組むこともできます。

年代測定法が，生活の中で関数関係に使った例を知る機会にもなります。

ナウマンゾウの化石は死後何年たっている

平成○年○月○日
1 年 1 組 ○○○○

1. 研究の動機

1962 年に長野県野尻(のじり)湖の底から数頭分のナウマンゾウの歯の化石が見つかり，生息年代はおよそ 2 ～ 3 万年前，ナウマンゾウの化石ではもっとも新しいと聞きました。なぜ，ナウマンゾウの化石からそんなことがわかるのか疑問をもちました。また，それを調べるのに数学で学習した関数が役に立っていることも先生から聞きました。そこで，化石の年代を調べるのに数学がどのように関係しているのかを研究してみようと思いました。

2. 研究の方法

時がたつにつれて減っていく放射性物質の質量の変化に目をつけて年代を求めることがインターネットで紹介してありました。その 1 つに放射性炭素年代測定法というものがあり，C14 法ともいいます。生物にふくまれている放射性炭素(C14)という物質は，生物の死後，時間とともに質量が変化するということです。この質量は，年数の関数であり，およそ 5730 年で半分(半減期)になること，はじめの質量を 1 として，経過年数と，そのときの炭素の質量の関係が次の表になることを知りました。

年数	0	2950	5730	9950	13300	19030
炭素の質量	1	0.7	0.5	0.3	0.2	0.1

これを使って，次の放射性炭素の質量が $\frac{1}{128}$ になったナウマンゾウの生息年代を測定しようと思います。

ナウマンゾウの化石にふくまれる放射性炭素の質量が $\frac{1}{128}$ になっていたら，その化石は，死後およそ何年たったものだろうか。

3. 結果と考察

はじめの炭素の質量を 1，経過年数を x 年，炭素の質量を y とすると，

$y=\left(\frac{1}{2}\right)^{\frac{x}{5730}}$ の関係になります。x が 5730 のとき，$y=\frac{1}{2}$

x が 5730×2 のとき，$y=\left(\frac{1}{2}\right)^2=\frac{1}{4}$　　x が 5730×3 のとき，$y=\left(\frac{1}{2}\right)^3=\frac{1}{8}$

x が 5730×7 のとき，$y=\left(\frac{1}{2}\right)^7=\frac{1}{128}$

指数が自然数以外のときの計算は複雑で，高等学校で学習することになります。

年数	0	2950	5730	9950	11460	13300	17190	19030	40110
炭素の質量	1	0.7	0.5	0.3	0.25	0.2	0.125	0.1	0.008

3. 結果と考察

放射性炭素の質量は，年数の関数であり，およそ5730年で半分になります。さらに5730年経過すると，0になるのではなくて，その半分，つまり$\frac{1}{4}$になります。さらに5730年経過すると$\frac{1}{4}$の半分，つまり，$\frac{1}{8}$になります。

以下，同じように考えて，

$$1 \xrightarrow{5730年} \frac{1}{2} \xrightarrow{5730年} \frac{1}{4} \xrightarrow{5730年} \frac{1}{8} \xrightarrow{5730年} \frac{1}{16} \xrightarrow{5730年} \frac{1}{32} \xrightarrow{5730年} \frac{1}{64} \xrightarrow{5730年} \frac{1}{128}$$

放射性炭素の質量が$\frac{1}{128}$になるのは，5730×7＝40110(年後)

よって，その化石は，死後およそ4万年たったものと考えられます。

(感想)

放射性炭素の半減期が5730年なので，さらに5730年たつと0になってしまうのかと思っていましたが，$\frac{1}{2}$の半分の$\frac{1}{4}$になることを知って驚きました。さらに，次々と$\frac{1}{2}$を繰り返して$\frac{1}{128}$が$\left(\frac{1}{2}\right)^7$になることがわかり，これからナウマンゾウのおよその生息年代が計算できました。中学1年で学習した関数が関係しているのを実感しました。

放射性炭素年代測定法から年代がわかった例として，フランスのラスコーの洞窟(どうくつ)の壁画(へきが)，青森県の三内丸山(さんないまるやま)遺跡についても同じように計算して確かめたいと思います。また，年縞(ねんこう)とよばれる土の層から年代が測定できることも知りましたので，調べてみたいと思います。

2. 研究の方法

ここでは，放射性炭素の崩壊を応用した年代測定法(C14法)を紹介しています。この方法を1947年に開発したシカゴ大学のリビー教授は，その功績で1960年にノーベル化学賞を受賞しました。

ほかにも年代を測定する方法が多数知られています。その1つにK-Ar法という方法があります。放射性炭素測定法は，約6万年前までの測定に使われるのに対して，K-Ar法は「地球はおよそ46億年前に誕生した」といわれるように，地球の年齢などの長期間の測定に使う，放射性カリウムがアルゴンに崩壊することを利用する方法です。ほかに，年輪年代測定法，年縞などによる測定法が知られています。

(感想・参考)

- フランスのラスコーの洞窟の壁画…これを発見したのは，1940年9月のある日，4人の少年と1頭の犬(ロボ)だったということを聞き，大変感動しました。
  この年代も放射性炭素年代測定法から16000～18000年前といわれ，炭素の質量も左ページ下の表からもわかるように，$\frac{1}{8}$程度だったことが推測されます。
- 年縞による測定法…福井県水月(すいげつ)湖の年縞堆積物(たいせきぶつ)は，1年で平均0.7 mm(明るい色と暗い色の縞模様(しまもよう))の薄さで，7万年にわたり堆積してできたものといわれています。2006年の調査で，約45 mまでの間に明確な年縞が見られ，約7万年分にも及び，とぎれのない年縞として世界でも類を見ないものといわれています。

自由研究に取り組もう

移動を使って面積を考える

Math Navi ブック p.42〜43

レポート例⇨

移動を使って面積を考える

平成○年○月○日
1年1組 ○○○○

1. 研究の動機

教科書 p.165 の 7 の(1)の色をつけた部分の面積を求める問題で，最初はそのまま，別々に計算して，

（半径 5 cm の半円の面積）+{（縦 5 cm，横 10 cmの長方形の面積）−（半径 5 cmの半円の面積）}

$=12.5\pi+(50-12.5\pi)=50$ (cm²)

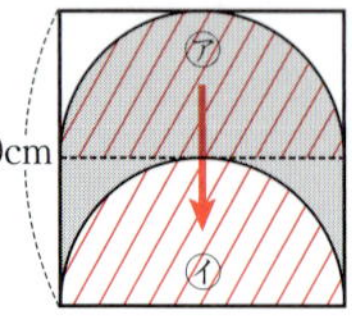

としましたが，右の図のように，半円㋑は半円㋐が平行移動したものであることに着目すると，求める面積は，縦 5 cm，横 10 cm の長方形の面積と同じであることがわかり，簡単に $5\times10=50$ (cm²) として求められます。同じように，面積を求めるのに，移動することで面積が求めやすい形に変えることができる場合もあるのではないかと思い，いろいろな図で調べようと思いました。

2. 研究の方法

平面図形で学習した平行移動，対称移動，回転移動を使って，図形の面積を求めやすい形に変えます。

3. 結果と考察

図形の一部を移動することで，面積を求めやすくします。

◆平行移動を使う

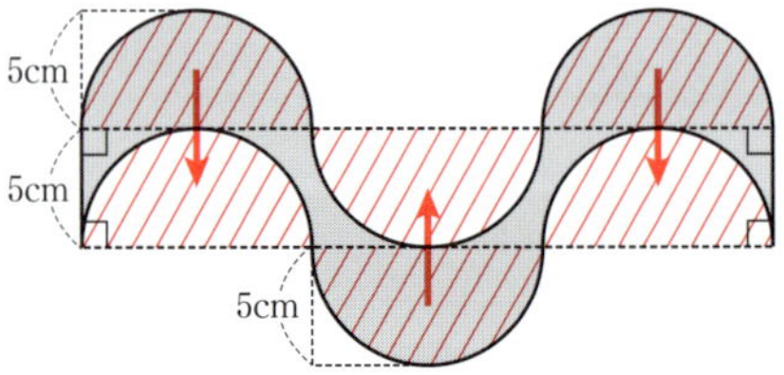

図A

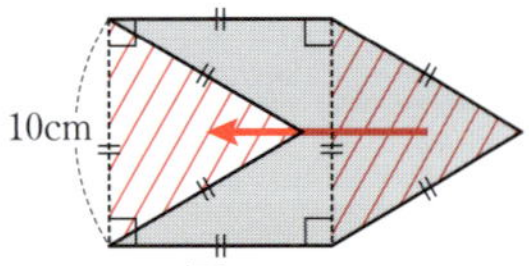

図B

図Aは縦 5 cm，横 30 cm の長方形の面積に等しくなります。

ガイド

1. 研究の動機

図形の面積を求める問題があったとき，これまでは図形の形を移動しないで，そのまま計算していましたが，問題によっては複雑で計算できない場合もあります。

平面図形で学習した平行移動，対称移動，回転移動を使うと面積を求めやすい形に変えることができる場合があります。

2. 研究の方法

平行移動，対称移動，回転移動を使って面積を求めやすい形に変えます。例えば，移動によって，2つの円を重ねる場合を考えます。

① 平行移動によって2つの円を重ねる。

② 対称移動によって2つの円を重ねる。

③ 回転移動によって2つの円を重ねる。(右の図)

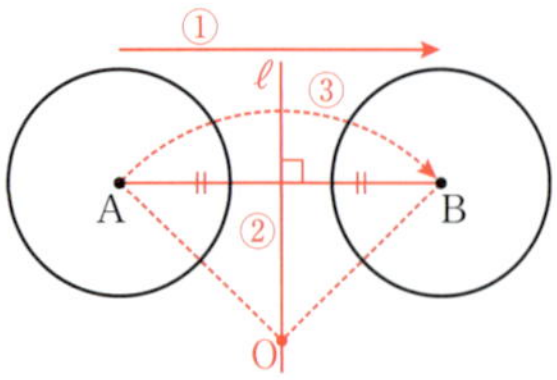

移動といっても，いろいろな見方で移動のしかたは異なりますが，直観的に単純に考えられる移動を使って面積を求めやすい形にすればよいのです。

図Bは１辺が10cm の正方形の面積に等しくなります。

◆対称移動を使う

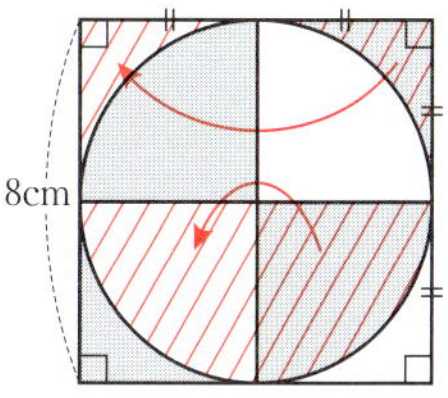

図C

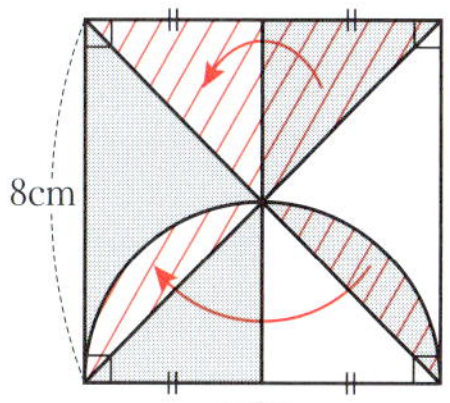

図D

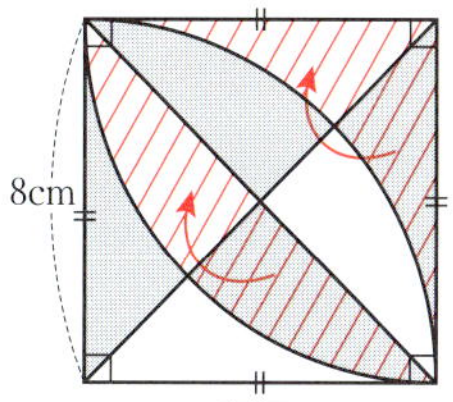

図E

図C，図Dは，縦８cm，横４cm の長方形の面積に等しくなります。

図Eは，直角をはさむ２辺が８cm の直角二等辺三角形の面積に等しくなります。

３つとも，１辺が８cm の正方形の面積の半分になるともいえます。

◆回転移動や対称移動を使う

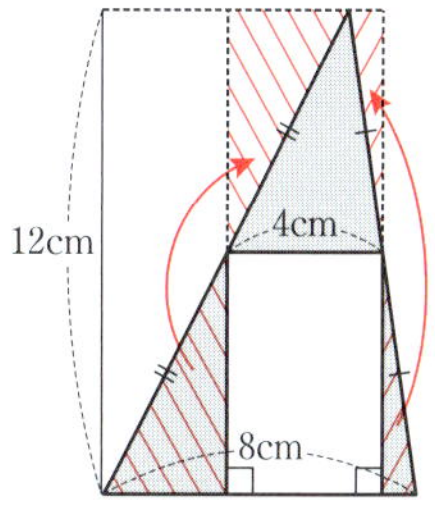

図F

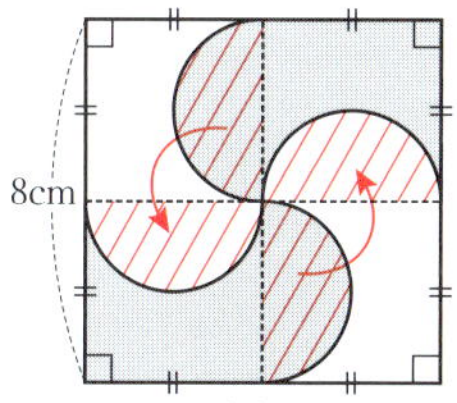

図G

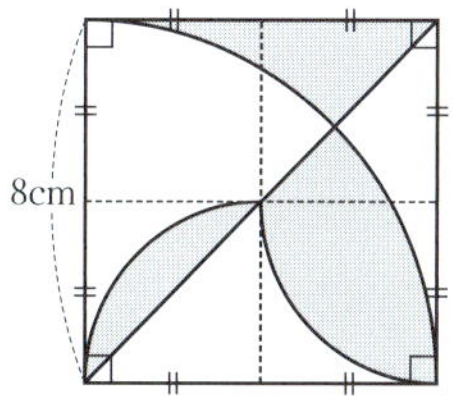

図H

図Fは，縦６cm，横４cm の長方形の面積に等しくなります。

図Gは，１辺が４cm の正方形２つ分の面積に等しくなります。

図Hは，対称移動をくり返すと半径４cm の半円の面積に等しくなります。（右欄参照）

（感想）

そのままでは面積を求めることがむずかしそうな問題でも，図形の一部を移動することで，面積を求めやすい形に変えることができました。図形の移動が役に立っていることを実感しました。

3. 結果と考察

図Hは，次のようにして，対称移動をくり返します。

① 対角線をひいて，㋐，㋑の部分に分ける。

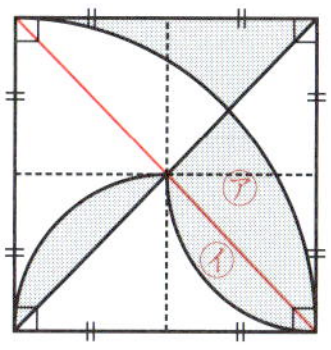

② ㋐を対称移動する。

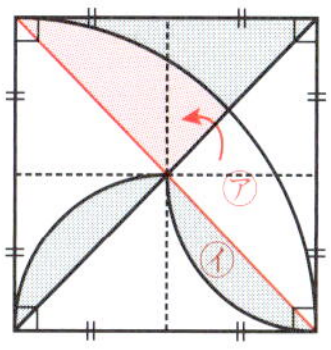

③ ㋑を対称移動する。

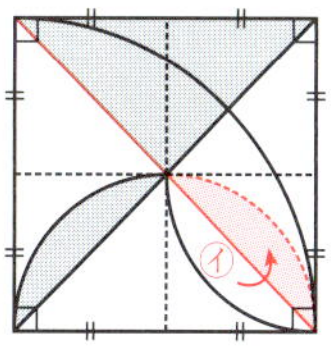

④ 上の三角形を対称移動すると，半径４cm の半円になる。

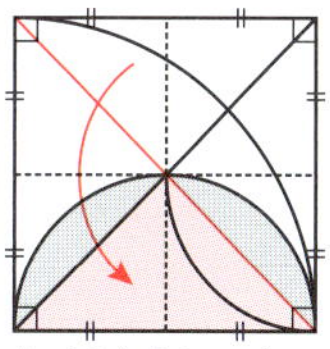

（参考） 一見むずかしそうに見える図形でも，移動を利用することで，わかりやすい図形に変形できることに驚くことがあります。柔軟に考え，発想を変えることが大切です。

小学校のとき，面積の求め方の工夫として，次のような問題をあつかい，右のように変形したことを思い出す生徒もいるでしょう。

「２辺の長さが 20 m，30 m の長方形の畑に，図のように幅１m の道をつくるとき，残りの畑の面積を求めなさい。」

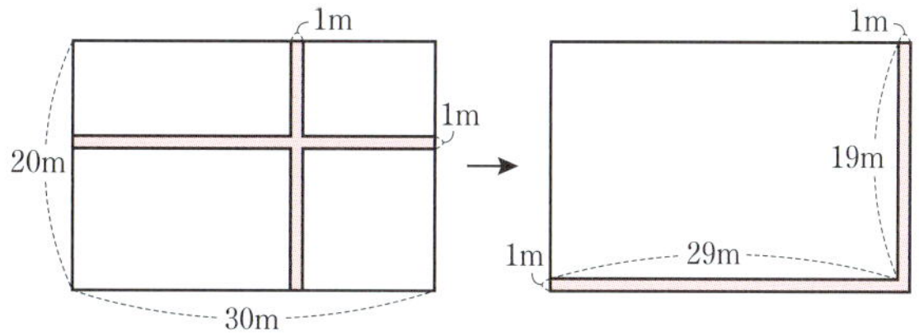

これも結果として，平行移動を利用していたのです。